민주주의는 종료된 프로젝트인가

민주주의는 종료된 프로젝트인가

Copyright ⓒ 학술단체협의회, 2003

엮은이 | 학술단체협의회
펴낸이 | 이일규
펴낸곳 | 도서출판 이후
편 집 | 이재원 김정한 김형필
디자인 | 현희경
표 지 | 위드디자인
마케팅 | 김현종

첫 번째 찍은날 2003년 8월 25일

등 록 | 1998. 2. 18 (제13-828호)
주 소 | 121-816 서울시 마포구 동교동 176-1 (2층)
전 화 | 영업 02-3143-0905 편집 02-3143-0915 팩스 02-3143-0906
홈페이지 | www.e-who.co.kr

ISBN 89-88105-69-9 03440
값 15,000원

민주주의는 종료된 프로젝트인가

학술단체협의회 엮음

Ε
2003

차 례

87년 이후 민주개혁의 성찰과
'포스트–민주화' 시기의 새로운 화두를 찾아서

"민주주의는 과연 종료된 프로젝트인가?" 민주주의 담론의 실효성은 소멸했는가? 그렇지 않고 민주주의라는 이름으로 개혁이 여전히 진행되어야 한다면 그것은 어떤 내용과 전망에서인가? 한국 사회가 87년 6월 민주항쟁을 계기로 권위주의 시대를 마감하고 민주주의로 이행하기 시작한 지 15년이 흐른 지금, 우리는 한번쯤 이런 물음을 던져야 할 지점에 서 있다고 생각된다. 그 주요 이유 중의 하나는 민주화 운동의 일부를 구성하고 있던 양김 시대가 이제 끝나고, 포스트–양김 시대로 이행했기 때문이다. 문민정부 시대와 국민정부 시대의 종언은 한편으로는 양김 시대 혹은 3김 시대의 종언을 의미하는 동시에, 87년 이후 민주개혁이라는 이름으로 진행되어온 한 시기의 전환을 의미한다. 주지하듯이 87년 이후 우리 사회에서는 '민주개혁'이라는 이름으로 과거 권위주의 시대의 유산을 청산하고 구체제의 민주적 개혁을 위한 다양한 작업이 진행됐다. 87년 이후의 변동 과정을 민주화 이행이라고 하든 민주주의 이행이라고 하든 혹은 민주개혁이라고 하든, 그 흐름은 이제 전환의 지점에 도달해 있다.

'시대 정신'이라는 각도에서 보면, 87년 이전의 시기에는 군부독재 체제를 극복하고 '민주주의의 회복'을 지향하는 시대 정신이 있었다. 반독재 민주화 운동은 이런 시대 정신을 선도했고 구체화했다. 87년 이후의 시기는 민주주의 이행의 시기라고 표현할 수 있다. 87년 이후 우리 사회는, '회복된 민주주의'라는 새로운 조건 속에서 본격적인 민주화 혹은 '민주개혁'을 과제로 하는 시기로 이행한다. 이 시기에는 '민주개혁' 혹은 '개혁'이라는 시대 정신이 살아 있었다. 이 시기에 민중운동이나 시민운동은 다양한 형태로 민주개혁을 철저화하고 촉진하기 위한 운동들을 전개해왔다. 노태우 정부라는 과도기를 제외한다면 문민정부와 국민정부는 과거 독재 시절의 '반독재 민주파' 정치 세력(YS나 DJ)이 집권해 이런 민주개혁을 추진하는 국면이었다고 규정할 수 있다. 그러나 민주개혁을 시대 정신으로 하는 87년 이후의 시기는 어떤 형태로든 전환의 지점에 도달해 있다. 민주개혁이라는 시대 정신도 폐기를 하거나 한 단계 업그레드 해야 하는 상태에 놓여 있다.

민주개혁이라는 화두로 구체제를 개혁하기 위한 실험이 일정하게 진척됐고 그에 따른 성과——재벌개혁이나 정치개혁이나 과거청산 등——도 냈다고 볼 수 있는데, 이제 그 한계 지점에 도달했으므로 '더 진전하든지' '다른 방향으로 가든지' '중단하든지' 하는 기로에 서게 됐다는 것이다. 다행스럽게도 포스트-양김 시대는 '신보수주의' 국면으로 가지 않고 한 단계 높은 민주개혁의 과제를 안고 진전해야 할 국면으로 진입했다. 이 국면은 '민주화 이후의 민주주의'라고 표현될 수도 있고 '포스트-민주화'라고 표현될 수도 있겠다. 전통적인 정치학의 표현에 따르면 민주적 공고화의 새로운 국면이라고 표현될 수 있을지도 모르겠다.

이처럼 시대 정신의 전환 지점에 도달한 이유는 여러 가지가 있겠다. 물론 중요한 요인으로서 개혁에 저항하는 기득권 세력들의 저항을 들 수 있을 것이다. 국민정부 초기 출자총액제한 제도를 포함해 재벌개혁을 위해 시행된 정책들은 말기로 가면서 많은 부분 형해화됐다. 제한된 재벌개혁마저도 시장 자율이라는 이름으로 저항을 받고 있다. 그러나 더 중요한 것은, 민주개혁을 주도하는 이른바 '민주정부' 개혁 주도 세력이 행태와 문화의 수준에서는 과거의 권위주의적 성격을 극복하지 못하고 부패적 정치에서 절연하지 못함으로써 개혁 추진력을 상실해 버렸다는 것이다. 민주 세력이 주도한다고 하는 문민정부와 국민정부가 공통적으로 대통령 아들의 구속 사건으로 막을 내린 것이 바로 이를 상징한다. 다음으로 민주 개혁이라는 시대 정신의 실종은 이른바 민주개혁이 가져오는 새로운 모순과 그에 대한 저항을 통해서이다. 민주정부는 한편에서 구권위주의 체제를 일정 부분 개혁했지만, 다른 한편에서는 이른바 '신자유주의'적 정책을 견지함으로써 새로운 사회경제적 모순을 만들어냈고 이에 대한 저항이 새롭게 생겨난 것이다. 예컨대 문민정부와 국민정부에서 개혁이 진행됐음 '에도 불구하고,' 아니 '그 개혁을 통해서' 역설적으로 비정규직 노동자가 60%에 이르고 과거보다 소득 불평등이 더욱 확대된 이른바 '20 대 80 사회'가 출현하게 된 것을 상기할 수 있다.

어떤 의미에서든 한국 사회와 정치는 전환점에 놓여 있다. 87년 이후의 민주개혁을 통해서 실현해온 한국의 민주주의는 이제 전환을 요구받고 있다. 물론 87년 이후 한국의 민주주의는 제3세계의 많은 민주화 국가들과 비교하면 상대적으로 모범적인 민주개혁 사례로 평가된다. 그러나 국내적 시각에서 보면 많은 지점에서 극복하고 개혁해야 할 많은 문제점들과 구조적 왜곡성, 사회문화적 조건들이 엄존하고 있다. 민주정부를 자임했던 문민정부와 국민정부가 그 말기에 국민적 신뢰를 상실하고 각종 개혁의 착종으로 위기에 직면하면서, 민주주의라는 말, 민주개혁이라는 말의 국민적 공신력과 호소력은 많이 약화되어 있다. 독재와 저개발을 대면하지 않고 87년 이후의 민주주의와 풍요를 경험한 젊은 세대들은 새로운 감수성으로 기성의 정치를 불신하면서 새로운 정치와 개혁을 희망하고 있다.

이런 의미에서 우리는 역설적으로, 한국에서 '민주주의는 과연 종료된 프로젝트인가' 하는 물음을 던지면서 이 책을 펴낸다. 이 책에 실린 대부분의 논문들은 2002년 말 학술단체협의회 연합심포지엄에서 발표한 것을 재수정한 것이다. 연합심포지엄에서 발표되지 않은 4부의 논문들은 대선의 구조적 의미를 분석하고 대선 이후 한국 민주주의의 전망과 과제를 제시하기 위한 의도에서 추가됐다. 이 책을 통해 우리는 87년 이후 한국의 민주화 개혁 및 민주주의를 종합적으로 점검하고 현 시기의 딜레마와 한계를 파악해 냄과 동시에 한국 민주주의의 향후 발전 전망을 도출하고자 했다. 특히 80년대 이후 한국 민주주의의 전개 과정, 그 가능성과 한계를 이념, 각종 경제·사회 정책, 언론, 정당 정치, 지역주의 등의 관점에서 점검하고, 현시기 한국 민주주의의 한계 지점을 진단하면서 향후 발전 과제와 전망을 제시하고자 한다.

어떤 의미에서든 우리가 전환의 지점에 놓여 있다고 할 때, 새로운 국면에서의 한국 민주주의 발전의 '화두'는 무엇인가 하는 물음을 이 책의 출판과 함께 던지며, 이 땅의 민주주의의 장래를 걱정하는 많은 분들이 이 고민을 함께 할 수 있기를 바란다.

조희연 | 학술단체협의회 상임공동대표

제 1 부
한국 민주주의의 이념적 기초

탈냉전·통일 시대 한국 인문·사회과학의 지향
: 냉전 성역 허물기를 중심으로

강정구 | 동국대 사회학 교수

1. 머리말[1]

한국 사회에 근대 학문이 이입된 지도 한 세기가 지났다. 새로운 21세기를 맞아 지난 세기의 한국학과 그 학문 공동체를 성찰하고 새 세기의 초입에 나아갈 지향을 제시할 것이 요구되고 있다. 이에 이 글은 한국 인문·사회과학과 이 학문 공동체를 구성하고 있는 지식인에 대한 성찰적 평가를 시도한다. 이 성찰적 평가를 바탕으로 21세기 초입을 맞아 세계사적 흐름인 탈냉전의 세계 질서와 통일 시대라는 민족사적 시대 규정 속에서 한국 인문·사회과학이 지향해야 할 당면적 역사 지향과 이에 걸맞으면서 '우리식 학문'이라는 국적을 갖기 위한 방법론을 모색해보고자 한다.

이 글에서 한국학은 한국이라는 특정 지역에서 산출되는 다양한 인문

---

1) 이 글은 아래 논문을 수정·보완한 것이다. 강정구, 「탈냉전과 통일 시대에 즈음한 한국학의 지향과 방법론 모색: 인문·사회과학을 중심으로」, 한국정신문화연구원 주최, 제1회 세계 한국학·조선학·코리아학 대회(Proceedings of the 1st World Congress of Korean Studies), <한국 문화 속의 외국문화, 외국문화 속의 한국문화 Embracing the Other: The Interaction of Korean and Foreign Cultures> 발표문, 한국정신문화연구원, 2002. 7. 18~20.

·사회과학을 다 포괄하는 것은 아니다. 다음 장에서 분류하겠지만, 한국이라는 지역에서 생성되는 여러 학문 가운데 주로 비판적·유기적 지식인에 의해 일구어지는 한국학 논의에 국한될 것이다. 곧 아주 협소한 분야인 신라 시대의 향가라는 주제를 평생 동안 연구해 훌륭한 학문 업적을 남긴 지식인은 당연히 학문적으로 높게 평가되어야겠지만, 그 또는 그녀는 역시 전문인으로서의 지식인, 곧 쟁이 지식인의 범주에서 벗어날 수 없기 때문에 이 글의 논의에서 제외된다. 그러나 만약 그(녀)가 신라 향가의 독창성과 전통성을 오늘날 탈냉전, 세계화, 통일 시대라는 역사적 시점에서 우리의 고유한 문화적 전통으로 또는 주체적 학문의 표본으로 삼으면서 오늘날 우리의 학문 또는 문화가 나아갈 방향을 제시하고 이를 위한 실천 활동을 전개하거나 참여하게 되면, 그(녀)는 유기적 지식인 또는 비판적 지식인으로 이 글의 분석 대상이 될 수 있을 것이다. 곧 사르트르의 지식인의 범주에 속하는 학문 공동체 종사자에 관한 논의에 국한될 것이다.

2. 지식인 일반과 비판 및 유기적 지식인

지식인의 사전적 의미는 '앎을 이룬 사람'이다. 이는 아주 포괄적인 의미로서 여러 현상들(자연 현상, 사회 현상, 생명 현상 등)에 내해 그 현상들이 어떠한 인과적 요인에 의해서 생겨났고(설명 또는 know-why의 지식), 어떠한 과정이나 절차를 거치면서 작동하고 있고(서술 또는 know-how의 지식), 특히 이 현상들을 이해하기 위해 우리가 유의해야 할 사항들이 무엇인가(이해 지식)를 추구하는 사람들이다. 또 이와 같은 앎을 이룩하는 데 합당한 설명이란 어떤 것인가, 무엇이 지식을 산출해내는 올바른 방법인가의 문제, 곧 지식 생산의 원칙과 그 가능성의 조건들이라는 문제를 다루는 인식론, 앎의 논증 과정에 사용된 절차와 기술에 관련된 문제들을 다루는 방법론, 앎을 바탕으로 자연과 사회를 개조하기 위해 실천 등에 종사하는 사람들을 포괄적으로 지칭한다.

필자는 이런 포괄적 지식인 개념을 선호한다. 이 포괄적 의미의 지식인은 현상 또는 실재를 알고자 하는 인지적 합리성을 추구하는 모든 사람이다. 그러나 지식인 가운데는 단순히 인지, 관조, 분석하는 것으로 만족하지 않고 현상과 실재를 변경시키기 위해 비판과 저항 및 실천을 동시에 추구하는, 곧 규범적 합리성을 추구하는 지성인(intelligentsia)적 지식인이 있다. 자신의 앎을 활용해 사회의 모순에 대해 건전한 비판과 저항을 함으로써 세상을 바로잡는 데 기여하는 사람이라는 의미에서 비판적 지식인은 여러 사회에서나 오랜 역사과정에서 사회를 정화시키는 청량제 역할을 해왔다. 그러나 이런 비판적 지식은 인지적 지식을 전제할 때 가능하고 제 기능을 발휘할 수 있다. 앞의 인지적 지식을 폄하할 것이 아니라 둘의 종합적 통일을 이루는 것이야말로 가장 이상적이다.

우리 사회는 전통적으로 관념이나 무형의 가치를 창출하는 사람들만을 지식인으로 여겨왔다. 특히 학문 공동체는 그들만의 아성을 쌓아서 세속적인 일과 거리를 두고 저 높은 곳에서 속세를 '관조'하는 듯한 학문 신비주의에 빠져 실용성을 상실하고 실사구시를 외면해 오기도 했다. 그래서 학문을 위한 학문, 공허한 학문, 탁상공론 지향적 선비, 고고한 상아탑에서 독야청청을 지향하는 교수 등 지식인 세계에 대한 비판과 폄하가 제기되기도 했다.

김대중 정부의 신지식인 논쟁에서 신자유주의, 물신주의, 계몽주의 등의 친화성을 가진 문제점을 지적하는 것은 정당하지만, 신지식인이라는 개념 자체를 원천적으로 거절하는 학계 일부의 지나친 반응은 무언가 위와 같은 전통적 지식인에 대한 아집, 지식인 특히 대학 교수 집단을 중심으로 하는 학문 공동체의 특권의식과 관련이 있는 것으로 비쳐진다. 그들

아성과 특권에 대한 도전 등으로 받아들였기 때문이 아닌가 여겨진다.

필자는 지식인 모집단을 아래와 같이 부분 집단으로 소 분류해 지식인에 대한 체계적 이해를 돕고자 한다. 물론 현실 세계에서는 서로가 겹치고 상충되기도 하지만 분석적 목적을 위해 지식인의 지향과 행위 유형을 중심으로 아래와 같이 일곱 가지로 분류한다.[2]

첫째는 아주 협소한 전문 분야에만 매몰되어 자기 앎이 전문 분야 밖의 거대구조인 인간 사회나 역사 등에 끼치는 결과에 대해 외면하거나 무지로 일관하는 쟁이 지식인이다. 이는 또한 전문가(인)라고 부를 수 있다.

둘째는 지식 그 자체를 위하는 지식매몰적 지식인이다. 이는 주로 쟁이 지식인의 성향을 띤다.

셋째는 자신의 학문적 지향이나 신념일랑 제대로 가지지도 못한 채 권력과 돈을 위해 그들의 요구나 취향에 맞춰주는, 곧 해바라기처럼 양지를 따라 다니는 관변 지식인이다.

넷째는 자기 일신의 세속적인 영달을 위해 제 나름대로의 기존 지향이나 신념을 내팽개치고 전향해버리는 변절 지식인이다.

다섯째는 어떤 집단이나 계급에 귀속되지 않고 비(非)당파적인 입장을

---

2) 강수태은 한국 사회의 70년대와 80년대의 지식인을 각기 민중적 지식인과 진보적 지식인으로 보고, 이들이 고전적 지식인 상인 비판적 참여지식인으로서 엘리티즘적 성격을 가진 깃으로 본다. 그는 21세기의 대안적 지식인 상을 시민적 지식인으로 설정하고 이를 "시민으로서 그리고 지식인으로서 생활세계를 위협하는 안팎의 위협들, 정치권력, 자본, 전근대적 사회관계, 인간 생존을 위협하는 기술 등에 대항함으로써 생활세계를 지키고자 다른 시민들과 함께 노력하는 자"(강수택, 2001: 33)로 개념화한다. 이 시민적 지식인은, 첫째 생활세계를 지키고 자율적으로 개선하기 위해 공적 사안에 관심을 갖고 지성인으로서 참여하는 자이고, 둘째 비판적 지식인론의 전통을 계승하면서도 특정한 중심주의의 원칙을 고수하려는 입장을 거부하고 대중의 총체적인 생활세계에 관심을 기울이고, 셋째 민중적 지식인 상과 진보적 지식인 상 같은 이전의 비판적 지식인 상에 내재해 있던 지식인과 민중 사이의 모순적 관계 극복을 지향한다.

견지하면서 자유스럽게 부유(浮游)하는, 그래서 합리적·객관적·중립적 판단을 할 수 있다는 만하임적인 부유 지식인이다.

여섯째는 계급이나 집단의 지배권 및 이익 실현을 위해 필요한 유기적·정치적 기능을 수행하면서 그 계급이나 집단과 유기적으로 결합해서 일체화해 가는 유기적 지식인이다.

일곱째는 인간 해방과 역사의 진보를 위한 비판적 자세를 갖추고 현실의 문제점과 개혁의 방향을 제시하며 사회 개조를 위해 실천 활동을 맹렬히 전개하는 비판적 지식인이다. 이는 사르트르가 이야기하는 지식인이다. "핵분열을 연구하고 원자폭탄을 제조한 사람들은 학자일 수는 있어도 지식인일 수는 없다. 그러나 같은 학자들이 원자무기의 공포감을 느끼고 이것을 반대하는 운동을 벌인다면 이들은 지식인이 된다."

이 가운데 유기적 지식인과 비판적 지식인, 관변 지식인과 변절 지식인, 쟁이 지식인과 지식매몰 지식인 사이는 각각 중첩성과 상호 유통성이 강하다. 인지적 합리성 못지 않게 당위적 합리성을 중시하는 지식인은 유기적 지식인, 비판적 지식인이다. 이들은 일반적으로 지식인보다는 지성인 또는 인텔리겐차라고 부르는 것이 더 적합할 것 같다. 인텔리겐차는 러시아나 폴란드와 같은 동구라파의 지식인이 '후진적'인 자기 사회를 서구라파 사회와 같이 개조하기 위해 지속적으로 자기 사회를 비판하고, 지향해야 할 텔로스(Telos)를 제시하고, 이를 위해 실천에 종사해 왔던 레닌과 같은 지식인을 일컫는다. 당위적 합리성을 외면하고 오직 인지적 지식만을 추구하는 지식인은 쟁이 지식인, 지식매몰 지식인이라고 볼 수 있다. 그러나 변절 지식인은 황장엽처럼 한때는 유기적 지식인이나 비판적 지식인이었을 가능성이 높다. 때로는 유기적 지식인의 경우 인지적 지식을 제대로 갖추지 못해 당위적 합리성을 선언적으로 추구하는 텅빈 유기적 지식인도 있다. 신지식인의 경우 당위적 합리성보다는 인지적 합리성에 기반하고 있지만 단순히 기계적으로 지식을 생산하고 전파하는 쟁이 지식인이나 지식매몰적 지식인의 범주보다는 사회 전반과의 연관성을 중시하는 성향을 띤다고 볼 수 있다. 그러나 비판적 지식인과 유기적 지식인의 수준에 이르지 못하는 지식인이라 볼 수 있다.

학문 공동체 종사자 중에는 쟁이 및 관변 지식인에서부터 유기적·비판적 지식인에 이르기까지 다양한 분포를 보이지만, 앞에서도 밝혔듯이 이 글에서는 유기적·비판적 지식인이 추구하는 한국학과 학문 공동체에 국한해 논의를 전개한다.

3. 한국학과 학문 공동체에 대한 성찰적 평가

세계사적으로는 탈냉전 시대를 맞이하고 민족사적으로는 6·15 남북공동선언 이후 통일 시대를 맞이한 오늘의 시점에서 한국학이 나아갈 역사 지향과 이에 걸맞은 방법론을 모색하기 위해서는 이제까지의 한국학과 한국 학문 공동체에 대한 성찰적 평가가 전제된다. 이 장에서는 20세기 한국 학문 공동체에 대한 자성과 한국학의 보편적 지향성에 관해 논의하겠다. 이후 논의할 21세기 한국 인문·사회과학의 역사 지향과 방법론은 탈냉전과 통일 시대라는 시대 규정이라는 특정 조건 아래서 지향할 바를 논의하는 것으로 보편적이기보다는 역사 제한적이다. 물론 이 역사 제한적인 한국학 지향과 방법론은 보편적 지향의 부분집합의 성격을 갖는 것으로 별개의 범주는 아니다.

(1) 학문 신비주의와 학문 비속주의를 넘어서 학문 세속주의로

우리 학문 공동체에서는 학문이란 게 무슨 신비한 존재이고 이를 다루는 자신들은 일반 세속인과는 뭐 뼈대까지도 다른 성골, 진골 족인 것처럼 착각하는 지식인들이 많다. 그래서 고고한 상아탑에 높이 앉아 '아래에'

있는 속세를 한탄하기도 하고 초연해하기도 하는 도피적, 은둔적인 모습을 보이기도 한다. 학문을 위한 학문, 현실과 유리되어 스스로 자기 논리에 빠지는 남산골 샌님들이 꽤 많이 있다. 이런 지식인을 고전적인 학문 신비주의자라고 이름 붙일 수 있을 것이다.

그런데 현대판 학문 신비주의자들이 의외로 많고 또한 해독도 크다. 이들은 자기가 전공하는 영역을 너무 절대화하고 신비화해 다른 범인들은 감히 접근할 엄두를 못 내도록 하는 지식인들이다. 그래서 그들은 천정부지의 엘리트주의에 빠지고 이를 재생산하기 위해 더욱 더 그들의 학술적 표현을 어렵고 추상적이고 외국어 투성이로 만든다.

기술 신비주의란 말이 있다. 이는 어떤 기술 그 자체가 마치 하나의 독자적인 신비한 힘을 가진 것처럼 대중들이 인식하도록 해 기술 자체가 대중들 위에 자리잡는 전도된 현상을 말한다. 이는 마치 맑스의 상품 물신주의와 유사한 개념으로 쓰이고 있다. 이런 기술 신비주의를 견지하는 집단들은 두말할 필요도 없이 지식인, 과학자, 기술자, 전문가 등이 주류이다. 이들은 일반 대중과는 달리 무슨 신비스런 위력을 가진 것으로 자신들을 평가하면서 특권의식에 빠지고 실재 대중 위에 군림하면서 체계적인 특권을 행사한다.

우리는 이와 같은 신비주의에 스스로 매료되어 엘리트주의의 극치를 이루는 경우를 주위에서 자주 목격한다. 어떤 새로운 이론이나 지식이 마치 특수한 부류의 사람들의 전유물인 것처럼 인식하면서 일반인들의 접근 가능성을 아예 봉쇄하려는 경우이다. 더욱 문제가 되는 것은 학문적 깊이나 독창성도 없는 내용을 발표하거나 이야기할 때 학문 신비주의인 것처럼 보이게 하려는 과장된 또 때로는 '위선적'인 모습들을 강의실이나 텔레비전 대담, 발표장 등에서 너무나 자주 목격한다.

학문 신비주의에 대한 대표적인 표현으로서 상아탑이란 말을 들 수 있다. 학문 또는 학자는 속세와 떨어진 고고한 곳에 앉아, 초월한 입지에서 진리를 연마해야 한다는 의미를 내포하고 있는 말이다. 이는 학문을 마치 수도승의 철학적 깨달음으로 이해하는 방식이다. 세상사와 유리된 학자가 학문의 주제를 택하게 되는 것은 구체적인 역사 현실과는 거리가 먼 너무나 추상적인 것일 수밖에 없다. 이런 추상적인 학문은 대개가 학문 자체를 위한 학문으로, 또 지식인 집단의 특권을 장식하는 장식물로 전락하기 쉽다. 여기에 범인들은 감히 접하지 못하는 학문의 신비화라는 장막이 쳐진다. 신비화한 학문은 일상생활의 애환과 고통에서 시달리고 몸부림치는 수많은 민중들의 절규를 제대로 듣지 못한다. 아니, 아예 들으려고도 하지 않는다. 왜냐면 이것은 세속적인 것, 그래서 하찮은 것들이라는 인식 때문이다.

또한 제3세계의 학문 신비주의는 문화적 식민주의와 학문적 사대주의와 교묘히 결합되고, 다시 보수주의와 권위주의와 결합하는 양태를 띠기도 한다. 우리의 학문이 민족이나 민중 지향적인 학문 영역에서 토착적인 뿌리를 내리지 못하고 국적 없는 모습으로 표류하는 요인 가운데 하나가 바로 이 신비주의라고 볼 수 있다.

이 세상을 보다 바르고, 아름답고 또 더불어 사는 공동체로 만드는 데 공헌하지 못하는 학문이 더 이상 필요 있을까? 학문을 저 높은 곳에서부터 낮은 데로 임하도록 해, 일반 범인들의 삶과 직결된 살아있는 문제를 규명하고 해결방안을 제시하면서 세상을 개조하는 사명을 띤 학문으로 탈바꿈해야 한다고 본다. 이런 의미에서 우리는 어설픈 의미든 본질적 의미든 학문 신비주의에서 과감히 벗어나 세속적인 것을 지향하는 학문의 세속화를 지향해야 한다. 이들이 저 하늘 높은 곳에서 낮은 곳으로 임할 때 비로소 학문은 그 유용성이 발휘되는 것이다. 우리는 바로 우리 선조의 실학에서 그 전형을 발견할 수 있다. 실생활에 기반을 둔 새로운 학풍으로서 실사구시의 방법으로 실용지학(實用之學)을 연구해 이용후생(利用厚生)을 목적으로 한 살아 숨쉬는 학문이었다.

그런데 학문 세속화가 변종이 되다 보면 학문 비속화를 가져온다. 학문을 곡학아세의 수단으로 삼아 일신의 출세와 치부로 악용하는 모습이다. 금강산 댐에 대비해 평화의 댐을 만들어야 한다고 역설하며 군부 독재자의 정권 안보를 위해 궤변을 늘어놓는 대학 교수, 그랬으면서도 반성과 사과는커녕 '학문적 신념' 운운하는 뻔뻔스러움의 극치를 부리는 파렴치한 속성, 연구비를 지원 받기 위해 로비를 일삼고 받은 연구비로 재탕 삼탕 우려먹는 사이비 학자, 호텔에서 학회를 열어 흥청거리면서 그 비용은 정치인에게, 또 업자나 제약회사 등에 전가시키는 학회, 동료 교수들에게 정년이 다되어 가는 작금까지 대학에서 보직을 맡지 않은 기간은 딱 3년밖에 없었다고 자랑하는 보직해바라기 교수 등 ….

바로 이런 부류의 지식인들이 다른 한편으로는 학문 신비주의자의 대명사이다. 묘하게도 학문 신비주의와 학문 비속주의는 서로 공존하면서 때와 장소에 따라 이 모습에서 저 모습으로 탈바꿈을 즐겨한다. 학생과 일반 대중에게는 자기의 권위와 특권을 '정당화'하기 위해 마치 학문이란 게 고고하고 신비스러운 것이고, 이런 신비스런 일을 담당하는 사람 역시 보통사람이 아닌 저 높은 곳의 사람으로 보이기 위해 안달이다. 또 다른 한편 권력이나 재력을 행사하는 집단들 앞에서는 조금 전까지의 학문 신비주의는 온데 간데 없고 온갖 교언영색으로 자기와 학문을 비속화하기에 급급하다. 주로 이런 집단들이 표본이 되어 전통적으로 지식인이라 하면 기회주의자로 인식하는 경향이 생겼다.

우리 학문 공동체는 학문 신비화와 학문 비속화로 뒤범벅이 된 모습을 청산하고 저 낮은 데로 임해 이론과 실천의 결합, 민중과 학문의 결합, 일상생활과 학문과의 결합, 국적 있는 학문 등을 꾀하는 학문 세속화로 나아가야 할 것이다. 결론적으로 학문의 올곧은 자리매김은 학문 신비주의를 탈신비화해 학문 세속화로 나아가고, 학문 비속주의에서 학문을 방어해 학문 세속주의를 확보하는 것일 테다.

(2) 민족·민중·비판 학문 지향

21세기를 맞이한 이 시점에서 한국의 지식인은 민족·민중적이고 비판적인 지식을 지향해야 한다고 주장한다. 왜 하필이면 민족·민중적 지식을 지향해야 하는가에 대해 필자의 견해를 간략히 밝히겠다.

민족 학문 지향성에 대한 요구는 바로 우리의 역사에서 비롯된다. 일제 식민통치 시대는 말할 필요도 없거니와, 해방 직후와 4·19 직후와 같은 지극히 짧은 몇몇 기간을 제외하고는 해방 이후 줄곧 한국의 현대학문은 과잉 일본화와 과잉 미국화에 몰입되어 우리의 주체적인 모습을 상실해왔다. 곧 일제 식민화의 결과 우리 조선 사회의 전통적인 지적 담론이나 개념이 단절되어 아직까지 제대로 복원되지 못하고 있다. 또 근대화라는 미명 아래 우리의 학문, 전통, 문화, 또 우리 고유의 것들에 대한 지나친 자기 비하와 미국적인 것들에 대한 과잉된 신비화에 착종되어 왔다. 이제는 우리의 전통적인 것과 우리식의 것에 대한 올바르고 새로운 평가와 더불어 이를 복원하고, 창조하고, 더욱 발전시켜야 할 시점이다. 또 비록 21세기는 지구촌의 시대 또는 세계화 시대라고 일컫지만 한반도의 경우 민족적 숙원인 민족 재통일과 민족 자주 구현이라는 민족사적 핵심 과제가 여전히 남아 있다는 점을 유념해야 한다.

우리 현대 학문의 주체성 상실을 국사학을 중심으로 간략히 역사적으로 고찰함으로써 학문 전반의 문제점인 민족 지향적 학문의 필요성을 살펴보겠다(조희연·김동춘, 1990). 일제 식민지 시대 우리 국사학계는 세 가지 학파가 있었다. 곧 민족주의 사학, 사회경제 사학, 식민 사학이었다. 민족주의 사학과 사회경제 사학은 둘 다 민족의 현재적 요구에 충실하고, 반(反)식민 사학에 철저했다. 사회경제 사학은 반식민 사학에다 맑스의 역사유물론에 기초해 우리 민족사를 이해하려는 전통을 가졌다. 그러나 식민 사학은 일본 어용 사학인 식민주의 사관이 뿌린 실증주의 사학의 방법론을 그대로 이어받아, 자료의 수집과 발굴에 몰두하고, 사론과 이론을 기피해 일본 식민주의 사관에 반대되는 실증을 하지도 못하고 할 필요도 느끼지 않았다. 민족의 현재적 요구를 외면하고 결과적으로 일본의 식민 지배의 현상 유지에 기여하는 반민족적 사관이었다.

해방 직후에는 민족주의 사학이나 사회경제 사학이 해방된 조선 사회의 주류로 등장하기 시작했으나, 외세인 미군정과 이승만 및 박정희 정권에 의해 이들은 철저히 탄압을 받아 그 학맥이 80년대 초반까지 거의 단절되다시피 했다. 대신 식민 사학의 맥을 이어 받은 실증 사학이 남한 국사학계를 지배했다. 그래서 우리의 국사학이 현재성과 거리가 먼 사실(史實)의 실증만을 유일한 과학적인 방법론이라고 보고, 미군정과 오늘에 이르는 현대사의 사적 규명을 기피한 채 체제에 온존하는 전통을 가지게 됐다.

마치 식민지 시기 실증 사학이 민족적 질곡인 일본 제국주의의 지배 정당화 사관에 맞서지 못하고 주로 역사 지리적 문제나 당쟁사에 한정했던 것처럼 해방 후의 국사학도 민족자주, 분단 시대의 문제점, 군부 독재, 북한이나 통일 문제 등의 당면한 시대사적 과제를 철저히 외면했다. 그 결과 실천성과 현재성을 외면한 국사학으로 전락했다.

다른 한편 사회과학도 세계적 보편성에 경도된 채 한국적 특수 상황을 외면하게 되어 국적을 상실한 주체 결핍증에 걸렸다. 그래서 국사학이 민족 사학이나 사회경제 사학이 가졌던 현재성을 회복하고 사회과학이 한국적 특수성을 중심으로 독창적인 이론이나 설명 틀을 개발하고, 특수성을 세계적 보편성에 창조적으로 적용하는 토착화와 민족화를 지향해야 할 과제를 갖게 됐다.

1980년 5·18 항쟁을 계기로 이런 학문 지향이 늦게나마 소장 진보학자들에 의해 복원되기 시작했다. 그러나 아직도 학문 일반의 주류는 역시 이런 민족적 요구에 부응하는 학문과 거리가 멀다. 특히 동구 사회주의 체제의 몰락과 세계화의 범람으로 인해 민족 지향적인 학문 성향이 위축되고 있는 것이 90년대 중반 이후의 추세이다.

민중 지향적 학문 또한 민족 지향적 학문과 동일한 역사 과정을 겪었다. 해방 직후 조선 사회는 외세의 개입이 없었더라면 북한뿐 아니라 남한을 포함하는 조선 사회 전체가 사회주의로 이행할 수밖에 없는 역사적 조건을 갖추고 있었다. 그러므로 해방 직후의 학문 지향은 민중 사학과 같이 노동자나 농민 중심의 민중 지향성을 가질 수밖에 없었다. 이런 민중 지향성은 미군정과 이후 이들의 비호에 힘입어 권력을 장악한 이승만 세력에 의해 철저히 탄압 받아 그 학맥이 거의 단절됐다가 80년대 중반에서야 복원되기 시작했다. 국사학의 경우 이때부터 왕이나 귀족, 또는 지배세력 등 엘리트 중심의 역사학, 곧 '위로부터의 역사학'에서 피지배계급인 노동자, 빈민, 농민, 노비 등 민중 중심의 민중 사학, 또는 '밑으로부터의 역사학'이 약 40년간의 동면기를 거친 뒤 다시 모색됐다.

민중 지향적 학문의 요구는 인류 보편사에서도 그 요인을 찾을 수 있을 것이다. 역사의 진보나 발전에 대한 여러 기준을 설정할 수 있지만, 맑스를 비롯해 많은 선각자들이 가장 중요시한 기준 가운데 하나가 사람들 간의 평등 구현이다. 인간 존엄성, 재산, 소득, 재능, 사회적 위세, 교육 등 여러 측면에서 비록 완전한 평등이란 불가능할지 모르지만 평등의 정도가 높아지는 것은 인류 역사의 발전이고 인류사가 추구해야 할 가장 중요한 보편적 가치의 하나로 설정되어 왔다. 비록 실패했지만 소련을 중심으로 한 사회주의가 이런 근원적 불평등 해소를 그 사회경제 체제의 근본으로 삼은 이념적 지향이나 유럽의 좌파 정당들이 소련 등의 국가사회주의와는 다른 방안으로 평등을 추구하고 있는 점은 신자유주의가 범람하는 현실에도 불구하고 여전히 평등 지향성이 인류사의 보편적 가치로 남아 있다는 것을 의미한다.

우리의 민족사에서도 조선 시대까지 잔존해왔던 신분과 계급 사회는 체계적인 불평등이 구조화한 사회였고, 지금 남한의 천민자본주의에서도 계급적 불평등이 심화되고 있다. 특히 IMF 경제신탁통치 이후 과잉 세계화와 신자유주의를 맞아 오히려 빈부격차는 더욱 심화되고 있다. 우리는 이를 서울 강남의 고급 술집이나 음식점 등이 오히려 더 흥청거리고 서울역 등에서 노숙자는 더욱 늘어나는 대조적인 현상에서 쉽게 짐작할 수 있다.3)

이런 모순된 현실에서 사회의 발전과 역사의 진보란 응당 모순의 극단인 불평등의 해소나 약화일 것이다. 또 우리가 지향해야 할 학문은 학문 그 자체를 위한 학문이나 고고한 상아탑 속에 은둔해 세상일을 '관조'하는 듯한 공허한 학문이 아니라 사회와 역사의 발전과 진보를 구현하는 목적을 지녀야 함으로 민중 지향적 학문이 될 수밖에 없다고 본다.

5·18 항쟁을 계기로 민족·민중 학문 지향성이 복원됐다. 그 결과 80년대 우리 학문 공동체는 사회구성체 논쟁이라는 격렬한 학문적 논쟁을 경험했고, CNP(Civil, National, People's Revolution) 논쟁을 거쳐, 학생운동과 사회운동에서도 민족해방진영(NL: National Liberation)과 민중민주주의진영(PD: People's Democracy) 사이의 뜨거운 논쟁사를 장식했었다. 그러나 90년대를 맞아 이 치열했던 민족·민중 학문은 복원이 제대로 이뤄지기도 전에 세계화와 사회주의 체제의 몰락이라는 인류사적 대 변화를 겪으면서 움츠러드는 모습을 보이고 있다. 남한의 학문 공동체는 이제 민족·민중 학문을 본 궤도에 올려놓을 과제를 지고 있다.

---

3) 통계청이 2002년 2월21일 발표한 「2001년 도시근로자가구 가계수지 동향」은 지니계수가 지난 1997년 0.283, 99년 0.320, 2000년 0.317, 2001년 0.319로 불평등의 심화를 보여준다. 전체 인구를 소득에 따라 20%씩 나눴을 때, 상위 20%의 소득이 하위 20%의 소득의 몇 배에 해당되는가를 나타내는 소득 5분위 배율 역시 97년 4.49, 99년 5.49, 2000년 5.32, 2001년 5.36으로 악화됐다. 가계수지는 상위 20% 소득계층의 경우 월 평균 소득에서 세금 등의 비소비지출을 뺀 가처분소득이 소비지출액보다 178만4400원 더 많아 38.8%의 흑자를 기록했으나, 하위 20% 계층은 소비지출이 가처분소득보다 오히려 8만2800원 많아 9.3% 적자를 나타냈다. 『한겨레』, 2002년 2월 21일.

또한 인문·사회과학의 중요한 학문적 임무가운데 하나는 드리워진 장막을 걷어내어 참모습을 밝히는 탈신비화와 '가면 벗겨 폭로하기'이다. 그러나 이런 학문적 소임은 저절로 구현되는 것은 아니다. 우리가 비판적 인식을 가질 때야만 비로소 가능하다. 『독재와 민주주의의 사회적 기원』이라는 책을 저술한 미국의 역사사회학자 베링턴 무어(Barrington Moore)가 말했듯이 "어느 사회든 그 사회를 지배하는 집단은 사회가 운용되어 가는 방식에 대해 숨겨야할 것을 가장 많이 지니고 있는 집단이므로 … 진실한 분석은 비판적인 성향을 띠기 마련이며 또 객관적인 진술처럼 보이기보다는 폭로의 글처럼 보이기 마련이다."

특히 우리 사회는 50년 만에 비로소 여야간 평화적 정권교체가 이뤄지고 금강산 방문이 가능할 정도로 금기와 제약이 많았기 때문에 자유와 민주주의가 제대로 성장할 수 없었다. 그래서 너무나도 많은 사회 현상이 왜곡되고 또 진실이 장막에 가려져 왔다. 일본 제국주의의 식민통치, 친일파와 민족 반역자에 대한 역사 청산을 이루지 못한 해방 공간, 미국 지배의 종속 체제로 인한 타율적인 역사의 강요, 박정희 이후 전두환과 노태우에 이르기까지 30년간의 군부독재, 분단으로 인해 무조건 북한 것은 다 악과 부정으로 봐야 하는 극단의 반공 이데올로기의 압도, 무소불위의 재벌 지배 체제 등과 특히 분단냉전 체제 때문에 우리의 역사는 언제나 왜곡을 강요당해 왔고, 진실은 은폐되어 왔기 때문이다.[4]

이런 사회일수록 인문·사회과학의 주요 소임인 탈신비화와 '가면 빗겨 폭로하기'가 절실히 요구되기 마련이다. 따라서 우리의 학문은 민족·민중지향성과 더불어 비판성이 요구되고 있다. 또 외세에 의해 우리의 고유

---

4) 이의 전형적인 예가 '수지 김' 간첩조작 사건일 것이다. 남편에 의해 살해당한 아내를 간첩으로 몰고, 살인범인 반인륜적 남편을 북한 간첩에게 희생당한 것으로 조작한 사건이다. 더 나아가 이 조작극을 '남십자성'이라는 드라마까지 만들어 북한에 대한 적대감을 고취시키고 군부독재의 연장을 꾀했다.

역사 행로가 끊임없이 왜곡되고 은폐된 우리의 역사적 특수성 때문에 올바른 민족 학문을 하게 되면 비판 학문이 될 수밖에 없고 또 올바른 비판 학문을 하게되면 민족 학문이 될 수밖에 없는 학문적 특수성을 가진다.

4. 21세기의 시대 규정과 민족사적 핵심 과제

(1) 민족사적 전환과 통일 시대(강정구, 1996b)

1990년대 초반 우리는 세계사적 전환과 더불어 민족사적 전환기를 맞았다. 민족사적 전환기를 개념화한다면, 이는 기나긴 민족사의 도정에서 어떤 특정 시기에 설정된 역사 방향과 역사 주체의 특성이 그 이후의 민족사적 경로에 결정적인 규정력을 행사해 장기간 동안 역사 진행 방향이 근본적인 변화 없이 이 전환기에 새로이 형성된 특정의 역사 행보가 지속되게 하는 결과를 초래한 역사적 또는 민족사적 계기를 말한다. 곧 '역사 갈림 길'을 말하는 것으로서 여러 갈래 길 가운데 한 특정의 길을 택하면 오랫동안 그 길을 갈 수밖에 없음을 의미한다.5)

우리 근대 민족사를 민족사적 전환기라는 개념을 기준으로 시기 구분을 한다면, 첫 번째는 1860~90년대의 '반침략반봉건 시대,' 두 번째는 '해

---

5) 페리 앤더슨의 발생적 결정론(genetic determinism 또는 유전론적 결정주의: 먼저 발생한 사건이 다음에 오는 사건을 결정한다)은 고대 로마와 게르만적 원시공동체 생산양식에다 오늘날 서구 유럽의 역사 행로를 결합시키는 초장기적이고 극단론적인 발생적 결정론이다. 이 논문에서 말하는 역사 전환기는 초기의 기원적 특성이 이후의 성격을 전적으로 좌우한다는 앤더슨 류의 운명론적인 초발생적 결정론(hyper genetic determinism)을 배제하고 있다. 초기의 발생적 결정성이 이후의 구조적 특성과 결합되어 역사 행로를 제약한다는 낮은 수준의 발생적 결정론을 의미한다. 곧 구조보다는 발생을 더 중요시하는 개념과 완전 동일한 것은 아니다. 구조와 발생이 별개라기보다는 발생론적 기원의 특성이 그 이후 또한 오늘날까지 구조와 구조화에 영향력과 규정력을 행사하고 있다는 점을 부각시키는 개념이다. 이런 의미에서 발생은 구조 못지 않게 중요한 요인임이 우리 현대사 분석에 깊이 고려되어야 한다.

방 공간 시대,' 세 번째는 1988년 6·10 통일 투쟁으로부터 더 나아가 6·15 남북공동선언을 계기로 진입한 '통일 시대'로 나눌 수 있다.

1860~90년대 반침략 반봉건의 탈봉건 민족사적 전환기는 조선이 국가봉건주의 사회에서 근대 자본주의로의 이행에 어떠한 역사 경로를 택하느냐 하는 중요한 역사 전환기인 탈봉건 시기를 말한다. 즉 조선 사회의 내재적 발전에 의해 자생적인 자본주의로 가느냐, 하부 토대에서 자본주의가 성장하지 못한 상태에서 외래 자본주의 침입에 즈음해 일본과 독일과 같이 '위로부터의 개혁'을 통해(갑신정변이 성공했다면) 자본주의로 진입하느냐, 프랑스와 같이 '아래로부터의 혁명'이라는 역사 경로를 거쳐(갑오농민혁명이 성공했다면) 자본주의로 나아가느냐, 아니면 부르주아 개혁이나 혁명에 실패해 조선의 실제 역사 행로였던 식민지 반봉건 사회로 가느냐, 또는 중국과 같이 반식민지 반봉건 사회로 가느냐 하는 역사의 갈림길이라는 점에서 민족사적 전환기라는 점이다.

두 번째 민족사적 전환기는 일제 식민지 통치에서 벗어나 조선 사회를 조선인 스스로 이끌어 갈 수 있는 민족 자주의 길이 열린 1945년 8·15이후의 해방 공간이었다. 이 해방 공간은 조선 사회의 역사 내적 동인에 의해 반제 반봉건 민주주의 혁명을 거쳐 사회주의로 이행하느냐, 일제 시대의 사회경제 체제의 연장인 신식민지 반봉건 사회로 가느냐, 아니면 남북한이 실제 걸었던 신식민지 종속자본주의와 주체형 사회주의로 가느냐 하는 점에서 민족사적 전환기였다.

세 번째 민족사적 전환기는 1988년 6월 '6·10 통일 투쟁'을 계기로 세력화하기 시작한 남한의 주체적 통일세력 형성과 미·소 간의 탈냉전이 상승 작용하고 남북 정상회담과 6·15 남북 공동선언으로 이어지는 '통일 시대'를 말한다. 통일 시대 중 남과 북에 어떠한 통일운동 주체가 형성되고, 어떠한 통일·통합 방안을 이끌어 내느냐, 외세의 개입을 남과 북이 서로 어떻게 차단해 민족 자주성을 확보하느냐, 90년대 통일운동을 세계사적 전환에 어떻게 접목시키느냐에 따라 통일 또는 통합을 이루느냐, 영구 분단으로 귀결되느냐, 또 통일을 이룬다면 그 사회경제적 형태는 어떠한 유형을 띠게 될 것인가 등이 결정되고, 이 결정된 형태가 앞으로 장기간 지속될 것이라는 점에서 민족사적 전환기이다.

위의 민족사적 전환기들은 내재적 역사 발전에 의해 순수하게 내생적으로 창출된 결과물이 아니라 세계사적 계기와 밀접한 연관되어, 곧 외세의 규정력을 받으며 진행되어 왔음을 우리는 발견할 수 있다. 반침략 반봉건 시대는 세계 자본주의가 제국주의로 전화함에 따라 제국주의 시장 쟁탈전의 시대로 돌입하면서 우리 민족사의 전환을 조건 지웠다. 해방 공간이라는 전환기에는 제국주의간의 갈등이 해소되고 사회주의와 자본주의라는 양 진영간의 갈등이 시작되는 냉전의 시원과 맞물려 있었다. 통일 시대 역시 세계사적 수준에서 탈냉전, 사회주의 체제 소멸, 세계화 및 신자유주의화, 미국의 막가파식 지배 지향적 패권주의라는 새로운 세계 질서와 연관 속에서 진행될 것이다.

외적 규정력의 정도는 민족의 내적 역량의 정도에 따라 변화되며, 이들 외적 규정력과 내적 민족 역량의 접합 또는 결합의 양태에 따라 민족사의 방향과 행로가 달라지게 된다. 신라 통일이라는 민족사적 전환기에는 중국이라는 외세가, 반침략 반봉건의 전환기에는 일본이라는 외세가, 해방 공간이라는 전환기에는 미국 중심의 외세가 우리 고유의 역사 궤도를 왜곡시키고 타율적인 역사를 강요했다. 이 과정에서 우리 선열들은 자주적이고 민족적인 민족사를 창출하기 위해 훌륭한 반외세·민족자주 투쟁을 펼쳐왔다. 여기서 우리는 통일 시대 우리의 역사 행로는 민족 자주적이어야 한다는 역사적 교훈과 당위성을 얻게 된다.

(2) 세계적 탈냉전과 한반도 속의 속냉전

1989년 몰타 협정과 동구 사회주의 체제의 붕괴를 계기로 과거 50여 년간

세계 질서를 규정짓던 동·서 양극의 냉전 체제가 무너지고 지구촌이 전환기적 역사 갈림길에 접어들었다. 이에 따라 한반도 역시 탈냉전으로 나아갈 것으로 기대됐으나 1991년의 제2의 한국전쟁 위기, 1994년 6월 '한두 시간'만 늦었더라도 전쟁이 발발할 수밖에 없는 상황으로 몰리는 영변 핵 위기, 1998~99년의 금창리 핵 위기, 99년 여름의 미사일 위기, 휴전 이후 최초의 정규군에 의한 무력 충돌이라는 두 차례의 서해교전, 9·11 테러 이후 미국 대통령 부시의 '전쟁의 해' 선포와 북한에 대한 '악의 축' 규정으로 촉발된 전쟁 위협 등에 우리는 끊임없이 노출되고 있다. 한반도 전쟁 위험은 오히려 냉전 시대보다 더욱 높아져 민족 전체의 평화와 생명권이 위협받고 있다. 곧, 세계는 탈냉전을 구가하는 듯 하는데 한반도는 오히려 속냉전을 지속하고 있다. 바로 여기서 우리는 세계사적인 보편적 흐름과 한반도의 흐름은 반드시 같은 방향으로 나아가지 않는다는 한반도의 역사 특수성을 확인할 수 있다.

무엇보다 우리의 삶, 그 가운데서도 죽느냐 사느냐 하는 생사의 문제를 가장 원초적으로 규정하는 것은 세계 질서이다. 특히 한반도의 경우 제2차 대전 이후 전개된 세계 질서인 냉전에 의해 분단과 전쟁이 강요되어 냉전의 희생물이 됐고 아직도 이 냉전은 청산되지 않고 우리의 곁에 더 크게 자리잡고 있기 때문이다. 세계적인 탈냉전시기에 속냉전의 역사 행로를 강요당하는 것이 한반도의 현주소이다.

결론적으로 한반도의 가장 시급한 민족사적 핵심 과제는 이 땅에 전쟁이 발발할 위험 소지를 줄이는 것, 곧 한반도 냉전 체제의 해소일 것이다. 우리는 인간의 기본적 권리로서 흔히들 자유권, 정치권 및 사회권으로 일컫고 있지만, 이에 앞서서 가장 첫 번째의 기본권은 자기의 죽고 사는 문제를 자기 자신이 통제하고 고귀한 생명을 유지할 수 있는 권리를 확보하는 생명권일 것이다. 비록 전쟁 불감증에 마비되어 일반 국민들은 제대로 인식하지 못하고 있지만 세계사적인 탈냉전의 시점인 1990년대 이후 한반도에는 무려 7~8번의 전쟁 위기가 반복되고 있다. 이는 우리 개개인과 민족 전체의 기본권인 생명권이 얼마나 위협받고 있는가를 극명히 보여 주는 것이다. 죽고 사는 문제만큼 더 중요한 문제는 없다. 어떠한 일이 있어도 한반도에서 전쟁은 있어서는 안 된다. 그래서 한반도 전쟁 위협의 본질적 요인인 냉전 체제의 해체가 당면한 민족사적 핵심 과제일 수밖에 없다.

(3) 탈냉전과 통일 시대의 민족사적 핵심 과제

앞의 논의와 같이 오늘날을 시대 규정한다면 세계사적으로는 냉전 시대에서 탈냉전 시대로, 민족사적으로는 분단 시대에서 통일 시대로 이행하고 있다고 볼 수 있다. 그러나 이런 역사의 흐름이 꼭 순탄하게 이행되는 것만은 아니다. 탈냉전 시대에 한반도에는 속냉전이 지속되면서 전쟁 위협이 잇달아 인간의 기본권 가운데 기본권인 생명권이 지속적으로 위협 당하고 있고 또 통일 시대의 과제인 통일 기반 조성은 제대로 진전되지 못하고 있다.

역사적인 6·15 남북 정상회담을 전후해 통일 정세는 가파른 상승 곡선을 그리다 노벨 평화상 수상 이후 상승 국면이 주춤하더니 부시 미국 정권이 등장하자 내외적 통일 정세는 가파른 하향 곡선을 그리면서 곤두박질 쳤다. 이런 통일 정세의 변화는 어느 정도 예상할 수 있는 것이었다. 분단 역사상 처음으로 열린 정상회담과 6·15 선언은 전체 국민의 환호와 열광을 가져와 이상적인 낙관론이 지배해 왔으나 점차 대북 정책이 구체적 실천 단계에 접어들면서 현실적이고 실용적인 문제에 직면하기 마련이다. 그러나 이런 국민 일반의 '자연적인' 주관적 인식의 변화 이상으로 통일 정세는 악화된 것으로 보인다. 정상회담 당시 여론조사에서는 6·15 공동선언의 지지도는 무려 95%를 넘었고 통일의 당위성을 묻는『중앙일보』의 여론조사에서 '통일은 반드시 이뤄져야 한다' 는 답이 71.2%에 이르렀다. 그러나 2000년 12월 조사에서는 48.6%로 나타났다(『중앙일보』,

2001년 1월 3일).

　이런 역사적 퇴행은 노벨 평화상 탐욕론, 북한 불변론, 속도조절론, 북한 퍼주기론, 과거사 사죄론, 상호주의론 등의 포용 정책 비판론이 기득권자와 냉전세력들에 의해 주도됐다. 설상가상으로 미국에 부시 정권이 들어서면서 대북 강경책이 가시화되어 이와 직·간접적으로 연계된 국내 사대주의 세력들이 가세하면서 전반적인 통일 정세는 탄력성을 잃어갔다. 행위 주체자의 이런 비판은 그 논거가 박약하고 허구적임에도 불구하고 냉전 구조와 냉전 의식 및 냉전 성역과 결합되어 상승 국면을 타고 있어 앞으로 한반도의 평화 및 통일 전망을 어둡게 하고 있다(강정구, 2002).

　세계적인 탈냉전 시대와 민족 통일 시대의 민족사적 핵심 과제가 냉전 체제의 해체라는 진단은 이미 김대중 대통령이 그의 임기 중 최대 목표를 한반도 냉전 체제 해소로 설정한 것에서도 드러난다. 또한 그런 전망이 결코 비관적인 것만은 아니었다. 2000년 북한 조명록 차수의 미국 방문시 체결된 10·12 북미 공동성명이 발표된 이후 냉전 체제 해소는 낙관적 전망을 가졌다. 또 남과 북은 2차 남북 정상회담에서 '한반도 평화선언'을 함으로써 '평화 선언→ 평화 협정→ 평화 체제→ 냉전 해체'라는 김대중 대통령의 임기 중의 원대한 구상은 결실을 볼 수 있을 것으로 전망된 적도 있었다. 그러나 한미 정상회담 직후 미국의 노골적인 압력과 국내 냉전세력의 부화뇌동에 의해 김대통령의 임기 중 목표는 좌초를 맞았다(강정구, 2002).

　민족사적 핵심 과제인 한반도 냉전 청산이 일시적으로 후퇴기를 맞았지만 탈냉전과 통일 시대의 시대적 요구인 이 과제는 결코 방기될 수 없다. 이를 위해 우리 비판적 및 유기적 지식인이 추구하는 한국학의 과제는 바로 한반도 냉전 체제라는 구조를 해소시키기 위한 전초작업으로서 '냉전 성역 허물기'라고 필자는 주장한다.

5. 21세기 한국 인문·사회과학의 지향 : 냉전 성역 허물기

지난 반세기 이상 우리 사회는 극단적인 냉전 분단 체제 아래 남북이 서로를 원천적으로 적대 및 부정(否定)하고 상대방에 극단적인 덧칠을 가해 악마화하고 자기 것은 절대적인 선으로 미화하거나 신성시 해왔다. 그래서 누구도 감히 손댈 수 없는 성역, 곧 금기 영역이 존재해 왔다. 이 금기 영역인 냉전 성역은 잘못 이야기하거나 학문 주제로 삼았다가는 누구든 옥살이나 죽음을 강요당할 정도로 범위가 광범위했고 시련 또한 가혹했다. 비록 이런 극단적 상황은 개선되긴 했지만 금기 영역은 아직도 엄연하게 존속하고 있다.

냉전 성역의 문제점은 그 기반이 구체적인 경험적 사실에 의해 검증이라는 절차를 받은 과학적 지식이 아니라 종교적 신념과 같은 맹목적 냉전 이념인 반공 이데올로기라는 점이다. 반(反)과학적이기 때문에 반(反)합리적이고, 맹목적이기 때문에 극단적이고 폭력적이며, 이분법에 의해 내편이 아니면 적으로 삼고 있다. 이 냉전 성역에 관한 한 공식적인 단일 표준 정답과 해석만 허용되는 파시즘적 체제가 지배하게 된다. 이 결과 통일 시대에 접어들었으면서도 남북간의 진정한 화해, 협력, 평화와 통일이 원천적으로 가로막히게 되고 학문·사상의 자유 등 민주주의의 기본이 침해받게 된다. 이 냉전 성역은 무엇보다 과학적 검증을 받게 되면 곧바로 그 허구성이 드러나게 된다. 특히 서해교전과 같은 무력 충돌이 일어날 경우 이런 맹목적 냉전 성역화는 더욱 강화되고 재생산되어 민족의 화해·협력과 평화·통일을 가로막는 주범으로 작용하면서 새로운 냉전 성역을 생성하고 기존의 것을 재강화하기도 한다(강정구, 2002b).

이 냉전 성역은 한국전쟁, 친일파 청산, 정통성, 항일 무장 투쟁, 양민학살, 주한미군, 연방제, 주체사상, 김일성, 김정일, 민족자주, 평화협정, 서해의 북방 한계선 등과 같이 우리 사회의 구석구석에 포진하고 있다.

한국전쟁을 보기로 들어보자. 우리 사회에서는 전쟁이 끝난지도 약 반세기가 가까워지는 지금까지 한국전쟁은 금기의 영역 또는 성역으로 자리잡고 있다. 비록 그것이 순수한 학문적 접근이라 할지라도 철저히 장막이 쳐 있다. 언제나 공식적인 '표준 정답'이 있어 이에 조금이라도 이탈되면 중세 암흑기의 마녀 사냥과 색깔론이 춤을 춘다. 그런데 이 표준 정답은 무조건 한국전쟁에 관한 한 북한은 악의 화신이고 남한과 미국은 선의 화신이라는 절대적인 양분법으로 역사적 진실과는 거리가 멀 수밖에 없는 왜곡이 자라잡고 있다.

이런 광기 어린 마녀 사냥과 색깔 논쟁은 대통령이라고 예외는 아니다. 김대중 대통령이 2001년 9월 28일 국군의 날 기념사에서 언명한 아래와 같은 한국전쟁의 해석이 한나라당 국회의원 안택수에게 대통령직 하야 요구까지 받았고 주류 언론의 집중포화를 맞았다. 한나라당 대변인은 "군 통수권자인 대통령이 엄연히 북한의 적화통일 야욕에 의한 남침을 '통일 시도'로 평가하다니 대통령의 사상과 역사 인식을 의심치 않을 수 없다"고 비난했고, 김영삼 전 대통령은 "남침을 합리화시키려는 북한 공산주의자 들의 전략전술을 그대로 인정하고 대변하는 논리로, 김대중씨의 사상과 정체를 드러내 보인 것"이며 "이는 '반민족적 범죄 집단'인 북한에 정통성을 부여하려는 의도이자, 이 나라를 공산 독재자인 김정일에게 바치려 하고 있는 것"이라고 비난했다(『조선일보』, 2001년 10월 4일).

우리 역사를 되돌아보면 세 번의 통일 시도가 있었습니다. 신라의 통일과 고려의 통일, 이 두 번은 성공했습니다. 하지만 세 번째인 6·25 사변은 성공하지 못했습니다. 그런데 이 세 번 모두가 무력에 의한 통일 시도였습니다. 그러나 이제 네 번째의 통일 시도는 결코 무력으로 해서는 안 됩니다. 반드시 평화적으로 해야 합니다. 지금은 남북이 엄청난 대량 살상무기를 가지고 대치하고 있기 때문에 우리는 민족의 안전을 위해서나 장래의 번영을 위해서나 반드시 평화통일에의 길을 가야 할 것입니다.

그러나 이런 주제들은 탈냉전 시대와 통일 시대를 맞아 민족의 숙원인 민족화해와 협력, 평화와 통일을 일구어 내기 위해서는 필수적으로 다뤄져야 할 연구 주제이다. 그래서 더 이상의 성역 없이 역사의 진실과 실재(實在)가 밝혀지고, 올바른 평가가 이뤄지고, 냉전 논리에 의해 왜곡된 것이 시정되고 극복되어야 한다. 이런 역사의 진실이라는 바탕 위에서만 진정한 남북의 화해·협력 및 평화·통일의 행로가 펼쳐질 수 있을 것이다. 한국전쟁만 하더라도 모든 잘못을 북한에만 귀착시키는 냉전 성역화 때문에 2차 남북 정상회담 이전에 김정일이 6·25 전쟁의 도발에 대한 사죄를 해야 한다는 '김정일 과거사 사죄론'의 바탕이 되고 있다.

6·15 남북 공동선언은 자주적 통일과 남북 통일 방안의 공통성을 각기 결합한 통일 방안에 합의함으로써 통일 시대와 평화 시대를 본격적으로 열었다. 이 통일 시대는 위와 같은 금기 주제에 대한 '성역 허물기'를 더욱 더 절실히 요구하고 있다. 왜냐하면 일방적으로 왜곡된 상대방에 대한 이미지로는 진정한 화해와 협력이 이뤄지기 힘들고, 이런 화해와 협력 없이 평화와 통일은 요원해지기 때문이다. 일본 교과서의 왜곡이 한일간의 진정한 화해와 협력을 어렵게 만들 듯이 남과 북이 이제까지 걸어온 발자취를, 곧 서로 상대방을 일방적으로 매도 해 온 것들을, 역사의 진실과 올바른 평가로 대체하지 않고는 진정한 화해나 협력 및 평화와 통일은 불가능할 수밖에 없다.

통일 시대의 중요한 과제인 평화 문제를 보기로 들어보자. 진정한 한반도 평화를 위해서는 평화의 핵심 구성 분야인 주한미군, 남북 군사력 비교와 군축, 평화 협정, 미국의 대한반도 정책, 한반도 전쟁 위협사 등의 주제가 수박 겉핥기가 아니라 본질적으로 또 포괄적으로 연구되어야만 한다. 곧, 주한미군의 철군이나 군사비 50% 감축 등의 논의까지도 제약 없이 허용되어야 한다.

통일 부분 역시 마찬가지다. 우리의 민족통일에 부당하게 개입하고 걸림돌이 되는 경우 외세 개입은 단호히 배격되어야 한다. 그러나 이런 대외적 자주 노선이 비록 보편적 원칙이라 하더라도 이 보편적 원칙인 자주 노선마저 미국이 관련되면 갑자기 국가보안법에 의해 반미 자주 노선으로 인식되고 단죄의 대상으로 낙인찍히는 현주소 아래서 냉전 체제 해소에 대한 실질적 논의는 제대로 이뤄질 수 없고 해소 또한 구현될 수 없다.[6]

연방제 또한 마찬가지다. 남측의 대표적인 민간통일 방안이라 할 수 있는 김대중, 문익환, 김낙중의 통일 방안 모두 연방 단계를 설정하고 있다. 북한의 공식적인 고려민주연방공화국(이하 고민연) 통일 방안 역시 80년 제창 당시와는 달리 '느슨한' 또는 '낮은 단계'의 연방제로 본질적인 변화를 보이고 있다. 그런데도 연방제 통일 방안을 이곳 남녘 땅에서 주장하면 천편일률적으로 북한의 80년대 고려민주연방공화국 통일 방안과 동일한 것으로 간주해 사법처리 운운하게 된다.

6·15 공동선언 이후 본격적인 통일 시대와 평화시대를 맞아 이제까지 냉전 성역으로 머물러 있었던 한국전쟁, 주한미군, 주체사상, 연방제 통일 방안, 남북한 정통성 등이 본격적으로 연구되어져야 한다. 이 '냉전 성역 허물기'는 바로 민족 학문과 비판 학문의 정체성이 요구하는 논리적 귀결이고 동시에 우리의 민족사, 특히 6·15 공동선언 이후의 통일 시대의 요구이기 때문이다.

6·15 공동선언 이후 냉전 성역의 정도가 완화된 점은 인정하지만 아직

---

6) 이는 필자를 포함해 8·15 방북단 7명을 국가보안법 위반 혐의로 구속 기소하면서 공안검찰의 수사 과정에서 가장 알레르기 반응을 보이는 것이 '자주 노선'이었다. 필자의 경우 주체사상이 통일 시대에 가지는 역사적 교훈으로 제시한 대외적 자주 노선을 검찰은 무조건 반미자주 노선으로 규정짓고 국보법 위배로 몰고 가서 '자주=반미=북한 추종=국보법 위배'라는 도식을 적용시켰다. 필자의 반미자주 노선은 외세가 우리의 평화와 통일에 기여하면 외세와의 협력을, 방해하면 외세 배격을 추구하는 보편적, 합리적 반미 노선이다. 설령 맹목적 반미 노선이라 할지라도 이것이 위법이라는 법은 사상의 자유라는 것을 원천적으로 봉쇄하는 악법 중의 악법일 수밖에 없다.

도 초보 단계에 지나지 않다는 점이 8·15 방북단 사건을 계기로 확인됐다. 잠재해 있던 냉전 의식과 냉전세력은 언제나 결정적인 계기가 조성되면 바로 표출되어 그 위력을 발휘하고 민족사의 흐름을 퇴행시킬 수도 있다는 점이 입증된 셈이다.

이런 냉전 성역의 견고함과 통일 미성숙이라는 현 주소 속에서 앞으로 유기적 및 비판적 한국학의 과제는 여전히 평화·통일에 필수적으로 연관되어 있는 주제를, 비록 성역이라 하더라도, 학문 연구 대상으로 삼아 역사의 진실을 밝히고 통일·평화 지향적인 역사 인식을 확장시키는 것이다. 이를 통해 평화·통일 행로를 개척하면서 우리 사회에 굳건히 내재해 있는 분단·냉전 의식을 통일 지향적 의식으로 바꿀 수 있는 토대를 만들어 나가는 것일 테다.

이제 냉전 성역 허물기가 얼마나 시급한 과제인가를 기존 냉전 의식, 낙인론, 심성, 문화, 논리, 제도 등에 기반한 '과거사 사죄론'의 반(反)합리성과 반(反)통일성을 살펴봄으로써 확인해보겠다.

2001년 김정일 위원장의 서울 방문 소식이 전해지자 일부에서는 김 위원장이 '버마'와 KAL 폭파 사건, 심지어는 6·25 전쟁에 이르기까지 먼저 사과를 해야 한다고 한다. 또 이에 대한 반대론을 개진한 황태연 교수에 대한 막무가내식 색깔론과 마녀 사냥이 펼쳐졌다. 또 한나라당 윤여준 의원은 2001년 2월 12일 국회 통일·외교·안보 분야 대정부 질문 중 답방에 앞서 김 위원장이 밝혀야할 4가지 조건으로 "대량살상무기 포기, 휴전선에 전진 배치된 재래식 무기와 전력의 후방 배치, 6·25 전쟁, 아웅산 테러 등에 대한 사과, 국군 포로·납북자에 대한 조건 없는 송환 약속" 등을 제시했다.

이 과거사 사죄론의 반통일성을 살펴보겠다. 먼저, 김 위원장의 답방은 온 민족과 세계 앞에서 공포된 6·15 공동선언이라는 민족 대장전에서 합의된 사항이다. 이 합의서는 답방에 대한 전제조건이나 꼬리표를 전혀 달지 않았다. 이제 와서 불쑥 이런 전제조건을 내건다면 이는 민족 대장전에 대한 심각한 위배다. 또한 김대중 대통령 평양 방문시 이런 과거사 사과를 하지 않았다. 김일성 호색한 만들기, 기쁨조의 날조, 김정일 악마 만들기, 수지 김 간첩조작 사건, 인민군 포로 2만7천의 불법 석방, 외국의 대북한 식량지원 봉쇄, 조문 파동과 김일성 전범 운운, 북일 수교 방해 공작 등 남쪽이 저지른 무릇 여러 종류의 부끄러운 과거사들이 있다. 김 대통령이 이 남쪽이 저지른 과거사들에 사과하지 않았는데도 김 위원장께 사과를 요구하는 것은 일방주의로서 상호주의 위배이다.

그러면 남한은 미얀마나 KAL 사건 등과 같은 '극단적'인 행위를 하지 않았다고 강변할지 모른다. 이 주장은 KAL 858기 의혹 일부에서 주장하듯이 아직도 이들 사건에 대한 객관적이고 결정적인 증거에 의해 북한 책임론으로 결론 내릴 수 있을 것인지에 관해 논란의 여지가 있다.[7] 더구나 최근 군부 독재에서 안기부나 중앙정보부가 조작한 '수지 김 간첩조작 사건,' 서울 법대 최 교수 간첩조작 사건, 조작된 북풍 사건 등이 밝혀짐에 따라 이 극단 행위에 대한 남한 면죄부는 성립되지 않고 있다.

간단히 간첩 이야기 하나만 해보자(강정구, 2002a). 우리는 이제까지 간첩은 북한만 보내는 것으로 믿었지 남한이 북한에 보낸다는 것은 꿈에도 생각지 못했다. 그런데 정보사령부에 의하면 휴전 이후 남한이 북한에 보낸 간첩 가운데 실종된 사람이 7,726명이고 이들의 위패를 전부 모시고 있다고 한다. 또 미군이 보냈다 실종된 사람이 3천 명이란다. 물론 이 숫자도 MBC가 2002년 2월 24일 방영한 <이제는 말할 수 있다>에서 미군이 주도한 KLO 대원들은 터무니없이 축소된 숫자라고 강변하고 있다.

그런데 사실은 이 간첩들을 북한보다 남한이 오히려 더 많이 보낸 것이 아닌가 의구심이 든다. 김원웅 국회의원은 국방부 자료를 인용해 1950

---

7) KAL 조작 의혹에 대해서는 858기 가족회, 『KAL858기 가족 의혹 제기 33가지』, 2001년 11월 19일.

년 이래로 1999년까지 총 남파공작원은 6,446명이며, 그중 생포자 3,177명, 사살자 1,644명, 자수자 275명임을 밝혔다(『동아일보』, 2000년 11월 8일). 이 남파 간첩 통계에 의하면 휴전 이후 남한에서 생포, 사살, 자수자가 5,096명이고 1,350명은 북으로 도주한 것으로 보인다. 남파 간첩의 생존 귀환율이 어느 정도 되는지 알 수 없어 전체 남파 간첩 숫자는 파악하기 힘들다.

그러나 북파 간첩의 경우『신동아』(2001년 1월)에 의하면 50년대 생존율은 겨우 10%에 지나지 않지만 60년대 이후는 90%에 이른다고 한다. 이를 기초로 추정하면 60년대부터 북파 간첩이 약 2,150명 실종됐으므로 실제 파견된 숫자는 연인원 21,500명에 가깝다. 이 정도면 미군이 북한에 보낸 간첩은 빼더라도 남한이 북한보다 더 많은 간첩을 보낸 것으로 풀이될 수 있다. 물론 이들이 하는 일이란 암살, 요인 납치, 폭파, 교란 등 극단적 행위이다.

이것만 보더라도 남한은 잘못한 게 없고 북한만 잘못했다는 주장은 냉전 낙인론에 불과한 것으로 경험적이고 구체적인 자료에 의해 입증된 과학적 지식은 아님을 알 수 있다. 그러므로 북한은 으레 저런 것이라는 냉전 심성과 의식, 곧 대북한 오리엔탈리즘에 의해 섣불리 북한에게만 과거사 사죄 운운하는 것은 정당성의 근거가 없고 남북 화해와 평화통일에 걸림돌만 될 뿐이다.

냉전 성역이 가장 두텁게 쳐진 한국전쟁을 보자. 결론적으로 한국전쟁 발발 책임론에 입각해 사과를 요구하는 것은 남북관계를 파행으로 이끌 뿐 아니라 일반 국민들의 요구와도 맞지 않는다. 6·25 전쟁 발발 50주년을 맞아 실시한 여론조사 결과, '남북간에 6·25 문제를 어떻게 해결해야 하는가'라는 질문에 응답자의 76.3%가 '전쟁의 원인과 책임을 떠나 미래지향적으로 해결해야 한다'고 응답한 반면, '전쟁의 원인과 책임에 대한 철저한 규명부터 있어야 한다'는 응답은 21.5%에 머물렀다(『문화일보』, 2000년 5월 12일).

　이런 국민들의 인식과는 별개로 한국전쟁 자체의 성격을 엄밀히 과학적으로 분석하더라도 북측만의 일방적인 사과 먼저라는 논리는 수용되기 힘들다. 필자의 최근 연구논문에 의하면(『경제와 사회』, 2000년 겨울) 큰 한국전쟁은 6·25 이전에 일어났다. 2·7 구국 투쟁부터 50년 6월까지 인민 항쟁, 유격대 투쟁, 38선 충돌로 작은 전쟁 상태로 무려 10만이 죽었고, 38선에서는 대대나 연대급 전투까지 벌어지고 있었다. 6·25 이전에 이미 전쟁은 진행되고 있었다는 의미이다. 또 6·25는 확대전쟁이었고, 이것은 거의 불가피한 것으로 당시의 식자라면 누구나 예측하고 있었다. 48년 4월 남북협상의 합의문 2항은 외군 철군 후 전쟁을 하지 않는다고 합의했고, 김구 선생이 제일 우려한 것이 바로 이런 내전의 발생 전망이었다. 6·25 전쟁은 별개의 주권국가 사이의 전쟁이 아니라 한 나라 내의 단일 정치권력 확립을 위한 내전이다. 물론 내전을 본질적으로 조건지은 것은 미국 중심의 외세이다. 내전에는 침략이라는 개념이 성립되지 않는다. 우리가 '태조 왕건'이라는 연속극이나 실제 역사 교과서에서 누구도 후삼국 시대의 궁예, 왕건, 견훤 등에 대해서 침략자로 규정하지 않는 것처럼 말이다.

　이제 이 과거사 사과 문제를 미래지향적으로 보자. 전쟁, 간첩, 포로처리, 납치, 휴전협정, 여러 가지 국제법 등에서 남과 북은 정도의 차이는 있지만 서로 불법 행위를 엄청나게 저질렀다. 기존의 이데올로기와 냉전관으로 단죄하지 말고 실사구시의 정신에서 제대로 역사의 신실을 보면 남과 북 어느 쪽도 이런 불법 행위에서 면죄부를 받을 수 없다. 그런데 화해와 협력, 평화와 통일을 일구자는 이 마당에 과거사를 끄집어내 서로의 치부를 드러내고 자기 잘못은 숨긴 채 상대방 불법 행위만을 문제 삼는다면 과연 외세가 끊임없이 남북 이간책을 쓰고 있는 이 시점에서 민족 화해와 통일 행로에 무슨 도움이 될 것인지 심히 우려된다. 한반도 문제의 남북 주도화를 통해 외세가 끼어 들 틈새를 없애고 남북 전체 민족의 생명권과 통일권을 확보하는 당면사적 과제에 해악만 끼칠 따름이다.

이제까지 살펴 본대로 위의 여러 과거사 사죄론은 그 논거가 박약하고 허구적임에도 불구하고 구조적 요인과 국면적 요인, 더 나아가 부시 미국 정부의 무력 의존적 대북 정책이 상호 결합되어 상승 국면을 타면서 탈냉전 시대와 통일 시대를 역행하고 있다. 이런 반탈냉전 시대와 반통일 시대적인 현상은 우리 모두에게 내재해 있는 냉전성에 기인된다. 바로 여기에 오늘날 우리 한국학이 나아가야 할 역사 지향은 바로 '냉전 성역 허물기'가 되어야한다는 논리적 귀결에 이른다.

이제 좀 더 구체적으로 우리 사회에 만연해 있는 중요한 냉전 성역의 사례를 이념형 수준으로 단순화시켜 몇 가지 선택적으로 제시해 보겠다. 이들은 '표준 정답'이 설정되어 있으며 이 정답성에 대한 근거는 경험적인 구체적 사실에 의해 검증이라는 절차를 거치는 과학적 지식에 의한 것이 아니다. 오히려 이 냉전 성역들은 종교적 및 맹목적 신념과 같이 과학적 검증을 허용하지 않는 '믿음'이나 일종의 이념적 맹신에 사로 잡혀 절대적인 진리의 차원으로 격상되어 있다. 그래서 과학적 검증을 허용하지 않아 금기의 영역으로 자리잡고 있으며, 비록 학술적인 연구라 하더라도 이 금기를 건드리게 되면 국가보안법의 제물이 되기 마련이다. 이 냉전 성역들은 주로 한국전쟁, 친일파 청산, 정통성, 항일 무장 투쟁, 양민 학살, 주한미군, 연방제, 주체사상, 김일성, 김정일, 민족자주, 평화협정, 미국의 대한반도 정책 등의 주제에 관련된 것들이고, 시간적으로는 해방 공간에 대부분 설정됐으며, 지금 현 시점에서도 여전히 '북한전쟁 위협론,' '남한 군사력 절대 열세론에 의한 주한미군 주둔의 필연성' 등으로 나타나고 있다.[8]

---

8) 이 냉전 성역의 이념형적 사례들은 우리의 일상생활에서 쉽게 확인되기도 하지만 필자의 만경대필화 사건의 재판 과정에서 공안검찰의 공소장 내용과 조사 과정에서 집중적으로 대상이 된 것들을 중심으로 재구성한 것이다.

[냉전 성역의 이념형적 사례]

1. 사회주의(빨갱이)는 모든 악의 근원이고 화신이다.
2. 북한 정권은 일체의 정통성이 없고 남한 정권만이 정통성이 있다.
3. 해방 공간 당시 미군은 점령군이 아니라 해방군이었고 소련군은 점령군이었다.
4. 주한미군 주둔은 한반도 평화를 위해 필수불가결하고 통일 이후에도 주둔해야 한다.
5. 주한미군 철군 주장은 적화통일에 동조하는 주장이다.
6. 한국전쟁은 통일전쟁이 아니라 북한의 침략전쟁이고 모든(또는 거의 대부분의) 잘못은 북한에 있고 남한과 미국은 피해자에 불과하다(북한 악마론과 남한·미국의 절대선화).
7. 한국전쟁 전후 민간인 학살은 대부분 북한 인민과 토착 좌익세력에 의해 저질러졌다.
8. 6·25 전쟁에 미국의 개입은 정당하고 미군은 혈맹이었다.
9. 김일성 중심의 항일 무장 투쟁은 조작이고 북한 주석 김일성은 남의 이름을 도용한 가짜다.
10. 김일성은 6·25 전쟁의 전범이다.
11. 연방제는 북한의 적화통일 방안이다.
12. 주체사상에서 자주노선은 반미자주노선이다.
13. 북한의 평화협정 주장은 위장 전술에 불과하다.
14. 북한은 언제나 적화통일과 남침을 노리고 있다(북한 적화통일론과 북한 전쟁위협론).
15. 남한군은 북한군에 비해 열세이고 그래서 주한미군은 북한 도발을 막는 방패막이다(남한군 열세론과 주한미군 전쟁억지론).

6. 냉전 성역 허물기의 방법론 모색9)

이 장에서는 냉전 성역 허물기라는 한국학의 역사 지향에 걸맞는 독자적 방법론에 관한 논의를 하도록 하겠다. 물론 독자적 방법론이라고 해서 세계 속의 방법론과 완전히 단절될 수는 없고 상호 연관을 가지면서도 독자적인 특성을 가지게 되는 방법론을 의미한다. 이를 위해서는 우리 사회가 제3세계이고 냉전분단체제라는 특수성과 민족통일이라는 민족사적 절대과제를 가지고 있다는 역사적 특성 등이 고려된 방법론의 모색이 절실히 요구된다고 할 수 있겠다. 그러나 방법론을 연구의 논증 과정에 사용된 절차와 기술로 정의하고, 동시에 이론, 인식론, 방법론 등은 서로간의 영역이 완전히 분리될 수 없다는 점을 수용하고, 또 우리 사회의 연구 대상의 포괄성과 다양성을 고려한다면, 한국 사회의 모든 연구대상에 걸 맞는 만병통치와 같은 포괄적인 한국적 방법론의 모색은 거의 불가능하다. 오히려 냉전 성역 허물기 방법론과 같이 한정적인 주제 영역에 대한 제한적인 방법론 모색이 요구된다고 볼 수 있다.

냉전 성역 허물기의 방법론 모색에 고려해야할 사항은 다음과 같은

---

9) 이 냉전 성역 허물기는 필자의 학문적 좌표이고, 이 때문에 만경대필화 사건에 휘말려 옥살이를 했고 아직도 재판에 계류 중이다. 재판 과정에서 이 냉전 성역 허물기에 대한 학문으로서의 객관성 문제가 제기됐다. 이에 대해 필자는 "저는 저의 학문이 객관적이라고 확신하고 있습니다 다만 저의 학문적 연구 결과가 객관성이 약한 것처럼 보이고 마치 학문이 아닌 것처럼 보이는 것은 너무나도 당연하다고 봅니다. 왜냐면 저의 주 연구 분야가 현대사, 통일, 북한이고 이 분야의 연구 주제는 대부분 냉전에 의해 왜곡되고, 은폐됐기에 이것을 바로잡고 진실을 밝히는 것이 마치 학문이 아닌 것 같고 객관성이 덜 한 것처럼 보이기 마련입니다. 대표적인 본보기가 한국전쟁입니다. 비정상적인 사람이 정상적인 사람을 보면 오히려 비정상적으로 보이기 마련입니다. 저의 학문 연구 결과가 마치 객관성이 약한 것처럼 보이는 것 자체가 제 자신이 추구하는 학문적 좌표인 [냉전 성역 허물기에] 충실하다는 증거라고 생각합니다." 연구자가 탐구 대상의 선정에서 현존의 지배적 이데올로기를 넘어서지 못할 경우 그런 학문이 우리 사회를 개조하고 변혁시키는 데 별다른 의미를 가지지 못하기 마련이다. 학문의 객관성에는 자료 분석과 해석에서의 객관성보다는 탐구 대상의 선정에서의 객관성이 더 중요하다고 본다.

냉전 성역화의 역사적 특수 조건일 것이다.

첫째, 냉전 성역이 형성되는 가장 결정적인 요인은 자본주의와 사회주의 사이의 이념적 적대인 냉전에서 비롯됐다.

둘째, 외세가 개입되지 않은 시점인 순수 해방 공간 당시 조선 사회의 지배적 이념은 사회주의였지 양 이념의 대립이 아니었다(강정구, 1990).

셋째, 만약 해방 공간에 외세가 개입하지 않았다면 냉전도 냉전 성역화도 생겨날 수 없었다. 냉전 자체는 외세에 의해 강요된 결과물이지 우리 사회의 내부적 동력에 의해 생성된 것은 결코 아니다.

넷째, 해방 공간 당시의 조선은 결코 남과 북으로 나누어져 서로를 적대시하는 지역적 적대관계가 형성되지 않았다. 그러나 외세에 의해 일방적으로 38선을 기준으로 지리적 분단이 이뤄지고 이후 강요된 이념과 제도 아래서 남북 적대관계가 형성되고 공고화됐다.

다섯째, 그러므로 냉전 성역에 대한 객관적이고 역사적인 평가는 냉전이라는 이념적 잣대가 아니라 민족 중심적 잣대여야 한다.

여섯째, 냉전 성역은 해방 공간에 발생해 한국전쟁 기간을 거쳐 정착화됐다. 그러므로 해방 공간이 냉전 성역의 발생적 결정론 역할을 했으므로 해방 공간의 민족 중심적 기준이 냉전 성역 허물기의 중요 잣대가 되어야 한다.

역사추상형 비교방법

이에 따라 냉전 성역 허물기의 방법론으로 역사추상형 비교 방법(Historical Projection Comparative Method)을 제안한다. 이 방법은 "만약 클레오파트라의 코가 한 치가 낮았더라면, 로마의 역사는 … 됐을 것이다" 식의 반사실적 역사 가정(non-factual historical hypothesis)을 통해 올바른 민족 중심적 기준을 설정하려는 방법이다. 이 방법은 '외세의 개입이 없었더라면'이라는 상상적 실험 또는 역사적 가정을 통해 외세 개입이라는 변수를 통제했을 경우, 곧 외세의 개입이 없이 조선 사회의 순수한 내적 역사 동력에 의해서 조선의 역사가 진행됐을 시기를 가정하고, 이 기간을 순수 해방 공간(the Pure Korean Period)으로 설정한다. 이 순수 해방 공간의 역사적 시점에서 연구 대상인 종속변수와 관련된 역사 구조적 조건을 밝힌다. 다시 이 역사 구조적 조건을 외세의 개입에 의해 왜곡되지 않고 내재적인 지속을 계속했을 것을 전제해 논리적 극대화(logical exaggeration)를 꾀한다.[10] 이런 극대화된 역사 구조적 조건에서 종속변수에 대한 역사 추상을 통해 역사 추상 모형을 설정한다.

이 역사 추상 모형은 외세를 통제하고 순수한 내적 역사 동력에 의해 투영되어 설정됐으므로 민족 중심적이고 주체적인 곧 외세가 배제된 역사 궤도라고 볼 수 있다. 따라서 이 역사 추상 모형이 훌륭한 민족 중심적인 준거틀이 될 수 있다는 논리이다.

외세를 통제해 순수한 내적 역사동력에 의해 설정된 이 역사 추상 모형과 실제의 역사 모형을 비교해, 양 모형간에 발견되는 차이를 외세의 영향력에 의한 결과물로 간주하는 방법이다. 또한 민족 중심적인 외세의 평가는 실제로 외세의 지향과 외세의 영향 아래 진행된 실제 역사 모형이 외세를 상상적으로 통제해 구성된(따라서 민족 주체적인) 역사 추상 모형과 얼마나 유사한가, 또 얼마나 이질적인가를 비교함으로써 이뤄질 수 있

---

10) 순수 해방 공간은 논리적 극대화이면서 동시에 역사적으로 실존한 구체물이다. 전남 지역의 재야 원로인 이기홍과 김세원은 이에 관한 시사적인 발언을 한다. "두 노인은 단군 이래 우리 역사에서 고구려를 빼놓고 1945년 8월 15일부터 건준위·인민위 파괴 전까지처럼 자주적이고 자생적인 역사 단계는 없었다고 주장했다. 요컨대 미군정에 의한 건준위·인민위의 파괴는 민족의 분열·분단의 씨앗을 심은 것이었다는 것이다. '총독부에서 간판만 바꾼 것이 미군정, 미군정이 이승만 정권으로, 박정희, 전두환, 노태우까지 온 것이여. 45년 8월 15일 후 두세 달 빼고는 … 우린 해방된 적이 없어. 아직까지도'." 오연호, 『식민지의 아들에게』, 백산서당, 1991, 21쪽.

다. 비교 결과 차이점이 없이 거의 동일하다면 외세는 민족 주체적인 역사 궤도에 장애 요인이 아니라 가속제 또는 촉진변수(reinforcing variable)의 역할을 한 것으로 평가할 수 있고(현실적으로 이런 경우는 지극히 드물겠지만 논리적으로는 가능하다), 보다 이질적이고 거리가 멀수록 외세는 민족 주체적인 역사 궤도를 가로막은 반민족적인 평가를 받게 된다.

이를 도표화한다면 아래와 같다. 아래의 <표 1>에서 역사 추상 모형과 외세의 개입으로 왜곡된 실제의 역사 모형과의 간격(K)이 적을수록 외세의 독자적 효과는 줄어들고, 이 값이 0에 수렴한다면 외세는 내정 간섭이 아니라 보다 민족 주체적인 역사 궤도로의 이행에 도움이 되는 가속제 또는 촉진 요인으로 간주될 수 있다. 이 값이 커질수록 외세의 독자적 효과는 타율적 역사 행로를 강요하는 민족 억압성과 내정 간섭적 속성을 띠는 것으로 볼 수 있다.

<표 1> 외세 개입의 독자적 효과 측정 모델

- 역사 추상 모형(외세의 개입이 없이 순수 내적 역사 동력에 의해 추상된 모형)

    ⟶ (역사 추상 모형)

- 실제의 역사 행로(외세 개입 이후)

    ⟶ (역사 추상 모형)

    순수 해방 공간 │ 외세 개입의 역사적 계기

    ⟶ (미국 개입 이후의 실제적 역사 경로)

- 외세 개입의 독자적 효과

    K

외세 개입의 독자적 효과에 대한 민족 중심적인 평가:

* K의 면적이 0에 수렴하면 수렴할수록 민족 주체성에 가속제나 촉진 변수의 역할을 한 긍정적 효과.

* K의 면적이 커지면 커질수록, 극한값에 가까워질수록 반민족적이고 예속적인 역사 행로를 강요한 제국주의적 효과.

이 역사 추상형 비교 방법은 첫째, 외세의 개입이 없이 역사가 전개됐다는 것을 가정하기 때문에 순수하게 민족 주체적인 역사 궤도를 제시해 준다. 민족 주체성이라고 이야기할 때 가장 중요한 것은 민족의 역사를 민족 자체의 힘으로 끌고 가면서 외부의 개입을 막고 민족 스스로의 운명을 스스로 결정한다는 것이다. 이런 점에서 역사 추상 모형은 바로 민족 주체형이고 이는 민족 정통성의 가장 객관적인 준거틀이 될 수 있다. 따라서 역사 추상 모형과 이승만 노선, 여운형 노선, 조선공산당 노선, 한민당 노선, 북로당 노선 등과의 비교를 통해 이들 노선 가운데 어느 노선이 보다 역사 추상 모형에 가까운지를 비교해 더 근접하는 노선을 민족 정통성이 보다 높은 노선으로 평가할 수 있는 방법이다.

둘째, 사회과학의 대상이 되는 대부분의 사회 현상의 연구에는 명시적이든 묵시적이든 어떤 비교를 전제로 하고 있다. 이때 종종 비교의 기준이나 평가의 기준이 명확히 설정되지 않아 이해의 혼란을 가져오는 경우가 많다. 이 경우 역사 추상 모형을 하나의 기준으로 설정함으로써 어떤 집단의 행위, 외세의 개입과 그 영향에 대한 평가기준을 확보할 수 있다. 특히 우리나라와 같은 제3세계는 외세의 개입과 영향에 따라 내적인 사회 현상이 규정되고 결정되기도 하고, 또 그 외세와 결탁한 국내 세력이 권력 장악과 지배계급의 지위를 종종 획득하곤 했다.

그러면서도 이들은 그 당시의 상황으로는 그 길이 최선이었다든지, 오늘의 결과를 볼 때 그 당시 자기들의 역사적 선택이 정당했다는 몰(沒)역사적 결과론을 앞세우면서 자기들의 정통성을 앞세워 왔다. 이들에 대한 객관적인 평가 기준으로서 역사 추상 모형은 이상적이라고 볼 수 있다.

셋째, 베버의 이념형이 추구하는 발현적 도구(heuristic device)라는 점에서는 서로가 유사한 개념이고 유사한 비교 방법이라 볼 수 있다. 그러나 이념형이 몰역사적이고 통시대적이고 초사회적이며 지극히 추상적인 반면, 순수 해방 공간의 역사 추상 모형은 역사적이고 구체적이라는 점에서 큰 차이가 난다.

베버의 관료제 이념형에서 보듯 여러 가지 가능한 설명의 소재 중에서 베버 자신의 가치에 의해 선택된 일부분의 설명 요인인 합리화라는 것을 선험적으로 추상화했을 때 관료제가 나타나리라고 기대되는 특성을 모은 것이 베버의 관료제 이념형이다. 그것은 구체적으로 얻어진 경험적 자료나 관찰에 의해서 추출된 역사적 결과물이 아니라 선험적인 가치를 극대화한 추상에 의한 도출이다.

이와는 대조적으로 역사 추상 모형은 과거 특정 시기에서 전승된 사회경제적 요소가 해방 공간에서 계급 구조나 계급 역량, 국가기구의 와해 등으로 종합되는 사회구조적 상황에서, 민족운동과 계급운동이 해방 정국을 맞아 활성화됐던 1945년 8월에서 대략 1946년 2월까지의 상황이 지속되면서 동시에 외세의 개입이 없는 역사 기간을 설정하고, 여기에서 관찰되고 얻어진 경험적 자료에 의해서 역사 전개를 추상화하는 역사 추상을 말한다. 그러므로 더 시대 제한적이고 구체적이면서 역사적인 모델이라고 할 수 있다.

냉전 성역의 핵심 사례들인 사회주의와 자본주의의 이념적 적대, 미국과 소련의 비교 평가, 이승만 정권과 김일성 정권의 민족 정통성 평가, 남북한의 친일파 청산과 토지개혁 평가, 주한미군과 미군의 6·25 전쟁 참여 평가 등을 위해서는 미국이나 소련이 점령하지 않은 순수 해방 공간의 역사 구조적 조건에서 이들 각자에 대한 역사 추상 모형을 만들고 이를 기준으로 오늘날 만연하고 있는 냉전 성역화나 낙인론이 과연 이 역사 추상 모형에 얼마나 가까운 것인가 또는 먼 것인가를 가늠해 평가함으로써 이들이 과연 민족사적으로 정당한지를 평가한다.

역사추상형 반증방법(Historical Projection Disproval Method)

위의 역사추상형 비교방법과 유사한 역사추상형 반증방법 역시 냉전 성역 허물기에 유용한 방법이다. 이 방법의 유용성을 북한의 혁명적 토지 개혁에 대한 설명을 통해서 제시하도록 하겠다.

남한의 자유주의적 토지개혁에 대비한 북한의 혁명적 토지개혁을 조선 사회의 내재적 역사 행로의 결과로 보기보다 소련 점령의 결과로 설명 하려는 명제가 있다. 이 명제를 '입증' 또는 뒷받침하기 위해서는 이와 관련된 여러 가지 역사 자료를 수집해 이를 증명해야 할 것이다. 그러나 포퍼의 비판적 합리주의에 따르면, 이 명제나 이론이 실제로 참인지를 확인할수 있는 길은 없다.

> 과학은, 이론들을 관찰된 사태에 대한 서술들에 비춰 검증하는 합리적 비판의 과정을 통해, 가능한 한 진리에 가까이 도달하는 것을 목표로 한다. 이론들은 기각되거나 아니면 잠정적으로 채택되며, 채택된 이론들은 그 다음에 또 다른 검증을 받게 된다. 언제 우리가 진리인 이론을 만들어 내는가를 우리는 결코 알 수 없다. 우리가 알고 있는 것은 지금 우리가 가진 이론들이 이런 비판적 검증과정을 견뎌낸 것이라는 점이 전부이다(Blaike, Norman. 2000, 50~51).

비판적 합리주의에 따르면 북한의 혁명적 토지개혁의 '소련 기인론'은 입증하기 힘들다. 그러나 최소한 이 가정은 반증이 가능하다. 필자는 1990 년의 논문 「남·북한 농지개혁 비교연구: 민족주체적 시각에서」에서 소련 기인론을 역사추상형 반증방법으로 반증함으로써 그 허구성을 들춰내고 조선 사회 내인론을 펼쳤다.

필자의 내인론을 보다 설득력 있게 하기 위해 필자는 북한의 혁명적 토지개혁이 소련의 점령 정책 때문이라고 설명하는 명제가 가지는 가정을 먼저 제시하고, 실제로 북한 토지개혁에 관해 일어난 역사적 사실과 이

가정들 사이의 모순이나 불일치를 끌어냄으로써 소련 점령군 탓이라는 명제의 허구성을 밝혀 이를 반증했다. 이렇게 함으로써 북한의 혁명적 토지개혁은 소련의 점령 정책 탓이 아니라 순수 해방 공간에서 조선 사회의 내적 역사추동력에 의한 것이었고, 만약 미국 점령군이 없었더라면 남한도 북한과 똑같은 혁명적 토지개혁에 성공했을 것이라는 나의 명제를 뒷받침하고자 했다. 곧 남한의 혁명적 토지개혁 실패는 외세인 미국 점령군의 개입에서 그 원인을 찾아야 한다는 것이었다.

만약 북한의 혁명적 토지개혁이 소련 점령군의 결과라면 우리는 다음을 전제로 해야 할 것이다.

첫째, 북한의 혁명적 토지개혁에 대한 소련의 구체적 점령 정책이 3·7제를 시행하고 지방 인민위원회와 농민조합이 농민들을 동원하기 시작한 1946년 1월 이전에 존재했어야 한다.

둘째, 북한 공산당이나 통치기구가 궁극적인 토지개혁을 공식적으로 받아들이기 전에 시민사회의 사적인 수준에서 토지개혁을 위한 급진적 운동은 없었어야 한다. 민중사회 수준에서 혁명적 토지개혁 운동이 북한의 정당 혹은 통치기구에 의해 주도됐다 할지라도, 그런 운동은 토지개혁의 소비에트화에 대한 증거가 되지 못한다. 특히 소련 점령군이 북한의 정당과 통치기구를 완전히 장악했다는 전제가 없이는 더욱 그러하다.

셋째, 남한에서의 끊임없는 항쟁, 반란, 사회적 불안이 지속됐던 점을 고려해 본다면 외국 점령군인 소련군이 조선에 대해 그들의 선택을 강요했을 때, 즉 혁명적 토지개혁에 대한 북한 사회 내부의 동력이 형성되지 않은 상태에서 소련이 혁명적 토지개혁을 강제했다면 시민사회에서 일련의 강력한 저항이 있어야 했다. 당시 외세의 간섭이 배제된 완전한 독립이 조선의 궁극적 목표였다는 가정을 받아들인다면 이것이 논리적으로 더 타당할 것이다.

넷째, 외부에서 강요된 혁명적 토지개혁이 성공적으로 수행되기 위해서는 전국 수준에서 강력하고 중앙 집중적인 관료 조직이 토지개혁 실시 이전에 통치 구조 내에서 이미 구비되어 있어야 했다.

다섯째, 적어도 토지개혁의 수행 과정에서 소련의 요원이 고문관으로 서든 실제 집행관으로서든 조금이나마 관련됐음이 관찰되어야 했다.

첫 번째, 즉 토지개혁을 비롯해서 조선에 대한 소련의 구체적 점령 정책이 있었다는 것을 뒷받침하는 증거가 없다. 오히려 구체적인 점령 정책이 없었다는 것이 지배적인 견해이다. 초기 소련의 북한 점령 정책은 지역별로 너무 큰 차이가 있어 통일된 구체적인 정책이 있었다고 보기는 힘들다. 어떤 지역에서는 시민사회에서 자생한 인민위원회를 승인하고 인민위원회가 통치권을 일시적으로나마 행사하는 것을 허용하기도 했고, 또 다른 지역에서는 일본의 잔존 기존 통치기구를 그대로 허용하기도 했다. 와다 하루키의 최근 소련 자료 분석에 의하면 스탈린이 주로 관심을 가지고 있었던 지역은 만주, 사할린과 쿠릴반도이지 조선이 아니었다는 것이다. 1945년 9월 20일에 공포된 스탈린의 조선 점령 지침에 관한 첫 명령은 다음과 같았다.

3. 붉은 군대에 의해 점령된 조선의 영토 내에서 항일집단 및 민주적 정당과의 유대를 방해하는 일이 있어서는 안되며 그들의 활동을 지원해야 한다.
4. 붉은 군대는 일본인 정복자들을 궤멸시키기 위해 북한에 진주했으며 조선에 소비에트 체제를 들여오거나 조선 영토를 차지하기 위한 것이 아니다.

물론 소련의 세계 전략 또는 보편적인 점령 정책 원칙은 있었다. 그것은 점령 지역이 소련에 대한 침략 기지로 이용되는 것을 허용하지 않는다는 소련 안보 우선의 점령 정책이었고 이것은 미소 공동위원회에서 몇 차례나 소련측 대표에 의해서 언급됐다. 이런 보편적 점령 정책 외에는 초기부터 한반도에 대한 뚜렷한 구체적인 점령 정책이 있었다고 보기는 힘들다. 따라서 해방 후 4개월이 지나면서부터 시작된 공식적인 토지개혁 운동과 6개월이 지나면서 시작된 구체적 시행이 소련 점령군의 결과라고 받아들이기는 힘들다.

두 번째 가정은 북한의 토지개혁이 전적으로 소련 점령에 기인한다면 토지개혁 실시 이전에 북한 내부에서 민중사회 수준의 급진적인 농민운동이 없어야 한다. 그러나 해방 공간의 북한 민중사회는 실질적 소작제 와해나 농지 분배 등의 급진운동이 팽배해 있었다. 남한 역시 마찬가지였다.

세 번째, 일본 식민지통치 시기의 좌우익의 민족주의 운동, 해방 공간에서의 반제 투쟁, 사대주의 청산에 대한 강한 의지 등을 고려할 때, 점령군이 북한에 민중사회 수준에서의 개혁운동이 전혀 없는 데도 토지개혁을 감행했다면 민중 및 시민사회 수준에서 토지개혁에 대한 엄청난 저항이 있어야 한다. 그러나 실제로 북한의 토지개혁은 한달 이내에 완료된 가장 철저한 토지개혁으로 두드러진 저항이나 반혁명전이 없었다. 저항이나 반혁명보다는 열광적인 농민의 참여 속에서 농민의 손에 의해 주체적으로 진행됐다.

네 번째, 해방 공간에서 국민총생산액 중 농산물이 차지하는 비중이 압도적이고 농업 인구도 전체의 약 70% 이상을 점유하는 계급 분포에서 근본적인 경제 구조와 계급 구조의 변혁을 의미하는 토지개혁을 수행하기 위해서는 고도로 조직력이 필요하고 수많은 인적 동원이 필요하다. 더구나 시민 및 민중사회 내에서의 적극적인 참여 없이 외세에 의해서 상요됐을 때에는 고도로 중앙집권화된 관료 조직이 토지개혁 실시 이전에 북한 내부에 구비되어 있어야 된다.

실제 북한에서는 1946년 2월 중순까지 국가 통치기구의 유형을 갖춘 조직이 전국적 수준에서 갖춰져 있지 않았다. 2월 중순에 가서 겨우 북조선 임시 인민위원회가 조직되어 통치를 전담하기 시작했다. 그러나 이 임시 통치기구가 발족된지 2주일만에 시민 및 민중사회의 자생적인 급진

조직의 참여 없이 토지개혁을 단독적으로 그렇게 급진적으로 강제하고 효율적으로 단기간 내에 완료한다는 것은 전혀 불가능한 일이다. 중앙집권의 강력한 관료 조직이 없었다면(비록 그것이 소련 점령군에 의해 조직됐든 조선인으로 조직됐든 간에), 북한의 토지개혁은 결코 소련 점령 정책의 결과라고 보기는 힘들 것 같다. 아울러 다섯 번째 가정도 실제 북한 토지개혁의 수행 과정에서 관찰되지 않았고 점령군이 개입했다는 증거도 이제까지 발견되지 않았다.

소련이 비록 자신들의 군정을 통해서 직접 토지개혁을 집행하지 않았다 하더라도, 소련의 대리인으로 조선인을 내세워 권력을 장악하게 하고 그 대리집단의 손에 의해서 토지개혁이 수행되도록 하는 우회적 방법도 가정할 수 있다. 물론 이런 가정에는 토지개혁에 관한 소련의 구체적인 점령 정책이 있다는 것을 전제로 한다. 이런 가정의 경우도 역시 소련의 대리인이 권력 장악을 신속히 하고 대리 집단을 중심으로 굳건한 관료 체제가 형성되고 그 조직이 전국적인 뿌리를 내렸을 경우에만 이 가정이 효력을 발생한다.

북한의 경우 흔히들 미국과 남한의 반공주의자들에 의해서 조선 민중에 전혀 기반을 갖지 못한 김일성이 단지 소련의 대리인으로서 권력을 장악할 수 있었고 그렇기 때문에 김일성 치하의 토지개혁은 북한의 내적 역사 전개의 결과가 아니라 소련 정책의 결과라는 주장을 한다.

이런 주장은, 첫째 김일성 집단이 조선 민중 속에서 토착적인 뿌리가 전혀 없는 외국군의 앞잡이 및 대리인에 불과하다는 사실이 확인되어야 한다. 물론 지금 북한에서 공식화되어 있듯이 김일성 집단만의 민족해방 투쟁사나 개인 숭배와는 거리가 멀겠지만 단순한 대리인이 아니라는 것은 여러 곳에서 확인된다. 주체사상의 뿌리는 한국전쟁 이후에 생긴 것이 아니라 식민지 치하의 항일투쟁 과정에서 생성됐다는 북한의 주장은 전혀 설득력이 없는 것은 아닌 것 같다.[11] 또 설사 단순한 대리인이었다 하더라도 토지개혁은 전적으로 그의 개인적 역량에 의해서 수행된 것은 아니었다.

위와 같이 '소점령군에 의한 토지개혁'이라는 명제가 가져야 하는 전제(가정)와 해방 공간에서 진행된 실제 사이에는 너무나 큰 괴리가 있다는 것을 확인했다. 그래서 필자는 소점령군의 매개를 외국 간섭의 부재로 해석하고 북한의 혁명적 개혁은 북한사회의 내적 역사 추동력의 결과라고 주장한다. 동시에 남한도 이런 혁명적 개혁을 할 수밖에 없는 역사적 상황이었으나 미점령군의 개입으로 인해서 혁명적 개혁이 좌절하게 됐다.

이런 방법론에 의한 냉전 성역을 평가한다면, 성역 중 많은 부분이 결코 민족사적 정당성을 차지하기 힘들 것으로 예측된다. 이로써 냉전 성역의 근간이 허물어져 분단 지향적인 인식에서 통일 지향적인 인식으로 탈바꿈하게 되면 세계사적 흐름인 탈냉전과 민족사적 흐름인 통일 시대에 부응하는 역사 인식이 자리잡게 되어 탈냉전과 통일을 앞당길 수 있을 것으로 기대된다.

7. 맺음말

북한의 임남 댐(남한에서는 금강산 댐으로 부름)의 안정성 문제가 제기되어 임동원 특사가 긴급 방북해 한반도 2003년 전쟁 위기에 대처하기 위해 6·15 국면으로 복원시켰던 남북관계가 다시 경색되고 이산가족 상봉의 성과물을 축소시켜 '악의 축' 전쟁 위기 이후 간신히 조성됐던 한반도 화해 분위기가 다시 암초에 걸린 적이 있다. 고도의 공작 작품으로 의심받지 않을 수 없는 미국의 인공위성 사진 유출, 이런 공작성 정보를 받아 검증도

---

11) Bruce Comings, "The Two Koreas", *Foreign Policy Association Headline Series*, No. 269, 1984, p.37.

그치지 않고 안정성 문제를 과대 포장해 기정사실화 하는 듯한 주류 언론의 맹목적인 대북한 냉전 심성의 발로, 미국 정보에 부화뇌동하는 한국 언론의 사대주의성, 김대중 정권에 대한 복수심과 정략주의에 매몰되어 거시적인 민족 이익을 헌신짝처럼 내팽개치는 주류 언론과 정치세력 등의 복합 작용에 의해 자주적으로 이룩한 한반도 화해 기조가 또 다시 위기에 봉착되기도 했다.

이런 밑바탕에는 북한에 관한 한 사실인지 아닌지를 가리는 인지적 합리성이 마비되고, 확인할 필요를 느끼지 않고도 '명약관화'한 사실화가 되어버리기 마련인 냉전 심성과 냉전 낙인론이 작용하고 있고, 이 때문에 그 파급 효과는 위력적이다. 이런 냉전 심성 마비 현상은 일종의 대북한 오리엔탈리즘으로 우리들에게만 국한된 것이 아니고 미국과 일본에게도 만연해 있는 현상이다. 이의 대표적인 경우인 금강산 댐 안정성 문제, '수지 김' 간첩 조작 및 은폐 사건, 미국의 금창리 핵 위기 조작 사건, 98년 8월 북한이 인공위성을 발사했을 당시 일본이 보여 준 안보 히스테리 및 정신도착 증세, 2002년 10월에 제기된 '북한 핵파동'(강정구, 2002c) 등이다.

여기에서 우리는 북한에 관한 한 남한, 일본, 미국에서 모두 "저놈들을 잘 안다. 저 놈들은 그런 놈들이다"라는 상투화된 냉전 낙인론과 냉전 심성이 곧 바로 작동되고 있음을 확인할 수 있다. 이런 낙인론은 경험적이고 구체적인 자료에 의해 입증된 과학적 지식에 뒷받침되지 않고 있음을 알 수 있다. 그러므로 북한은 으레 저런 것이라는 냉전 심성과 의식, 곧 대북한 오리엔탈리즘은 아예 과학적 근거가 필요 없을 정도로 맹목성을 띠고 있다.

이를 허물지 않고는 진정한 남북 화해와 협력의 기반이 조성되기가 원천적으로 힘든 상황이다. 따라서 탈냉전 시대와 통일 시대의 과제인 생명권과 통일권을 수행하기 위해서도 한국학은 바로 이 냉전 성역 허물기를 기해 우선 우리 속에 있는 냉전 심성, 의식, 문화 등을 치유해야 한다. 이를 바탕으로 일본과 미국의 맹목적인 대북한 냉전 낙인론이 우리 민족의 평화와 통일에 걸림돌이 되는 것을 막을 수 있을 것이다. 우리 한국학 연구자들이 이 냉전 성역 허물기를 단순히 연구 대상으로서 대상화할 것이 아니라 내 자신과 동일시하는 내면화, 곧 나의 일, 내가 해야 할 일, 또는 '내 것화'하는 것으로 격상시켜야 할 것이다. 바로 이것이야말로 탈냉전과 통일 시대가 우리 한국 인문·사회과학계의 지성인에게 요구하는 시대적 요청이고 역사적 책무일 것이다.

참 고 문 헌

강만길, 1995, 「분단 50년을 되돌아보고 통일을 생각한다」, 『창작과 비평』 23권 1호(봄호).

강수택, 2001, 『다시 지식인을 묻는다』, 삼인.

강정구, 1988, 「현대사 연구방법론의 방향: 개념구성에서 실천까지」, 『문학과 사회』 4호(겨울호).

_____, 1990, 「남·북한 농지개혁 비교연구: 민족주체적 시각에서」, 산업사회연구회, 『경제와 사회』 통권 7호(가을호).

_____, 1996a, 『분단과 전쟁의 한국 현대사』, 역사비평사.

_____, 1996b, 『통일 시대의 북한학: 민족중심적 이해를 위해』, 당대.

_____, 2000a, 「민족민중학문과 비판학문을 제창한다」, 『현대 한국 사회의 이해와 전망』, 한울.

_____, 2000b, 「한국전쟁과 민족통일: 전쟁의 통일을 넘어 평화와 화해의 통일로」, 한국산업사회학회, 『경제와 사회』 48호(겨울호)

_____, 2000c, 「통일 시대의 민족통일」, 『현대 한국 사회의 이해와 전망』, 한울.

_____, 2001a, 「냉전세력이 민족사회에 끼친 해악」, 강만길 외, 『이제 문제는 냉전세력이다』, 중심.

_____, 2001b, 「주한미군의 반 평화성과 반 통일성」, 『진보평론』 통권 9호(가을호).

_____, 2002, 『민족의 생명권과 통일』, 당대.

_____, 2002a, 「분단과 전쟁의 상흔」, 『민족의 생명권과 통일』, 당대.

_____, 2002b, 「서해교전과 맹목적 냉전 성역의 허구성」, 『진보평론』 13호(가을호).

_____, 2002c, 「북한 핵 문제의 본질과 동북아 정세」, 평화를 만드는 여성회·평화네트워크·비폭력평화연대·평화와 통일을 여는 사람들 공동 주최, <북 핵 문제의 본질과 올바른 접근 방안> 긴급토론회 발표문, 2002년 11월 1일.

길정우, 1999, 「한반도 냉전구조 해체 방안: 포괄적 논의를 위한 시론」, 통일연구원, 『한반도 냉전구조 해체 방안 1: 장기·포괄적 접근 전략』.

김근식, 2000, 「정상회담의 성공적 수행을 위한 과제」, 『통일경제』 5월호.

김민웅, 2001, 『보이지 않는 식민지』, 삼인.

김진균, 1997, 『한국의 사회현실과 학문의 과제』, 문화과학사.

박순성, 1999, 「분단체제의 미래와 동북아질서」, 『창작과 비평』 103호(봄호).

서재정·정용욱, 1996, 『탈냉전과 미국의 신세계질서』, 역사비평사.

오기평편저, 2000, 『21세기 미국의 패권과 국제질서』, 오름.

이삼성, 1999, 「한반도 전쟁위기와 미국의 대한반도 정책」, 『당대비평』 통권7호(여름호).

이창주, 2001, 「한반도 평화공존과 국제환경」, 제2회 세계한민족포럼 발표 논문, 2001년 5월 24~26일.

장성민 편역, 2001, 『부시 행정부의 한반도 리포트』, 김영사.

전태일을 따르는 민주노동운동연구소, 1998, 『신자유주의와 세계민중운동』, 한울.

정경모, 2001, 『이제 미국이 대답할 차례다: 망명 30년, 민족주의자가 파헤치는 민족사의 현주소』, 한겨레신문사

조동일, 1993, 『우리 학문의 길』, 지식산업사.

조희연·김동춘, 1990, 「80년대 비판적 사회이론의 전개와 민족·민중사회학」, 한국 사회학회, 『한국 사회의 비판적 인식: 80년대 한국 사회의 분석』, 나남.

한호석, 2000, 「남북정상회담 개최합의를 어떻게 볼 것인가?」, 민주주의민족통일전국연합, 『민』 통권 18호(5월호).

한호석, 2001, 『평양회담과 연방제 통일의 길』, 도서출판 민.

허문영, 1999, 「한반도 냉전구조 해체 방안: 장기·포괄적 접근(시론)」, 통일연구원, 『한반도 냉전구조 해체 방안 1: 장기·포괄적 접근 전략』.

와다 하루끼, 1999, 「21세기 동북아시아와 일본」, 『한겨레』 창간11돌 기념 국제학술대회, <새 세기와 한국, 21세기 신동북아질서> 발표문, 1999년 5월 8일.

쑹창 외, 1997, 『No라고 말할 수 있는 중국』, 동방미디어.

채현위, 1998, 『21세기 중국은 무엇을 꿈꾸는가』, 지정.

토미야마 이찌로(富山 一郎), 1999, 「평화를 만드는 것」, 『당대비평』 통권7호(여름호).

타나까 아끼히꼬, 2000, 『새로운 중세: 21세기의 세계 시스템』, 지정.

허신, 1999, 『중국의 부흥과 세계의 미래』, 백산서당.

Amitage, Richard, 2001, 「아미타지 보고서: 북한에 대한 포괄적 접근」; 장성민 편역, 『부시 행정부의 한반도 리포트』, 김영사.

Blaike, Norman, 1993, Approaches to Social Enquiry, Blackwell Publishers; 이기홍 옮김, 2000, 『사회이론과 방법론에 다가서기』, 한울.

Brzezinski, Zbigniew, 2000, 『거대한 체스판: 21세기 미국의 세계 전략과 유라시아』, 삼인.

Chomsky, Noam, 2001, 『불량국가』, 두레.

Chomsky, Noam(et al.), 2001, 『냉전과 대학: 냉전의 서막과 미국의 지식인들』, 당대.

Cumings, Bruce, 1996, 「70년 위기의 종언: 삼각구성과 신세계질서」, 서재정·정용욱 옮김, 『탈냉전과 미국의 신세계질서』, 역사비평사.

Feffer, John, 1999, "Containment Lite: U.S. Policy Toward Russia and Its Neighbors," Foreign Policy in Focus Special Report #3, August.

Galtung, Johan, 1996, Peace by Peaceful Means, London: Thousands Oaks; 강종일 외 옮김, 2001, 『평화적 수단에 의한 평화』, 들녘.

Halliday, Fred, 1983, The Making of the Second Cold War, London: Verso.

Iggers, Georg, 1997, Historiography in the Twentieth Century: From Scientific Objectivity to the Postmodern Challenge, Wesleyan Univ. Press.

Keat, Russel and John Urry, 1993, 이기홍 옮김, 『과학으로서의 사회이론』, 한울.

Leffler, Melvyn, 1992, A Preponderance of Power: National Security, the Truman Administration, and the Cold War. Stanford Univ.

Oberdorfer, Don, 1998, The Two Koreas: A Contemporary History; 『두 개의 코리아: 북한국과 남조선』, 중앙일보

Sayer, Andrew, 1992, Method in Social Science, Routledge London; 이기홍 옮김, 1999, 『사회과학 방법론: 실재론적 접근』, 한울.

Sigal, Leon, 1998, Disarming Strangers: Nuclear Diplomacy with North Korea, Princeton, New Jersey: Princeton University Press; 구갑우 외 옮김, 1999, 『미국은 협력하지 않았다: 북한과 미국의 핵외교』, 사회평론.

Wallerstein, Immanuel, 1999, The end of the world as we kno.w it: social Science for the twenty-first century(1999); 백승욱 옮김, 2001, 『우리가 아는 세계의 종안: 21세기를 위한 사회과학』, 창작과 비평사.

한국에서의 자유주의:
정치적 자유주의와 경제적 자유주의
—— 자유주의 담론에 대한 이론적 비판의 기초 작업

김성우 | 건국대 철학박사

1. 한국 자유주의의 현실 그림

한국에서 자유주의는 권위주의 정부의 보수적 통치를 정당화하는 반공이라는 명분으로 타자 배제를 통해 억압을 수행하는 정치적인 이념적 도구였다. 그런 이유로 정치적 자유주의 자체가 갖는 최소한의 보편적 성과(비록 재산권 중심이긴 하지만 인권과 경제 활동의 자유)마저도 누리지 못했다. 독재의 현실에서 탈출하거나 정신적인 자위를 위해 자유주의는 문화적 낭만주의의 이름으로 등장하기도 한다. "어느 출판사에서 『자유주의라는 화두』란 책을 펴냈다. 재미있게도 거기에서 자유주의자로 거명된 사람들의 명단을 보니 나혜석, 김수영, 홍신자 등 대부분 사상가가 아닌 문화계 인사들이었다. 한국 자유주의의 정치적 전통이 얼마나 취약한지를 적나라하게 보여주는 사례다. 한국에서는 이렇게 '자유주의'의 의미를 늘리고 늘려 문화적, 예술적으로까지 확대 해석해야 겨우 자유주의의 전통이 구성된다. 사실 우리 사회에서 자유주의 전통은 사상이 아니라 운동으로만 존재했다. 우리 사회를 이만큼이나마 자유주의화하는 데 공헌한 건 유감스럽게도 자칭 자유주의자들이 아니라 좌파의 이념을 표방한 민주화운동이었다"(진중권).

정치적인 억압의 수단과 문화적인 낭만적 도피 수단으로서의 두 얼굴이 우리 사회의 자유주의의 이중성이었다. 극단적인 폭압과 이데올로기적인 장벽 속에서 지배적 자유주의를 비판하는 목소리도 자유주의라는 아이러니가 생겼다. 국가독점적 자본주의적 자유주의에 대한 과학적 비판은 80년대 학생운동을 통해 이뤄졌다. 그런데 80년대 후반 동구권의 현실 공산주의의 몰락과 더불어 죽은 개로 여겨지던 자유주의가 신자유주의(경제적 자유주의)의 이름으로 부활했고 전일적인 이데올로기적 헤게모니를 형성하게 됐다. 그리고 경제적 자유주의가 마치 정치적 민주주의의 논리적이고 현실적인 전제인 것처럼 간주되어 경제적 자유주의 담론과 민주주의 담론이 뒤섞이게 됐다. 그런 이유로 '민주주의와 시장경제'가 김대중 정권의 새로운 표어가 됐다.

그러나 우리에게 자유주의는 정치적 자유주의로서는 억압이었고, 낭만적 자유주의로서는 도피였고, 경제적 자유주의로서는 착취인 얼굴로 나타났다. 자유주의에 대한 이런 부정적인 경험과 자유주의가 가져온 경제적 성과는 자유주의에 대한 분열의 의식을 산출했다. 원래 자유주의 자체가 애매하고 정의가 불가능할 정도로 외연이 확장돼버린 탓도 있다. 그러나 근래의 신자유주의가 진정한 의미의 자유주의라고 필자는 생각한다. 기존의 정치적 자유주의는 민주주의 담론에 포섭 가능하고, 낭만적 자유주의는 종교적 해탈의 문화예술적인 판본이라고 볼 수 있기 때문이다. 자유주의에게 본래의 얼굴을 찾아줘 대결하려는 것이 이 글의 의도이다.

2. 자유주의의 정체성

자유주의란 사유재산제 및 그것에 근거를 둔 자본주의적 사회 질서에 대한 이념적 서술이며 근대적 제도화를 기획한 문명 프로젝트이며 정책적 방향과 원칙을 밝힌 정치적 강령이다.[1] 이런 자유주의의 핵심적 강령은 사적 소유권과 이에 기반을 둔 개인의 자유로운 선택을 보장하는 시장 구조이다. 자유주의의 정당성은 도덕적 정초에 의거하지 않는다. 대신에 사적 소유권과 시장에 의해 이뤄진 성과가 이의 정당성을 확보한다. 그런데 자유주의는 재산권의 보호와 시장 질서를 유지하기 위해 다소 강제적인 정치적이고 사법적인 질서를 요구한다.[2] 이는 근대 자유주의 이론의 선구자인 로크가 제시한 재산의 보호를 가장 주된 목적으로 갖는 국가관에서도 잘 드러난다. 또한 신자유주의 정책적 대변가인 밀턴 프리드먼의 다음과 같은 언명에서도 분명히 드러난다. "물론 자유시장이 존재한다고 정부가 필요 없는 것은 아니다. 정부는 '게임의 규칙'을 정하는 법정으로서도 필요하고, 정해진 규칙을 해석하고 집행하는 중재자로서도 당연히

---

1) "고전적 자유주의자들은 자유주의 이념을 실천하는 데 있어서 생산수단의 사적 소유라는 기초 위에 개개인의 자유로운 선택을 보장해주는 사회 질서 건설의 필요성을 역설했다. 그런 사회 질서를 건설함에 있어서 경제적으로는 기업들의 자유로운 생산활동을 보장하고 시장기구를 통한 자원의 배분을 중시하는 자본주의 제도와, 정치적으로는 국민의 기본 인권을 보장하는 입헌 대의정치 체제를 확립하는 것이 필요하다고 보았다." 폰 미제스, 「역사 서문」, 『자유주의』, www.cfe.org/book/book01/05/index.html.

2) "다음 단계, 즉 자본시장의 창설과 대량의 고정자본을 갖는 제조업의 발달은 다소간의 강제적인 정치적 질서를 수반했다. 보다 복잡하고 비개인적인 교환 형태가 발전함에 따라 개인적인 유대, 자발적인 제약, 그리고 추방은 더이상 유효하지 않기 때문이다. 이것들이 중요성을 잃는다는 것은 아니다. 이것들은 우리의 상호의존적 세계에서 여전히 의미가 있다. 그러나 유효한 비개인적인 계약이 존재하지 않을 경우, 배반으로 얻는 이득이 그런 복잡한 교환을 제압할 수 있을 정도로 충분히 크다. 안정적 재산권은 공간과 시간을 넘어 계약을 실효성 있고 공평하게 집행하는 정치적·사법적인 조직을 필요로 할 것이다." 노스, 『제도·제도변화·경제적 성과』, www.cfe.org/book/book01/06/index. html, 13장.

필요하다.”3) 이런 자유주의의 주요한 특성들은 그 많은 진화와 변형에도 불구하고 로크의 휘그주의(영국의 고전적 자유주의의 출발점)에서 현재 정점에 도달한 듯한 (하이에크와 밀턴 프리드먼 등의) 신자유주의에 이르기까지 그대로 유지된다.

　　케인스 식의 복지주의에 회의하던 시대, 현대 신자유주의의 철학적·역사적 토대를 마련한 신자유주의의 대표적 철학자로 명성을 날린 하이에크의 전략은 고전적 자유주의(구 휘그주의)의 복원이었다.4) 그의 로크와의 연관성은 단 하나의 명제로 드러난다. “소유가 없는 곳에는 불의(injustice)도 존재하지 않는다”(E 4. 3. 18).5) 이 명제는 로크로 대변되는 고전적 자유주의인 휘그주의와 오늘날 세계화와 구조조정이라는 단어를 유행시키며 전 인류의 삶을 닦달(Gestell)하고 있는 신자유주의와의 연관성을 분명히 나타내고 있다.6)

---

3) 밀턴 프리드먼, 『자본주의와 자유』(형설사, 1990), 30쪽.

4) “후에 전유럽에 자유주의 운동이라고 알려지게 된 것을 고무시켰고 미국 이주자(American colonists)들이 함께 건너가서 그들의 독립 투쟁이나 헌법의 설립 과정을 이끌어 줬던 개념을 제공해준 것은 바로 영국 휘그당의 이상이었다. 사실상 이 전통의 성격이 프랑스혁명으로 인한 첨가(전체주의적 민주주의와 사회주의적 교훈)에 의해 변형될 때까지 ‘휘그(Whig)’는 일반적으로 불려지던 자유주의자 정당의 이름이었다. … 사상의 진화에 대해 배우면 배울수**록 나는 내가 단지 투철한 구 휘그라는 사실을 점점더 깨닫는다. … 그 근본 원리들은 여전히 구 휘그의 것이다.**” 하이에크, 「후기」, 『자유헌정론』, www.cfe.org/book/book01/19/index. html(강조는 인용자).

5) 여기서 참조하는 로크의 『지성론』의 판본은 *An Essay Concerning Human Understanding*, ed. P. Nidditch (Oxford University Press, 1975)와 *An Essay Concerning Human Understanding*, ed. R. Woolhouse(Penguin Books, 1997)이다. 이 글에서는 가장 최근판인 울하우스의 판본을 기저본으로 삼고 최초의 비판본인 니디치의 판본은 참고본으로 삼았다. 인용시에는 권수와 장수와 절수만 밝힌다. 예컨대 E 4. 3. 18은 『지성론』 4권 3장 18절을 가리킨다.

6) “로크의 ‘소유적 개인주의 possessive individualism’는 단지 하나의 정치이론이 아니라, 영국과 네덜란드가 번영할 수 있었던 조건을 분석해서 얻은 산물이었다. 그의 ‘소유적 개인주의’는, 정치권력이 시행해야만 하는 정의는 번영을 확보하려면 개인적 소유을 인정하지 않고서는 존재할 수 없다는 통찰에 근거하고 있다. 우리는 개인 사이의 평화적 협력을 통해 번영을

고전적 자유주의와 신자유주의의 핵심은 많은 논란에도 불구하고 사적 소유권에 바탕을 둔 소유의 자유 중시이자 (분배) 정의에 대한 반감이고 시장의 자기 조절 기능에 대한 확신이다. 그래서 자유주의는 기본적으로 경제적 관점에서 이해되어야 한다. "경제학에 관한 지식 없이 자유주의에 관해 이해하는 것은 불가능하다. 자유주의는 응용경제학이며 과학적 기초 위에 세워진 사회적 정치적 정책이기 때문이다."[7] 그래서 자유주의는 자본주의라는 특정한 생산양식과 생산관계에 근거를 둔 언어로 표현되어야 한다. 이런 관점에서 본다면 경제적 자유주의와 정치적 자유주의의 구분은 잘못된 구분이다.[8] 자유주의는 경제적 자유 없이는 정치적 자유도 불가능하기 때문이라고 보기 때문이다. 프리드먼에 따르면 시장 논리를 바탕으로 한 경쟁적 자본주의는 경제적 자유를 보장하고 또한 정치적 자유를 위한 필요조건이 된다고 주장한다. 이에 대한 근거를 대기 위해 언제나 마찬가지로 도덕적인 원칙에서의 연역에 의한 정당화가 아니라 역사적 사실에 의한 정당화를 제시한다. "정치적 자유와 자유시장 제도의 관계는

　　이룩하기 때문이다. '소유가 없는 곳에는 정의도 존재하지 않는다'는 명제는 유클리드 기하학의 논증만큼 확실하다. 소유의 이념은 무엇을 할 수 있는 권리이고, 정의롭지 않은 이념은 그 권리를 침해하는 이념이거나 침범하는 이념이기 때문이다. 따라서 소유의 이념은 이런 의미로 확립됐으며, 정의와 부정의가 소유의 이념에 부가됐다는 사실은 자명하다." 하이에크, 『치명적 자만』, www.cfe.org/book/book01/13/index.html.

7) 폰 미제스, 「부록」, 『자유주의』.

8) "오직 자유주의의 '영국적인' 혹은 진화적인 형태만이 선명한 정책 프로그램을 개발했기 때문에, 이 형태의 자유주의에 집중해 자유주의를 체계적으로 설명할 것이다. 반면에 '대륙적인' 또는 구성주의적 형태는 대비를 위해 필요한 경우에만 언급될 것이다. 따라서 최근 대륙에서 행해졌지만 영국형에 적용될 수 없는 또 다른 구분, 즉 정치적 자유주의와 경제적 자유주의의 구분도 역시 기피해야 할 것이다. 영국 전통에서는 이 두 가지를 서로 분리할 수 없었다. 왜냐하면 국가의 강제권을 일반적인 행동 규율로 실시하는 데에 국한시켜야 한다는 이들의 기본 원칙은 국가에서 개인의 경제적인 행동을 조종하거나 통제하려는 힘을 빼앗자는 것이기 때문이다." 하이에크, 민경국 편역, 「자유주의 이념과 전개 과정」, 『자본주의냐, 사회주의냐』(문예출판사, 1990), 120쪽.

매우 분명하며 이것은 역사적으로 입증된 사실이다. 정치적 자유가 잘 보장된 사회로서 자유시장 제도에 상응하는 경제 제도를 도입하지 않은 사회는 어떤 시대 또는 어떤 지역에서도 찾을 수 없다."9) 이런 자유주의자의 관점에서 본다면 경제적 자유는 정치적 자유의 원천이자 조건이 된다. 그러므로 정치적 자유는 경제적 자유에서 파생되므로 그 중요성에도 불구하고 존재 근거의 차원에서 이차적인 것이 된다. 자유주의자에게서 자유는 기본적으로 경제적 언어로 표현되지 않으면 안 된다. 그러나 역사의 전개는 자유주의 안에 개인의 권리니 분배의 정의니 민주주의니 다원주의니 하는 정치철학적 이념들을 들어오게 했다. 이 정치적 원리들은 자유주의가 인간의 얼굴을 갖기 위한 치장의 도구이다.

그런데 분배의 정의와 민주주의와 같은 이런 정치적 이념들은 시장의 자기 조절 능력의 한계10) 때문에 필연적으로 국가의 역할을 강조하게 된다. 이런 까닭에 이런 이념들은 그 치장 효과에도 불구하고 순수한 자유주의자한테는 자유주의의 기본 원칙을 위협하는 불순물이기도 하다.11) 하이에크 같은 이는 이런 점을 잘 알고 있었다. 그는 이런 이념들의 치장과 더불어 1870년부터 자유주의 이론의 몰락이 시작됐다고 본다.12) 그래서 그는 자유주의를 여러 불순물에서 제련해 자신이 원하는 깔끔한 상품을 만들고 싶었다. "내가 '자유주의'라고 부르는 것은 오늘날 그 이름으로 진행되는 정치적 운동과는 전혀 관계가 없다는 것을 인식할 필요가 있다.

---

9) 밀턴 프리드먼, 『자본주의와 자유』, 23쪽.

10) Polanyi, K., *The Great Transformation*(Beacon, 1964), pp.29~30, p.237.

11) 프리드먼과 같은 신자유주의자는 20세기의 복지와 평등을 강조하는 왜곡된 자유주의에 최소 국가를 외치며 국가 권력의 제한을 주장하는 진정한 자유주의인 고전적 자유주의와 대비시키며 논의를 전개한다. 그는 자유주의의 변질에 대해 애기한다. 정치적 자유주의의 강조는 진정한 자유주의를 보수주의로 매도하게 만든다고 생각한다. 이에 관해서는 프리드먼, 밀턴, 「서론」, 『자본주의와 자유』 참조.

12) 같은 책, 7장.

… 내가 그 용어의 의미로 '자유주의자'라는 용어를 사용하는 것이 거의 불가능해진 미국에서는 '자유의지론자'(libertarian, 즉 자유지상주의자)라는 용어가 대신 사용되고 있다. 그것은 하나의 해결책일 수 있다. 그러나 내게는 그리 매력적이지 않다. 내 취향에 그것은 지나치게 조어라는 느낌을 주고 대용품이라는 맛을 느끼게 한다. 내가 원하는 것은, 자유 성장과 자생적 진화를 옹호하는 그런 정당, 삶의 정당(the party of life)을 표현할 수 있는 단어이다. 그러나 나는 아무리 머리를 짜내도 마음에 드는 용어를 발견할 수가 없었다."[13] 그래서 그는 자신을 (구)휘그주의자라고 생각했다.[14] 후에 이에 대해서 붙여진 이름이 신자유주의이다. 그렇다면 신자유주의는 신(neo)이라는 이름에도 불구하고 휘그주의로의 이념적 복귀인 것이다. 로크의 휘그주의의 기본 강령은 '자연권으로서의 사유재산권'과 이 '재산권의 보호 장치로서의 국가'이다. 불의란 이 재산권을 침해하는 것이고 그렇다면 정의란 이 재산권을 상호 침해하지 않는 질서를 말한다. 따라서 자유주의에서 정치적 질서는 경제적 자유를 유지하기 위한 수단적인 측면이 강하다고 볼 수 있다.

이런 이유들로 정치적 자유주의는 영국의 휘그주의에서 진화해온 고전적 자유주의와 신자유주의 등 '고유한 의미의 자유주의'와는 거리가 있다. 따라서 민주주의니 분배의 정의니 인권이니 하는 개념들은 자유주의적인 개념들과는 거리를 두고 다른 관점에서 고찰해 봐야 할 것이다. 이 글은 고유한 의미의 자유주의 원칙들이 로크에게서 분명히 정립됐고, 신자유주의는 정치적 자유주의로의 변질된 자신의 정체성을 지키기 위해 이런 로크적 자유주의로 회귀하는 복고운동임을 분명히 드러내고자 한다.[15] 신자유주의의 사상적 퇴행성은 오늘날 신자유주의를 선두에서 비판

---

13) 하이에크, 「후기」, 『자유헌정론』.
14) 주5) 인용문 참조.
15) 주4) 하이에크의 언급 참조.

하는 부르디외의 다음의 언급에서도 잘 나타난다. "신자유주의가 내건 혁명은 30년대 독일에서 유행했던 '보수 혁명'이라는 화두와 어깨를 견줄 만큼 보수적입니다. 이런 유형의 혁명은 진보라는 이름을 빌어 시계 바늘을 거꾸로 돌리자고 한다는 점에서 역사적으로도 드문 일에 속하지요."16) 이런 까닭으로 이 글은 고유한 의미의 자유주의의 정체성을 밝힘으로써 민주주의나 인권 등의 이름으로 자유주의의 원칙을 정치철학적 담론 속에 들여놓으려는 시도가 얼마나 자유주의의 본질에 대한 무지에 기인하는지를 보여주고자 한다.

3. 자유주의와 민주주의 담론의 갈등

자유주의 담론에서 민주주의는 역사적으로 특정한 생산양식(자유주의의 경제 제도로서의 자본주의)과 연결되어 논의되기도 한다. 이는 민주주의가 자유주의의 원칙을 보호하는 경우에만 그러하다. 이런 경우에 민주주의는 자유주의 정당성의 사실적 근거로 작용한다. 하지만 이 민주주의가 자유주의 원칙을 침해하는 경우에 민주주의와 자유주의의 관련성을 자유주의자는 단호히 거부한다. 이런 경우에는 자유주의자도 자유주의와 민주주의의 필연적 연관성을 분리하길 원한다. 무제한적인 민주주의는 도리어 자유주의의 장애가 되기 때문이다. "자유주의는 다른 모든 무제한적인 권력과 마찬가지로 무제한적인 민주주의와 양립할 수 없다."17) 자유주의는 민주주의를 근본적으로 수용할 수 없다. 다만 앞서 말한 것처럼 민주주의가 자유주의의 기본 원칙을 지키는 한에서만 민주주의는 유용하다. 그리

---

16) 부르디외, 안병옥 옮김, 『함께 사는 길 12월호』, www.kfem.or.kr.
17) 하이에크, 민경국 편역, 「자유주의 이념과 전개 과정」, 『자본주의냐, 사회주의냐』, 135쪽.

고 자유주의는 자신의 원칙에서는 도덕성을 확보할 수 없기 때문에,[18] 민주주의가 자유주의의 정당화에 긴요하기도 하다. 그래서 자유주의자는 민주주의가 자유주의 없이는 곧 사멸한다는 전략적 주장을 한다. "만약 민주주의가 자유주의로부터 이탈하게 되면 시간이 경과함에 따라 민주주의 자체도 소멸되리라는 것은 확실하다."[19]

자유주의와 민주주의는 원리상 연결되거나 부합되는 개념이 아니다. 자유주의는 사적 재산권을 보호하기 위한 수단으로서 국가를 보는 태도를 지칭하는 것이라면, 민주주의는 통치 형식의 하나로 통치권이 데모스 (demos, 다수 또는 전체인 민중)에 있어야 한다는 정치적 신조를 가리키는 용어이다. 통치에 대한 참여가 극히 제한되어 부유한 소수에게 집중된 자유주의 국가의 역사적 실례들에서 알 수 있는 것처럼 민주주의와 자유주의는 필연적으로 연관되지 않는다. 오히려 고전적 자유주의 국가의 위기는 선거권의 점진적 확장되어 보편화된 민주화의 진보에 따른 결과로서 나타났다.[20] 그리고 흔히 '자유주의와 민주주의' 또는 '시장과 민주주의의 발달' 등에서 나타나는 것처럼 경제적 은유의 사용은 실상 민주주의의 본질을 이해하는 데 치명적인 오해를 일으켜 왔다. 민주주의의 기초에 대한 경제 이론들은 사상적 빈곤과 상상력의 빈약함을 보여준다.[21]

---

18) 이에 관한 논의로는 김성우, 「롤스의 자유주의 윤리학에 나타난 합리성과 도덕성 비판」, 『시대와 철학』제18집(한국철학사상연구회, 1999 봄) 참조.

19) 하이에크, 민경국 편역, 「자유주의 이념과 전개 과정」, 『자본주의냐, 사회주의냐』, 137쪽.

20) N. Bobbio, *Liberalism and Democracy*(Verso, London, 1990), pp.1~2.

21) "그러나 우리의 민주주의적 경제 이론에 대한 기여는 친숙한 전선을 약간 흐리게 할지도 모른다. 왜냐하면 우리는 계획이나 시장의 우월성 또는 맑스적 경제 범주나 신고전적 계산의 우월성을 주장하려는 것이 아니기 때문이다. 오히려 우리가 원하는 바는 민주주의의 사유를 위한 기초가 되는 사실상 온갖 종류의 경제 이론의 빈곤함을 지적하려는 것이며 우리의 정치적이고 도덕적인 사유에서 경제적 은유의 지배가 갖는 불행한 결과를 예시하려는 것이다. 그리고 권력 및 인간의 발달과 관련한 진정한 정치적 개념들을 경제적 추론과 통합하는 것에 대한 필요성을 입증하려는 것이다." Bowles, Samuel & Gintis, Herbert, *Democracy and*

그런데도 민주주의를 자유주의(또는 자본주의)와 연결해서 논의하는 것은 그만큼 자유주의의 실질적 얼굴인 자본주의의 위력이 대단하다고 볼 수 있다. 또한 여전히 현재의 주류 정치 철학적 담론이 경제적 자유를 모든 자유의 조건이라고 보는 자유주의의 틀에 매여있기 때문이다. 다시 말해서 자유주의는 많은 사람이, 심지어 일부의 좌파까지도, 구매하고 싶은 아주 매력적인 상품이 됐기 때문이다. 사적인 소유권에 기반을 둔 자유의 개념이 정치적 담론에 사용될 때 생기는 문제점은 그와 같은 특정한 형태의 자유가 자유 일반으로 둔갑한다는 것에 있다. 용어의 동일성이 개념의 동일성을 보장하지 않는다. 민주주의는 자유주의와는 아주 다른 기원에 서 있는 개념이다. 이 점을 오해하면 마치 민주주의의 발전을 위해서는 일정 정도 자유주의와의 타협의 필요성을 주장하는 오류가 생기게 된다. 여기에는 자유주의의 본질에 대한 오해가 근본에 깔려 있다.

이런 오해의 극치는 자유주의를 분배적 정의와 결합시키는 절차적 자유주의자들에게서 극명히 드러난다.[22] 예컨대『정의론』에서 롤스는 그 당시까지 영미 윤리학계를 지배하던 공리주의와 직관주의를 비판하고 사회계약이론을 통해 사회(분배) 정의의 도덕적 규범을 근거지우고자 한다. "『정의론』의 목표는 (다른 말로 풀어서 설명하자면) 전통적인 사회계약론을 일반화해 더 높은 추상화 단계로 끌어올리는 것이었다. 나는 이 학설이 자신에 대해 종종 치명적이라고 생각되는 가장 분명한 반대들에 직면하지 않는다는 것을 보여주고 싶었다. 나는 이 개념(내가 '공정으로서의 정의'라고 부른 개념)의 주요한 구조적 특징을 더 분명하게 풀어 밝히고 이 개념을 공리주의보다 우월한 정의에 대한 대안적인 체계적 해석으로서 발전시키기를 희망했다. 나는 이 대안적 개념이 전통적인 도덕 개념들 중에서

Capitalism(Basic Books, New York, 1986), p.7.

22) 절차적 민주주의와 정치적 자유주의의 한계에 관해서는 김성우, 「롤스의 자유주의 윤리학에 나타난 합리성과 도덕성 비판」, 『시대와 철학』(한국철학사상연구회, 1999 봄) 참조.

정의에 대해 우리가 생각한 정의에 대한 신념에 가장 근접하며, 민주 사회의 제도를 위한 가장 적합한 토대를 형성한다고 생각했다."[23] 하지만 이런 식으로 주장되는 정의는 형식화되고 절차화될 뿐 실질적인 의미의 정의 실현은 아니다. 절차주의적 윤리학은 상호주관성을 전제하지만 개인들의 합의를 도덕적 기반으로 여기는 사회계약론의 전통에 서 있으므로 '시장의 모델'에 입각하고 있다. 시장의 모델은 홉스나 로크처럼 합법성의 차원으로, 또는 루소나 칸트의 도덕성의 차원으로 전개될 수 있다. 하지만 이 합법성과 도덕성은 서로 이원론을 이루면서 법과 도덕의 분리를 낳는다.[24] 합법성이 시장을 모델로 시민사회의 논리로 국가를 파악함으로써 정치 공동체를 탈도덕화 한다면, 도덕성은 국가의 도덕성으로 시민사회를 흡수함으로써 경험적 개인을 추상화한다.[25] 이런 합리성과 도덕성의 분리와 한계는 어떻게 극복될 수 있는가? 이는 사회계약론을 모델로 한 절차주의적 윤리학이 대답할 수 없는 문제이다. 따라서 분배 정의를 자유주의 원칙 위에서 근거를 지우고자 한 시도는 실패한 것이다. 이런 시도는 처음부터 실패할 수밖에 없다.[26] 자유주의자는 분배 정의의 문제를 처음부터 배제했기 때문이다. 다시 말하면 앞서 밝힌 대로 자유주의자에게 정의란 소유권을 침해하지 않고 보호하는 데서 성립하는 것이기 때문이다.

맑스주의는 경제의 허위의식에 주목하고 정치의 권력관계를 간과한 반면, 자유주의는 정치의 최소화(최소 정부론)와 시장의 자기 조절 능력을 맹신해 경제와 시장의 권력관계를 무시했다. 그 결과로 인해 현실 사회주

23) J. Rawls, *Political Liberalism*(Columbia University Press, 1993), 서론 15쪽. 앞으로 PL로 표기한다. 단 서론에서 인용할 경우에는 '서론'이라고 덧붙인다.
24) 법과 도덕의 이중소외론에 대해서는 Höffe, O., *Philosophical Justice*(Polity Press, 1995), 4~13쪽 참조.
25) 이진우, 『탈이데올로기 시대의 정치철학』(문예출판사, 1993), 88쪽.
26) 이에 관한 자세한 논의로는 김성우, 「롤스의 자유주의 윤리학에 나타난 합리성과 도덕성 비판」, 『시대와 철학』 제18집(한국철학사상연구회, 1999 봄) 참조.

의는 독재와 관료제로 국민의 권리와 자유가 침해받았고 마침내 약속한 경제적 풍요의 실패로 인해 국민의 저항으로 무너지고 말았다. 자유주의 국가들은 독점과 공황, 치열한 경쟁 때문에 나치즘과 파시즘(그리고 개발 도상국에서는 개발 독재)이 출현하고 세계대전이라는 참화를 겪었고, 국내적으로는 상업주의와 대중의 고독과 소외와 빈곤과 불안으로 인해 공공 부문의 무책임화와 실업과 범죄의 딜레마에 빠져 있다. 이런 이유로 기존의 좌익과 우익을 넘어선 새로운 길을 모색하는 지식인들도 있다.[27]

사실 사회주의나 자유주의 모두 스탈린식의 독재나 파시즘적인 권위주의를 경험했다. 이를 반성해 본다면 사회주의나 자유주의가 직접적인 결과로 민주주의를 도출할 수 있는 것이 아님이 드러났다. 더구나 기술과 사회 공학의 급속한 발달은 점점 더 사회를 감시와 규율의 통제 사회로 만들어가고 있다. 이런 상황 속에서 공동체는 해체되고 공동체의 유대를 상실한 추상적 개인의 무력감과 불안은 증가한다. 언론의 자유는 공론 영역의 확보보다는 상업주의로 인한 도구가 되어 민주주의의 실천과는 거리가 먼 편이다. 국가나 자본의 권력 집중은 건강한 시민사회의 해체와 풀뿌리 민주주의의 지연을 확대 강화한다. 이는 인간의 권리와 민주주의의 실현보다는 성장 일변도와 기술 관료제의 도구적 합리성이 현 시대 정신을 지배하고 있기 때문이다.

도구적 합리성[28]은 자연, 사물 나아가서 인간까지도 목적이 아닌 수단으로 간주한다. 도구적 합리성의 지배 방식은 자연이나 사회를 추상적 단위로 분해하고 이를 구성적으로 결합하기 위해 측정 가능한 양적인 크기를 사물의 본질로 간주한다. 사물이 수량화되면 주어진 목적에 맞게 재구

---

27) 대표적 학자들로는 앤서니 기든스와 울리히 벡 등이 있는데 이들은 '반성적 근대성'을 주장한다. A. Giddens, *Beyond Left and Right*(Polity, Cambridge, 1994); Ulrich Beck, *Risikogesellschaft: Auf dem Weg in eine andere Moderne*(Suhrkamp, 1986) 참조.

28) 이 개념을 철학적으로 심도 있게 논의한 글로는 M. Horkheimer, *Zur Kritik der instrumentellen Vernunft*, Frankfrut am Main 1974 참조.

성되거나 조작 가능해진다. 이런 예로는 많은 사람들에게 충격과 격렬한 토론에 몰아넣은 유전공학을 들 수 있다. 사물의 수량화, 이를 위한 사물의 원자화, 추상화, 형식화가 도구적 합리성의 자연 지배와 인간 지배의 실체이다.[29]

도구적 합리성의 도덕적, 아니 탈 도덕적 지상명령은 더 많이 소유하면 더 행복해진다는 소유양식이다. 인간의 가치도 그가 소유한 양의 크기로 평가받게 된다. 이는 인간 해방이 아니라 욕망 해방만을 낳았다. 고삐 풀린 욕망은 인간을 안녕과 행복으로 이끈 것이 아니라, 무한 경쟁과 전쟁으로 이끌었다. 선진국들의 경제적 풍요의 그늘에 자국 내의 실업과 인종차별, 이로 인한 범죄와 폭력이, 그리고 제3세계의 빈곤과 기아와 절망이 폭발하고 있다. 그 욕망은 다수를 희생으로 한 소수의 행복에 만족한다. 그 소수마저도 자유롭게 되는 것이 아니라 욕망의 메커니즘에 지배받고 만다. 현재 벌어지고 있는 초국적 금융자본의 무절제한 투기와 그로 인한 파괴력은 초국적 금융자본의 대표자인 소로스 같은 사람마저도 규제와 조절의 필요성을 강조하게 한다.[30] 욕망의 해방은 모든 인류를 해방보다는 억압과 소외로 몰아가고 있다.

현실 사회주의의 몰락 이후, 각 개인의 이기심과 욕망 충족 추구로 움직이는 시장의 능력이 과대 평가된다. 시장은 분명히 효율성과 경쟁력을 향상시키는 기능을 했다. 무엇보다도 경제 분야에서 놀라운 성공을 거두었다. 하지만 시장은 만병통치약이 아니다. 시장의 메커니즘이 적용되지 않는 영역, 예컨대 교육, 사회 간접 투자, 환경 보호 등이 존재한다. "시장이 적절히 규제되지 않으면 다른 제도들 그리고 다른 문화들은 무력화되고 시장의 논리대로 변질되어 버린다. 사회는 시장의 부속물로 전락해,

---

29) 이를 자세하게 분석하고 문제점을 지적한 논문으로 김성우, 「보편학과 합리성의 문제」(건국대학교 대학원 석사 학위논문, 1996) 참조.

30) 마르틴·슈만, 강수돌 옮김, 『세계화의 덫』(영림카디널, 1998), 3장 참조.

한국에서의 자유주의: 정치적 자유주의와 경제적 자유주의 71

폴라니의 표현을 빌리면 '경제가 사회 관계에 부수하는 것이 아니라 사회 관계가 경제 시스템에 부수되게 된다.'"[31] 시장의 논리가 통용되지 않는 영역에 시장의 논리가 침투해 지배하는 현상을 상업주의라고 부른다. 이데올로기의 종언을 선언하며 자본주의 승리를 이미 1950년대에 선언한 다니엘 벨마저도 이런 상업주의에 물든 문화에서 탈피하기 위해서 그리고 정치의 공공성을 확보하기 위해서 경제적 자유를 제한할 것을 제안한다.[32]

이는 민주주의와 경제적 자유 사이의 갈등을 분명히 보여준다. 경제적 자유가 자신의 영역과 권리를 넘어서 전 영역에 확대되려고 한다면 민주주의는 전제가 아니라 걸림돌이 되고 만다. 이제 필요한 것은 개인과 전체 사이의 균형에 대한 생각이 철저하게 변해야 한다. 다시 말하면 "각인이 자신의 목적을 개별적으로 추구하는 자본주의 경제 시스템과 사회 전체의 복지 증진을 위해 집단적 의사결정을 행하는 민주주의 정치 시스템 사이의 근본적인 관계 재정립이 필요하다는 것이다."[33] 이는 절차적이고 형식적인 민주주의의 실천뿐만 아니라 인권에 바탕을 둔 실질적 민주주의를 실현해야 함을 의미한다. 현재 위기를 겪고 있는 아시아적 모델은 외적으로는 세계 금융자본의 파괴적 메커니즘과 더불어서 내적으로는 정치적, 사회적 민주주의를 실천하지 않은 데에도 그 위기의 원인이 있다. 독재와 정치적 후진성은 이 제도를 유지하기 위해 많은 비용이 든다. 이 비용 때문에 경제의 효율성과 정치적 정당성이 치명적인 손상을 입게 된다. 이제 아시아적 모델은 성장의 명분으로 행해졌던 민주주의의 유보와 연기에 대해 반성하지 않으면 또 다른 더 심각한 위기에 봉착하게 될 것이다. 정치적 후진성과 권위주의의 대가는 실제로 대단히 큰 셈이다.

---

31) 앤드류 수크무클러, 박상철 옮김, 『시장경제의 환상』(매일경제신문사, 1998), 96쪽.
32) 다니엘 벨, 김진욱 옮김, 『자본주의의 문화적 모순』(문학세계사, 1990), 2부 6장 참조.
33) 『시장경제의 환상』, 45쪽.

4. 재산권 모델에 기반을 둔 자유주의적 권리 개념

자유주의 담론의 바탕이 되는 경험-형식적 개념은 과학에서 유용한 역할을 담당한다. 하지만 그것은 그 스스로 도덕과 정치의 바탕이 되는 이념 공간을 배격해 이 공간을 감정의 차원으로 격하시키므로 이념 공간은 현실성을 상실하고 오로지 도덕적 감정만이 존재한다(흄). 좋고 옳은 것은 '와'하는 감정이고 나쁘고 그릇된 것은 '우'하는 감정에 지나지 않는다(에이어). 문제는 이런 '와'와 '우'의 감정이 도덕의 규범적 토대로서 제대로 기능할 수 있는가이다. 감정은 행위의 목적인 이념을 포착할 수도 없고 이성적 또는 (좁은 의미의) 합리적으로 근거지울 수 없다. 감정은 합리적 설명과 이성적인 설득을 할 수 없다. 감정은 단지 감정일 뿐 이성의 역할을 대신할 수는 없다. 이렇게 이성의 탈마법적 성격에서 기원한 경험-형식적 개념은 행위의 이성적 성격을 박탈하고 만다.

행위는 목적인 이념에서 동기를 얻는 것이 아니다. 남아 있는 것은 이제 충동일 뿐이다. 이 충동 구조의 핵심은 쾌락 충족이다. 이때 중요한 것은 남의 쾌락 충족이 아니라 자신의 쾌락 충족이다. 이런 식으로 자신의 쾌락을 최대화하는 것이 바로 행위의 동기가 된다. 이념 대신에 이해관심이 행위의 근본 동인으로 작용하게 된다. 이 이해관심을 기본 동인으로 가지는 개인이 행위 주체로 등장한다.

경험-형식적 개념에 놓인 사회상의 핵심은, 수가 마치 추상적으로 동일적 단위(하나)를 전제하듯이 사회도 추상적으로 동일적인 단위인 개인을 전제한다. 개인에 해당하는 라틴어 인디비둠(individuum)은 원자에 해당하는 그리스어 아톰(atom)과 마찬가지로 더 이상 나눌 수 없는 것인 기본 단위를 의미한다. 단순 관념의 순열과 조합을 통해 복합 관념이 만들어지듯이 개인들이 합쳐져서 사회가 생성된다. 이때 개인은 수의 하나와 마찬가지로 동질적인 추상적 동일성을 지닌 것으로 생각된다. 이 개인은 형식적으로 동등한 자유롭고 평등한 성격을 부여받는다. 이 자유롭고 평등한 개인들의 세계가 바로 로크가 말하는 '자연상태'이다.[34] '자연상태'는 아직 정치사회를 형성하기 이전의 사회다(로크는 정치사회, 즉 국가를 시민사회와 동일시한다).

'자연상태'와 '시민사회=정치사회(국가)'라는 개념들은 경험-형식적 개념의 사회적 뿌리를 극명히 드러내 주는 것이다. 분명히 개인을 전통과 권위에서 해방시켜 '자유롭고 평등하고 독립적인' 존재자로 상정한 것은 인류의 보편적 성취의 한 단계를 구성한다. 하지만 변증법적 시각에서 보면 이는 아직 추상적 단계(헤겔)이고 기만적 단계(맑스)이다.

자연상태가 추상적이라는 것은 원인과 결과가 거꾸로 되어 있음을 말한다. 다시 말하면 결과를 원인으로 잘못 제시하고 있다는 것이다. 자연상태는 실제 국가(정치사회)에서 권력관계(이는 통치계약을 통해 성립된다)를 배제한 상태, 다시 말해서 추상화한 상태다. 여기에는 판결하고 명령하는 우월한 재판관이 존재하지 않는다. 중앙집권적인 권력체 없이 개인들이 관계를 맺는 상태 그것이 바로 자연상태다. 이는 헤겔의 어법으로는 '시민사회'에 해당한다.[35] 이렇게 본다면 로크의 '자연상태'란 국가에서 논리적으로 추상화한 결과이지 국가의 선행 원인이 아닌 것이다.[36]

---

34) 이 자연상태에서 모든 개인은 완전한 자유와 평등을 누리며 독립적인 개체로 존재한다(『통치론』, 4절~6절). 이 자연상태에서는 재판의 권위를 지닌 공동의 우월자(재판관)가 존재하지 않는다는 점에서 정치사회와 구별된다(같은 책, 19절).

35) 1821년판의 『법철학』에서 "헤겔은 전에는 자연상태라고 불렸던 인간 사회의 한 단계인 정치 이전의 사회를 지칭하기 위해서 그의 직접적 선행자들이 정치사회에 적용했던 시민사회라는 용어를 사용하기로 결정한다." N. Bobbio, *Which Socialism?*(University of Minneasota Press, 1987), p.145.

36) "자연상태는 헤겔에게 있어서 시작이 아닌 끝에 존립한다." N. Bobbio, "Hegel und die Naturrechtslehre," in herausgegeben von M. Riedel, *Materialien zu Hegelsphilosophie Band 2*(Suhrkamp, 1974), p.99. "자유주의 국가 이론의 형성 순서는 (실제 역사와는) 정반대의 방향에서 진행됐다. 최초의 가설적인 자유의 상태를 이론적인 출발점으로 설정함으로써 인간은 자연적으로

한편 로크는 시민사회를 정치사회, 즉 국가와 동일시한다. 이는 그가 시민사회의 경제적 측면과 국가의 공론적(더 나아가서는 인륜적인 이념적) 차원을 혼동해 그 각각의 특성들을 제대로 파악하지 못한 데 있다. 그는 국가형성의 목적을 재산 보호로 규정한다.[37] (그는 정치적 차원과 경제적 차원을 혼동하고 있으며 정치를 경제적인 목적을 위해 수단으로 삼는 전형적인 자유주의적 시각을 드러내고 있다. 따라서 로크는 자신의 시대에서 태동하고 있는 자본주의 체제의 구체적인 사회관계(사적 영역)와 자유주의 정부에 대한 정당화를 제공한다.[38]) 그는 '부르주아'와 '공민'을 혼동하고 있다. 이를 맑스는 다음과 같이 설명한다. "정치 상태가 충만한 전개에 도달한 경우에 인간은 사유, 그리고 의식 속에서만이 아니고 현실과 삶 속에서도 이중적인(천상과 지상의) 존재를 영위한다. 인간은 자신을 공동 존재로 여기는 정치 공동체 속에 살면서, (동시에) 단지 사적인 개인으로서 활동하며 다른 이들을 수단으로 취급하고 자신도 단순한 수단의 역할로 강등되어 낯선 권력의 장난감이 되는 시민사회 속에 살고 있다."[39] 로크는 공동 존재로서 정치 공동체에 참여하는 '공민'과 사적 개인으로서 살아가는 '욕망 기계'(들뢰즈와 가타리)로서의 '부르주아 시민'을 구분하지 않는다. 이런 무구분의 상태가 헤겔이 말하는 '직접성'의 단계이다. 이런 직접성이 가장 잘 드러난 개념이 '인격'이다. "그러나 물론 애당

자유로웠다고 전제한 뒤 지배자의 권력에 제한을 가하는 사회인 하나의 정치 사회의 형성에 도달하고 있는 것이다. 그러므로 자연권 이론은 역사적인 사건들의 실제 진행 방향을 반대로 뒤집어 놓고 있다. 즉 역사적으로 결과인 것을 시발 또는 선행상태로서 취급하고 있다는 것이다." N. Bobbio, *Liberalism and Democracy*(Verso, 1990); 황주홍 옮김, 『자유주의와 민주주의』 (문학과 지성, 1994), 18쪽.

37) 『통치론』, 124절.

38) C. Pateman, "Sublimation and Reification: Locke, Wolin and the Liberal Democratic conception of the Political," in ed. R. Ashcraft, *John Locke Critical Assessments*(Routledge, 1991), p.704.

39) Marx, "On the Jewish Question," in Ed. R. C. Tucker, *The Marx-Engels Reader*(W. W. Norton & Company, 1978), p.34.

초에는 이런(개별성과 보편성의) 구별이 현존하지 않는다. 왜냐하면 최초의 추상적 통일 속에서는 아직 아무런 진전이나 매개도 행해지지 않음으로써 의지는 다만 직접성의, 즉 있는 그대로의 존재 형식을 띠고 있을 뿐이기 때문이다. 그런데 바로 이 직접성 내지 존재의 형식을 통해 얻어질 수 있는 본질적 통찰은 이런 최초의 무규정성 자체가 이미 하나의 규정성을 의미한다는 것이다. 왜냐하면 여기서 무규정성은 아직도 의지와 그 내용과의 사이에 아무런 구별도 없음을 뜻하면서도 그러나 일단 피규정적인 상태에서 새삼스럽게 규정을 지닐 수밖에 없기 때문이다. 그리하여 이제는 추상적 동일성이 규정성을 이루게 되면서 의지도 또한 개별적 의지이며—인격"이 된다.[40] 공민이나 시민이 '법적인 주체와 대상'의 추상화된 직접성의 형태로서 제시된 것이 바로 인격이다. 이 인격은 수의 단위와 마찬가지로 추상적 동일성에 바탕을 두고 있다.

이 '인격' 개념과 '개인' 개념이 차이가 나는 것은 법적인 것과의 연관성 여부이다. 자연상태의 자유롭고 평등한 '개인'이 재산 보존을 위해 통치계약을 통해 국가로 들어가서 자신들이 신탁한 그 대표자가 제정한 법률에 따라 인정받는 '권리'를 지닌 법적 주체이자 '책무'를 지닌 법적 주체이자 대상인 법적 개인이 된다. 이 법적 개인이 바로 인격이다. 자신의 권리를 보장받기 위해 자신의 자유를 제한한 역설적인 장치가 바로 인격이다. 인격은 권리를 위해 자유를 제한한다는 자유주의의 딜레마를 잘 드러내주는 개념이다.

로크는 정치사회의 법률적 인격과 (헤겔적인 의미의) 시민사회의 개인을 각각 (시민사회인) 정치사회 속의 권리 주체와 자연상태의 자유롭고 평등한 개인으로 보고 있다. 그런데 자연상태의 이 자유롭고 평등한 개인이 실은 인격에 해당하는 것은 아닌가? 왜냐하면 평등하다는 것은 이미

---

40) 『법철학』, 98쪽.

물리적 힘이나 외모의 차이를 무시한 추상적 동일성의 차원에 속하는 것이고 이것은 추상법의 관철과 지배를 통해서만 가능하기 때문이다. 로크는 국가의 법이 뒷받침해줘야 하는 권리 주체로서의 인격을 이미 자연상태에서 전제하고 있는 셈이다. 앞서 지적했듯이 로크는 시민사회와 정치사회를 혼동할 뿐만 아니라 (경제적) '시민,' (정치적) '공민,' (법률적) '인격' 개념 모두를 혼동한다.

이런 혼동을 고려해보면 경험-형식적 합리성에 바탕을 둔 로크의 사유로는,[41] 비록 그가 살던 시대의 한계도 반영하지만, 현실과 이념의 상호 침투성을 제대로 개념적으로 파악하지 못한다는 점을 여실히 보여준다. 왜냐하면 이와 같은 방식의 사유에는 '추상화된 사실'만이 존재할 뿐 역사가 존재하지 않기 때문이다. 비록 로크는 자신의 방법을 '평이하고 역사적인 방법'이라고 부르지만 실제로 이 방법은 반역사(反歷史)적이다. 이 반역사성은 크기나 모양과 같이 수량화 가능한 제1성질만을 객관성의 영역에 위치시키는 것에서 분명히 드러난다. 따라서 그가 정립한 '권리' 개념의 역사적-보편적인 성취에도 불구하고 그의 권리 개념은 인간(그 당시 영국인)의 절반 이상을 배제하고 억압하는 '재산권' 중심의 자유주의적 권리 개념으로 귀착된다.[42] 맥퍼슨은 이와 같은 재산권 중심의 로크적 인간상과 세계상을 '소유 개인주의'라고 부른다. 맥퍼슨의 로크 해석에 반대하는 주장도 만만치 않아서 전통적 자연법주의자로서의 로크 해석(툴리)[43]과 민주주의자로서의 로크 해석(몬슨)[44]도 있다. 로크 철학 자체가 여러

---

41) 로크의 철학이 경험주의인가 아니면 합리주의인가의 논쟁은 이런 경험-추상적 합리성 개념을 제대로 이해하지 못해 생겨난 사이비 논쟁이다.

42) C. B. Macpherson, *The Political Theory of Possessive Individualism: Hobbes to Locke*(Oxford University Press, 1962), chap.V 참조.

43) J. Tully, *An Approach to Political Philosophy: Locke in Contexts*(Cambridge University Press, 1993), pp.99~100.

44) H. Monson, Jr. "Locke and Interpreters," *John Locke Critical Assessments*, Ed. by R. Ashcraft(Routledge,

이질적인 요소의 착종이어서 비정합적이고 모순적인 모습을 띠기도 한다.[45] 하지만 그의 철학의 큰 중심줄기는 역시 재산권이다. 따라서 그의 권리 개념은 분명히 재산권에 편중되어 있다. 그에게는 '시민'과 '인격'은 존재하지만 '공민'은 존재하지 않는다. 이런 관계로 앞서 지적한 바대로 헤겔은 로크의 권리와 인격 개념의 추상성을 지적하고 맑스는 그 개념의 이중성 즉 기만성(인간성 소외와 억압)을 폭로한다.[46]

5. 전체주의로서의 자유주의

포퍼와 리오타르가 공격하는 포인트와 방식은 달라도 이 두 사람에게는 공통점이 존재한다. 그 공통점은 현대 정치에 출현한 전체주의적 요소가 개인주의적 자유주의와는 거리가 멀고 정치 공동체와 이성 국가를 강조하는 변증법에서 기원한다고 보는 점이다. 전체주의의 책임이 바로 변증법

London and New York, 1991), p.25.

45) W. Euchner, *Naturrecht und Politik bei John Locke*(Suhrkamp, 1979), s.10.

46) 사실 이런 비판 때문에 소비에트 공산주의나 중국 공산주의자들이 권리, 특히 사상과 언론의 자유권을 억압하는 문제가 생겨나기도 했다. 이 인권의 문제와 동구 몰락의 관계를 설명한 글로는 김성우, 「인권의 민주주의와 책임의 윤리」(건국대학교대학원 학술논문집 제48집, 1999), 162~163쪽. 맑스는 부르주아적 권리 개념을 비판한 것이지 권리 일반을 부정하는 것은 아니다. 그런데 맑스주의자들이 인권에 대한 오해하게 된 이유는 자유주의 담론의 창설자인 로크가 경제적 자유를 대표하는 재산권과 사상과 언론의 자유를 대표하는 시민권 사이의 타협을 추구했다는 점을 간과했기 때문이다. 시민권을 주창하는 인권의 민주주의의 담론은 재산권의 담론과 갈등과 충돌을 일으킨다. "재산권과 인권의 긴장은 바로 자유주의적 공화주의의 탄생부터 느껴져 왔다. 17세기 올리버 크롬웰은 그 당시 평등한 법적 권리에 관한 급진적 개념을 지지하던 수평파 운동과 대결해야 했다. … 권리들의 이런 충돌이 지닌 역사적 중요성은 … 어떤 상황에서도 어떤 권리가 우위를 점해야 하는지가 결코 완전히 명백하지는 않다는 사실에 의해 촉진되어왔다." S. Bowles·H. Gintins, *Democracy and Capitalism* (Basic Books, N. Y., 1986), pp.28~29.

에 있고 그 전체주의적 요소로 지목 받는 것이 '개념적 필연성'과 '총체성'
이다. 그러나 변증법은 전체주의의 기원이 아니다. 도리어 자유주의가 이
전체주의의 출현에 책임이 있다. 언뜻 보면 개인주의를 강조하는 자유주
의는 전체주의와 전혀 상관이 없고 오히려 전체주의의 치료제로 추천되기
도 한다. 이 점이 혼란을 일으키는 원인이 된다.

이 혼동을 해소하기 위해서는 근대 정치에서 '개별화'와 '전체화'가
맞물려 진행되어 온 과정으로 봐야 한다. 앞서 지적한 대로 '개인의 원리'
와 '인격의 자유'에서 쓰이는 '권리'와 '인격' 모두가 법적인 토대를 지녀
야 한다. 이 개념들은 이미 자신들 속에 사회적, 더 나아가서 정치적 관계
를 내포하고 있다. 또한 '개인'이라는 개념도 추상화된 단위이지 즉 국가
나 사회의 결과이지 선행원인이 아니다. 이렇게 본다면 '개인,' '권리,' '인
격' 모두 사회적·정치적 관계를 내포하고 있다. 이는 개별화와 국가화(전
체화)가 따로 진행된 것이 아니라 근대 국가가 성립(전체화)하면서 개별화
가 진행됐음을 보여준다. 즉 개별화는 추상적 직접성의 단계로서 이미 전
체화를 안고 있다.

이처럼 자유주의적 개념들의 성격 속에 이미 전체화의 요소가 전제되
어 있음을 확실히 파악해야 한다. 그 파악의 성과는 다음과 같다. 소유
개인주의는 전체주의를 전제하고 있다. 만약 자유주의가 진정한 개인주의
였다면 군이 계약 관계를 통해서 자연 상태에서 정치 사회로 이행할 필요
가 없는 것이다. 로크는 『정부론』 속에서 이 이행의 필연성을 제대로 설명
하지 않는다. 그는 자연상태의 타락한 상태('욕망 기계'들의 투쟁 상태),
즉 욕망 충돌의 시민사회를 다시 전제하고 요청함으로써 이를 해결하고자
한다.47) 하지만 자연상태가 왜 완전한 상태에서 타락한 상태로 전락하는

---

47) 로크는 자연상태를 평화와 선의지, 상호 부조와 보존의 상태로, 전쟁의 상태를 적대와 악의,
    상호 파괴의 상태에 비유한다. 이 싸움 상태를 종식시키기 위해서 통치계약을 통해서 정치
    사회로 들어가야 한다(『정부론』, 19절).

가에 대한 개념적 설명이나 역사적 설명이 부족하다. 그는 이미 국가로의 필연적 이행을 전제하고 있다. 이 전제 밑에서 그 나름의 논증이 진행된다. 따라서 자연상태의 자유롭고 평등하고 독립적인 개인은 이 이행의 필연성을 담보하기 위해 '욕망 기계'로 둔갑한다. 온순한 양 같은 사람들이 갑자기 홉스의 늑대 같은 인간으로 변한다. 이는 성경에 나오는 아담의 타락을 연상시킨다. 원래 로크가 정치 사회 이전의 상태를 전쟁의 상태가 아닌 자연법이 구속하는 이성과 평화의 상태로 묘사하는 것은 홉스와의 차별성을 의식한 까닭이다. 하지만 이행의 필연성이 성립하지 않는 까닭에 또한 인간을 이성이 아닌 충동이 지배하기 때문에 로크의 정치철학을 은밀한 '홉스주의자'로 규정하는 학자들도 있다(슈트라우스).[48] 그런데 홉스는 절대주의의 화신이 아닌가? 사실 홉스의 절대주의적 정치철학에서 자유주의가 기원한다고 보는 사람들도 존재한다. 왜냐하면 홉스의 정치철학은 근대성을 잘 구현하고 있기 때문이다. 그 구체적 내용을 살펴보면 그의 철학에는 자유주의의 핵심인 도구적 합리성(욕망을 계산하는 이기적 인간의 합리성)과 이 합리성의 주체인 이기적 개인(이는 갈릴레이의 분해와 결합의 방법에 의해서 시계가 분해되어 부품으로 쪼개지듯이 개인도 사회가 그 요소로 분해되어 나타난 단위이다)이 분명하게 나타난다. 이는 그의 철학이 욕망 투쟁의 시민사회의 철학임을 명백히 보여준다. 이 시민사회의 갈등과 싸움을 종식시키기 위해서 그리고 시민들의 '안전과 평화'를 통해서 국가라는 괴물(홉스가 국가를 지칭하기 위해 사용한 리바이어던은 성경에 나오는 괴물 이름이다)을 고안한다. 그는 시민사회가 국가라는 절대 권력체 없이는 제대로 작동할 수 없다는 것을 분명히 통찰한 것이다. 이런 점을 로크는 국가의 목표가 '재산의 보호'에 있다고 함으로써 분명히 한다. 로크의 재산 개념이 현재 사용되는 의미보다 훨씬 더 포괄적이긴

48) L. Strauss, *Naturrecht und Geschichte*(Suhrkamp, 1977), ss.210~262.

하다. 그는 재산 개념에 토지(재산)뿐만 아니라 생명, 신체(person)도 포함시킨다. 하지만 그의 재산 이론의 중심점은 물질적 재산의 보호이다. 재산 이론을 통해서 로크는 자연상태에서 자신이 전제한 평등한 권리를 불평등한 권리로 변형시킨다. "물건에 대한 재산이 없는 사람은 자신의 평등한 자연권의 토대인 자신의 신체에 대한 완전한 소유권을 상실한다. 더구나 로크는 재산의 차이가 자연적이라서 그것은 '사회의 경계 밖에서 계약 없이도 발생한다'고 주장한다. 시민사회(=정치사회)는 이미 자연상태에서 불평등한 권리를 생기게 한 불평등한 소유를 보호하기 위해서 건설된 것이다."49) 이는 자연상태적 시민사회의 재산은 국가의 법률의 보호 없이는 안전할 수 없음을 극명히 보여준다. 이런 식으로 로크의 소유 개인주의(자유주의)는 국가와 법률의 강제를 필요로 한다.

자유주의의 초창기에는 이 '자유주의적 국가' 개념에 어느 정도 해방의 요소가 있었다. 로크는 종교가 국가의 바탕이 되는 '신정 국가'의 상태인 중세적 국가관 또는 여기에 기반을 둔 근대의 절대주의적 국가관에서 탈피해 국가가 종교에서 독립된 세속적 국가관을 주창한다. 그는 이 세속 국가를 완성하기 위해서 『관용에 관한 편지』에서 관용 이론을 제시한다.

로크의 『정부론』과 『관용에 관한 편지』는 자유주의적 요소를 분명히 지니고 있다. 하지만 로크의 초기 저서는 자유주의적이지 않고 도리어 권위주의적이다. "일반적인 자유는 단지 일반적인 예속이다."50) 또한 그의 후기 저작인 「빈자의 고용 방법에 대한 기획」은 가난이 제도적인 차원의 문제가 아니라 "규율의 해이와 예절의 타락"51)에서 기인한 게으름에서 기

---

49) Macpherson, 같은 책, p.231.

50) J. Locke, "First Tract on Government," in ed. M. Goldie, *Locke: Political Essays*(Cambridge University Press, 1997), p.7. 이 『정부에 관한 소논문』은 초기 로크의 권위주의적이고 보수주의적인 모습을 보여주는 저작이다.

51) J. Locke, "Draft of Representation Containing a Scheme of Methods for the Employment of the Poor," in ed. D. Wootton, *Political Writings of John Locke*(Mentor, 1993), p.447.

인한다고 보고 이에 대한 해결책으로 강제적인 노동을 제시한다. 이는 합리성과 근면성을 강조하는 근대적 노동 윤리관을 지닌 보수주의자의 면모를 잘 보여준다. 게다가 그의 후기의 대표적 저작인 『기독교의 합당성』은 '보수주의적 윤리관'의 요소가 다분해진다. 그래서 어떤 해석자는 로크의 자유주의는 그의 저서 한두 권에 제한된 일시적인 것이라고 주장하기도 한다. "로크는 1681년 6월, 티렐(Tyrrell, Patriarcha non Monarcha)을 읽은 뒤에 자유주의자가 된다. … 자유주의는 로크가 쓴 한두 텍스트의 특징이 될 것이다. 자유주의는 로크 전기나 그의 저작 전체의 중심적인 측면이 아니게 될 것이다."[52] 이런 식으로 본다면 그의 자유주의는 권위주의자와 보수수주의의 과도기적인 단계에 불과하다.

그러나 그의 여러 정치적 스펙트럼적 요소들을 따로 떼어놓고 볼 것이 아니라 이 요소들을 유기적으로 결합시켜야만 자유주의의 기원과 형성과 성격뿐만 아니라 근대 정치철학의 성격을 제대로 이해할 수 있다. 푸코가 지적한 대로 근대 정치적 합리성은 '개별화'와 '전체화'를 동시에 진행시켰다.[53] 또한 호르크하이머와 아도르노가 주장한 것처럼 계몽주의는 전체주의적 요소를 지니고 있다(주9 참조). 이런 관점에서 로크의 정치철학을 바라보면 그의 권위주의적-보수주의적 요소와 자유주의적 요소가 평행적 관계에 있음을 알 수 있다. 다시 말해서 그의 자유주의는 이미 전체주의적 요소를 동반하고 있다.

그런데 이 테제에 대해서 다음과 같은 반론이 제기될 수 있다. 자유주의는 최소 국가론을 주장하므로 국가를 목적으로 두는 전체주의(국가 권위주의)와는 양립할 수 없다는 것이다. 다시 말해서 자유주의는 나치즘이나 파시즘과는 다르다는 것이다. 그런데 나치즘과 파시즘은 자유주의의

---

52) 같은 책, 112쪽.

53) M. Foucault, "Omnes et singulatim: vers une critique de la raison politique," in *Dits et écrits*, ed: Daniel Defert et François Ewald(Gallimard, 1994). p.161.

핵심적 주장인 '시장의 자기 조절 능력'의 무능에 대한 우파적 입장에서의 해결책으로서 등장한다.[54] 이것들은 다시 말해서 시장 사회의 공격적 요소에서 기원한 시장주의의 실패작이다. 한편 자유주의자들은 최소 국가론이 정부의 경제에 대한 적극적 개입을 강조하는 복지국가론과도 다르다고 주장한다. 하지만 케인스의 복지국가와 자유주의의 최소 국가는 서로 모순되는 개념들이 아니다. 후자는 시장의 효율성을 신뢰하는 것이고 전자는 시장이 낳은 문제를 시장주의를 보완한다는 (수세적) 입장에서 해결하려는 것이다. 하지만 근래의 복지국가의 위기는 동구 공산주의의 몰락을 계기로 해 신자유주의가 등장한다. 이는 복지국가로 인해 둔화된 시장의 효율성과 감소된 이윤을 만회하기 위해서 다시 우파가 공격적으로 만들어 낸 이데올로기이다. 최소 국가, 복지국가, 신자유주의의 '자본의 세계화,'[55] 이 모두는 시장과 연관된 자본의 보호와 축적을 목적으로 한다는 점에서 공통점을 가지고 있다. 여기에는 모두 자본주의를 관철하려는 보이지 않는 권력의 욕구가 존재한다. 이 세 가지 국가관은 앞에서 언급한 로크 자유주의의 핵심적 특징인 재산의 보호(더 나아가서 무제한한 축적)를 목적으로 하는 국가관의 세 변형태일 뿐이다. 이처럼 자유주의는 권력을 부정하지 않는다. 자유주의는 자신의 개념 안에 권력 욕구를 가지고 있다. 자유주의의 특징은 권력을 보이지 않는 권력의 그물망(예컨대, 통치계약)을 엮으면서 동시에 권력의 개별화(예컨대, 수용소 또는 판옵티콘)를 행한다. 로크의 '권리' '인격' 개념과 벤담의 '원형감옥(판옵티콘)'이 이를 잘

---

54) K. Polanyi, *The Great Transformation*(Beacon, 1964), pp.29~30, p.237.

55) 세계화란 개별 주권국가가 '자본 이동'에 제한을 가할 수 없는 자본의 세계화를 의미한다. 이 세계화의 밑바탕이 되는 사상이 바로 하이에크적 자유주의다. 이것은 과거보다 훨씬 더 공격적인 자유주의로서 민주주의와 자신을 구별한다는 점에 그 특징이 있다. 그래서 신자유주의라고 불린다. 신자유주의의 이론적 특징에 관해서는 F. A. Hayek, "Liberalism," in *New Studies in Philosophy, politics, Economics and the History of Ideas*(The University of Chicago Press, 1978) 참조.

보여준다.

　이처럼 자유주의가 전체주의와 연관된다면 변증법이 전체주의의 기원
으로 오해받는 이유는 무엇인가? 스탈린 소련의 수용소(굴락)와 중국의 인
권 탄압. 이 두 가지는 맑스의 사상에 족쇄처럼 붙어 다니는 것이고, 이
족쇄는 맑스에게 변증법을 물려준 헤겔의 철학에 마찬가지의 기능을 한
다. 하지만 스탈린 소련은 동구 몰락에서 보듯이 근대 이성과 계몽 기획의
어두운 얼굴에서 기인한다. 주목을 받지는 못했지만, 동구의 몰락은 서구
의 복지국가의 위기와 동시에 진행된 것이다. 이는 복지국가나 구 소련
둘 다 근대성과 자유주의의 핵심인 도구적 합리성(경험-형식적 합리성의
한 형태)에서 벗어나지 못한 데 있다.[56] 이런 식으로 보면 동구의 몰락은
근대성의 위기 표현이며 그 근대성의 헤게모니적 지배권을 지닌 자유주의
의 몰락이다(월러스틴의 테제).[57] 자유주의가 이런 몰락에 직면해 공세를
편 것이 바로 앞서 지적한 신자유주의이다.

6. 자유주의의 핵심으로서의 경제 논리

신자유주의는 복고운동이다. 이는 이미 로크로 대변되는 고전적 자유주의
인 휘그주의와의 친화성에서 잘 드러난다. 자유주의의 관점에서 본다면
인간은 더 비싸게 팔기 위해 생산한다. 이미 이런 생산 속에서 더 많이
소유하고자 하는 욕망과 이 매개인 화폐는 육체를 사회로 인도한다. 이
때 시장가치만이 진정한 가치가 된다. 우리는 존재 속에서 살고 있는 것이
아니라 가치(본래적 가치가 아닌 교환가치) 평가로 살게 된다. 시장가치가

---

56) 김성우, 「인권의 민주주의와 책임의 윤리」(건국대학교대학원 학술논문집 제48집, 1999).
57) "공산주의 몰락의 진정한 의미는 헤게모니 이데올로기로서의 자유주의의 마지막 붕괴다."
　　I. Wallerstein, *After liberalism*(The New Press, N. Y., 1995), pp.232~251.

없는 것은 존재하지 않는 것이나 다름 없다. 이는 삶의 축소이다. 자유주의란 그런 철저한 경제의 논리 위에 서 있다. 신자유주의는 이런 경제 논리의 복귀이자 관철이다.58) 따라서 이런 경제의 논리를 제쳐두고 정치적 관점에서만 자유주의의 본질을 이해하려는 모든 시도는 자유주의에 대한 오해를 낳고 치명적인 실천 운동의 오류를 범하게 된다.

60년대에 '자유주의 이후의 민주주의'(맥퍼슨)가 유행했다면 90년대에는 '공산주의 이후의 민주주의'의 창출이 논의되고 있다.59) 다시 말해서 이는 자유주의가 정치철학적 담론의 헤게모니를 장악했음을 보여준다. 이헤게모니를 바탕으로 자유주의의 원칙들이 정치철학적 담론, 특히 민주주의 담론 속에 들어오게 됐다. 이제는 좌파에서도 자유주의라는 말이 유행어가 됐다. 자유주의는 개인의 자유와 다원주의가 동일시되어 인류가 수호해야 할 소중한 이념이 된다. 그러나 개인의 자유와 소유의 자유는 다른 차원의 것이다. 그런데 (하이에크나 프리드먼과 같은 신자유주의자들이 생각하는) 고유한 의미의 자유주의는 소유의 자유를 개인의 자유의 모델이자 전제 조건으로 간주한다. 이런 식으로 소유적 자유라는 계급 차별적 단어를 자유라는 보편 언어로 기술하는 것은 일종의 기만이다.

자유주의라는 꼬리표를 자신의 정치적 신념에 붙이고 싶은 좌파들은

---

58) "신자유주의 유토피아를 향해 나아가는 이런 움직임은, 순수-시장의 논리에 대해 방해물로 될 소지가 있는 '모든 종류의 집단주의적 구조물들을 문제시하는 것'을 그 목표로 삼고 있다. 이렇게 문제시되는 집단주의적 구조물로는, 그 운신의 폭이 부단히 좁아지고 있는 '민족'이 대표적이다. 또 노동 집단들도 공격의 주요한 목표물이 되고 있는데, 노동 집단들은 예컨대 임금과 근속 기간을 개개인의 능력에 따라 개인별로 결정하는 것 및 그 결과로서 수반되는 노동자의 원자화를 겪고 있다. 또 노동자들이 자신의 권리를 방어하기 위해 만들어 낸 집단체들, 즉 노동조합, 사회운동단체, 협동조합들이 목표물이 되고 있다. 심지어 가족이라는 집단주의적 구조물조차도, 연령·계층에 따라 시장이 분단적으로 구성되는 것을 통해서, 소비에 대한 자신의 통제권의 일부분을 잃어가고 있다"(부르디외, 「신자유주의란 무엇인가」, san.hufs.ac.kr/~hansa/lib/pc1.htm).

59) Mouffe, Chantal, *The Return of Political*(Verso, 1993), p.102.

이런 기만을 명심해야 한다. 그러기 위해서는 자유주의의 정체성이 우선 명확해져야 한다. 자유라는 가치는 누구도 부정할 수 없는 유럽 근대 문명의 성취이다. 다원주의는 자유의 구현태이다. 그래서 다원주의 역시 누구나 거부할 수 없는 그 문명의 보편적 업적이다. 하지만 자본주의적 자유주의에서는 다원주의라는 가치의 다신주의는 시장가치라는 가격의 일신주의에 패배하고 만다. 이처럼 소유양식의 지배와 이를 지원하는 도구적 합리성의 해방은 다시 억압이 되는 역설 구조를 지니고 있다. 계몽이 다시 신화가 되는 계몽의 변증법이 자유주의를 통해 구현된 것이다.

이런 점들을 고려해 볼 때 경제적 생산이 정치적 실천이 되어 버린 근대 이후의 삶 속에서 경제적 생산 관계를 고려하지 않고 정치적 실천을 논하는 것은 매우 추상적이지 않을 수 없다. 그래서 필자는 자유주의라는 브랜드를 철저하게 자본주의적 소유적 생산관계와 이를 위한 소유권 확립과 보호를 관건으로 보는 이데올로기에만 붙이고 싶다. 아무리 가로지르기와 퓨전이 유행하는 시대이지만 정치적으로 중요한 명칭을 함부로 혼동해서 사용하지 않는 것이 전략적으로 중요하다. 이는 특수를 보편으로 가장하는 위장술의 기만에서 벗어나는 길이다.

참 고 문 헌

Bobbio, N., 1974, "Hegel und die Naturrechtslehre," in herausgegeben von M. Riedel, Materialien zu Hegelsphilosophie Band 2, Suhrkamp.

_____, 1990, Liberalism and Democracy, Verso; 황주홍 옮김, 1994, 『자유주의와 민주주의』, 문학과 지성.

_____, 1987, Which Socialism?, University of Minneasota Press.

Bowles S. and H. Gintins, 1986, Democracy and Capitalism, Basic Books, N. Y.

Euchner, W., 1979, Naturrecht und Politik bei John Locke, Suhrkamp.

Hayek, F. A., 1978, "Liberalism," in New Studies in Philosophy, politics, Economics and the History of Ideas, The University of Chicago Pres.

Hegel, G., 1988, 임석진 옮김, 『정신현상학』, 지식산업사.

_____, 1989, 임석진 옮김, 『법철학』, 지식산업사.

Horkheimer M. und T. W. Adorno, 1984, Dialektik der Aufklärung, Suhrkamp.

Foucault, M., 1994, "Omnes et singulatim: vers une critique de la raison politique," in Dits et écrits, ed. Daniel Defert et François Ewald, Gallimard.

Locke, J., 1967, Two Treatise of Government, ed .P. Laslett, 2nd edn., Cambridge University Press.

_____, 1993, "Draft of Representation Containing a Scheme of Methods for the Employment of the Poor," in ed. D. Wootton, Political Writings of John Locke, Mentor.

_____, 1997, "First Tract on Government," in ed. M. Goldie, Locke: Political Essays, Cambridge University Press.

_____, 1997, An Essay Concerning Human Understanding, ed. R. Woolhouse, Penguin Books.

Lyotard, J., 1994, 이현복 편역, 「질문에 대한 답변: 포스트모던이란 무엇인가」, 『지식인의 종언』, 문예출판사.

Macpherson, C. B., 1962, The Political Theory of Possessive Individualism: Hobbes to Locke, Oxford University Press.

Marx, K., 1978, "On the Jewish Question," in Ed. R. C. Tucker, The Marx-Engels Reader, W. W. Norton & Company.

Monson, H. Jr., 1991, "Locke and Interpreters," John Locke Critical Assessments, Ed. by R. Ashcraft,

Routledge, London and New York.

Pateman, C., 1991, "sublimation and Reification: Locke, Wolin and the Liberal Democratic conception of the Political," in ed. R. Ashcraft, John Locke Critical Assessments, Routledge.

Polanyi, K., 1964, The Great Transformation, Beacon.

Popper, K. P., 1976, The Poverty of Historicism, Routledge & Kegan Paul.

_____, 1972, Conjectures and Refutations, Routledge and Kegan Paul.

_____, 1973, The Open Society and Its Enemies, Routledge.

Strauss, L., 1977, Naturrecht und Geschichte, Suhrkamp.

Tully, J., 1993, An Approach to Political Philosophy: Locke in Contexts, Cambridge University Press.

Wallerstein, I., 1995, After liberalism, The New Press, N. Y.

강영계, 1995, 『니체, 해체의 안목』, 고려원.

김성우, 1996, 『보편학과 합리성의 문제』, 건국대학교대학원 석사학위논문.

_____, 1999, 「인권의 민주주의와 책임의 윤리」, 건국대학교대학원 학술논문집 제48집.

한국 진보주의의 최근 논의와 방향
: 노동자계급 정치운동의 모색이라는 관점에서

박영균 | 한국방송통신대 강사

1. 80년대의 해체와 진보운동의 분화

80년 후반 이후 남한의 진보운동은 다양하게 분화되어 갔다. 한때 지식인 사회를 지배하던 맑스주의 담론은 퇴조하고 '포스트(탈)'모던, '탈'구조, '탈'레닌, '탈'맑스에 대한 논의가 횡행했다. 모던적 주체에 대한 비판은 노동자계급 중심성의 해체로, 경제결정론 비판은 이데올로기 비판으로, 형이상학적 존재론과 목적론적 진화론 비판은 과학적 사회주의의 '과학'에 대한 폐기로 이어졌다. 80년대에 현장으로 들어가 85년 구로동맹 파업과 87년 노동자대투쟁을 이끌었던 학출 노동자들이 가장 먼저 현상을 벗어나 '지하'에서 '지상'으로 나왔다. 그들은 '현장'이 아닌 다른 곳을 찾기 시작했으며 그 공간은 다름 아닌 '포스트'적 담론이 열어 놓은 공간이었다.

그것은 무엇보다도 '노동자계급 중심성' 안에 갇혀 있던 '좁은 시야'에서의 탈출이었으며 '이성' 대신 '욕망'이, '경제'가 아닌 '문화와 상징'이, '산업사회' 대신에 '탈산업사회'가, '노/자 대립'이 아니라 '다양한 차이와 저항의 정치'가 근대적 본질주의 비판이라는 이름으로 그 자리를 차

지했다. 다양성과 다원적 사회의 구조가 갑자기 노/자 모순의 숨막힐 듯
한 이원적 대립 구조에서 탈피해 '진보운동'의 전망을 활짝 열어 놓았다.
그것은 무엇보다도 민중에 대해 '부채 의식'을 지닌 지식인들에게 '헌신
성과 순결성'을 강요했던 80년대에서 자신의 '욕망'을 긍정하는 '자유'를
제공해 줬다.

　80년대 운동의 실패에 대한 원인 진단은 달랐다. 정치적인 힘을 추구
했던 정치 명망가에게 '의회'는 그 첫 번째 대상이었다. 일군의 집단들이
김영삼과 김대중의 야당 행을 택했으며 '인민노련'은 91년 '삼민동맹'과
'노동계급'을 통합해 진보정당운동으로 나갔다. 우리 사회의 부재하는 시
민의식을 본 일군의 학출 노동자들은 '시민'의 권리를 찾아 경실련을 향했
다. 여기까지 그것은 여전히 근대적인 '시민'과 근대적 합리성의 구축에서
미래를 보았다. 하지만 그와 정반대로 '모던' 자체를 회의하는 사람들에게
'비판'은 보다 급진적인 형태를 띠면서 근대적 담론과 문화 해체로 나아갔
다. 90년대에 일어난 진보운동의 성장을 보면 가장 특징적인 것은 '시민운
동의 급성장'과 '민주노조운동의 퇴조,' '진보정당운동의 가속화'와 '좌파
의 이념적 정체성의 부재'라고 할 수 있다.

2. 진보운동의 분화와 사상적 정체성의 혼란

(1) 진보운동의 분화와 현 국면의 특징

현재 시민운동[1] 단체는 지역까지 포함할 때, 2만여 단체가 넘을 것으로

---

1) '시민운동'에서 '시민'이라는 개념은 'bürger'와 'civil' 두 가지로 표현될 수 있다. 이 또한 논란
　의 대상이 될 수 있는데, 여기서는 공동체 전체의 문제를 실천적으로 해결하려는 '여성, 환경,
　인권' 등과 같은 '사회운동'(?)에 가까운 '시민운동'과 소비자, 소액주주운동, 지역자치운동
　등과 같은 '시민운동' 양자를 구분하지 않고 통념상 사용해온 용법을 따르기로 한다.

추산되고 있으며 활동 폭도 매우 다양하다. 종합적인 NGO인 참여연대, 경실련뿐만 아니라 특정 사회 문제를 전문적으로 다루는 환경련과 녹색연합, 그리고 여성연합과 여성협의회, 지방자치와 더불어 등장한 지역자치 운동단체들, 반전반핵평화 운동단체들, 소비자운동과 기업감시운동들이 있다. 특히, 참여연대와 환경련 등은 사회적으로 매우 높은 인지도를 가지고 있을 뿐만 아니라 지속적으로 지방의회선거에 참여하고 있으며 녹색연합은 2002년 초 녹색평화당 창당을 주도했다.

반면 87년 노동자대투쟁 이후 민주노조운동의 정통성, 즉 민주성, 자주성, 현장성, 투쟁성을 모범으로 세워왔던 남한의 노동운동은 96∼97 총파업 투쟁 이후 '반신자유주의 투쟁'에서 지속적인 패배를 겪고 있다. 그것은 남한 최초의 반신자유주의 투쟁인 '총파업 투쟁'의 열기가 채 식지도 않은 지난 98년 2월 정리해고 노사정 합의와 합의안 부결, 비대위의 총파업 결의와 철회에서 시작해 2001년 7·5 총파업 무산, 2002년 4·2 총파업 철회에 이르기까지 '패배'의 연속이었다. 게다가 절반을 넘는 비정규직의 확대와 노동 유연화에 따른 실업의 증가와 노동 통제의 강화는 현장에서의 실리주의와 노사 협조주의를 강화하고 있다. 급기야 '발전노조 파업투쟁'을 기만적으로 꺾어버린 '4·2 총파업 철회' 이후 민주노총의 집행부 총사퇴와 비대위 구성, 민주노총의 개량화와 관료화에 대한 비판적 논의가 대중적으로 공론화되고 있다.[2]

그렇지만 진보정당운동은 시민운동이든 노동운동이든 계속해서 현재의 운동을 획기적으로 발전시킬 수 있는 공간으로 모색되고 있다. 녹색연합은 애초 환경련의 정치 참여를 비판했으나 자신들이 먼저 나서 녹색평화당을 창당했고 환경련은 시기 상조를 내세워 기초자치 선거와 일산시장 선거에만 독자적으로 참여했다.[3] 환경련과 지역자치 운동단체들은 이미

---

2) 이에 대한 글은 김혜란 「노동조합운동과 경제주의」; 심병헌 「노동자 조직과 관료주의」, 『현장에서 미래를』(2002년 10월) 참조.

기초자치선거에서 상당수의 당선자들을 확보했었다. 반면 민주노총은 민주노동당의 의회 진출과 득표 활동에 총력을 기울이고 있다. 2002년 6·13 지방선거에서 민주노동당은 8.1%의 득표를 했으며 녹색당과 사회당의 득표를 합할 경우 진보진영이 얻은 총득표율은 11%를 상회한다.[4]

따라서 현시기 전반적인 남한 진보운동진영의 성장은 양과 범위의 측면에서 확장됐음에도 불구하고 '투쟁'의 측면에서는 오히려 지속적인 '패배' 속에서 위축되고 대중투쟁 동력을 상실해 왔다고 할 수 있다. 시민운동의 광범위한 진전과 확산, 그리고 의회 진출 실험과 지속적인 의회-선거 공간에서의 '정치세력화'의 진전에도 불구하고 역으로 대중투쟁, 특히 노동자계급을 중심으로 하는 민중들의 반신자유주의 투쟁은 지속적인 '패배'를 경험하면서 '반전'의 계기를 창출하지 못하고 있는 셈이다. 특히 노동자들의 현장 투쟁 동력은 반신자유주의 투쟁의 실패 속에서 오히려 '실리주의'와 '교섭주의'적 양상을 보이고 있으며 '투쟁 동력' 또한 사그라지는 '민주노조운동의 위기'에 직면하고 있다.

한 달을 넘게 '산개 투쟁'을 벌이면서 자체 동력으로 이끌어왔던 발전노조 투쟁이 민주노총의 '4·2 총파업 투쟁 철회'와 더불어 '패배'로 끝난

---

3) 녹색연합 산하 배달환경연구소 소장 차명제는 이전에 "환경련은 지난 16대 총선 때, 부정적 선거운동을 펼친 가장 주도적인 시민단체"였는데, 불과 2년만에 "특정 후보를 선택하는 운동으로의 전환"은 도덕적 부담이 된다고 하면서 "시민운동에 대한 시민들의 외면의 원인이 바로 이 정치 지향성인데, 과연 환경련은 이에 대해 어떠한 설득력 있는 답변을 할 수 있겠는가?"라고 비판했다.

4) 하지만 지난 지자체 선거에서의 민주노동당의 '승리'(?)는 '정당명부제'의 성과라고 할 수 있다. 오히려 민주노동당은 울산에서 지난 4·13 총선보다도 더 적은 득표를 했을 뿐만 아니라 지방선거 득표율 집계에서도 50% 이상의 득표 후보자 수는 98년 18.4%에서 10.5%로, 40~49.9%의 득표 후보자 수는 98년의 18.4%에서 5.9%로 급감했다. 게다가 지자체 후보가 정당 득표보다 더 많은 득표를 한 곳은 부산뿐이며 광주, 울산, 부산을 제외하고는 후보조차 없는 곳에서 10%이상의 득표를 한 것이다. 따라서 8.1%는 '반DJ'에 의한 잠재적인 지지를 의미할 수 있다.

반면, 6·13 지방선거에서 민주노동당을 비롯한 진보진영의 약진은 이런 상황의 상반성을 가장 대비적으로 보여주고 있다. 하지만 '반신자유주의 투쟁 동력의 위축'과 '민주노조운동의 위기'는 '노동운동 자체의 위기'를 의미하거나 '반신자유주의 투쟁 동력의 상실'을 의미하는 것은 아니다. 왜냐하면 2001년 '부평 대우차 투쟁'과 2002년 '발전 파업,' '근골격계 투쟁,' '반전평화 투쟁과 반미 투쟁,' 특히 '미군 장갑차 여중생 고 신효순·심미선 살인 사건 투쟁' 등 대중투쟁 동력은 여전히 살아 있기 때문이다. 따라서 '민주노조운동의 위기'는 근본적으로 90년대 중반 이후, 특히 98년 이후 급속히 확산된 남한 노동운동의 우경화에서 찾아야 한다.

(2) 노동운동의 체제 내로의 편입과 '사회적 조합주의'[5]

남한 노동운동의 우경화는 '위로부터의 개혁과 민주화'라는 87년 이후 형성된 지배 체제의 재편과 시민운동의 확산, 포스트주의의 확산에 따른 계급적 좌파 진영의 정체성 해체에 기인한다. 1990년대 초부터 전노협 운동을 비판하면서 '노동운동 위기론과 혁신론'을 제기했던 노동운동 분파는 전투적인 노동운동을 비판하고 국민의 공감을 받을 수 있는 '사회적 차원'

---

5) 한국노동사회연구소 부소장인 김유선은 "우리나라 노동조합 운동이 새로운 도전을 이겨내고, 전체 노동자 대중과 국민에게 꿈과 희망으로 자리매김하기 위해서는, 노동조합 운동의 이념으로 사회적 조합주의를 정립해야 한다"고 주장했었다(『노동사회』 통권 25). 아울러 그는 "(1) 민주노총이 조합원들의 직접적인 이해관계뿐만 아니라 다양한 형태의 사회적, 국민적 과제에 관심을 갖고 전체 사회의 이익과 국민 생활 옹호에 앞장서야 한다고 판단했고, (2) 이를 위해 '국민과 함께 하는 민주노총'이라는 슬로건 아래 사회 개혁을 주요 투쟁 과제로 정식화했으며, (3) 노사관계 개혁 위원회, 노사정 위원회 등 노사정 3자 기구를 통한 정책 참가와 경영 참가를 중시"하는 노선을 취했다는 점에서 "민주노총 1기 지도부는 '사회적 조합주의'에 대한 강한 지향성"을 가지고 있었으며 '사회적 조합주의'의 한국적 형태라고 주장하고 있다(위의 글). 이런 측면에서 민주노동당·민주노총은 '정치와 경제의 분리'이자 '사회적 조합주의의 완성판'이라고 할 수 있다. 박영균, 「현 시기 계급투쟁의 상태와 좌파의 모색」, 『노동자의 힘』(12호, 2002년 8월 5일) 참조.

에서의 노동운동을 주창해왔다. 이들은 90년대 현실 사회주의권의 몰락과 더불어 당시 형성됐던 '사회 민주화'와 '탈계급'적 관점을 공유하고 있었다. 따라서 전노협의 정신인 민주성, 자주성, 현장성, 투쟁성을 비판하고 '국민과 함께 하는 노동운동' 또는 '사회개혁적 노동운동'으로의 전환을 주장했다.

특히, 96·97 총파업 투쟁의 한계를 의회에서 노동자계급을 정치적으로 대변할 수 있는 세력이 없다는 사실과 노동자 투쟁이 사회적인 힘을 형성하지 못한 데에서 찾음으로써 이들은 '의회-선거를 통한 정치세력화'와 '산별 체제 구축'이라는 '양날개론'으로 나아갔다. 남한 최초의 반신자유주의 투쟁이었던 96·97 노동자총파업 투쟁 이후 민주노총은 1998년 2월 노사정위원회에 참여함으로써 '국민과 함께 하는 노동운동'이라는 캐치프레이즈와 '사회개혁적 노동운동'을 더욱 가속화했다. 이것은 크게 보면, ① 변혁지향성의 포기와 체제내적 개혁의 추구, ② ('국가경쟁력 강화'와 '생산성 향상' 같은) 상위적 자본 이데올로기의 수용과 계급 타협주의의 옹호, ③ 시민운동에서 제기하는 '국민과 함께' 하는 운동의 추구라는 특징을 지닌 것이었다.[6]

1기 민주노총은 97년 3월에 열린 임시 대의원대회에서 '97년 대선에서 독자적 영역 구축,' '98년 지자체 선거에 대거 진출,' '98~99년 정당 건설,' '2000년 총선에서 원내 진출 달성'을 결의했다. 그리고 '일어나라, 코리아'라는 캐치프레이즈를 내걸고 '탈계급적 연합정당' 건설을 가속화했다.[7]

---

6) 김세균, 「국민승리21 운동을 어떻게 볼 것인가?」, 『현장에서 미래를』(41호, 1999년 2·3월호); 「한국의 '민주'노조운동—평가와 전망」, 『진보평론』(13호, 2002) 참조.

7) 이에 대해 김세균은 1기 민주노총은 "① 새롭게 건설되는 정당은 이념정당이나 계급정당이 아니라 '개혁적 국민정당'이 되어야 하고, ② 97년 대선에서는 '국민후보운동'을 전개하고 국민후보운동을 지지하는 개인으로 구성된 새로운 정치조직을 건설해야 한다는 것 등을 결의"했으며, 따라서 노동자계급의 변혁적 정당 건설이 목표가 아니라 의회 진출을 목적으로 하는 정당이라고 평가하고 있다. 김세균, 「한국의 '민주'노조운동: 평가와 전망」, 『진보평론』

따라서 1기 민주노총이 추진한 노동자계급의 정치세력화는 현장 투쟁 동력과 노동자계급 자신의 힘으로 건설한 변혁적인 정당이 아니라 사회적 합의를 이끌어 내는 정치적 세력으로서 의회 진출 자체를 목적으로 삼는 '체제 내적 개혁 정당'이라고 할 수 있다. 2002년에도 민주노동당은 7월 16일 10개 단체로 '2002 대선 승리를 위한 범진보진영 주요 단체 지도부 간담회'를 열고 30여 개의 시민·사회단체를 포함하는 '2002년 대선 승리와 범진보진영 단일후보 선출을 위한 범국민추진기구'(이하 '범추')를 추진했었다.

하지만 이와 같은 1기 민주노총에 의해 추진된 민주노총–민주노동당 건설 노선은 전반적으로 신자유주의 공세에 대한 노동자계급의 대응을 '정치적으로도,' '대중 투쟁적으로도' 조직하지 못하는 결과를 낳았을 뿐이다. 실제로 민주노총 조합원 중 2% 정도만이 민주노동당원으로 가입했을 뿐, 오히려 '정치적으로 의식 있는 현장 조합원들'은 대부분 민주노동당에 대한 불신과 민주노총의 관료화를 경계하고 있다. 민주노동당은 2001년 민주노총이 결의한 김대중 정권 퇴진 투쟁을 거부하고 상가임대차 보호법과 같은 소상인 보호와 선거 캠페인에 매달렸으며 '외연 확대를 위한 재창당 기획→ 범추 구상' 등을 통해 탈계급적 국민정당화의 길을 걸어왔다.[8]

또한 투쟁 전술에서도 98년 이후 민주노총은 끊임없이 총파업을 선언했지만, 일반적인 지침으로 그칠 뿐 실제로는 대정부 교섭용 압박 전술로 사용해왔을 뿐이다. 반면 자체 동력으로 투쟁을 이끌었던 개별 단사의 파업은 각개격파 당해 왔다. 98년 현대자동차 정리해고 반대 36일 파업 투쟁

(13호, 2002); 「노동자계급의 정치세력화와 97년 대선」, 『한국민주주의와 노동자·민중정치』, (현장에서 미래를, 1997) 참조.

8) 이에 대한 논의와 사회당–민주노동당의 조직 형식이나 내적 이념에 관한 글은 노동자의 힘, 「타 정파 이데올로기 분석 2」, 『노동자의 힘 7차 정기 총회 자료집』, 2001 참조

과 만도기계, 조폐공사 파업 투쟁, 99년 서울지하철 8일 파업 투쟁과 한라중공업 52일 파업 투쟁, 한국중공업 빅딜·민영화 반대 48일 파업 투쟁, 2000년 대우자동차 해외 매각 반대 자동차 4사 파업, 그리고 2001년 김대중 정권 퇴진 투쟁과 2002년 발전 파업이 그랬다. '국민과 함께'한다는 코드가 투쟁성을 가로막아 왔을 뿐만 아니라 '사회개혁 투쟁'이라는 관점이 '반신자유주의 투쟁 전선'을 끊임없이 교란시키는 결과를 낳았다.

따라서 현재 남한의 노동운동은 한편으로 대중적 노동운동으로 성장하고 실질적인 사회세력으로서 입지를 확보한 반면, 다른 한편으로는 96·97 총파업 투쟁 이후 지속적으로 의회 진출이라는 '정치세력화'의 코드 아래에서 시민운동이 제기하는 '사회개혁 투쟁'을 수용하고 계급투쟁 없는 대국민 합의구조 창출과 노·정 간의 협상 파트너로서 자신을 한정하는 '정체성'의 혼란을 가속화해 왔다고 할 수 있다. 즉 '민주노동당=노동자계급 정당'이라는 상표를 민주노총의 배타적 지지·지원이라는 정치 방침의 형식적 구속력을 통해서 강제하면서 실질적으로는 '탈계급적 국민정당화'를 추구해 왔던 것이다. 또한 사회개혁 투쟁과 '경쟁과 합리적 사회 시스템'을 수용하는 협상 파트너로서의 '정치적 시민권' 획득은 결과적으로 '무계급적인 대중들에 대한 득표 전략'으로 기능하면서 실질적으로 김대중 정권의 지배포섭 전략, 즉 '국가 경쟁력 강화'와 '사회적 합의 창출'이라는 '의사' 코포라티즘적 모델의 수용이라는 결과를 낳았다. 따라서 반신자유주의 투쟁 전선의 혼란이 지속적으로 양산됐으며 민주노조운동의 '정체성' 혼란이 가속화되어 온 것이다.

(3) 노동자계급 정치의 지체와 전투적 조합주의

애초 민주노총은 역사적으로 남한 민주노조 건설 투쟁의 역사적 산물이자 '반신자유주의 노동자 투쟁'의 결실이자 성과였다.[9] 하지만 자생적 노동운동은 노/자 간의 시장 질서를 전제로 한 조합주의적 투쟁을 자신의 내적 질서에 따라 만들어간다. 따라서 이것을 계급적으로, 전국적으로 '정치화'하지 못할 때, 그것은 사회적 조합주의의 틀 안에 머무를 수밖에 없다. 특히 신자유주의 세계화가 전국적, 전세계적 차원에서 이뤄지는 자본의 포위 공격이라는 점에서, '반격'의 교두보 또한 단사나 지역 차원이 아니라 전국적이고 계급적이면서 세계적인 차원에서 형성될 수밖에 없는, 본질적으로 '정치적'인 것이다. 하지만 '반신자유주의 투쟁'이 '정치적'으로 조직되지 못할 때, 현장 노동자들은 끊임없이 생존권의 위협 속에서 '실리주의와 협의주의'로 돌아가버릴 수밖에 없다. 문제는 '협상력'인 것이다. 여기서 관료화는 개량화와 한 쌍을 이룰 뿐만 아니라 정치적 차원에서 의회주의적 전망과 '양날개'를 구성한다.

결국, 현재 남한의 노동운동에서 나타나는 '사회적 조합주의'는 노동운동의 의회 세력화와 더불어 산별 단위로의 체제 개편, 그리고 사회세력화의 관점에서 제기되는 계급 화해 논의에 불과하다. 따라서 문제는 '노동운동의 자생적 발전' 또는 '노동자 현장 투쟁의 부재'가 아니라 오히려

---

9) 이와 관련해 1987년 7~9월 노동자 대투쟁 이후부터 현재까지의 민주노조운동을 김세균은 다음과 같이 구분하고 있다. (1) 1987년 7~9월 노동자 대투쟁부터 1996년 말~97년 초 노동자 총파업투쟁 이전: 생존권 문제와 노동기본권의 문제를 둘러싼 민주노조운동 대 국가와 자본과의 공방. ① 1987년 7~9월 노동자 대투쟁부터 1991년 5월 총파업 투쟁: 민주노조운동의 폭발적 재등장과 민주노조운동의 연대와 단결의 강화, ② 1991년 5월 총파업투쟁 이후부터 1996년 말~97년 초 노동자 총파업투쟁 이전: 민주노조운동의 전국적 단결의 강화와 우경화. (2) 1996년 말~97년 초 노동 총파업투쟁부터 현재: 생존권 문제와 신자유주의적 구조조정을 둘러싼 민주노조운동 대 국가와 자본과의 공방. ① 1996년 말~97년 초 노동자 총파업투쟁부터 1998년 2월 노사정위원회에서 민주노총이 정리해고제의 도입에 찬성한 시기: 신자유주의 반대 총파업투쟁과 노조운동의 정체성 위기의 발생, ② 1998년 3월 이갑용 체제의 등장 이후부터 2002년 4월 민주노총의 발전소 파업 철회 결정: 정체성 위기의 일정한 극복과 민주노조운동의 정체성 위기의 재발생, ③ 2002년 4월 발전소 파업 철회 결정 이후부터 현재: 민주노조운동의 정체성을 찾기 위한 새로운 모색기. 김세균, 「한국의 '민주'노조운동: 평가와 전망」, 『진보평론』(13호, 2002) 참조.

대중적인 노동운동의 발전에도 불구하고 이를 정치적으로 발전시킬 수 있는 '노동자계급 정치운동의 미발전과 정체'이다.[10] 오히려 남한의 대중적 노동운동은 96~97년 '총파업 투쟁'과 지속적인 신자유주의에 대항한 '생존권 사수' 투쟁에서, '개량'의 산물로서 '민주노총의 합법화'와 '진보정당 건설'이라는 산물을 얻어냈다는 의미에서 지속적으로 성장해왔다. 하지만 '계급적 정치운동의 지연'과 더불어 나타난 '양날개론'은 형식적인 민주노총–민주노동당의 법적 규정을 통해서 실질적으로 '계급운동 없는 정치운동'이자 '정치운동 없는 계급운동'이라는 정치와 경제의 분리를 만들어내고 있다. 하지만 그것은 김대중 정권의 신자유주의 '개혁' 정책과 '사회적 합의'에 의한 지배·포섭 전략에 오히려 말려들면서 '민주노조의 정체성'인 '민주성, 자주성, 투쟁성, 현장성'을 파괴한다. 따라서 '민주노조운동의 위기'의 본질은 '노동자계급 정치의 부재'이다.[11]

노동운동 내적으로 보면, 1기 민주노총의 방침을 전면적으로 비판했던 '전국현장조직대표자회의'와 현장 조직 운동세력들, '전투적 노동운동'을 전개하는 세력들은 여전히 경제주의의 전투성을 표현하는 '전투적 조합주의'를 벗어나지 못하고 있다. 이들은 전노협의 정신인 민주성, 자주성, 현장성, 투쟁성을 계승하면서 노조민주화 투쟁을 전개해왔지만 노동자계급의 자치적 대체 권력으로서 현장 권력의 상을 확고히 하지 못한 채, 현실 운동에 대한 대응에 급급한 나머지 '조합의 선거'와 '공장·단사의 이해'에 발목이 잡혀 있다. 하지만 이것은 결과적으로 '사회적 조합주의,' '사회적 합의주의'에 대한 반정립으로서의 '전투적 조합주의,' '의회–선거로서의 정치세력화'에 대응하는 반정립으로서의 '반의회주의, 반선거주의적 현장

---

10) 이종호, 「노동자 정치세력화를 위해」, 『진보평론』(13호, 2002); 박영균 「현단계 노동운동과 노동자계급 정치의 임무」, 『현장에서 미래를』(10월호, 2002) 참조.

11) 노동자계급의 정치운동에 대한 논의는 박영균, 「현단계 노동운동과 노동자계급 정치의 임무」, 『현장에서 미래를』(10월호, 2002) 참조.

투쟁성'으로만 존재하는 것일 뿐이다.

그런데 이와 같은 경향이 노동운동 내에서 더 강력하게 등장하는 것은 민주노동당이 현장 투쟁에 근거해 노동자계급의 정당으로 건설된 것이 아니라, 1기 민주노총 대의원대회의 결정에 의한 지지·지원, 그리고 중앙 위원 3분의 1에 대한 민주노총의 파견 조항에 따라 건설되면서 현장의 정치 활동을 오히려 제한하고 억압하기 때문이다.[12] 실제로 현장 노동자 들의 경우, 보다 전투적인 노동자들일수록 민주노동당에 대한 배타적인 지지·지원이라는 민주노총의 정치 방침에 대한 반감과 반작용으로 인해, 형식적인 법적 규정력만을 이용한 민주노동당의 선거 전략으로 인해, 또 한 "투쟁하는 노동자·민중운동 그 자체로부터 만들어지고 조직되지 않는" 선거투쟁으로 인해, 오히려 '반선거주의적 경향'으로 더욱 기울어지고 있 다.

2002년 9월 8일 민주노동당의 당대회가 성원 미달로 무산되고 경희대 노천극장에서 이뤄진 대선 후보 대회에서도 당원과 지지자 등 2천 명만이 모였다는 사실 자체가 현장에서 민주노동당이 얼마나 '불신'과 '회의'의 대상이 되고 있는지를 보여준다. 하지만 '정파적 대립'은 이것을 극복할 수 없으며 '반신자유주의 투쟁'의 반격을 창출할 수도 없다. 특히, 김대중 정권과 민주당의 몰락, 그리고 6·13 지자체에서의 48.8%, 8·8 재보선에서 의 29.6%라는 저조한 투표율이 보여주듯이 신자유주의적 개혁에 대한 대 중적인 환멸과 불신은 극도로 확산되고 있음에도 불구하고 신자유주의에 대한 대중적 분노가 제도권 정치의 장에서는 결과적으로 '개혁'(?)에 대한 거부와 더 극단적인 '극우보수'로 귀결되는 '뒤틀림 현상'이 나타나고 있

---

12) 최근 울산해고자협의회 의장 조돈희에 대한 징계 논란은 민주노총 정치 방침이 현실적으로 어떤 기능을 하는지를 보여준다. 정치 방침이 현장 운동에서 발생시키는 모순에 대해서는 이종호, 「노동자 정치세력화를 위해」, 『진보평론』(13호, 2002); 또한 『노동자의 힘』에 수록 된 글들을 참조.

다. 하지만 이와 같은 '뒤틀림 현상'을 극복할 수 있는 길은 오직 노동운동이 '계급적 정치운동'으로 전화됐을 때만 가능하다. 따라서 법적·형식적 규정으로 이를 강제할 것이 아니라 민주노총의 '정치 방침'을 풀고 현장 노동자들의 정치 활동과 정치적 조직화를 확대할 수 있는 공동 투쟁의 방향을 찾아야 한다.13)

3. 계급적 좌파의 정체성과 노동자계급 정치의 모색

(1) 시민운동의 성장과 노동자계급의 중심성

현시기 남한 노동운동은 크게 다음의 두 가지로 분리 정립되어 가고 있다고 할 수 있다. 하나는 시민운동과 의회주의로의 이동이라는 특징을 지닌 '사회적 조합주의' 또는 '국민파'이며, 다른 하나는 노동계급의 중심성과 반의회주의적 경향을 가지는 '현장파' 또는 '노동자계급 정당 건설과 노동자계급 정치' 주창 세력이다. 전자가 ① 계급 이기주의를 넘어선 '사회세력화' 또는 '사회적 합의'라는 공통의 지점을 만들어내면서, ② 진보정당 건설을 통한 의회 진출이라는 '정치세력화'의 관점에서 탈계급적 연합 정당, 또는 중도적 국민 통합 정당화의 길을 모색하고, ③ 구조조정의 불가피성을 인정하는 선에서 차선을 추구하며 전투적인 노동 운동을 배격하고, ④ 노사정위원회 참가를 옹호하고 정책 대안 제시와 시민들의 공감을 받는 사회개혁 투쟁을 주장하는 반면,14) 후자는 ① 대중적인 현장 투쟁에

---

13) 비록 실패하기는 했지만 노동자의 힘에서 제출한 공투본-공선본안은 이런 의미에서 좌파 진영 내부에서의 공동 투쟁과 공동 대응을 통한 노동자·민중의 정치적 조직화를 시도했다는 점에서 의의가 있다. 『노동자의 힘』(15호, 16호) 특집 참조

14) 김유선, 「민주노조운동의 혁신을 위한 제언」, 한국노동사회연구소, 『노동사회』(25호, 1998); 「현 시기 민주노총 목표로 사회주의 내걸어야 하나」, 『노동과 세계』(37호, 1998) 참조

근거한 반신자유주의 투쟁과 생존권 확보 투쟁, ② 민주주의의 확대·심화 및 사회화를 위한 투쟁의 결합을 강조하면서, ③ 사회 변혁과 변혁적인 노동자계급의 정치조직 건설을 통한 '노동운동의 계급적·정치적 발전'을 주장하고 있다.[15]

하지만 전자의 관점은 노동운동의 '계급적 정체성'과 '정치적 정체성'에 혼란을 양산할 뿐이다. 특히 일반민주주의 투쟁과 '위로부터 진행되는 개혁'에 투항함으로써 '반신자유주의 투쟁 전선'을 흐트러뜨리고 '친노에서 사민주의적 경향까지' 정치적 정체성을 혼란스럽게 한다.[16] 따라서 무엇보다도 현시기 노동운동이 '반신자유주의 투쟁 전선'을 복원하고 '반전,' '반격'의 활로를 찾기 위해서는 '계급적 정체성'과 '정치적 정체성'을 분명히 해야 한다. 후자의 입장은 바로 이와 같은 '정체성'의 방향을 보여주고 있다. 하지만 '노동자계급 정치'로 진전하기 위해서는 '정체성의 확보'뿐만 아니라 실질적으로 '현실 운동'을 정치적으로 '혁신'하는 작업이 우선적으로 선행되어야 한다. 그런데 '계급적 좌파 진영'은 90년대 이후 '사상·이념적 정체성의 혼란'과 '정파적 재생산'의 틀 안에서 각기 분리되어 왔다. 따라서 노동자계급 정치운동을 새롭게 복원해 내기 위해서는 '계급적 좌파의 혁신과 연대' 그리고 노동운동 내의 '현장파' 또는 '투쟁적인 노동운동'을 '정치적으로 조직'하는 작업이 시작되어야 한다.

우선, '사상·이념적 정체성'은 '노동자계급의 중심성'을 다시 복원하는 데에서 출발해야 한다. 특히 '공공성'을 중심으로 하는 적·녹 동맹 또는 '사회개혁적 노동운동'은 노동운동 내적으로 '정체성의 혼란'을 양산하고

---

15) 이는 한국노동이론정책연구소와 노동자의 힘 등의 입장이다. 박성인, 「노동운동의 방향정립을 위한 모색」, 『노동과 세계』(36호, 1998); 김세균, 「경제 위기와 신자유주의, 그리고 노동운동」, 한국노동이론정책연구소 편, 『경제 위기, 신자유주의, 그리고 노동운동』(현장에서 미래를, 1999); 또한 『노동자의 힘』 등에 실려 있는 글을 참조.

16) 전자의 입장을 대변하는 한노사연의 대표적 필자 중 하나인 박태주가 노무현 지지를 선언한 것은 이런 혼란의 대표적인 사례이다.

있는데 이에 대한 단절이 필요하다. 사실, 시민운동의 성장은 신자유주의 세계화와 밀접하게 관련되어 있다. 신자유주의 세계화는 시장의 팽창과 국가의 축소를 겨냥한다. 그런데 이 경우, 문제가 되는 것은 사회민주주의와 케인스주의에 의해 자본주의 체제 흡수 전략으로 기능했던 영역이 사라진다는 점이다. 특히, 신자유주의 세계화는 필연적으로 노동에 대한 공격과 더불어 사회 안전망의 파괴, 그리고 사회적 통합력의 해체를 유발한다. 따라서 사회 공동체의 유지는 이와 같은 신자유주의 정책의 파멸적 결과를 사회적으로 재흡수·통합해내는 사회세력을 필요로 한다. NGO 질서의 구축은 적어도 두 가지 점에서 사회의 존립과 세계시장의 단일화를 구축하는 동반자적 역할을 수행해왔다고 할 수 있다.[17)]

첫째, 지구화된 자본주의를 정당화하고 사회 체제 통합의 기능을 수행한다. 이전에는 자본 축적의 정당화를 국가가 담당했다. 하지만 이제 개별 국가를 넘어서 지구화된 자본주의는 NGO에 의해 분점된다. '효율성'과 '합리성' 그리고 '시민의 자율성'과 '시민운동의 공적 기능'이라는 이데올로기는 이와 같은 시민운동의 역할을 보여준다. 둘째, NGO는 지구화된 자본주의에 적응하는 '사회적 자본'을 확충하고 '경쟁 시스템'을 도입하는 데 기여한다. 국제 자본의 자유로운 이동과 시장 개입에 대한 규제의 제거는 국가 축소로 가능하지만 보다 원천적인 장애는 전통적인 가족주의와 연고주의이다. 따라서 이와 같은 전통을 해체하고 개인들의 철저한 시장

---

17) 이 부분이 필자가 보기에 남한 시민운동의 성장과 발전에 대한 논의들에서 이야기되지 않는 부분이다. 이것은 결과적으로 친시민운동 또는 시민운동에 근거한 적·녹 동맹을 이야기하는 근거로 활용되는데, 이에 대한 세심한 검토가 필요한 것으로 보인다. 신자유주의 세계화와 시민운동의 관련에 대한 이런 우려는 조대엽의 다음과 같은 주장에도 드러나 있다. "그러나 시민운동 관련 분석들은 세계화와의 연관성에 관한 모색을 직접적으로 시도하는 경우가 드물었고, NGO에 대한 폭증하는 관심은 무비판적 수용의 단계에 있어 오히려 만병통치적 몰입을 우려케 하기도 한다." 조대엽, 「초국적 신자유주의의 공세와 NGO의 대응」, (사)참여사회연구소·민주사회정책연구원 공동심포지엄, <전환기의 한국사회, NGO의 역할은 무엇인가?> 발표문, 2001, 46쪽.

적 신용에 근거한 사회적 합리화가 필요하다. 이것은 국민국가 내적으로 '국가 경쟁력 강화'와 '개인주의'를 통해서 관철된다. 특히 공정하고 합리적인 경쟁 체제의 구축은 시장 질서의 기본적인 덕목이다. "개별 국가보다 더욱 강력한 구속력을 갖는 WTO와 개별 국가보다 더 막강한 경제력을 가진 초국적 기업, 그리고 개별 국가보다 더욱 광범한 글로벌 네트워크를 가진 NGO(UNDP, 1999)"가 세계화 시대의 세 주체이다.[18]

그런데 남한에서도 시민운동의 성장은, 첫째 87년 이후 진행된 남한의 민주화, 특히 90년대 이후 본격화된 '위로부터의 민주화'와 지방 분권화의 가속화,[19] 그리고 87년 6·10 이후 형성된 반혁명적 민주연합에 의한 포섭 전략('위로부터의 민주화'의 다른 한 축)이 크게 작동했으며,[20] 둘째 90년에 현실화된 현실 사회주의권의 몰락과 '자유주의' 이데올로기의 주도성 강화, '포스트' 이념의 결과로 80년대 이후 성장해온 계급적 좌파 진영의 해체,[21] 마지막으로 신자유주의 세계화의 급속한 진전이라는 사회·역사

18) 위의 글, 48~49쪽. 이와 같은 시민운동의 발전 형태를 그는 '순응적 시민사회'(civil society with globalization)로 규정하고, 이에 대비되는 의미로서 '역동적 시민사회'(civil society with/against globalization)의 발전을 촉구하고 있다. 특히 반세계화 투쟁과 결합된 시민운동의 발전을 통해서 이와 같은 '역동적 시민사회'의 발전 가능성을 보고 있다.

19) 민주화가 동반하는 변화 중에 시민운동의 발전에 큰 영향을 끼친 것은 지방자치제와 더불어 지방분권화의 진전이다. 기존의 중앙집권적 권위주의에 대항하는 탈집중화는 지방 NGO 및 풀뿌리 조직들이 확대를 가져왔다. 김광식, 『한국 NGO 연구』(동명사, 1999), 40~42쪽.

20) 3당 합당을 통한 김영삼 정권의 등장, 기존에 노동운동 또는 변혁운동에 종사했던 이른바 '386세대'의 정치권 진출은 이와 같은 포위, 포섭 전략의 일단을 보여준다. 김동춘이 평가하듯이 "이들의 행동의 궤적은 사실 국가와 사회를 변혁하려는 행동이었다기보다는 기존의 기본 질서에 일관되게 순응하는 행동이었다고도 볼 수 있다. 즉 전통적으로 한국에서 정치사회와 시민사회는 크게 분리되어 있었고, 시민사회 내의 갈등, 즉 계급적 요구가 정치사회의 균열 축으로 자리잡지 못해왔다는 점을 생각해보면 이들은 사회 변혁의 과정을 통해 정치사회의 변혁을 추구하려 하기보다는 사실상 정치사회 내에서 자리 이동했다고 평가할 수 있을 것이다. 결국 우리 사회의 지배 질서는 그것의 도전과 균열을 허용하지 않은 범위에서 저항세력의 일부를 자신의 파트너로 편입시키는데 성공했다." 김동춘, 「한국 사회운동 현주소」, 『황해문화』(2000년 겨울).

적 배경을 갖고 있다. 그러므로 신자유주의 세계화와 상응하면서 발전되어온 시민운동과 NGO 중심의 시민사회 재편은 "사회운동의 시민사회로의 내적 제도화와 체제 내적 구축 작업"이라고 할 수 있다.

주요 시민단체의 활동은 주로 정치의 민주적 개혁과 시장의 합리적 개혁을 지향한다.[22] 물론 환경단체나 여성단체들은 각 단체에 특유한 이슈를 다양하게 개발하고 있지만 넓은 의미에서는 '개혁'을 지향하고 있다. 이때 '개혁'은 대부분 공정한 경쟁의 규칙에 대한 요구이며, 동시에 법제화와 행정 절차가 가지는 장애를 제거해 부당한 국가 억압을 축소하려고 한다. 또한, 시민단체의 시민 교육 프로그램도 시민권에 대한 이해와 학습으로 설정되어 있다. 특히 노조나 기업과 같은 이익체와 달리 자신들은 참여민주주의를 위한 중재자, 공익이라는 '공공선,' '일반선'의 관점에서 활동하고 있다고 말한다. 따라서 시민단체가 정부에 요구하는 개혁의 가속화는 곧 신자유주의적 개혁의 가속화이다. 공공 부문의 민영화 및 해외 매각에 대해 매우 모호한 입장을 취하는 것도 이와 같은 그들의 관점에서 기인하며, 그들은 의도와 무관하게 김대중 정권의 '개혁(?) 동반자'라는 의심을 초래했다.[23]

---

21) 조희연은 이를 '다양한 정체성,' '다원화'로 파악하고 있다. "80년대 후반 및 90년대 초반 '민중운동의 시대는 가고 시민운동의 시대가 온' 것처럼 보였던 사회적 분위기"가 있었던 것이다. 하지만 조희연은 90년대 중반 이후 아울러 이런 분위기가 "반전"되면서 "진보적 지향의 시민운동의 출현"과 "친(親)노동운동 혹은 친(親)민중운동적인 시민운동도 출현"했다고 본다. 조희연, 『NGO란 무엇인가』(아르케, 2000), 5장.

22) 특히 이는 의약분업 시기에 시민운동이 취한 태도에서 드러나는데, 그들은 의료 서비스를 상품이라는 관점에서 고품질의 상품으로 개혁해내려는 '시장 개혁적 투쟁'(수가인하 투쟁와 의약분업)을 선호했다. 반면 노동운동진영의 정치세력은 보건의료 서비스의 '자본주의적 가격 체계'와 '상업적 의료 체계' 그 자체를 비판하고 의료 서비스의 공공적 성격을 강화하며 노동자·민중의 '건강권'을 수호하는 근본적인 공적 의료 체계를 지향하는 투쟁(공적 의료 체계 구축으로서 보건소 시설 확충과 사회적 약자에 대한 공적 의료 장치 확보)을 요구했었다. 이런 입장 차이에 대해서는 '복지동인'의 무크지 『사회복지와 노동(The Social Welfare & Labor)』, 그리고 '민중복지연대'의 글들을 참조.

그런데 노동운동이든 시민운동이든 현재 남한 진보운동에서 나타나는 가장 큰 문제는 개발독재형의 사회 체제를 개혁하고 민주화한다는 이미지를 지닌 일반민주주의적 환상이 광범위하게 조성됐다는 사실이다. 게다가 90년대의 '해체' 과정을 겪으면서 남한의 진보운동은 탈계급, 탈이념화, 탈산업사회론으로 경도되는 경향을 보여왔다. 특히, 1기 민주노총을 지도했던 세력은 기본적으로 1990년대 초부터 전노협의 전투성과 변혁 지향적 운동을 비판하면서 '노동운동 위기론'과 '혁신론'을 주창하던 세력이었다. 물론 이때 비판의 핵심 지점은 국민의 공감을 받을 수 없는 전투적 조합주의였다. 즉 '시민운동의 급성장'과 '의회적 정치세력화'에 반해 '민주노조운동의 위기'가 나타나는 배경에는 노동자계급 운동의 이념적 정체성의 혼란, 즉 일반민주주의적 시민사회론과 탈계급적 사회운동이라는 관점이 놓여져 있으며, 이것이 '반신자유주의 계급투쟁적 전선'의 해체를 유발하는 효과를 낳고 있는 것이다.

　　그러므로 '노동자계급 중심성'의 복원이 무엇보다 선차적이다. 그러나 80년대 식의 노/자 모순의 환원론에 근거한 국가권력 장악의 문제로 되돌아가는 것이 되어서도 안 된다. 2002년 8월에 열린 활동가 수련회에서 드러난 바와 같이 계급적 좌파진영은 공동의 계급적 정체성과 정치적 정체성을 확보하고 있지 못하지만, 적어도 이런 문제에 대해서는 '혁신'과 '모색'을 시도하고 있는 것 또한 사실이다. 탈산업사회론의 영향과 포스트모던적 영향, 그리고 친의회주의적 경향과 반의회주의적 경향 등이 상호 공존해 있기는 하지만, 국가권력을 부르주아 계급의 집행위원회로 보는 단

---

23) 이는 다음과 같은 발언에서 보다 극명하게 드러난다. "시민운동의 시급하고도 중요한 과제 중의 하나가 바로 국가와 시장과의 관계 정립이라 할 수 있다. … 특히 개혁에 대한 강한 의지를 갖고 출범한 현 정권이 시간이 흐를수록 강건한 저항세력들에 의해 개혁의 동력을 잃고 이제 시민운동이 개혁의 유일한 파트너로 남아 있는 현 상황에서 이 두 영역 간의 건전한 관계 정립은 한국 사회 발전에 매우 중요한 의미를 갖는다." 차명제, 「2000년 NGO 활동의 평가와 2001년의 과제」 중앙일보시민사회연구소 시민사회포럼 발제문.

순한 도구론적 관점을 폐기하고 부르주아 국가권력의 저변을 형성하는 사회권력에 대한 인식을 새롭게 제기했다는 점에서, 정치혁명과 사회혁명에 대한 새로운 인식의 전환을 함축하고 있는 셈이다.

(2) 계급적 좌파의 정체성과 사회혁명

80년대 운동은 매우 단순하고 직선적인 관점에서 '변혁'을 사고했다. 국가는 단순한 부르주아의 지배 도구일 뿐이며 혁명은 그 국가권력을 장악하는 것이었다. 하지만 이렇게 단순하고 직선적인 아—타의 관계로 설정된 지배권력은 현실에서 훨씬 더 유연하고 다양한 포섭 공간을 가지고 있었다. 90년대 이후 그람시의 시민사회론에 대한 논의가 확산되면서 정치권력을 떠받치고 있는 사회권력의 문제가 본격적으로 제기됐다. 여기서 정치권력은 지배권력이 핵심적으로 응축되는 공간이기는 하지만 지배 체제의 근원적 힘은 아니다. 보다 유연하고 강력한 사회권력은 현실의 투쟁과 갈등을 조정한다. 따라서 아—타의 이분법적인 단일 전선은 없다. 이것은 오직 투쟁이 모아지고 흩어지는 운동의 중심성으로만 존재한다. 노동자계급 일반에 대한 부르주아 계급 일반의 계급적 전선은 단일하게 드러나지 않는 셈이다.

적어도 시민사회론과 시민운동의 발전은 이와 같은 다층화되고 다원화된 사회권력의 장을 본격적인 고민의 대상으로 만들었다. 하지만 특정 계급의 헤게모니 또는 '국가권력의 계급적 지배'라는 관점이 포기되면서, 다층적이고 다원적인 전선의 형태들만 강조되기 시작했으며 '노동자계급 중심성'의 폐기와 더불어 '일상으로의 투항'이 시작됐다. 미시권력에 대항하는 미시적 차원에서의 논의들이 만개한 것이다. 국가권력에 대한 중립적인 관점은 포기된 반면, 이번에는 시민사회 또는 사회권력이 '중립적인 권력 투쟁의 공간'으로 설정된다. 여기서 일관되게 유지되는 관점은 '계임'이다. 하지만 사회권력 또는 그람시가 본 시민사회는 근본적으로 경제적 사회구성체에 접목되어 있으며 이를 자신의 근원적 존재 조건으로 삼고 있는 사회이다. 사회권력과 시민사회는 중립적인 권력 투쟁의 공간이 아니다. 여기서도 여전히 경제적 사회구성체에 기반한 계급들의 권력체가 지배를 생성하고 구성한다. 이런 의미에서 노동자계급의 중심성 테제는 여전히 기각될 수 없는 투쟁 전선에서의 본질적인 축이다.

이것은 최근 시민운동진영 내의 분화 속에서도 관철되고 있다. 신자유주의 세계화는 결국 '자유경쟁'의 극한적 '시장 논리'가 배제시킨 사회적 약자들에 대한 부담을 시민운동에게 전가한다. 시민을 배제하고 사회권력으로서의 '시민운동'만이 확대·재편되도록 제도화가 이뤄지고, 그에 따라 '시민운동'은 더욱더 사회권력으로 안정화되어 간다. '시민'은 배제되고 시민 없는 '시민운동'이 국가의 지원을 통해 재생산되도록 재편이 이뤄진다. 게다가 신자유주의 세계화는 사회 전체에 대한 합리적·경쟁적 체계화와 노동 배제적인 공격을 의미하기 때문에, 노동자·민중의 생산 현장뿐만 아니라 '시민' 전체에 대한 공격을 수행할 수밖에 없다. 따라서 시민운동 내부에서도 이와 같은 신자유주의 세계화의 공세와 시민운동의 제도화, 포섭 전략에 대응하는 분화 경향을 낳을 수밖에 없다.

비록 이 문제가 본질적으로 제기되지는 못했지만 지난 2001년에 있었던 경실련과 참여연대 간의 논쟁은 이런 시민운동의 분화를 보여준다.[24]

---

24) 이 논쟁은 두 가지 방향에서 제기되고 있는데, 하나는 2001년 경실련 전사무총장 서경석·이석연의 문제제기에서 시작해 '조선·동아·중앙'이 사회적으로 이슈화했던 것으로, '시민운동의 위기'로까지 비화된 논쟁이며, 다른 하나는 김동춘·조희연이 제기한 민주노동당을 중심으로 하는 연합 또는 적·녹 동맹의 문제이다. 여기서 전자의 핵심은 총선연대 활동과 관련된 합법운동·비폭력저항운동, 정치세력화와 관련된 시민운동단체의 선거 참여 문제, 시민운동단체의 재정 문제와 관련된 정부·기업에서의 보조금 문제였으며, 후자의 핵심은 시민운동을 자유주의적 운동이라고 비판하는 입장과 신사회운동의 일환으로 보고 적극적인 노동운동과의 연합을 주장하는 입장의 대립이라고 할 수 있다. 전자의 문제에서 '경실련'은 참여연대를 비판하고 자신들을 보수세력이라고 규정함과 동시에 합법운동, 선거 불참여, 정부재정보조

따라서 국가권력이 중립적이라는 관점과 더불어 사회권력, 시민권력이 중립적이라는 관점 또한 기각되어야 한다. 대신에 변혁의 관점에서 도입해야 할 것은 노/자 전선의 기본 축에 접목시켜야 하는 다차원적 투쟁의 횡적, 종적 구축이다. 문제는 이런 다차원적 투쟁의 횡적, 종적 구축을 어떻게 노동자계급 헤게모니와 '대체 권력'으로 조직해 갈 것인가이다. 이를 위해서라도 90년대 이후 해체되어 왔던 '노동자계급운동의 중심성,' '해방 주체 세력으로서의 노동자계급'이라는 계급적 정체성이 정치적으로 복원되어야 한다.

현재의 독점화된 자본이 정치와 경제의 괴리와 부조응 속에서 과잉 축적의 악순환을 지속시키는 한, 변혁의 궁극적 단절 지점은 생산을 사회화하는 계급적 실천을 통해서만 가능하다. 이런 의미에서 노동자계급은 여전히 변혁의 중심적 주체이다. 문제는 이 주체가 어떻게 '정치적이고 계급적인 주체'로 형성되는가이다. 90년대 이후 남한의 시민운동과 포스트적 경향들은 이와 같은 주체의 해체와 탈산업사회로의 견인으로 특징지워졌다. 하지만 반신자유주의 세계화 투쟁은 이와 같은 견인에 대한 반작용의 계기를 형성해주고 있다. 따라서 무엇보다도 새로운 진보운동의 전망은 이 지점의 복원에서 시작되어야 한다. 아울러 노동자계급운동 또한 80년대의 정체성을 벗어나야 한다. 그것은 정치권력과 사회권력에 대한 단선적인 계급환원론적 시각에서의 탈피와 더불어 형해화될 수밖에 없는 '노동자운동에 대한 막연한 독단적 도그마,' '현장 투쟁성에 대한 막연한

금 수용 등의 입장을 밝힌 반면, 참여연대를 주축으로 형성된 '시민사회단체연대회의'(이하 '연대회의')는 비폭력저항운동──시민운동의 선거 참여──정부, 기업 보조금 거부와 재정 자립을 주장했다. 반면 후자의 문제에서 적극적인 적·녹 동맹 또는 계급연합정당으로서의 민주노동당을 통한 연합을 주장한 조희연과 김동춘은 모두 다 참여연대와 직접적인 관계를 맺고 있다. (사)시민운동지원기금 주최, <시민운동의 과거, 현재, 미래>, 2001 포럼 시민사회 시민운동 발전을 위한 대토론 중에서 이석연 경실련 사무총장과 박원순 참여연대 사무처장 간의 논의 참조.

강조를 생산하는 타성'에서 벗어나는 것이다.

현대 자본주의 사회에서 노동자는 지역에서 '시민'으로 호명되며 '시민'으로서 국가권력에 의해 조직화된다. 따라서 노동운동은 '시민'적 주체화 과정 외부에 있는 것이 아니다. 시민운동 또한 이 사회의 근원적인 물질적 토대와 무관한, '계급 아닌 중립적인 시민'들의 운동이 될 수 없다. 따라서 시민운동은 '공공성' 또는 '국가―이익단체 사이의 중립적인 공공선으로서의 시민운동'의 이데올로기에서 벗어나야 한다. 그리고 여기서 '차이'를 통한 '연대'가 모색되어야 한다. 하지만 이 '차이'를 통한 '연대'는 대등한 운동 세력간의 '연대'를 의미할 수는 없다. 그것은 어디까지나 '코뮨'이라는 대안 사회에 대한 근원적 전망을 갖고 실질적인 물리력을 확보하는 '연대'가 되어야 하며, 이 경우 연대는 '노동자계급 중심성'에 근거한 것일 수밖에 없다.

그러므로 근본적으로 문제는 다시 '노동자계급 정치'이다. 대안 사회의 건설 주체이자 대체 권력의 실질적인 힘으로서 노동자계급은 반자본의 전망뿐만 아니라 계급적 모순과는 전혀 다른 환경, 인권, 여성 등의 전망을 자신의 정치적 전망으로 전유하는 그런 계급적 정치운동을 시작해야 한다. 그것은 모든 것을 노/자 모순, 자본의 문제로 환원하는 것이 아니라, 대안 사회의 전망을 갖고 사회 공통의 문제들을 '인류의 보편적 과제'로 수용하는 것이다. 노동자계급은 그 스스로 사회권력을 획득하지 않고서 '정치적 계급'으로 성장할 수는 없다. 노동자계급은 그 스스로를 계급적이면서 대체 권력의 주체로 조직해야 한다. 여기서 '시민'으로 스스로를 호명하면서 조직되는 시민운동은 이데올로기적 비판의 대상이며, 노동자·민중적인 대체 권력으로 견인되어야 한다. 특히, '대체 권력'은 제도적 공간으로 '권력'을 흡수시켜 버리는 것이 아니라 비제도적 공간에서 시민들의 자율적 권력이자 생산자들의 자율적 통치 공간으로 조직해가는, '직접 민주적이면서 자기 통치적인' 권력을 생산하고 만들어가는 투쟁이 되어야 한다. 여기서 시민·사회운동과 노동운동은 상호 접목의 지점을 가지고 있다. 그리고 이 속에서 '노동운동의 정치화'와 '사회운동의 적색화,' '시민운동의 반신자유주의 투쟁으로의 견인'이 이뤄져야 한다.

참 고 문 헌

김광식, 1999, 『한국 NGO 연구』, 동명사.

조대엽, 2001, 「초국적 신자유주의의 공세와 NGO의 대응」, (사)참여사회연구소·민주사회정책연구원 공동 심포지엄, <전환기의 한국 사회, NGO의 역할은 무엇인가?>.

김동춘, 2000, 「한국 사회운동 현주소」, 『황해문화』 겨울호.

_____, 2001, 「한국 노동운동의 진로」, 『노동사회』 3월호.

김성구, 2000, 「시민운동의 구조조정 정책과 4·13총선」, 『사회진보연대』 4월호.

김세균, 1999a, 「국민승리21 운동을 어떻게 볼 것인가?」, 『현장에서 미래를』 41호(2·3월호).

_____, 1999b, 「경제 위기와 신자유주의, 그리고 노동운동」, 한국노동이론정책연구소 편, 『경제 위기, 신자유주의, 그리고 노동운동』, 도서출판 현장에서 미래를.

_____, 2002, 「한국의 '민주'노조운동: 평가와 전망」, 『진보평론』 13호.

김유선, 1998a, 「민주노조운동의 혁신을 위한 제언」, 한국노동사회연구소, 『노동사회』 25호.

_____, 1998b, 「현 시기 민주노총 목표로 사회주의 내걸어야 하나」, 『노동과 세계』 37호.

김혜란, 2002, 「노동조합운동과 경제주의」, 『현장에서 미래를』 10월호.

박성인, 1998, 「노동운동의 방향 정립을 위한 모색」, 『노동과 세계』 36호.

박영균, 2002, 「현단계 노동운동과 노동자계급 정치의 임무」, 『현장에서 미래를』 10월호.

이종호, 2002, 「노동자 정치세력화를 위해」, 『진보평론』 13호.

이종회, 1999, 「자본의 신자유주의적 공세와 한국의 시민운동: 진보적 사회운동의 지평 확대를 위해」, 『진보평론』

2호.

정종권, 2000a,「신자유주의에 복무하는 시민운동」,『사회진보연대』 4월호.

_____, 2000b,「시민운동에 대한 비판적 평가」,『경제와 사회』 봄호.

조희연, 1998,『한국의 민주주의와 사회운동』, 당대.

_____, 2001,「87년 이후 시민운동의 성격과 과제」,『한국 경제, 재생의 길은 있는가: 구조조정 실험의 평가와 전망』

(이병천·조원희 편), 당대.

차명제, 2001,「2000년 NGO 활동의 평가와 2001년의 과제」, 중앙일보시민사회연구소 시민사회포럼.

한국 민주주의와 공동체주의

홍영두 | 성균관대 철학과 강사

1. 신자유주의 세계화와 한국 민주주의의 위기

2002년 대선을 앞둔 시점에서 민주화를 염원하는 세력 내에는 한국 민주화의 진전에 위기가 닥쳤다는 진단이 무성했다. 왜냐하면 우리 사회의 민주화의 진전을 좌절시키고 과거의 개발독재체제로 회귀할 가능성이 높은 수구 보수정치 집단들의 블록화 현상과 기득 이익을 옹호하려는 거대 언론의 권력화 현상이 증대되면서 보수 정당의 정권 획득 가능성이 높아지고 있다고 판단했기 때문이었다. 이런 표면적 현상은 민주주의의 실질화가 지체되면서 비롯된 결과였다. 본질적 원인은 소연방 해체와 함께 강화됐던, 미국 주도의 신자유주의 세계화 전략에 김대중 정권이 대대적으로 포섭됨으로써 김대중 위임민주주의 정부에 대한 일반 민중의 불신과 이에서 증폭된 정치적 무관심에서 비롯된 것이다. 민주주의의 실질화란 사회 성원 전체가 합의하는 공동선의 구체적 내용이 보다 더 포괄적이게 됨으로써 배제가 사라지고, 성원들간의 유대가 강화됨과 동시에 개개인의 정체성 및 사회경제적 소외가 사라지고, 개인의 구체적 자유와 실질적 평등이 실현되면서 계급·계층들간의 대립·모순이 극복되어 가는 과정을 가리킨다. 그러나 신자유주의적 세계화는 이 같은 과정과는 정반대의 작용을 가하고 있으며 민주주의의 실질화를 가로막는 장애물이 되고 있다는 것을 우리는 이미 경험하고 있다.

미국 주도의 신자유주의적 세계화 전략의 본질은 전 세계를 단일한 세계 금융 시장으로 재편하고 국제 금융자본의 이익에 봉사함으로써 자본주의를 영구화하려는 기도이다. 이 기도는 자본 및 초국적 기업에 대한 국가의 자율성과 문제 해결 능력을 약화시키고 능률과 효율을 앞세우면서 시장적 자유지상주의 이데올로기를 확산시키고 있다. 시장 기준으로 재단될 수 없는 공공재와 공공 서비스는 주민의 삶의 질을 결정할 뿐만 아니라 공공 부문을 유지하는 필수불가결한 전제조건으로서 해당 정치체제의 민주적 정당성의 실질적 바탕이 된다(이해영·황기돈 1998: 41~42 참조). 공기업과 같은 공공 부문과 사회보장, 공공 서비스는 실질적 사회평등에 접근하는 사회의 윤곽을 보여주는 것이기 때문이다. 그렇게 볼 때, 국가가 사회적 비용을 감당할 수 없으므로 효율성을 위해 공공 부문을 민영화함으로써 시장 논리 속으로 전면적으로 포섭하겠다는 것은 신자유주의가 사회적 공공성에 전혀 관심을 가지지 않는 반사회적인 전략을 구사하고 있다는 것을 스스로 노출시키는 것이다. 이 같은 신자유주의 세계화는 민주주의의 물질적 기초에 대한 심각한 위협이다.

신자유주의 세계화 전략의 확산은 자본주의 국가의 한계를 벗어나지 못했을지라도 경제적 사회적 약자의 자유권과 사회권을 침식하거나 폐기하는 계기가 된다. 예컨대 비정규직 노동자의 증대 현상 및 정규직과 비정규직간의 분열이 심화 증대되고 있는 데서 목격되듯이 신자유주의는 첨단 정보 기술과 산업 자동화를 공동체 성원들의 삶의 질을 높이는 데 사용하는 것이 아니라 노동에 대한 자본의 지배를 강화시키는 데 활용하고 있다(김세균 2002: 45~56 참조; 신광영 1998: 84~86 참조).[1] 노동에 대한 자본의 지배력 강화는 개인의 의사 표현의 자유, 정치적 대표성과 참여, 조직화와 파업의 권리 등과 같은 자유민주주의 틀 내에서의 시민권은 물론 교육, 복지의 권리와 같은 사회적 시민권도 크게 약화시킬 것이다. 더욱이 신자유주의는 초국적 자본의 문화 상품화 논리에 따라 소비 자본주의적 대중문화, 식민화된 감수성을 만연시켜 일상생활의 재조직화를 일으키고 기존의 도덕적 가치나 전통적 감수성과 충돌을 유발시킴으로써 공동체 성원들을 이어주던 유대 감정을 황폐화시키고 개인의 정체성의 혼란을 가져올 것이다(심광현 1998: 77 참조; 강내희 1998: 135 참조). 신자유주의 세계화가 문제를 더욱 심각하게 만드는 것은 소극적 자유와 소유 개인주의의 이데올로기를 확산시킴으로써 그것들이 개인의 진정한 자유 이상을 실현시킬 수 있다는 환상을 불러일으킨다는 점이다. 그 결과 공동체는 경제적 이익 추구의 수단으로 도구화되고, 그에 따라 개개인들은 삶의 가치를 물을 수 있는 토대를 상실하게 되고 정체성의 위기를 겪게 된다.

이 같은 현상은 아마도 실질적 민주화의 진전을 가능하게 만드는 주체적 역량인 사회 성원들 간의 민주적 연대 조직화를 더욱 어렵게 만들 수도 있다. 신자유주의 세계화 전략은 사회 각 계급과 계층의 이해 충돌을 부채질하는 전략을 구사하기 때문이다. 레이건과 대처가 복지국가 해체 전략에 대해 대중적 지지를 얻을 수 있었던 이유는 관료화된 국가에 대한 일반인들의 일련의 저항들을 복지국가에 대항하는 힘으로 동원하는 데 성공했기 때문이었다(어네스토 라클라우·샹탈 무페 1990: 207). 이 같은 해체 전략이 우리 속으로 침투할 수 있는 것은 분열되어 있는 우리, 신자유주의의 본질을 간파하지 못하는 우리 때문이다. 오늘날 자유민주주의 이데올로기가 승리를 구가하고 그 틈을 타서 신자유주의 세계화가 침투할 수 있는 것은

---

1) 신광영 교수는 그의 논문에서 산업 자동화 등과 같은 고도기술 발전에 주목하면서 노동의 권리적 성격을 강조함과 동시에 문화정치적 발상을 강조한다. 이 발상이 단순히 문화의 공공 영역적 성격을 강조하는 점을 넘어서 정치적 지향을 가지고 있다는 점에서 이 발상은 자본주의적 시장사회를 뛰어넘는 대안 모색을 위한 발상들 중의 하나로서 진지하게 고려될 필요가 있다고 생각한다. 김세균 교수는 민주노조운동의 정체성 확립을 강조한다(52쪽 참조).

사람들이 그것을 특별히 좋아해서도 그것을 지지하는 선전이 압도적이어서도 아니다. 그것이 성공을 거두는 것은 우리의 거시적 대안 부재라는 공백 때문이다. 소련의 실패와 사회민주주의의 실패가 그 공백을 더욱 부채질했다. 정치는 공백을 대단히 싫어한다. 만일 우리가 갈수록 커지는 경제적·사회적 충격에 대해 합리적이고 진보적인 해결책을 제시하지 못하면 신자유주의자들은 더욱 반동적인 터무니없는 해결책을 내놓을지 모른다.

신자유주의 세계화는 배제를 통해 형식적 민주주의를 유지하며 공동체 성원들 간의 유대를 단절시키는 위험을 본질적으로 안고 있다. 우리는 배제를 뛰어넘는 민주주의의 실질화를 이뤄 내야 한다. 신자유주의 세계화가 확산시킨 사회적 불의와 양극화가 증대되고 있는 지금, 그 어느 때보다도 불평등과 배제의 근원을 공격하는 평등주의가 모든 진보적 기획의 중심에 있어야 한다. 이를 조직하기 위해서는 사회운동의 각 영역이 상호 차이를 인정한 바탕 위에서 연대를 민주적으로 조직하는 공동선의 정치가 필요하다. 공동선에 입각해 신자유주의 세계화에 대한 공동 저항이 가능할 때 한국의 실질적 민주화가 진전될 것이다. 신자유주의적 세계화에 대한 저항 담론을 조직화하는 것은 사회와 경제의 관리자로서의 국가 책임을 확대시킬 것을 주장하는 것이 아니다. 공동선의 정치를 조직화하는 것은 오히려 낡은 사회의 틀 내에서 새로운 사회의 요소를 끌어내는 실천적 노력을 가리킨다. 이는 쉽지 않은 일이지만 그 어려움을 뚫고 지나갈 때 우리는 우리가 원하는 바람직한 공동체를 만들 수 있다.

찰스 테일러의 공동체주의는 차이 인정을 통한 연대를 모색하는, 공동 행위를 민주적으로 조직하는 방식에 대한 하나의 모델을 제시한다. 필자가 이 모델을 거론하는 이유는, 이 모델이 우리 사회 내에서 점차 확산되고 있는 절차적 자유주의와 소극적 자유의 신화를 불식시킬 수 있으며 실질적 공동선의 조직화를 이룰 수 있는 대안을 제시하는 강점을 가지고 있다고 보기 때문이다. 테일러는 절차적 자유주의와 소극적 자유 이론이 정직

하지 못한 이론이라는 점을 지적한다. 롤즈와 하버마스의 이론은 중립적 자유주의라는 교묘한 속임수를 통해 형식적 절차와 현실적 참여 사이에 간극을 벌이고 있다는 지적이 바로 그것이다. 롤즈와 하버마스의 자유주의 이론은 현대 세계의 원자화 파편화 현상으로 대표되는 개인주의에 대한 적절한 처방을 마련할 수 없다. 절차적 자유주의의 중립성을 통해서는 신자유주의적 세계화에 대항할 수 없다. 한국 민주주의의 실질적 발전을 가져오기 위해서는 절차적 자유주의에서 대안을 찾을 것이 아니라 차이 인정을 통한 공동선의 정치가 활성화되어야 한다고 필자는 생각한다. 따라서 아래에서는 테일러의 공동체주의 철학의 특징을 살펴봄으로써 차이 인정을 통한 공동선의 정치 조직화가 사회운동 영역에서 가능할 수 있는 방안을 모색해 보겠다.

2. 근대성의 비극과 근대인의 진정성의 이상

자유주의를 옹호하는 학자들은 공동체주의가 자유주의를 보완하는 역할에 그친다고 평가한다(박정순 2002: 160). 그 진원은 공동체주의가 자유주의의 출발점인 개인의 자유를 부정하지 않는다고만 단순히 생각하는 데에 있는 것 같다. 필자는 공동체주의가 자유주의를 보완하는 역할만을 수행한다고 보지 않는다.[2] 이 글에서 언급되는 찰스 테일러의 공동체주의는 이미 근현대의 자유주의 사회·정치·윤리 이론과는 근본적으로 다른 사회관, 인간관, 그리고 자유관에서 출발하면서 자유주의 이론을 뒷받침하는 철학적 기초의 한계를 밝힌다. 특히 테일러는 자본주의와 굳게 결합되어

---

[2] 필자의 공동체주의는 찰스 테일러에 한정해서 언급된 것이므로 현대 영미 정치철학에서 주창된 모든 공동체주의에 적용될 수 없다.

있는 자유주의 이론의 허구성을 논박하고자 한다.

테일러는 근대성의 윤리와 정치가 화해할 수 없는 갈등을 필연적으로 내포하고 있다고 이해함으로써 근대에 관한 비극적 상을 제시한다. 근대 사회는 목가적 삶의 바깥에 놓여 있으며, 서로 환원될 수 없는 상이한 관점들에서 관찰된다. 이들 관점은 끊임없이 명백하게 성장하는 긴장관계 속에서 대립해 있으며, 그 결과 갈등을 빚게 되며, 이 갈등에서 권리가 두 방향으로 휘어지게 된다. 테일러의 이 같은 비극적 진단은 공동체 참여와 근대인의 자유 이상의 화해 불가능성이 근대 사회와 정치의 특수한 곤경이라는 이해에 기반하고 있다. 맥킨타이어의 보수주의가 근대성을 아예 그릇된 정향이라고 아예 거부하며 존 롤즈의 자유주의가 근대성을 올바른 정향이라고 간주함으로써 모두 반(反)비극적 확신을 공유하는 데 반해, 테일러는 근대 일반에 대한 보수적 거부도 반대하며 근대 사회에 대한 자유주의적 옹호도 반대한다. 이는 테일러가 헤겔, 맑스와 문제 의식을 공유하고 있는 것을 보여주는데, 근대 사회에 대한 이 같은 이해를 기초로 해 테일러는 개인이 자신의 삶보다 더 큰 삶에 참여하는 것, 공동선의 정치에 참여하는 것이 인간의 상수이며 차이의 인정이 연대를 가져온다는 대안을 주장하게 된다.

근대 사회의 비극에 대한 진단은 "현대의 나르시시즘 문화"와 그 문화가 배태한 성공지향적 "자기 실현의 개인주의"라는 생활 태도에 대한 테일러이 비판에도 스며들어 있나. 나르시시즘의 문화란 "자기 실현을 인생의 주요 가치로 삼고서 외재적인 도덕의 요구나 타인에 대한 진지한 의무에는 별로 의미나 관심을 두지 않는 생활 태도," 즉 개인주의가 확산된 현대의 문화적 상황을 가리킨다. 그 때문에 "우리의 삶은 갈수록 의미를 상실하게 되고, 우리는 타인의 삶이나 사회에 대해 점점 더 무관심해진다." 현대의 개인주의 문화가 자기 실현을 개인적인 일로 이해하도록 만들고 개인들이 소속해 있거나 가입하는 여러 단체들이나 공동체를 순전히 도구적 수단으로만 대하도록 부추기고 있으며 정치적 공동체에 대한 의무와 복종으로 이해되는 정치적 시민의식을 점점 더 무의미한 것으로 만드는 문제점을 안고 있다고 테일러는 비판한다. 따라서 개인주의는 근대 문명의 최고 업적이 아니라 오히려 현대 사회의 불안의 근원들 중의 하나라고 테일러는 진단한다(Taylor 2001: 79).

그렇지만 이런 현대 문화는, 자기 중심적인 생활 양태를 그 자체로 허용하지 않으려는 윤리적인 노력으로서 진정성의 이상을 부분적으로는 반영하고 있다고 테일러는 본다. 진정성의 이상이란 서구 현대 문화 속에 살고 있는 사람들에게 나타나는 "내가 내 자신에게 진실하다," "내 자신의 본연성·독자성에 진실하다"는 도덕적 이상이며, "인간적일 수 있는 특정한 방법"이며, "결코 다른 사람의 것을 모방하는 것이 아니라 나의 방식으로 내 인생을 살아가도록 소명을 받은 것"을 말한다(Taylor 2001: 45). 테일러는 이 진정성의 이상을 서구의 신분 사회가 몰락하면서 태동한 근대의 결정적 이념 중의 하나로서 간주한다. 우리가 오늘날 정체성이라고 부르는 진정성의 이상은, 루소가 당대 문화 속에서 일어나고 있던 현상을 명시하면서 "우리 내부에 있는 자연의 목소리"라고 불렀던 것이며, 헤르더가 "모든 감성적 느낌들이 상호 작용해 형성한 고유한 기분, 즉 고유한 척도"라고 부르면서 근대의 결정적 이념으로 발전시켰다고 테일러는 파악한다. 이런 윤리적 이상은 내 자신, 나의 내면과의 특정한 결합 방식, 즉 "나 자신의 고유한 존재방식의 발견," "나의 정체성의 발견"에 중요성을 부여한다(Taylor 1992c: 29~30, 32, 34).

그러나 근대적 형식의 진정성 이상으로서의 인간 존엄성의 이념이 사회적으로 파생된 정체성 형성을 결정적으로 침식시켰다고 테일러는 파악한다. 근대 사회에서 사회적 지위는 근대인들에게 중요한 것으로서 인정됐다. 민주 사회의 탄생 그 자체가 이 같은 현상을 제거하지는 못했다. 사람들은 여전히 그들의 사회적 역할을 통해 자기 자신을 규정하고 싶어하기 때문이다. 근대 민주주의는 곤경에 빠져 있다(Taylor 1992c: 31. 1988: 186). 그리고 진정성의 이상이 현대 문화 속에서 왜곡되어 나타나는데, 그것은 바로 개인주의이다. 개인주의는 사회적 원자론을 향해 달려나가며, 개개인들 자신의 욕구나 열망 너머에 있는 것에 대한 요구들을 소홀히 대하거나 부당한 것으로 몰아붙이는 극단적인 인간 독존주의(anthropocentrism)를 조장한다.

그렇다고 해서 문화 비관론에 빠져서는 안 된다고 테일러는 주장한다. 문화 비관론은 문제 해결의 측면에서 반생산적이기 때문이다. 진정성의 문화를 환상이나 나르시시즘으로 단정하고 부정해 버리고 나면 우리 인간들을 높은 수준으로 보다 더 가까이 이끌어 올릴 방도가 전혀 존재할 수 없기 때문이다. 따라서 테일러는 현대의 진정성 문화에 대한 극단적 옹호와 극단적 비판이라고 하는 양극적 입장을 기피한다. 현대 사회를 특징짓는 장대함과 비참함을 포용하는 시각만이 이 시대의 최대의 도전에 제대로 대처할 수 있는, 우리 시대에 대한 굴절 없는 통찰을 우리들에게 허용할 것이라고 테일러는 본다(Taylor 2001: 104, 38, 31).

3. 개인의 상황적 자유와 공동선의 정치

(1) 자아 정체성과 공동체

테일러는 자기 결정의 자유와 진정성의 이상이 자주 서로 혼동되어 왔다고 지적한다. 루소의 자기 결정의 자유는 "나에 관한 것이 외부의 영향들에 의해 형성되기보다는 내가 스스로 그것을 결정할 때 비로소 나는 자유로운 존재이다"라는 것을 표명한다(Taylor 2001: 43).[3] 자기 결정으로서의 자

---

3) 루소가 처음 제시한 자기 결정의 자유는 칸트, 헤겔, 맑스에 의해 상이한 형태로 보존되어

유 개념은 외적 방해물이 없는 강제 상태로서의 소극적 자유 개념을 넘어선다. 하지만 진정성이 자기 결정에만 근거하는 것은 충분하지 못하다. 왜냐하면 여러 가지 의미의 지평들이 붕괴되는 방식으로는 진정성의 이상이 옹호될 수 없다고 테일러는 보기 때문이다. 따라서 자기 결정에 근거해 있는 진정성조차도 "그 자체로 객관적으로 고상하고 용기 있는 어떤 것, 따라서 내 자신의 삶을 형성하는 데 도움이 되는 유의미한 어떤 것이 나의 의지와 무관하게 독립적으로 존재하고 있다는 인식에 바탕을 두어야" 한다고 테일러는 강조한다(Taylor 2001: 57). 인간은 내 삶에 의미가 있는 것들을 배경에 둘 때 자기 정체성을 규정할 수 있는 자기 해석적 동물이다. 인간은 자신의 행위의 본질적인 것과 자기를 동일화함으로써 자신의 자아 정체성을 형성하는 행위자이다. 그리고 우리 각자는 자신의 삶에 의미를 부여함에 있어 타자들에 의존한다. 우리 인간은 자기 해석에 필요한 언어적·경험적 자원들을 다른 자아들과 함께 구성하는 존재이다. 테일러는 이를 "타자들과 나의 대화적 관계들"이라고 부른다(Taylor 1992c: 34). 개인의 삶에서 선, 강한 가치의 규정과 실현, 자아 정체성은 타자들 및 언어적·문화적·경험적 자원들에 의존해 있다.[4] 따라서 개인들이 의존하는 공동체는 그들 정체성의 조건일 뿐만 아니라 정체성의 일부분을 이룬다고 우리는 말할 수 있다. 유사한 문화 안에서 성장하고 동일한 언어와 실천을 공유하는 인간은 공동 의미를 공유한다. 공동 의미의 공유가 만인이 상호 일치한다는 것 혹은 만인이 항상 상황에 대한 올바른 의미를 얻는다는 것을 전제하지는 않는다고 테일러는 말한다. 그렇지만 공동의 의미, 관심, 습관, 기술과 실천은 우리에게 타인의 상황과 곤경을 이해할 수 있게 해준다. 또한 인간 존엄의 의미라든가 삶의 가치 공유는 집단 성원권을 형성한다. 개인

왔다.

4) 그의 철학적 인간학의 내용은 실존 현상학에서 빌려온 경험 개념, 독일 낭만주의 전통에서 채용한 인간 주관성을 표현하는 언어 개념 등으로 이뤄져 있다.

이 별로 지배력을 발휘하지 못한 전통사회에서는 타자와의 혈통 공유가 결정적인 자기 이해의 기능을 수행했다. 전통 사회를 탈피한 근대 사회에서도 대단히 개성적인 행위자들조차도 적어도 부분적으로는 비인격적 타자들로서의 공동체와 어떤 동일화를 통해 자기 자신을 정의하는 전형을 보여준다. 그가 몸담고 있는 공동체, 예컨대 출생 도시, 지역 축구팀, 그가 다닌 학교, 그의 일터가 그의 정체성을 규정한다. 이상과 같은 주장을 통해 테일러는 공동체가 인간 행위와 자아 인식의 구조적 전제조건이라고 주장한다.

공동체와 정체성 간의 구성적 관계에 기반한 테일러의 존재론적 인간론은 인간이 공동체에 소속될 수밖에 없는 존재라는 것과 자아가 공동선을 지향할 수밖에 없는 도덕적 차원을 가진다는 것이 맞물려 있다는 것이다.[5] 테일러는 '선에 관한 우리의 느낌'과 '자아에 관한 우리의 느낌' 간의 뗄래야 뗄 수 없는 연관을 정교화한다. 좋은 삶을 사는 것은 개인에게 있어 의미 있는 삶을 사는 것이다. 인간은 자신이 속한 공동체 기반에서 도출되는 선에 대한 지향에 그 자신의 정체성을 의존하며, 삶의 가치를 공유함으로써 집단 성원권을 갖는다. 그래서 도덕과 실천적 추론, 그리고 인간에 대한 올바른 관점을 가지는 것은 공동체 참여를 통해 확립되고 유지되며 획득될 수 있는 질적 대비의 틀에 의거해야 한다고 테일러는 주장한다.

(2) 강한 가치 평가

그러면 질적 대비의 틀은 무엇인가? 테일러는 선에 정향하는 주관성의 본

---

5) 여기서 테일러가 근대 도덕철학자들의 도덕 개념을 부활시키기 위해 '도덕' 표현을 사용한 것이 아니다. 그의 '도덕' 표현은 근대 도덕철학자들의 것과는 다른 차원, 근대적 의미의 도덕을 뛰어넘는 확장된 의미를 가지는데, 이는 아리스토텔레스, 헤겔, 맑스의 노선을 뒤따르는 것이다(Smith 2002: 88). "선의 본성이 선은 공동으로 추구되어야 함을 요구하는 것은 선이 공공 정책의 문제인 이유이다"고 테일러가 말하는 것을 보면 더 명확하다(Taylor 1992c: 59).

질적 구조가 정체성이라고 단언하지 않는다. 인간은 동물처럼 일차적 욕구를 만족하고자 한다. 하지만 인간은 동물과는 달리 자신의 욕구에 대한 평가자이기도 하다. 테일러에 따르면 우리는 약한 평가도 강한 평가도 할 수 있는 존재이다. 약한 평가는 욕구들의 강도를 비교해 더 강한 욕구를 선택하는 것이다. 약한 평가에서 평가의 쟁점은 내가 하고 싶어하는 우연성에 고착되어 있다. 그러나 나의 강한 욕구가 무가치한 것일 수도 있다.[6] 따라서 테일러는 약한 평가를 가치 평가의 바람직한 모델로서 간주하지 않는다. 반면에 강한 평가는 욕구들의 가치를 기준으로 욕구들을 평가하는 것이다. 강한 평가는 우리 각자의 욕구들을 질적으로 대비시킴으로써 어떤 욕구가 다른 욕구보다 더 만족할 만한 가치가 있는지에 대해 우리의 의식을 명료하게 해 줄 수 있다고 테일러는 본다. 강한 평가는 약한 평가와 마찬가지로 자기 반성의 한 종류이지만, 질적 대비의 언어 때문에 강한 평가자가 이용할 수 있는 선택 사양들에 대해 보다 다채롭고 세련된 이해에 도달할 수 있게 해준다는 것이다. 따라서 테일러의 강한 평가는 선호들에 관한 명시 조건이면서도, 우리의 욕구와 목적이 우리를 구성하므로 삶의 질, 즉 현재의 우리와 되고 싶은 우리의 존재에 관한 명시 조건이기도 하다.

그런데 강한 평가가 욕구들의 질을 대비하는 가치 의식을 자기 단독으로 창조하지 못한다. 강한 평가는 숙고에 지나지 않기 때문이다. 강한 가치 평가에서 강한 평가보다 더 근본적인 개념적 지위를 가진 것은 강한 가치, 즉 선이다. 강한 가치 혹은 선에 대한 개념적 정의는 욕구할 만한 가치를 지닌 바람직한 것을 가리킨다. 이런 의미에 따라 강한 가치 평가를 정의해 보면, 강한 가치 평가란 우리의 욕구와 선호도에서 독립되어 있으며 우리

---

6) "우리가 더욱 더 가치 있다고 알고 있는 목표란 항상 우리가 강렬한 열망을 가지고 원하고 있는 목표와 일치하는 것도 아니며, 또한 여러 가지 욕구들이 상충할 때 가치 있는 목표로 생각하고 있는 내용이 항상 승리하는 욕구라고 볼 수 없기 때문이다"(Taylor 1990: 144 참조).

로 하여금 이들 사태들의 가치를 평가할 수 있게 해주는 표준들에 입각해서 옳고 그름을 구분하는 것을 가리킨다. 따라서 인간 자신의 욕구가 진정한 자신의 욕구이기 위해서는 강한 가치 평가를 거쳐야 한다고 테일러는 주장하게 된다. 여기서 중요한 것은, 우리가 질을 가진 선들에 대해 맺는 관계야말로 인간 행위자로서의 우리의 정체성을 규정한다고 보는 점이다. 자아에 관한 우리의 의식은 우리에게 중요한 쟁점들이 되는 것에 대한 우리의 태도와 연관되어 있다. 가치 있는 삶과 쓰레기 삶, 고귀한 실존 방식과 저급한 실존 방식 간의 차이를 논하는 태도가 질적 대비의 틀이다. 질적 대비를 깨닫는 것은 대안적 삶을 포착하는 것이다. 인간은 단순한 삶과 인간적 삶간의 구별에 관한 어떤 이해를 가지고 살지 않으면 안 된다는 점에서 인간은 선을 징향하지 않으면 안 된다(Taylor 1990 참조. 이하 쪽수만 표시).

(3) 소극적 자유론과 원자론에 대한 테일러의 비판

테일러의 강한 가치 평가 개념은 현대의 자유주의자들이 개인의 자유권을 확보하기 위해 이용하는, 로크에서 벤담에 이르기까지 안출된 소극적 자유론의 불충분함을 논박하는 중요한 근거들 중의 하나이다. 소극적 자유론은 외적 장애가 없는 상태를 자유라고 규정한다. 반면에 테일러는 소극적 자유론을 비판하고 "개인의 목표를 성취할 수 있는 능력으로서의 자유" 이론, 즉 적극적 자유론을 옹호한다. 테일러는 자유를, 내 자신이 외적 장애물에서 자유로와야 한다는 것을 의미할 뿐만 아니라 나의 목적을 적절하게 인식할 수 있는 능력을 억제하거나 나를 둘러싸고 있는 동기를 왜곡시키는 족쇄를 분쇄하거나 적어도 중립화시킬 수 있는 나의 능력과 관련되는 현상으로 간주한다. 테일러가 제기하는 소극적 자유론과 적극적 자유론간의 쟁점은 할 수 있는 일이 개방되어 있다는 "기회 개념"으로서의 자유와 각 개인이 스스로 자기 자신의 생활과 운명을 효과적으로 결정했는가 하는 "실질적 행사 개념" 간의 구별에 있다(129~130, 161).

테일러에 따르면, 소극적 자유론의 지지자들은 적극적 자유론이 엄격한 규율의 형태를 취하는 집단적 자기 통치를 허용함으로써 전체주의의 위험을 배태하고 있다고 간주하고서 적극적 자유론을 배제하려는 전략적 입장을 고수하기 위해 기회 개념을 확고하게 고수하고자 한다(134). 소극적 자유론은 본인의 의도에 대해 어떤 사람도 가치 판단을 하지 않는 상태를 자유라고 주장하고 싶어하기 때문이다(139). 그러나 소극적 자유론자의 전략은 오히려 자유를 가치 있게 충실하게 옹호할 수 없게 만든다고 테일러는 비판한다(134쪽). 소극적 자유 개념이 기회 개념을 통해 자유를 양적인 차원에서 접근하는 것은 개인의 자아 실현의 자유를 포기할 수밖에 없는 결과를 가져올 것이기 때문이다. 왜냐하면 소극적 자유 개념에는 의미 개념이 들어갈 만한 자리가 없기 때문이다(141). 그런 결과를 초래하지 않으려면 소극적 자유 개념은 인간에게 중요한 의미를 지닌 행동에 외적 장애물이 없는 상황을 전제해야 하지만 그런 여지를 아예 봉쇄하고 있다. 따라서 테일러는 소극적 자유론을 "인간이 지닌 여러 가지 동기에 대해 적어도 어느 정도의 질적인 가치 평가를 허용하지 않는 자유에 대한 견해"라고 비판한다(139 인용, 143 참조). 우리는 인간에게 있어서 중대한 의미를 지닌 어떤 특정한 활동과 목표에 대해서나 그렇지 못한 인간의 활동과 목표에 대해서 두말 할 필요 없이 명백한 구분을 하고 있고 이런 구분을 이미 전제하고 있다. 따라서 자유의 이상은 인간의 동기 부여에 관한 보다 정교하고 다면적인 이론을 필요로 한다. 테일러는 적극적 자유론이 여러 가지 목표들을 구별할 수 있으므로 더 중요하거나 덜 중요한 의미를 지닌 여러 자유들 가운데서 가치 평가를 할 수 있다는 것에 대한 이해를 제공하며, 개인들의 동기의 차이를 발견할 수 있는 상황에 대한 이해를 제공할 수 있는 강점을 가지고 있다고 본다(Taylor 1990: 139 참조).[7]

또한 외적 장애물이 없더라도 인간에게는 내적 장애물이나 동기적 측면의 장애물이 있을 수 있다. 내적 장애물은 상황 판단이나 체험 상황과 관련 있는, 근거 없는 부끄러움과 공포의 감정과 같은 현상이다. 동기적 측면의 장애물은 그릇된 가치 평가에 입각해 있는 것이다.[8] 이 같은 내적 장애물이나 동기적 측면의 장애물이 있을 경우에는 인간은 자유롭지 못하다. 장애물은 인간이 자기 자신의 목표에 대해 잘못 인식해서 생기는 것일 수 있다(136, 161). 혹은 잘못된 인식에 근거한 특수한 욕구가 우리의 진정한 목표를 붕괴시킬 수도 있다. 내적 장애물이나 동기적 측면의 장애물을 소극적 자유론은 고려할 수 없다. 그렇지만 적극적 자유론은 자유의 여러 필요조건들 가운데 인간의 다양한 동기에 대해 일정한 형태의 제한을 가할 수 있고, 개인의 삶의 목표에 대한 타인의 추정을 배제할 수 없다는 입장을 표명한다.

그렇다고 해서 테일러가 공동체에 대해 수동적 태도를 취할 것을 주장하는 것은 아니다. "사회적인 차원에서 각자의 정체성이란 기존에 이미 정의된 사회적 규정에 의해서 형성되는 것이 결코 아니다. 그것은 이제 열려진 대화를 통해 새롭게 형성되어야 하는 것이다"(Taylor 2001: 69).[9] 인간의 다양성과 창의성 때문에 자아 실현의 어떠한 일반적 지침도 원칙적으로 사회적 권위에 의해 주어질 수 없다(Taylor 1990: 128, 137). 시민들이 타인의 통제 아래 놓여 있는 것은 민주주의가 아니다. 그것은 의사 결정

---

7) "제한, 억압, 내부와 외부의 제한, 억압, 왜곡으로부터 자유로와지기 위한 투쟁은 우리를 규정하는 상황을 우리의 것으로서 긍정함으로써 강화된다"(Taylor 1988: 252).

8) "우리에게 있어서 원한이란 사물에 대해 왜곡된 견해를 지니는 태도로부터 파생된 감정이다"(Taylor 1990: 156).

9) Will KYmlica는 테일러가 개인을 공동체 아래로 부정한 방법으로 포섭했으며, 가치 판단을 행하는 개인의 능력에 관한 선천적 구속을 주장했다고 해석하는데, Smith는 이 해석은 오류라고 반박한다. 왜냐하면 개인은 공동체에 치우쳐 있지 않으면 안 된다고 테일러는 제안한 적이 없으며, 자유주의자들이 개인의 자기 결정 능력을 의미있게 하는 데 필요한 존재론의 진가를 인정하지 못하는 것을 비판하고 있기 때문이다(자세한 설명은 Smith 2002: 146~150 참조).

을 쉽게 할지 모르지만 민주적 정당성을 갖지 못한다. 민주주의 국가는 개인 의견들의 균형을 반영하는 것은 물론이고 늘 새롭게 직면하는 문제들에 관한 합의를 형성하기를 열망한다. 연대적 심의에서 출현하는 연대적 결정은 각자의 의견이 타자들과의 논의 속에서 형태를 갖추거나 수정될 수 있을 것을 요구한다(Taylor 1992b: 143). 또한, 우리의 자유 실현이 우리의 사회와 문화에 의존한다면, 우리가 이런 사회와 문화의 형태를 규정하는 데 도움을 줄 수 있을 때 우리는 보다 충분한 자유를 행사할 수 있으며, 게다가 우리 모두에게 지니는 구속력에 대해 함께 토의하는 것은 자유의 실행의 본질적 일부라고 테일러는 말한다. 더욱이, 인간은 자유롭도록 강제받을 수밖에 없다는 루소의 논리에 테일러는 동의하지 않는다. 테일러는 완전한 참여와 만장일치의 일반의지 창조를 통한 자유가 자기파괴적 성격을 갖는다고 보았다. 왜냐하면 자코뱅적 자유 모델은 자유로운 사회를 특징짓는 정체성들의 다수성을 다루는 자원이 결여되어 있어서 불충분한 모델이기 때문이다. 따라서 테일러는 상황적 자유만이 전체론과 다원론을 화해시킬 수 있다고 주장한다(Taylor 1998: 149; Taylor 1988: 251~253).

테일러는 소극적 자유론에 대한 비판뿐만 아니라 자유주의의 권리 우위 이론 및 원자론에 대한 비판에 착수한다. 테일러에 따르면, 자유주의의 권리 우위 이론의 문제점은 자유주의가 개인에게 권리를 귀속시키는 것을 정치 이론의 근본 원리 자체 또는 하나의 근본 원리로서 삼고 개별 인간들에 대해 무조건적 구속력을 지니는 것으로 간주하지만, 사회에 대한 소속 또는 유지 책무의 원리에는 권리와 동일한 지위를 부여하지 않으며 책무 원리를 권리 원리에서 파생한 것으로서, 즉 우리의 동의에 의해서이거나 우리에게 이익이 되므로 우리에게 조건적으로 부과된 것으로 간주한다는 점이다(1985a: 188). 이 같은 문제점 때문에 자유주의의 권리 우위 이론은 현대인에게 반(反)사회적 개인주의를 확산시키는 결함을 가지고 있으며,

현대 사회의 개인주의의 문제점을 극복할 수 없다고 테일러는 평가한다.

테일러는 자유주의의 권리 우위 이론의 근본 문제점을 비판하기 위해 권리들의 우위를 주장하는 자유주의 논변들의 배경을 발견하려는 전략을 세운다. 자유주의 정치 이론이 개인의 권리들에서 출발하고 개인의 권리들을 사회의 공동선보다 우위에 두는 것이 온당하다고 간주하는 것은 원자론의 구속력에서 비롯된다고 테일러는 진단한다. "원자론은, 권리 우위 원리를 그럴 듯한 것으로 만드는, 인간 본성과 인간 조건에 관한 하나의 견해를 대표한다"(189~190). "원자론적 사고 방식은 개인이 사회, 민주적 제도, 법치를 필요로 한다고 가정하는 경향"이 있긴 하지만 이 경향 역시 "로크적 안전 보장의 목적을 위해서만" 주장될 뿐이라고 테일러는 비판한다(Taylor 1985b: 309). 이 주장의 숨은 관념은 여전히 정치적 권위의 정당화가 개인의 권리들이라는 토대에서부터 출발해야 한다는 원자론을 확인하는 것뿐이고, 이 같은 확인은 근대 개인주의의 자기 정의는 주어진 것이라는 점을 되풀이하는 것이다. 따라서 테일러는 권리 우위 이론의 지지자들이 말하는 독립된 인간의 불완전성에는 동의하지만 적절한 의미에서 그들은 사회의 필수성을 인정하지 못한다고 비판한다(1985a: 202, 203). 테일러의 이 같은 비판은 자유주의 정치 이론과 도덕 이론이 단순히 공동선의 관점을 간과하거나 회피하기보다는 그들의 선과 자아의 관점이 사회적 토대에 의존하고 있음을 간과하거나 회피하고 있음을 비판하는 관점이다(Smith 2002: 170).

테일러는 인간들이 사회 안에서만 자신들의 고유한 인간적 능력들을 발전시키게 된다는 "사회적 명제"를 주장한다(1985a: 198). 비록 우리가 개인 자신의 독자적인 도덕적 신념의 권리를 옹호할지라도 사회적 명제와 만날 때 우리는 사회의 공동선에 대한 권리의 우위를 더 이상 주장할 수 없다. 자유주의 권리 이론 혹은 원자론에 대한 테일러의 반박 논변의 열쇠는 자유주의자가 거부하는 권리 개념 해석을 자유주의 이론 속에서 재발견하는 데에 있다. 테일러는 자유주의의 권리 개념이 인간에게서 어떤 능력을 분간해 내는 특유의 인간관과 결부되어 있다고 파헤친다. "권리를 주장하는 것은 명령을 내리는 것 이상이다. 그것은 어떤 속성들이나 능력들의 도덕적 가치라는 관념에 본질적인 개념적 배경을 갖고 있다"(1985a: 195). 그들이 사적 소유를 진정한 독립적 삶의 본질적 일부로 생각했다는 것, 한 걸음 더 나아가 이런 형태의 삶의 실현이 진정으로 독립적인 삶의 방식을 선택하는 능력의 발전을 함축하고 있음을 보여주는 것이라고 테일러는 해석한다. 그리고 능력이 존중받을 만하다는 확신의 공유야말로 능력 혹은 권리가 규범적 결과를 가질 수 있는 필요조건이라고 테일러는 말한다(1985a: 192~3). 따라서 권리 우위 이론의 지지자들이 주장하는 것과는 반대로 권리 이론은 인간 본성과 인간의 사회적 조건에 대한 고찰들에서 독립적이지 않다고 테일러는 결론내린다. 테일러의 해석에 대해서 자유주의자는 동의하지 않을지 모른다. 하지만 정치적 원자론은 "근대적 개인 자체를 산출하는 데에 법치, 상호 존중의 규칙, 공동 심의와 공동 결사의 관습, 문화의 자기 발전의 제도들과 실천들이 장구한 발전 기간을 거쳤으며 그것들이 없었다면 자기 자신을 근대적 의미의 개인으로 자각하는 것이 쇠락했을"(1985b: 309) 그런 종류의 문명 안에서, 자기 목표와 열망을 가진 어느 정도 자유로운 개인이 가능할 수 있다는 점을 고려할 수 없었던 오류를 안고 있으며, 그 결과 정치적 원자론은 근대 사회의 공동선을 기만했으며, 이 같은 방식으로 자신의 전제들을 붕괴시켰다고 테일러는 비판한다. "자신의 출발점에 대한 원자론자들의 경직된 확신이야말로 그들로 하여금 자유로운 개인, 권리의 보유자가 이런 정체성을 습득할 수 있는 것은 오로지 발전된 자유주의적 문명과의 관계 덕택이라는 것을 못 보게 가로막는 일종의 맹목이자 자족의 기만이다."10) 그 때문에 권리 우위

─────

10) 여기서 테일러가 자본주의 자체를 변호한다고 해석해서는 곤란하다. 테일러는 근대인의 자유 열망의 역사적 탄생에 기여하고 자율성의 이상을 인간들이 추구할 수 있는 목표로 만드

이론은 인간 고유의 삶의 양식에 대한 토론을 공허하고 형이상학적인 것이라고 배제해 버리는 완고한 성향을 동반하는 큰 대가를 치르게 되며, 동물적 삶에 반하는 인간적 삶의 가치에 대해 대답할 수 없게 된다. 자유주의의 원자론 및 권리 우위 이론은 정치적 사회적 원자화 및 파편화를 부채질함으로써 진정한 사회 대안을 가로막는 이론적 장애물 구실을 한다. 자유주의자는 설령 공동체를 인정한다고 하더라도 공동체에 자기 이익이라는 도구적 가치밖에 부여하지 않는다. 원자론과 권리 우위 이론이 조장한 근대의 개인주의는 공유된 정치 공동체의 보존에 기여할 수 있는 사회 성원 전체의 보편적인 공동선과는 거리가 멀 뿐만 아니라 사회 성원 전체의 공동 의지를 형성함으로써 사회통합을 이루는 정치적 운동을 일으킬 수 없다. 개인의 권리를 우선시하는 정치적 입장 역시 특정 사회의 역사적 발전 단계에 상응하는 성질을 가지므로 특정 공동선을 전제하고 있는 것인데, 그 공동선이 사회적 기반을 가지고 있음을 권리 우위 이론과 원자론의 지지자들은 간과하고 있다고 테일러는 비판한다. 이 비판을 통해 테일러가 말하고자 하는 것은 우리가 사회를 희생시키면서 무조건 우리의 권리를 주장할 수는 없다는 것이다. "자유로운 개인은 전체 사회와 문명 덕분에 바로 그 자신일 수 있다"(1985a: 205). 바로 이것이 테일러의 생각이다. 사회의 유지라는 책무와 개인의 권리가 갈등을 빚을 경우 우리는 양자 모두에 대해 잘못을 범하게 되리라는 점을 우리는 시인해야 된다는 것이다. 따라서 테일러는 개인의 자유의 권리를 긍정하면서 사회에 대한 소속과 유지의 책무를 인정해야 한다고 말한다. 자유주의의 원자론과 권리이론에 대한 테일러의 비판 요점은 개인의 자기 결정 능력 그 자체를 문제삼는 것이 아니라 오히려 이 능력을 의미 있게 만드는 데 필요한 전체론적 존재론의 진가를 인정할 수 없는 자유주의의 무능력을 비판한 점에 있다.

는 데 기여했던 요인들, 즉 예술, 철학, 신학, 과학, 정치와 사회조직의 점진적인 관행들의 발전을 염두에 두면서 자유주의적 문명을 언급했다(Taylor, 1985a: 204).

(4) 공동선의 정치

이상과 같은 주장에 기반해 테일러는 공화주의적 연대를 구상한다. 테일러의 공화주의적 연대 구상은 개인의 정체성과 공동체 간의 밀접한 연관에서 출발하며, 개인적 자기 규정과 집합적 자기 규정간의 연관을 받아들이는 적극적 자유론에서 전개된다. 공화주의적 연대의 전제는 공동선이며, 공동선은 정의에 관한 합의, 롤즈 식의 포괄적 합의를 뛰어넘는 것이다. 애국심은 자유로운 체제의 지탱을 위해 필요불가결하다고 보며, 자유를 보증하는 제도들을 보완하는 것이라고 테일러는 주장한다.[11] 공화주의적 애국심은 공동의 전통에서도 성립하지만 자유를 보증하는 제도들에서도 성립한다는 것이다. 정치적 제도들은 공동 결정의 도구로서 자유로운 존재로서의 우리 정체성을 실현하는 데 결정적인 한 부분이다(Taylor 1985a: 208). 자유의 이상은 개인적 권리들의 향유 이상을 필요로 하며, 자율성과 자기 지도에 대한 열망들을 인식할 수 있게 하는 자기 이해, 즉 정체성을 요구하기 때문이다. 정체성은 인간이 가지고 태어나지 못하며 습득해야 하는 자기 이해의 방식이며, 우리 각자가 자기 혼자의 힘만으로 이를 유지할 수 없는 것이며, 부분적일지라도 항상 다른 사람들과의 대화를 통해 규정되거나 우리 사회의 실천들을 뒷받침하고 있는 공동 이해를 통해 규정된다. 따라서 자유의 이상과 정체성은 정치 사회에 대한 참여라고 하는 더 강한 의미의 자기 규정 혹은 자율을 필요로 한다(Tayor 1985a: 205; Smith 2002: 141 참조). 우리의 인간적 능력들의 충분한 발전을 위해서는 특정한 사회적 조건들이 필요하기 때문이다. 테일러는 이를 "자유의

---

11) 테일러가 애국심을 말했다고 해서 그를 국수주의자로 보아서는 곤란하다. 테일러는 이렇게 말한다. "어떤 사람은 조국의 모든 원리를 전복할 수 있는 형식을 취할 수 있는 대단한 조국애를 가진 사람을 상상할 수 있다. … 나는 그 위험을 부인하지 않는다. 그러나 그 위험이 자유의 보루 형식을 취한다는 사실은 나에게 부인할 수 없는 사실인 것으로 여겨진다"(Taylor 1991: 73~4).

사회적 조건들에 관한 명제"라고 부른다(1985a: 209). 자율적이고 자기 규정적인 개인의 정체성은 예컨대 일련의 실천을 통해 자율적 규정의 권리를 인정하며 공적 활동에 대한 토의에서 개인이 발언권을 요구하는 사회적 지반을 필요로 한다. 따라서 자유와 개인적 다양성은 이들 가치에 대한 보편적 인정이 존재하는 사회에서만 번창할 수 있기 때문에 테일러는 우리에게 사회, 문화의 형태 전체에 관심을 가져야 함을 강조한다. "자기 자신을 그 자체로 긍정하는 자유로운 개인은 이런 정체성이 가능한 사회를 완성하거나 복원할 또는 유지할 책무를 이미 자기 안에 지니고 있다"(209). 공화주의적 애국심은 공동의 정치적 참여, 즉 타자 사랑을 통한 정체성 형성뿐만 아니라 이 참여에 협력하는 타자의 복지에 대한 배려도 포함한다. 테일러의 애국심 개념은 하버마스의 연대 개념과 비교될 수 있다. 하버마스의 연대 개념은 상호 인정의 관계가 형성되어 있는 탈전통적 공동체에서 발견되는 반면에, 테일러의 애국심은 구체적인 정치적 공동체에 관계한다.

4. 민주주의의 배제의 동학과 차이의 인정 정치

(1) 민주주의의 배제의 동학

테일러의 공화주의적 공동선의 정치는 정치 제도에 대한 순수한 애국심, 즉 국수주의적 태도와 구별된다. 하지만 그의 공동선의 정치가 사회적 차별과 일면적 의존성을 덮어버리는 위험을 안을 수 있다고 보는 견해도 있다. 테일러의 공화주의적 애국심 개념이 사회 공동체와 정치 공동체를 구별하지 않음으로써 다원적 사회들과 관련해 곤경에 빠진다고 보기 때문이다(Zürcher 1998: 147). 그러나 테일러는 다원적 사회들 속에는 좋은 삶에 관한 하나의 표상이 아니라 항상 다수의 표상들이 형성된다는 것을 인정하며, 상이한 주민 집단들과 전통들의 차이를 인정하고자 하는 차이의 인정 정치를 요구한다. 왜냐하면 그의 공동체주의가 정체성과 공동체간의 밀접한 연관성에 기반한다면 집단적 정체성의 인정 내지 사회 공동체들의 보호가 필수적이기 때문이다. 그렇다면 공동선과 차이의 인정이 어떻게 양립할 수 있다고 테일러는 생각하는 것일까?

근대 이전의 계급 사회에서 상하 차등적 명예는 사회의 부정 부패의 온상이었던 특권이었다. 이 특권도 사회적 인정의 한 형식이었다. 특권을 부정하고 등장한 것이 근대 민주주의이다. 근대 사회에서 민주주의와 공존할 수 있는 유일한 인정 형식은 인간 존엄성 개념이었다. 그 개념은 동등한 대우의 원칙을 인정의 형식으로 만들었다(Taylor 2001: 67) "인정을 받아야 할 필요성이 있다는 사실이 처음으로 요구된 이유"는 인정 요구가 아니라 이런 요구가 실패할 수 있는 조건을 근대가 안고 있다는 것을 인식한 데에 있다고 테일러는 말한다(Taylor 2001: 67). 근대와 더불어 인정의 필요성이 아니라 인정받는 시도가 실패할 수 있는 조건들이 발생했기 때문에 비로소 근대에 들어 와서 인정의 필요성이 최초로 인식됐다는 것이다. 전근대 시대 사람들이 정체성과 인정에 대해서 언급하지 않았던 이유는, 사람들이 정체성을 가지고 있지 못하기 때문이 아니라, 정체성들이 인정에 의존하지 않았기 때문이 아니라 오히려 정체성들이 문제가 되지 않아서 문제로서 주제화될 수 없었던 데에 있다고 테일러는 본다(Taylor 1992c: 34).

근대 민주주의에는 만인에 대한 포섭의 추동력이 놓여 있다. 근대 민주주의 국가는 강한 집합적 정체성을 가진 인민을 요구했다. 민주주의 국가들의 정당성인 인민 주권 이념은 인민 성원들이 공동 결정을 행하는 조직체의 구성을 요구한다. 이런 사정은 공동 정체성과 같은 인민 성원들의 응집력을 요구하게 된다. 왜냐하면 구성원들은 어느 정도 상호 알고 있어야 하며 상호 경청할 줄 알아야 하며 상호 이해해야만 진실로 공동 토의에 참여할 수 있기 때문이다. 그러나 민주주의가 요구하는 공동 정체성과 같은 포섭의 추동력이야말로 배제의 동학을 발생시키는 역설을 포함하고 있다고 테일러는 지적한다. "배제는 자기 통치하는 사회들에서 요구된 고도의 응집의 부산물이다"(Taylor 1998: 143~5 참조). 배제의 유혹은 협소한 공감과 역사적 편견에서 생기는 것이 아니라 "인민이 상호 알고 신뢰하며 상호 책임 의식을 느낄 때 민주주의가 잘 기능한다는 사실로부터 발생한다"(Taylor 1998: 146, 148). 민주주의 배제의 동학은 역사상 노예, 농민, 여성 등에 대해 작용해 왔다.[12] 그러나 배제는 새롭게 등장한 문제를 부인하는 행위이며, 그들에게서 시민권을 배제하고 우리와 그들로 차별하는 행위라고 테일러는 비판한다. 또한 민주주의가 파산을 겪지 않은 채 배제에 도달한다는 주장은 자포자기의 태도이지 결코 필사적인 태도가 아니라고 테일러는 말한다.

민주주의 안에서 일어나는 배제의 동학에는 외적 배제와 내적 배제의 방식이 있다. 오랫동안 공동 언어, 문화, 역사, 조상과 결합된 공동 연대 의식이 형성되어 있는 높은 민족 통일의 역사를 가진 나라에서 다른 기원을 가진 인민을 배제하는 것은 외적 배제의 사례이다. 자국의 시민들을 단일한 틀로 강제하려고 시도하는 것, 정치와 시민권의 경직된 정식화에 기반해 공동 정체성을 창조하는 방식, 어떤 대안도 수용하는 것을 거부하고 시민들의 나른 측면의 성체성의 전제적 복종을 요구하는 방식은 바로 내적 배제이다. 정체성의 다른 면들을 시민권에 종속시키지 않는 생활 방식을 비애국적이라고 징계했던 프랑스 공화국의 자코뱅 전통이 바로 그것이라고 말한다(Taylor 1998: 147~148). 이 같은 방식은 상당히 강한 내적

---

12) 고대 그리스 민주주의에서 노예와 여성은 시민이 아니었다. 그리고 근대 프랑스 혁명에서도 농민은 혁명의 결실에서 배제당했으며, 자본주의 역사 속에서 20세기 초까지 여성은 참정권을 인정받지 못했다.

배제를 수반하는 처리 방안을 통해 엄격한 흡수를 주장하는 방식인데, 오늘날 이 같은 내적 배제가 유지될 수 없다고 테일러는 본다. 국제적 이주의 속도가 빨라 이제 다문화 사회가 형성될 수밖에 없다. 이주자들은 숙주 사회에 완전한 성원 자격을 가지기 원하며 자기 방식으로 동화하며 숙주 사회를 변화시킬 권리까지 보유함을 자각해 가고 있다. 그뿐만 아니라 페미니스트들, 문화적 소수자들, 동성애자들, 종교 집단들까지도 차이를 억압하는 이념의 수정을 요구하고 있다. 민주적인 사회라면 새로운 집단의 인민을 포섭하기 위해 공동 이해를 재규정하고 다양한 정체성들을 수용하기 위해 전통 정치 문화를 수정하는 끊임없는 자기 재발명의 과정에 전념해야 한다고 주장한다(149~150).

(2) 절차적 공화국 모델에 대한 비판

그러면 자기 재발명의 방식으로는 어떤 민주주의가 바람직하다고 테일러는 생각하는 것일까? 자기 재발명의 과정에는 지난 2세기 동안 자유민주주의 내에 두 가지 모델, 즉 '선택과 개인의 자유에 초점을 둔 민주주의'와 '참여와 공동 자치에 중심을 둔 민주주의'가 공존해 왔는데, 미국에서 1960년대 시민권 입법 운동이 일어난 후, 캐나다에서 1982년 권리 헌장이 헌법에 도입된 이후, 민주주의의 무게 중심이 전자의 모델, 즉 샌들의 "절차적 공화국"(151) 모델로 이동했다고 테일러는 평가한다. 복잡한 사회의 민주적 통치를 위한 최선의 정식은 중립적 자유주의라는 주장이 점차 우세해지고 있는 것도 그런 미국의 사정을 반영한다.

　　그러나 절차적 공화국 모델은 공민적 요소를 완전히 망각하는 위기에 빠뜨린 개인주의의 승리를 귀결시킨 모델이라고 테일러는 평가한다. 이 모델은 문화, 혈통, 정치적 경험, 정체성 등의 아주 많은 차이들의 통합이 필요할 때 자치보다는 자유주의, 시민적 덕보다는 개인의 권리와 법률적 절차를 통해 공동 이해를 규정하려고 하는 모델인데, 근대 철학의 전통에 기원을 가지고 있다고 평가한다. 그런 까닭에 공리주의와 칸트에서 파생된 의무론이 유행하는 것이 바로 그것인데, 그것은 현대 철학이 좋은 삶의 윤리에서 덜 논쟁적이고 일반적 동의를 보다 쉽게 얻는 윤리 쪽으로 떠내려가고 있음을 보여주는 현상이다. 공리주의는 우리가 추구하는 목표들의 질과는 상관없이 모든 사람의 선호도를 동등하게 계산한다. 칸트 이론도 우리에게서 선호도들을 완전히 추상하고 선호하는 행위자의 권리들에 초점을 맞춘다.[13] 이 같은 철학적 전통은 현대 철학에서 롤즈의 무지의 베일이나 하버마스의 담론윤리학에서 중립적 절차를 강조하는 정치적 논변에서 유행하고 있다. 테일러는 이런 철학적 전통과 정치적 논변을 일컬어 '추상 전략'이라고 말하고 그 특징을 다음과 같이 평가한다. 첫째, 추상 전략은 도덕적 견해들에 대한 회의주의 시대에 '우리 해석들에 의존하며 매우 논쟁적이고 결코 보편적 동의를 얻을 수 없는' 지형에서 후퇴하는 논변에 기반하고 있다. 예컨대, 나머지 모든 것들이 동등하다면, 사람들이 원하는 바를 가지거나 선택의 자유를 존중하는 것이 더 낫다는 도덕적 논증이 바로 그것이라고 말한다. 둘째, 근대 도덕 이론은 반간섭주의를 변호하기 위해 특수한 선의 채택을 거부한다. 예컨대 칸트는 우주의 질서나 인간 본성에서 뽑은 모든 질적 구분이 인간을 타율에 빠뜨리게 만든다

---

13) 테일러에 따르면, 공리주의는 질적 구분을 전적으로 제거하는 목표로 삼았지만 전혀 질적 구분에서 벗어나지 못했다. "존재하는 것은 오직 욕망뿐이며, 남아있는 유일한 척도는 욕망의 충족의 극대화이다." 반면에 루소의 무제약적 의지 이론을 따른 칸트는 우리의 동기들을 동질적인 것으로 보는 공리주의의 관점과 단절한다. 그는 의지에 근원적으로 상이한 질들이 존재함을 인정한다. 그렇지만 그는 도덕 법칙을 우리의 의지에서 비롯하는 것으로 보아야 한다고 주장한다. 도덕적 이유에 따라 칸트는 선들의 질적 구분을 아주 효과적으로 배제해, 우리의 삶에서 선들의 질적 구분들의 위치에 대한 자각을 거의 모두 제거한 다음, 단순히 행위 원칙들을 형식적으로 규정하는 데 초점을 맞추고 있는 의무론적 도덕 이론을 제안한다. 또한 행위 원칙들을 규정하는 데에 실천이성에게 중요한 역할을 부여하는 한에서, 칸트의 의무론적 도덕 이론은 이성에 대한 절차적 관점을 채택한다(Taylor 1989: 75~90 참조).

고 보았다. 그 결과 만족스러운 도덕 이론은 우리의 모든 당위적 의무와 오직 그것만을 도출할 수 있게 해주는 어떤 형식적 기준이나 절차를 제공하는 것이라고 생각했다. 이 두 가지 점은 철학적 논변에서 두드러지게 나타나는 점이다.

마지막으로 정치적 논변에서 중립적 자유주의를 주장하는 논변이 점차 우세해지고 있다는 점을 지적한다. 근대 사회를 바라보는 전망의 거대한 차이들이 있다고 할 때, 롤즈와 하버마스의 자유주의는 우리 공동의 쟁점을 절차적으로 결정하는 방식으로 약속하는 것처럼 보인다. 이것은 성, 인종, 성적 지향, 나의 성격, 전망, 목표와는 관계 없이 내가 시민이라는 점 때문에 나를 존중하고 나의 권리를 허용하라는 공동의 지형을 마련하는 큰 장점을 가지는 것처럼 보이지만, 절차적 모델은 타자들에 대한 우리의 정치적 법률적 대우를 고려할 때 차이를 추상하는 전략을 세운다. 이런 전략은 우리에게 다른 사람의 전망들에 관해 배우게 하기커녕 다른 사람의 전망들을 더 적게 알면 알수록 사람들을 동등하게 대우하는 것이 더 쉽게 될 것이라고 제안하는 방식이다. 절차적 모델은, 차이를 고려하는 것은 불화를 일으키고 남의 시기를 살 만하며 공평하지 않다는 정치적 견해와, 인격에서 실제로 중요한 것은 다른 모든 사람들과 공유하고 있는 것, 예를 들면 자기 자신의 목적들을 선택하고 자기 자신의 삶과 자율성을 선택하는 자신의 능력이라고 하는 철학적 견해에 입각해 있기 때문이다.

테일러는 절차적 연대 모델을 완전히 무시하지는 않지만, 차이를 외면하는 절차적 연대 모델은 의견 충돌의 원천을 공민적 공화국 모델보다 더 많이 가지고 있다고 평가한다. 아무도 절차적 모델이 확신하는, 어떤 공평한 기초 위에서 만인의 삶의 계획의 촉진을 약속하는 "이상적인 공통 근거"인 "만인의 중립적 절차"를 고안한 적이 없기 때문이다. 예컨대 임신 중절 문제에서 태아 대리모의 권리 투쟁에서 분쟁을 중재할 기준이 없다. 또 생활 양식의 실질적 차이들의 혹투성이 지형을 피하려고 의도하는 절차적 모델이 항상 최선의 기능을 수행할 수 없다. 왜냐하면 중립적 절차는 상이한 해석들에 열려 있으며, 이들 해석 중 몇 가지는 학교 기도 논쟁에서 보듯이 결코 중립적이지 않기 때문이다(Taylor 1990: 140). 그리고 근대의 사법적 모델에 기반한 절차적 모델은 "승자가 모든 것을 차지하는 헌법 재판소"와 같은 분열을 자극한다(Taylor 1998: 154). 왜냐하면 경쟁하는 요구들 간의 협상과 타협에 기초한 정치적 해결책과는 달리 절차적 접근은 타자의 사정의 실체를 살필 기회를 각 상대방에게 제공해주지 않기 때문이다. 심지어 상실한 자의 요구를 비헌법으로 선언함으로써 상실한 자의 강령은 미국 사회에서 정당성을 결코 얻지 못하고 있다. 미국의 현 문화 투쟁은 헌법에 기초한 법률적 해결에 대단히 의지함으로써 화해되기보다는 악화되어 왔다고 테일러는 본다. 문제를 법적으로 해결하려는 취향은 희생과 어려움을 불러올 수 있는 조치에 대한 광범위한 민주적 합의를 요구하는 문제들을 훨씬 더 다루기 어려운 상황을 만들어 내기 때문이다. 이런 불균형적인 체제는 오히려 파편화 현상을 반영하며 심화시키고 있다고 테일러는 진단한다.

롤즈와 하버마스의 자유주의적 민주주의 이론도 현대 세계의 원자화 파현화 현상으로 대표되는 개인주의에 대한 적절한 처방을 마련할 수 없다. 테일러에 따르면 롤즈의 이론은 개인주의의 유지 보존에 목적을 두고 있으며 하버마스의 이론은 차이를 무시함으로써 두 이론 모두 중립적 자유주의라는 교묘한 속임수를 통해 형식적 절차와 현실적 참여 사이에 간극을 벌이고 있다(Taylor 2001: 148~149). 그리고 실질적인 공동 행위의 부재는 오직 관심이 자신에게만 던져지기 때문에 거꾸로 원자주의의 강화에 기여한다. 더욱이 구성원이 자기가 속한 정치 사회를 자신의 공동체로 받아들이기가 점점 더 어려워지는 사회, 즉 파편화된 사회에서는 시장과 관료 체제 안에 깔려 있는 도구주의적 경향에 대한 공동 전선 형성은 거의 불가능한 일이 된다고까지 테일러는 말한다.

(3) 차이의 인정 정치

인민이 차이 안에서 함께 연대할 수 있는 대안 모델을 제시하지 못했기 때문에 근대 철학이 고통을 겪었다고 보는 테일러는 헤르더와 뒤르켐에서 대안 모델을 발견하는데, 그 이념은 차이들에도 불구하고 연대할 수 있다는 것이 아니라 차이들 때문에 연대할 수 있다는 것이다. 우리는 차이들이 각 상대방을 풍부하게 한다는 것을 의식할 수 있다. 이런 의미에서 차이가 상호 보완성을 규정하며, 이런 상보성의 이념이 강력한 개인 자유 이론의 기반일 수 있다고 테일러는 본다. 테일러는 이를 목적론적으로 "우리는 상호 이해를 의도하며, 이 상호 이해는 성장과 완성에 이른다"고 말한다. 우리는 차이들을 상호보완성으로서 볼 수 없고 상호보완적으로 행위할 수 없는 순수한 칸트적 도덕 행위자가 아니다. 인간성의 충만함은 차이들을 더하는 데서 나오는 것이 아니라 차이들의 교환과 친교에서 나오기 때문이다. 차이 있는 모든 목소리들과 도구들이 함께 혼화될 때 궁극적인 풍부함이 온다는 믿음을 테일러는 가지고 있다. 각자의 삶은 인간 잠재력의 어떤 소부분을 성취할 수 있을 뿐이므로, 만약 우리가 다른 길들을 취했던 사람과 긴밀한 연대를 맺고 살아가기만 한다면 인간의 업적과 능력의 전 범위에서 이익을 얻을 수 있다. 획일성을 강요하려고 시도하는 것은 우리 자신을 보다 협소하고 보다 빈곤한 삶으로 몰아가는 것이다.

　　지난 2세기 동안 인정에 대한 이해가 점차적으로 확산되어 가는 가운데 사회적 차원에서 공정성의 원리, 사적 영역에서 사랑의 관계가 결정적 중요성을 갖게 됐다고 평가하면서, 테일러는 정체성 형성과 사회적 인정의 형식 간의 밀접한 연관성이 있다고 주장한다.(Taylor 2001: 59) 정체성 인정 정책이 요구하는 것은 곧 차이 인정, 상이한 존재 방식들에 대한 동등한 가치의 인정이다. 그러나 단지 서로 다른 차이 그 자체만으로는 동등한 가치의 근거가 될 수 없다. 상이한 정체성들의 동등한 가치에 대한 인정은 이런 원칙에 대한 신념보다 더 큰 것, 즉 해당되는 다양한 정체성 모두를 동등하게 자리 매김해 줄 수 있는 가치의 공통 기준, 공유하는 의미 지평을 요구한다. 의미 지평의 공유를 위해 가치 평가의 공통성을 확대·발전시키며 그것을 키워나가는 일이 매우 중요한 과제이다. 가치에 대한 내용적 합의가 있어야만 하는데, 동등한 인정을 실현시키는 결정적 방식 중의 하나가 모두가 참여하는 정치적 생활이라고 테일러는 말한다. 동등성에 대한 형식상의 원칙은 공허한 것이며 속임수에 불과하다(Taylor 2001: 71~2). 테일러의 차이 인정은 중립적 자유주의의 절차적 정의 이상의 수준으로 우리를 이끌어 간다.

　테일러의 정치철학적 작업의 목적은 개념의 명료화도 아니고 규범의 합리적 정당화도 아니다. 그것은 질병에 대한 진단이다. 테일러의 고찰의 초점은 근대 민주주의의 자기 부정적 특징들, 즉 위기와 자기 파괴로 향하는 근대 민주주의 내재적 경향이다. 테일러의 분석에 따르면, 민주적 배제, 정치적 파편화, 정치 과정에서의 소외는 근대 민주주의 생활 양식의 병리 현상들이다. 테일러는 민주주의에 평등 사회 실현을 위한 근본 의미를 부여하고, 시민사회와 국가 사이에서 대립하는 기여원리와 공화제 원리 간의 긴장관계를 철폐해 공화제 원리의 강화를 통해 순차적으로 평등 사회에 도달하고자 한다. 테일러는 롤즈의 철학이 "평등주의적 재분배를 정당화하는 자유주의적, 사회민주주의적 견해들의 계보"에 속한다고 보지만, 근대 사회를 위한 분배정의의 정합적 원리와 같은 것, 단일한 원리와 같은 것은 없다고 본다. 그리고 우리가 사회주의 방향으로 우리의 사회를 근본적으로 변경시킬 수 없는 한, 기여 원리는 발 붙일 곳이 없다고 테일러는 말한다. 그와 동시에 기여 원리는 다른 더 평등주의적 고찰들과 결합되어야 한다고 주장한다. 그의 생각은 생산수단의 공적 소유에서 한 걸음 더 나아가 경제 활동에 참여하는 대다수가 추구하는 주요 재화가 더 이상 개인의 번영 차원에 머물러서는 안 되고 어떤 공적인 목표 혹은 노동 자체에 대한 내재적 만족이어야 한다는 것이다. 그는 무계급 사회에 대한 맑스주의 전통에다가 자연과 균형을 이루는 제한된 필요들에 기초한 코뮌적 삶의 이상을 품고 있다(Taylor 1985b: 309~314 참조).[14] 여기서 테일러가 시민사회와 국가간의 대립을 청년 맑스의 의미에서 정치 사회 개념 위에서 되찾으려고 노력한다는 것을 알 수 있다.[15]

그러나 정체성의 정치를 부르짖는 포스트모더니스트들의 신사회운동은 한계가 있다고 테일러는 말한다. 포스트모더니즘은 절차적 자유주의와 공통적으로 소극적 해방의 공약, 헤르더 훔볼트적 연합적 연대 모델에 대한 적개심을 공유하고 있는데, 이 같은 철학적 근원에 기반하고 있는 포스트모더니즘은 파괴적 성격을 가지고 있다고 비판한다. 역사적 억압과 불만 의식을 보여주는 포스트모더니즘은 희생자의 태도에 고정되어 있어 상호 신뢰와 상호 책임을 일으키는 공동 정치 기획을 안출하려는 노력을 파괴할 수 있다는 것이다. 테일러는 희생자와 억압자 사이에는 솔직한 상호 교환이 필요하며, 희생자라고 고발하는 자와 고발당한 억압자 사이에 동일한 방식의 교통이 있어야만 목표를 달성할 수 있다고 본다. 그 목표는 고발당한 자가 궁극적으로 자신의 유죄를 시인하고 뉘우침을 보여주고

---

14) 테일러가 바라보는 평등 사회의 원리는 맑스가 「고타강령 초안 비판」에서 언급했던 첫 번째 국면과 두 번째 국면의 원리를 결합시킨 것으로 생각될 수 있을 것 같다.

15) New Left Riview의 편집자로 활동했던 테일러는 복지주의와 스탈린주의에서 사회주의를 구출하려고 했다. 경제와 행정의 점진적 개혁이라는 협소한 전망에 초점을 맞춘 복지주의도 도그마에 의존하는 스탈린주의도 인민의 근본 관심을 표현할 능력을 가지고 있지 않다고 보았다. 스탈린주의는 경제결정론에 얽매여 생산수단의 집단화만을 새로운 사회주의 사회의 선구자로서 간주하는 데에 기울어져 있었다고 테일러는 비판했다. 복지주의에 대해서도 노동운동가들이 국가 복지를 사회의 패배자들을 원조하는 기제로서만 취급하면서 사회주의 전통의 최선의 부분, 즉 지극히 중요한 인간 필요를 준비하기 위한 전체 공동체의 모든 성원들의 책임을 확립하는 전통을 포기했다고 비판했다. 복지 개념은 공동체의 책임 원리에 의해 뒷받침될 때 사회주의적 성격을 띤다고 테일러는 보았다. 그리고 공동 책임은 기본적으로 공동 소유에 기초한 체계에 의해서만 달성될 수 있다고 보았다(Smith 2002: 176~179 참조).

심지어 불만의 원인을 없애는 것이다. 지독한 역사적 부정이 있었던 곳에서 희생자의 고발하는 태도는 공동 기획에 있어 협동의 전주곡일 수 있을 뿐 이 기획의 기초일 수 없다. 희생자의 역할로 고정되어 있는 당사자들은 기껏 준비 작업에만 끊임없이 참여할 뿐이고 결코 상호 신뢰와 구속력을 현실적으로 창조할 수 없다는 것이다. 테일러는 지배와 피지배의 악순환이 반복되는 권력 투쟁은 착취 없는 공동 기획의 진정한 협동을 마련하는 어떤 장소도 제공하지 못한다고 본다. 지금까지 서구의 신사회 문화운동은 사회적 저항과 정치적 행위 간에 큰 틈을 만들어 왔다(Touraine 1989: 283). 테일러는 포스트모던적 신사회운동의 비정치성을 비판하며 이를 극복하기 위한 방안으로서 공동의 정치적 행위를 강조한다. 사회 제도와 기구들이 원자적이고 도구적인 태도를 양산하고 유지하며 도구적 이성 지배의 점차적 확산을 불가피하게 조장하고 있다면, 문화 투쟁, 도덕적 이상의 만회 작업은 사회 조직의 방식을 둘러싼 정치 투쟁과 서로 분리될 수 없다는 것이다(Taylor 1998: 155~6 참조).

문화 투쟁, 현대 사회의 핵심적 이상들에 대한 서로 다른 태도에서 나타나는 분열을 테일러가 경고하는 것은 우리 현실에서도 유의미하다. 테일러는 이들 상이한 방식들 사이에는 평행선 이상의 것, 서로 연결되어 있다는 것을 강조한다. 시장과 관료적 국가의 합동 작전은 세계나 다른 사람들에게 원자주의적이고 도구주의적인 태도를 보이는 이들에게 유리한 틀짜기를 강화시키는 경향이 있다. 위험은 실재하는 독재적인 통제가 아니라, 사람들이 공동의 목적을 형성하고 그것을 수행하는 능력이 점점 더 없어지는 파편화 현상에 있다.[16] 피통치자들의 분노나 경멸 앞에서 떨고 있는 관료적 국가 아래에서도 파편화는 오히려 증대될 수 있다. 동료

---

16) 찰스 테일러는 비록 서구 사회를 대상으로 언급하고 있을지라도 토크빌이 말한 온건한 독재라고 하는 현대판 독재가 출현할 가능성이 있다고 진단한다. 이와 동시에 온건한 독재의 두려움은 실로 큰 것이라고 말한다(Taylor 2001: 143쪽).

시민들에 대한 연대감을 점점 더 상실할 때, 공감의 연대성이 약화될 때, 분파적인 이익을 추구할 때 파편화 현상이 생긴다. 또 파편화는 정치적 무력감에 대한 체험을 통해 자라난다. 파편화는 정치적 효력을 가진 다수 인들을 형성하는 능력을 상실하게 해 원자주의와 도구주의의 경향에 효과적으로 대항할 수 없게 만들며, 원자주의와 도구주의가 만들어 놓은 문화적인 틀 속으로 점점 더 밀려들어가게 만들 수 있다. 그러나 성공적인 공동 행위는 바로 그것에 힘이 실리고 있다는 느낌을 가져올 수 있고, 또 정치 공동체와의 동질감을 강화해준다(Taylor 2001: 143~150 참조).

참 고 문 헌

Smith, Nicholas H. 2002, Charles Taylor, Meaning, Morals and Modernity, Polity.

Taylor, Charles 1985a, "Atomism," Philosophy and the Human Sciences, Philosophical Papers 2. Cambridge.

Taylor, Charles 1985b, "The Nature and Scope of Distributive Justice," Philosophy and the Human Sciences, Philosophical Papers 2. Cambridge.

Taylor, Charles 1988, 박찬국 옮김, 『헤겔 철학과 현대의 위기』, 서광사; Hegel and Modern Society, Cambridge Univ. Pre. 1979

Taylor, Charles 1989, Sources of the Self. The Making of the Modern Identity, Harvard University Press.

Taylor, Charles 1990, 「소극적 자유의 취약점」,박효종 편역, 『정치철학의 제문제』, 인간사랑; Philosophy and the Human Sciences, Philosophical Papers 2.

Taylor, Charles 1991, "Hegel's Ambiguous Legacy for Modern Liberalism," Drucilla Cornell, Michel Rosenfeld, David Carlson (Ed.), Hegel and Legal Philosophy, Routledge.

Taylor, Charles 1992a, Negative Freiheit?: Zur Kritik des neuzeitlichen Individualismus, Suhrkamp.

Taylor, Charles 1992b, "The Dynamics of Democratic Exclusion," Journal of Democracy, Volume 9, Number 4 October 1998

Taylor, Charles 1992c, Multiculturalism and 'The Politics of Recognition,' Princeton University Press.

Taylor, Charles 2001, 『불안한 현대 사회』, 송영배 옮김, 이학사; The Malaise of Modernity, 1991.

Touraine, Alain 1989, "Social Movements, Revolution and Democracy", Reiner Schuermann, The Public Realm, Stae University of New York Press.

Zürcher, Markus Daniel 1998, Solidarität, Anerkennung und Gemeinschaft, Zur Phänomenologie, Theorie und Kritik der Solidarität, Tübingen und Basel: A. Francke Verlag.

김세균 2002, 「현단계 한국 노동운동의 한계와 전망」, 『현장에서 미래를』 제81호.

심광현 1998, 「신자유주의와 시민사회의 위기: 문화적 공공 영역의 출현」, 민주화를 위한 전국교수협의회 편, 『21세기 한국 사회와 공공 영역 구축의 전망』, 문화과학사.

어네스토 라클라우, 상탈 무페 1990, 김성기 외 옮김, 『사회 변혁과 헤게모니』, 도서출판 터; Hegemony & Towards a Radical Democratic Politics, Verso, 1985.

이해영·황기돈 1998, 「시장과 공공 영역: 공공 부문 '민영화'와 한국 사회 공공성의 위기」, 민주화를 위한 전국교수협의회 편, 『21세기 한국 사회와 공공 영역 구축의 전망』, 문화과학사.

제 2 부
한국의 실질적 민주주의

신자유주의와 경제적 민주주의

이찬근 | 인천대 무역학과

1. 창틀에 갇힌 작은 용[1]

1960년대 중반 이후 약 30여 년에 걸친 한국의 고속성장은 시장이 아니라 국가 주도에 의해 달성됐다. 개발독재 기간 중 서방 선진국에서 시장경제를 도입하려는 다양한 제도적인 노력이 없지는 않았지만, 이는 궁극적으로 지향해야 할 하나의 먼 이상을 의미했을 뿐, 한국 경제를 실제로 작동시킨 원리는 아니었다. 그 기간 동안에 자유화·규제완화·민영화라는 시장 근본주의가 한국의 경제를 움직였다는 증거는 거의 찾아볼 수 없다. 오히려 국가는 거시경제와 미시경제의 적극적 관리자로서 강력한 역할을 수행했다. 구체적으로 국가는 관세 및 비관세장벽을 통해 국내 시장을 보호했고, 외환을 적극적으로 통제했으며, 저리의 정책금융을 통해 전략 산업을 육성했고, 국내 저축을 동원해 외자 의존을 최대한 억제하는 정책을 실시했다.

그렇다고 사회주의권의 계획경제처럼 국가가 시장 기능을 전적으로 배제시킨 것은 아니다. 국가는 '밀어내기식' 해외 수출을 강행할 경우 한

---

1) 이찬근, 『창틀에 갇힌 작은 용』, 물푸레, 2001.

계이익2)도 얻기 어렵다는 반론에도 불구하고 대단히 의욕적인 수출 목표를 부과함으로써 기업간 혹은 기업집단간의 외화벌이를 위한 수출 물량 경쟁을 유도했고, 국내 시장에 대해서는 관세 및 비관세 장벽을 쌓아 일정 수준 이상의 수익성을 보장해주는 대신 업종별로 복수 이상의 기업들로 하여금 시장 점유 확대 및 이윤 확보 경쟁을 벌이도록 하는 경쟁 중심의 산업조직 정책을 구사했다. 이런 가운데 재벌의 비대화와 문어발식 확장이라는 문제가 발생했지만, 국가는 금융기관 및 금융자원에 대한 통제권을 수단으로 재벌의 지배구조를 사실상 장악함으로써 시장의 실패를 방지하는 역할을 담당했다.

그러나 한국의 국가 기능은 1980년대 중반 이후 신자유주의의 내외 공세를 받으면서 점차 해체되기 시작했다. 안으로는 86~88년에 해방 이후 최초로 경상무역수지의 흑자를 달성함에 따라 "이젠 자유화를 추진할 때가 됐다"는 인식이 확산됐고, 밖으로는 미국을 위시한 주요 교역 상대국에게서 개방화의 압력이 가중됐기 때문이다. 이런 분위기를 타고 재벌과 금융기관은 국가의 규율에서 벗어나겠다는 강한 의욕을 보였고, 국가의 공권력은 정치적 민주화로 인해 약화 일로에 있었다. 그 결과 재벌과 금융기관에 대한 국가의 규율은 느슨해지기 시작했고, 그렇다고 시장의 규율이 국가의 규율을 대체할 만큼 성숙해 있지도 않았으므로, 한국 경제는 규율의 공백 상태에서 IMF 위기 사태를 맞게 됐다.

특히 외환·금융·자본시장에 대한 규제 완화가 대폭적으로 이뤄졌다. 개방 압력에 대비해 국내 금융시장과 금융기관을 키워야 한다는 이유로 정부는 은행·보험사·증권사·종금사들의 신설을 대거 허용했고, 국제 금융의 광포성을 전혀 이해하지 못하는 이들에게 국내외에서 자유롭게 저금리의 해외 자본을 끌어 쓸 수 있도록 허용했다. 바로 이런 금융 부문의

---

2) 고정비를 일체 감안하지 않고, 매출 가격에서 변동비를 차감한 것.

자유화·규제 완화는 마침내 재벌의 탐욕과 맞물려 과잉대출-과잉투자를 초래하면서 IMF 위기 사태의 내부적 원인을 제공했다.

이처럼 금융기관 및 재벌에 대한 시장의 규율이란 새로운 지배구조가 미처 정착되기도 전에 국가의 규율 기능을 해체한 것이 외환금융 위기의 직접적인 원인이 됐음에도, IMF 위기 사태 이후 우리나라는 국가 기능을 수정·보완하는 쪽으로는 생각이 미치지 않았다. 오히려 IMF와 채권국의 요구에 따라 국가 규율 기능을 더욱 과격하게 해체하기에 이르렀고, 그 결과 한국 경제는 국경 없는 시장의 논리를 파고든 초국적 자본과 글로벌 스탠다드에 사실상 포위되고 마는 상황에 처하고 말았다.

당초 위기 사태의 원인이 전적으로 내부적 결함에 있다고 믿은 것이 총체적 파국을 초래한 단초였다. 즉 국가 주도의 모델이 금융기관과 재벌의 도덕적 해이를 야기했다는 내부적 모순만에 집착해서 영미식의 시장 근본주의를 더욱 과격하게 도입하는 개혁을 추진한 것이다. 그러나 한국의 시장은 더 이상 국가가 통제할 수 있는 한국만의 시장이 아니었기에 개혁의 수혜자는 외국 자본이 되고 말았고, 이로써 한국은 국민경제의 심각한 대외 의존이라는 새로운 구조적인 모순에 빠지게 됐다. 개발독재를 부정해야 한다고 국가의 규율 기능까지도 전면 부정한 것이 화를 자초한 근본적 오류였다. 즉 개발독재의 정치적 폐해를 극복해야 한다는 논리가 개발독재의 경제적 성과마저도 부정하는 오류를 범한 것이다.

그간 외자 지배가 가장 심각하게 진행된 부문은 금융이다. 은행권과 주식시장은 이미 전면 외자주도 체제에 들어갔다 해도 과언이 아니다. 이로써 냉전 질서를 대체한 세계화 질서가 금융자본 주도로 이뤄지고 있다는 사실이 이 땅에서 구체적으로 확인됐다. 외자의 소유 지배가 급속히 확대되면서 수익성 추구에 매몰된 은행권은 기업금융을 기피하고 있고, 외국인 포트폴리오 투자가 장세를 좌지우지하고 있는 주식시장에서는 소수의 우량기업 외에는 투자 부적격 판정을 받고 있다.

이로 인해 한국 경제는 내적 연관성을 급격히 상실하고 있다. 국내 저축이 국내의 실물투자로 연결되지 않음으로써 한국의 금융은 실물경제와 유리되고 있다. 그 결과 종래 과잉투자가 문제였다면 이제는 과소투자로 몸살을 앓고 있다. 물론 과소투자 현상의 원인은 복합적일 수 있다. 선진국 경제가 부진하고 국내적으로 구조조정이 진행 중이라는 사정이 개재되어 있음을 부정할 수 없지만, 초국적 자본에 의해 한국의 금융이 크게 제약되고 있다는 작금의 구조적 변화가 결정적인 요인임을 간과해서는 안 된다.

초국적 자본은 글로벌 스탠다드를 요구하고 있고, 이들이 제시하는 높은 수익성과 안정성 기준에 의해 국내적인 사정을 고려한 투자의 판단 기준은 실종되고 말았다. 이런 사정이 계속된다면 그 귀결은 참담하다. 장기적 전망의 부재로 인해 전통적 산업의 기반 확충이 여의치 않고, 새로운 일자리의 창출을 기대하기 어렵다. 또한 단기적 수익성 논리가 비등함에 따라 우량 기업과 우량 금융기관도 인원 조정을 불사하는 '우량의 역설'이 가시화될 것이고, 마침내 경기의 하강 사이클을 타고 국내 저축이 국내에 마땅한 투자처가 없다는 이유로 해외로 이탈한다면, 한국 경제가 '금융 종속→ 산업기반 붕괴→ 고용 파탄→ 자본 해외 도피'라는 중남미화 시나리오를 밟게 될 가능성을 배제할 수 없다.

이처럼 한국 경제가 '창틀에 갇힌 작은 용'으로 전락하고 있음에도, 새로운 돌파구를 모색하려는 시도는 극히 부진한 실정이고 또한 이를 담당할 주체도 마땅치 않다. 한국의 엘리트층은 여전히 영미식 시장경제가 유일대안이라고 믿고 있고, 기득권자의 이해를 대변하는 보수언론은 이를 더욱 부추기고 있다. 한편 일상에 빠져 자기 몸 건사하기에 바쁜 일반 대중은 금융자본의 광포성을 지적하거나, 세계화와 국민경제의 긴장관계를 문제삼거나, 초국적 자본과 국적 자본의 대치구도를 우려하는 비판적 시각에 대해 큰 관심을 보이지 않고 있다.

이에 올바른 시대인식을 확산하려는 노력이 절실히 요구된다. 일차적으로 신자유주의의 정체를 규명하고, 세계화의 폭력성을 고발하는 노력이 가일층 배가되어야 한다. 아울러 영미식의 자본주의가 유일 대안이 아니라는 사실, 신자유주의에 입각한 글로벌 자유시장 경제 체제가 마냥 지속되지는 않을 것이라는 전망, 이를 위해 결집의 강도를 높이고 있는 세계 시민사회 운동의 지향성과 가능성을 전달함으로써 잠재적 대안 진영의 각성을 촉구해야 한다.

2. 미국의 분식회계 스캔들[3]

IMF 위기 사태 이후 실로 우리나라는 많이 바뀌었다. 종래 일본적인 관행과 제도가 우리 경제의 뼈대를 이루었다면, 소위 영미식 자본주의와 이를 뒷받침하는 제도가 새로운 바이블로 등장했다. 영미식을 전범으로 기업의 감시는 불특정 다수가 참여하는 자본시장을 통해 이뤄지는 것이 가장 바람직하다는 이유로 금융 시스템은 '은행 중심'에서 '자본시장 중심'으로 전환됐고, 기업의 지배구조는 주주를 위한 가치 창출, 즉 '주주 이익 극대화'에 초점을 맞춰 개편됐다. 또한 자본시장에 참여하는 투자자들의 정보 욕구에 부응해야 한다는 이유로 기업 회계는 시가주의, 연결주의, 현금 흐름주의를 3대 원칙으로 도입했다. 이 같은 국제 회계의 3대 기준은 1990년을 전후해 일본의 계열화(keiretsu) 체제를 혁파하려는 서방 자본의 의도에 의해 고안·도입된 것임에도 불구하고, 서방 자본이 깔아 놓은 전략적 함정을 이해하려는 시도는 전혀 보여지지 않았다.

그리고 글로벌 금융의 시대를 맞아 실물경제와는 독립적으로 금융 산업을 고부가가치 전략 산업으로 키워야 한다는 이유로 금융기관의 대형화

---

3) 이찬근, 「추락하는 미국 경제, 남의 일 아니다」, 『말』, 2002년 9월.

를 의도한 통폐합이 추진됐고, 그 과정에서 외국 자본은 다수의 금융기관에 지배주주 혹은 대주주로서 참여함으로써 입지를 크게 높였다. 산업 측면에서는 전통 제조업의 경쟁력에 대한 자신감을 상실하면서 정보기술(IT) 산업을 위시한 신세대 산업에 희망을 걸어야 한다는 쪽으로 가닥이 잡혔고, 이에 따라 미국의 신경제를 모델로 하는 중소 벤처기업의 양성과 코스닥 시장의 조기 활성화가 큰 주목을 끌었다.

이상과 같은 급격한 변화의 단초는 지금으로부터 5년 전인 IMF 위기 때로 되돌아간다. 당시 미국 워싱턴과 긴밀하게 상호 조율하고 있던 IMF는 국내 기업의 금융 관행과 투명성 문제가 위기를 초래한 치명적인 내부 결함으로 단정했다. 이를테면 한국은 신뢰할 수 없는 기업 회계로 외국인 투자자를 기만했고, 정부-금융기관-기업간에 뿌리내린 연고주의 먹이사슬로 과잉대출-과잉투자를 저질러 위기를 자초한 것이니, 투기 자본이나 국제 금융 질서 등 나라 외부의 조건을 탓하지 말고 시장경제의 전범인 영미형 제도를 제대로 본받는 계기로 삼으로는 엄중한 경고였다.[4]

그러나 사정은 다시 바뀌어 우리가 바이블로 삼았던 미국 경제는 최근 분식회계 스캔들로 심각한 신뢰의 위기에 빠져들고 있다. 지난해 말 이후 올해 7월까지 내노라 하는 미국 기업들이 속속 분식회계 스캔들에 휘말렸고, 이로 인해 미국 증시도 출렁거렸다. 2000년 3월 닷컴 기업들의 실적 부진으로 역사상 최장기의 버블 장세[5]가 꺾인 미국의 주식시장은 지난해 9·11 테러 사태로 된서리를 맞았고, 이후 연말부터는 엔론·제록스·타이코·월드컴 등 유력 기업의 회계 부정 사건이 연이어 터지면서 더욱 맥없이 무너진 것이다.

그렇다고 분식회계가 이번에 표적이 된 몇몇 기업만의 문제인 것은

---

4) J. E. Stiglitz, *Globalization and Its Discontents*, New York: W.W. Norton & Company, 2002.
5) 87년 10월 미국의 외환-주식-채권 시장이 동시 폭락한 암흑의 월요일(Black Monday) 사건 때를 제외하고 미국의 증시는 82년 이후 일관되게 상승세를 견지했다.

아니다. 한 조사 결과에 따르면 상당수 대기업의 분기별 이익 실적치는 매번 전망치를 약간 웃도는 쪽으로 나왔다고 한다. 뒤집어 생각해보면 주가 관리가 극히 관행화되어 있고, 이를 위해 기업 실적을 조작하는 분식회계가 도구화되어 있음을 뜻한다. 심지어 초우량 기업의 대명사인 GE도 부실 자산을 금융자회사인 GE 캐피탈에 떠넘긴 것으로 의심을 받고 있는 실정이다. 구체적으로 사용된 기법들을 살펴보면, 대학에서 회계 원리 한두 과목을 수강한 사람이라면 어렵지 않게 잡아낼 만한 극히 치졸한 회계 조작이 빚어졌다. 그렇지만 미국의 감독기관·회계법인·기업 이사회·투자은행 등 투명성을 감시해야 할 당사자들은 일제히 뻔한 부정을 묵과했다. 아마도 널리 관행화된 부정 행위라 특별히 문제 삼고 싶지 않았기 때문일 수 있다는 추정마저도 가능하다.

모든 회계 제도가 그렇듯이 미국식 회계에도 헛점이 있다. 현금주의 회계라면 눈에 보이는 현금의 유출입을 근거로 회계적 인식을 하므로 자의성이 개입할 여지가 작지만, 발생주의를 원칙으로 하는 미국식 회계는 주관적 판단에 따라 비용과 수익을 기간별로 임의 배분하므로 언제든지 분식이 가능하다. 즉 주가를 의식해서 '순이익 거꾸로 짜맞추기'가 관행화될 수 있다는 뜻이다. 일테면 매출액에서 비용을 빼 순이익을 계산하는 것이 정상이지만 순이익 목표부터 미리 정하고 이에 맞춰 매출과 비용을 짜맞추는 합법적 범죄가 가능한 것이다.

몇가지 실례를 들어보면, 복사기를 제작·판매하는 제록스는 단기 리스로 대여할 경우 해당 회계 연도에 리스료 수입밖에 발생하지 않는데도, 이를 마치 일시에 매출된 것으로 조작해서 수익을 크게 부풀렸고, 장거리 통신회사인 월드컴은 네트워크 관리에 드는 유지·보수 비용을 장기성 투자 지출로 위장 처리함으로써 당해 연도에 마땅히 비용으로 처리할 것을 모두 미래로 떠넘겼다. 엔론은 이익 목표에 압박을 받자 내부 거래 방식을 동원해 자사 임원에게 자회사를 비싼 값으로 매각해서 이익이 난 것으로 처리했고, 대신 자사 임원에겐 자회사를 매입할 뒷돈을 빌려주기도 했다.

이런 어처구니 없는 회계 조작 사건이 밝혀지자, 주가는 즉각 곤두박질 쳤다. 99년 여름 60달러까지 치솟았던 월드컴 주가는 25센트도 안 되는 휴지조각이 됐고, 제록스 주가 또한 60달러에서 7달러로 수직 하락했다. 마침 2000년 3월 이후 초장기의 버블이 파열하면서 침체 국면에 빠져든 미국 주식시장으로선 실로 엄청난 악재였다. 게다가 부시 행정부는 주가의 고공 행진을 믿고 세금 인하 정책을 이미 발동한 터라 문제는 더욱 심각했다. 주가 하락이 멈추지 않을 경우 자본이득세 수입이 예상을 크게 밑돌게 됨으로써 미국은 다시금 재정적자—무역적자의 동시 진행이라는 고질적인 문제에 봉착할 것이고, 가공의 주가 상승에 도취해 벌인 소비 행각엔 급브레이크가 걸릴 수 있기 때문이다.

이에 사태 수습에 나선 부시 행정부는 미국 경제의 펀더멘털엔 전혀 이상이 없으며, 단지 몇몇 부도덕한 경영자가 문제라며 월가의 투자자들을 안심시키려 했다. "몇몇 썩은 사과가 있긴 하지만, 사과 궤짝엔 전혀 이상이 없으니 걱정 말라"는 메시지를 보내고 싶은 것이다. 그러나 정치권의 낙관적 수사는 오히려 불안감의 표출로 비쳐졌고, 회계법인과 경영자에 대한 문책 및 처벌 규정 강화로 미국 자본주의가 정당성을 회복할 수 있을지는 의문이다.6)

이미 미국 자본주의가 처한 도덕적 불감증의 수위는 심각하기 때문이다. 무엇보다 정치권과 규제 당국은 대기업의 치밀한 로비 망에 얽혀 제 역할을 못하고 있다. 흔히 국가 주도의 모델과 대비되는 미국식 자유방임의 기업 자본주의는 자율 감시란 명목으로 기업 감시를 방임하고 만 것이다. 특히 증권거래위원회(SEC)는 1920년대에 만연했던 기업 비리를 차단할

---

6) 회계 부정 사건 이후 미국 정부는 회계 감독을 보다 강화한다는 내용의 법안을 마련했고, 이 법안은 새로운 독립적인 회계 감독기구의 설립, 기업 회계보고서에 대한 경영자의 확인 의무화, 회계 법인의 독립성 강화 등의 내용을 담고 있다.

목적으로 대공황 이후 30년대에 창설된 규제 기관인데, 이번 회계 추문 사태로 인해 기대한 제 역할을 못하고 있는 것으로 판명됐다.

특히 엔론의 사례는 그간 정치권이 얼마나 자본의 영향권에 들어가 있는지를 적나라하게 보여줬다. 휴스턴의 일개 천연가스 파이프라인 회사에 불과했던 엔론은 10여 년 전부터 에너지 규제 완화와 민영화를 위한 로비전을 펼치면서 대형 에너지 업체로 부상했고, 본업과는 무관한 각종 파생상품 거래로 이윤을 부풀렸다. 그리고 자사가 원하는 방향으로 규제 완화와 민영화의 조치를 얻어내기 위해 광범위하게 정치권 인물들을 관리해 나갔다. 지난 번 대선 때 현 부시 대통령은 50만 달러의 정치자금을 받았고, 취임 후 엔론 출신 인사를 경제자문역과 육군장관에 임명했다. 또한 엔론의 파산 직후 상하원 조사단이 구성됐을 때 이와 관련된 248명의 상하의원 중 엔론에게 직간접적으로 뒷돈을 받은 자가 무려 212명에 달한 것으로 드러났다. 파산 신청 때 엔론의 부실 채권 규모는 약 600억 달러에 달했는데, 이로 인한 손실 부담은 거의 대부분 소액 투자자들에게 돌아갔다. 당초 엔론에게 자금을 대출해줬던 JP 모건체이스나 시티은행 등은 이미 자산담보부채권(CDO) 혹은 자산유동화증권(ABS)의 기법을 활용해 자신의 대차대조표에서 부실화의 위험을 차단했고, 그 대신 CDO, ABS에 투자한 것은 소액 투자자의 돈을 모아 포트폴리오 투자를 대행하는 뮤추얼 펀드와 연기금들이었다. 게다가 시장형 연금 개혁의 표본으로 주목을 끌어온 미국식 기업연금인 401(k)는 소액 투자자에게 더욱 큰 손실을 입혔다. 종업원들의 연금계정은 60% 상당의 자금을 자사 주식에 투자하고 있었기 때문이다. 결국 경영자와 이사진은 일찍 부실의 징후를 알고 빠져나갔는데 반해 종업원과 소액 투자자만이 주가 폭락의 손해를 감당해야 하는 미국식 자본주의의 극히 불평등한 구조가 백일하에 드러나게 된 것이다.[7]

---

7) R. Blackburn, "The Enron Debacle and the Pension Crisis," *New Left Review*, March–April 2002.

지난 2세기 동안 미국은 누구든 꿈을 갖고 열심히 일하면 성공해서 잘 살 수 있다는 아메리칸 드림의 사회로 간주됐다. 그러나, 오늘날 미국의 현실에 비춰 이는 근거 없는 신화에 불과하다. 룩셈부르크 소득연구소의 한 연구 결과에 따르면 미국은 러시아 다음으로 세계에서 가장 빈부격차가 심한 나라이다. 지난 사반세기 동안 미국의 중산층은 크게 위축되고 있고, 오늘날 경제적·정치적으로 권력을 가진 자들은 사실상 특권 속에서 태어나 자란 사람들이다. 1975년 미국에서 최상위 10%의 인구는 민간이 보유한 부의 약 절반을 차지했으나, 90년대 말에 이르러 이들의 몫은 전체의 73%로 높아졌다. 더욱 놀랍게는 최상층 10% 내에서 또 다른 부의 편중이 발생했는데, 최상위 1%는 현재 전체 민간 부의 약 38%를 장악하고 있다.[8]

그런데도 미국인들 사이에는 여전히 가치의 창출이 몇몇 소수의 능력 있는 개인에 의해 이뤄진다는 생각이 널리 퍼져있다. 예를 들어 GE에는 약 35만 명의 종업원이 일하고 있지만, 주주를 위한 가치 창출은 대부분 잭 웰치라는 한 개인의 탁월한 최고 경영자에 의해 이뤄졌다고 생각한다. 사실 잭 월치가 회장으로 재임하던 기간 중 GE의 주가는 무려 40배가 뛰어올랐다. 그러나, 그렇다고 해서 회사의 가치 증식이 진정 한 개인의 능력에 의해 이뤄졌다고 본다면 도대체 35만 명의 종업원은 무엇을 했단 말인가? 또한 미국이란 부유한 사회가 존재했기에 GE가 큰 돈을 벌 수 있는 기회가 마련된 것이고, 정부가 오랜 기간 국민의 세금으로 조성한 사회적 간접자본이 가치 창출에 기여했다는 측면을 부정할 수 없지 않은가?

그렇지만 오늘날 미국에선 소수의 탁월성이 절대적으로 공헌한다는 것이 상식화되어 있고, 최고 경영자의 천문학적인 보수는 이런 경향을 노골적으로 반영하고 있다. 1980년대에 대기업 최고 경영자들은 제조업 노

---

8) S. Klinger, "Titans of the Enron Economy: Ten Habits of Highly Defective Corporations," *United for Fair Economy*, July 23, 2002.

동자들보다 평균 42배의 보수를 받았는데, 20년이 지난 오늘날 그들은 무려 411배를 수령하고 있다. 이들에겐 정규 보수 외에도 막대한 금액의 스톡옵션이 지급되고 있는데, 회사는 투자자를 위한 재무제표를 준비할 때에는 이를 경비로 계상하지 않음으로써 회사의 이익을 부풀리고 있고, 그 반면에 정부에 세금을 신고할 때는 이를 전액 경비로 공제함으로써 법인세를 적게 내고 있다. 많은 사람들은 미국의 세금 규정이 매우 세밀하다고 믿고 있지만, 사실은 그렇지 않다. 예를 들면 손님 접대를 위해 식사 때 마티니를 두 잔 넘게 마시면 이를 경비로 공제할 수 없게 한다거나, 경영자의 항공료도 일정 금액을 넘으면 비용 처리가 안 되게 하는 등 대단히 타이트한 세수 관리를 하고 있는 듯 보이지만, 정작 막대한 규모의 스톡옵션에 대해서는 납득할 수 없이 절세가 가능한 유예 조치를 해주고 있다.

최고 경영자에 대한 천문학적인 대우와는 대조적으로 일반 근로자의 생계는 나날이 고단해지고 있다. 이제 한 사람이 벌어 나머지 가족을 부양한다는 것은 더 이상 불가능해졌다. 한때 미국의 여성운동은 여성의 취업과 평등한 보수를 쟁취하기 위해 투쟁을 벌였는데, 이젠 여성이 가정 밖에서 일하지 않으면 가계를 정상적으로 꾸려갈 수 없는 형편이 되어 버렸다. 게다가 최저임금 수준은 치난 수년간 동결되어 왔고, 그 결과 최저임금 수준은 절대 빈곤선의 40%에 미달하고 있다.

노동시장의 조건도 악화 일로에 있다. 일단 실망 실업자의 수가 대단히 많아 이들을 포함하면 실업율은 공식 통계치의 두 배에 달한다고 한다. 또한 노동시장의 유연화가 빠르게 진행되어 임시직, 파트타임직이 극히 보편화됐다. 20년 전만 해도 대다수 노동자들은 정규직이었고, 불경기 때는 해고가 있긴 했지만 어디까지나 마지막 수단이었다. 거의 모든 노동자들이 한 회사에서 평생 동안 일한다고 생각해왔는데, 오늘날 이런 관행은 극히 희귀한 것이 되고 말았다.

비정규직 노동자들은 정규직에게 주어지는 최소한의 혜택에서 배제되고 있다. 현재 건강보험이 안 되는 총 4천 2백만 명의 미국인 중 대부분은 비정규직이다. 기업의 입장에서는 정규직에 제공해야 하는 혜택을 줄 필요가 없고 그때그때 필요한 생산 규모에 맞춰 사용할 수 있는 비정규직 노동자 덕분에 큰 재미를 보고 있다. 이 같은 리스크는 당초 기업측이 부담했으나 오늘날엔 노동자들에게 전가된 것이다.

게다가 세금의 형평성은 이미 깨진지 오래이다. 1980년대 초 레이건 집권기에 이뤄진 감세 조치가 가장 큰 타격을 가했다. 1960년대 초만해도 부유한 사람들은 소득액 중 40만 달러를 초과하는 부분에 대해 91%의 소득세를 내야 했는데, 레이건이 이를 28%로 낮춰버렸다. 또한 기업의 이익에 대한 과세도 크게 낮아졌다. 70년대 초엔 법인세 총수입이 GDP의 6%였는데, 레이건 때 2% 수준으로 내려앉았고, 현 부시 정권은 법인세의 GDP 비중을 1.1% 수준으로 낮출 계획을 가지고 있다. 이로써 법인세 수입이 미국 재정에 기여하는 정도는 약 30%에서 15%로 줄어버렸다.

최근에는 주정부가 부과하는 일종의 부동산 상속세마저 폐지한다는 움직임이 노골화되고 있다. 이 세금은 미국에서 가장 부유한 약 최상위 2%의 상속자에게만 부과하는 것인데, 이것 마저 없애자고 하니, 부유층의 이기적 연대가 어느 정도 수준에 달했는지를 미뤄 짐작할 수 있다.

3. 미국식 자본주의를 되짚어본다[9]

도대체 미국 사회는 왜 이토록 극단적인 빈부의 격차를 용인하고 있고, 급기야 치졸한 수법에 의한 회계분식마저 만연하고 있는 것일까? 이것이

---

9) 이찬근, 「미국식 자본주의, 우리의 대안인가: 분식회계 사건으로 본 미국 자본주의의 구조적 모순」, 노동정책포럼, 한국노동사회연구소, 2002. 9.

단지 몇몇 개인의 도덕성 차원의 문제인지, 아니면 보다 근본적이고 구조적인 모순에 근거한 것인지를 따져볼 필요가 있다. 전후 미국 경제의 변화 과정을 살펴보면 최근 폭로된 미국 기업의 회계 부정은 단순히 몇몇 외부 회계 감사인과 경영자의 도덕적 파탄이나 직업 윤리의 결여 때문에 발생했다고 보기 어렵다. 오히려 이런 부정행위의 만연은 금융시장의 자유화·투기화와 주주 이익의 극대화를 기초로 하는 미국식 경영 시스템 또는 미국 자본주의의 근본적인 결함으로 인해 나타난 현상이라고 보아야 한다.

미국 자본주의는 자본시장 중심의 금융 시스템과 주주 이익을 최대 목표로 하는 기업 경영 시스템을 기초로 하고 있다. 영미식의 이 두 가지 시스템은 1) 정부 규제의 제거와 시장자유화, 2) 주식시장을 통한 기업 가치의 평가와 경영자의 평가, 3) 인수합병(M&A) 시장을 통한 기업의 상품화와 경영자 시장을 통한 경영자의 상품화, 4) 주식 투자자 우선의 회계 시스템과 기업경영평가 제도와 같은 경제 운용 방식을 낳는다.

이런 경제 시스템은 기업 경영자로 하여금 기업 경영의 목표를 기업의 시장가치, 즉 주식가치의 극대화에 두도록 한다. 따라서 경영자는 기업의 장기적인 발전과 기업의 사회적 책임보다는 주가를 상승시킬 수 있는 단기적인 성과에 최우선 순위를 두게 된다. 이로써 장기적으로 생산성과 경쟁력을 향상시키는 투자보다는 단기적으로 수익을 높일 수 있는 M&A나 다운사이징이 활성화되며, 경영 실적이 악화됐을 때는 회계분식을 통해 일시적으로 진실을 은폐하려는 유인을 갖게 된다.[10]

돌이켜보면 전후 50년대와 60년대 미국 경제는 실물경제를 중심으로 비교적 건실한 성장세를 이어갔다. 이에 기업들은 본업에서의 높은 수익성을 토대로 투자자들에게 높은 배당을 지급할 수 있었고, 경영자와 종업

10) 조복현, 「미국 기업의 회계부정과 영미식 자본주의의 문제점」, 토론문, 대안정책심포지엄, 대안연대회의, 2002. 11.

원은 기업 조직의 계속된 확장으로 일자리의 안정을 보장받을 수 있었다. 그러나 70년대부터 사정이 급변했다. 유럽 각국의 착실한 전후 복구와 일본을 위시한 동아시아의 약진으로 미국의 실물경제 성장세는 크게 둔화됐고 기업은 예전과 같은 높은 배당수익의 보장으로 투자자를 만족시킬 수 없게 됐다. 이에 투자자들은 새로운 이윤 획득의 원천을 필요로 했고, 그것은 금융의 투기화와 주주 이익 극대화의 논리에 의해 뒷받침됐다.

금융의 투기화는 전후 금에 고정되어 왔던 달러의 고정가치를 풀면서 시작됐다. 1971년 닉슨 쇼크는 달러의 금태환을 금지하는 조치로서 달러 등 주요 통화가 변동환율제로 이행하는 서막이 됐고, 달러의 자유변동은 이자율 패리티(interest parity)의 원리[11]에 따라 이자율의 자유 변동을 의미했다. 또한 주식시장 참가자의 상당수는 부채를 끌어다 주식 투자자금을 마련하므로, 이자율의 자유 변동은 주가의 등락 폭이 더욱 높아짐을 의미했다. 이로써 환율-이자율-주가의 연쇄 등락에 의한 금융의 투기화가 본격화된 것이다.

이런 매크로 환경의 변화를 배경으로 주식 가치를 지속적으로 높여 투자자의 이익을 보장하는 새로운 공식이 등장했다. 배당에 의한 투자 이익 보전의 방식이 주가 상승 이익에 의한 이익 보전의 방식으로 바뀐 것이다. 이에 투자자들은 경영자들이 기업의 주가를 관리하는데 최대한의 노력을 경주하도록 그들을 포획할 필요가 있었고, 이런 목적으로 태동한 이론이 대리인 이론이다.

대리인 이론은 주주와 경영자 간에는 정보의 비대칭성으로 인해 주인과 대리인간의 전형적인 이해 상충[12]이 개재되므로, 이를 해소하기 위해서는 두가지의 장치, 즉 스톡옵션과 사외 이사제의 도입이 필요함을 역설

---

11) 현물 환율과 선물 환율의 차이는 양 통화 간의 금리 차이에 의해 결정된다는 이론.
12) 회사의 주인은 주주인데, 회사 사정에 대한 정보는 경영자가 장악하고 있는 데서 나타나는 양자 간의 이해 충돌.

했다. 이로써 경영자에게는 막대한 스톡옵션이 부여됐고, 경영자는 그 대가로 노사 타협을 저버리고 주가 관리에 매진하기 시작했다. 또한 사외 이사제는 주주의 대표로 구성된 이사회가 경영자 감시라는 본연의 역할을 제대로 수행하려면 회사의 경영자가 이사직을 겸임하는 기존의 체제를 바꿔 사외 이사 위주로 이사회를 개편할 것을 요구했다. 이 두가지의 개혁 아이디어는 이후 미국 기업의 새로운 관행으로 폭넓게 자리잡았고, 82년부터 2000년까지 미국 주식시장이 역사상 최장기의 호황을 구가하는데 크게 기여했다.

이상의 논의를 요약하면, 이번 미국의 분식회계 사건은 구조적인 요인의 결합에 의해 발생했다고 볼 수 있다. 특히 발생주의 원칙을 따르는 미국식 회계에는 상시적 회계 조작의 가능성이 열려 있다는 점, 실물경제의 하강 추세에 따라 매력적인 배당 지급이 어려워지면서 주가 상승에 의한 투자자 이익의 보전이 요구됐다는 점, 환율—이자율—주가의 연쇄적 자유 변동이 금융의 투기화를 재촉함으로써 주가 상승 이익에 대한 기대감을 높였다는 점, 그리고 주주 이익에 경영자를 포획할 목적으로 스톡옵션, 사외 이사제가 제도화됐다는 점 등이 바로 그것이다.

이처럼 분식회계의 개연성은 제반 구조적 요인에 의해 잉태됐지만, 이것이 현실화되는 구체적인 정황은 90년대 중반 이후 미국의 신경제 붐과 연계됐다. 구체적 정황과 관련 80년대 이후 국제적 자금의 흐름을 조망함으로써 90년대 중반 IT 신경제론이 등장한 배경을 이해하는 것은 매우 흥미롭다. 80년대 중반 이후 실물 부문, 특히 제조업 부문에 자신감을 상실한 미국은 강한 달러 정책을 내걸고 세계의 달러를 미국으로 끌어모았다. 만성적인 경상무역수지 적자로 해외로 흘러나간 달러를 월가로 다시 끌어들여 이를 환류시키는 과정에서 금융시장과 금융 산업을 키워 국익을 추구한다는 전략이 자리잡은 것이다.

이에 월가는 80년대 후반 '미국 산업 대개조론'을 띄우면서 정크본드

시장을 창설했고, 연이어 적대적 기업인수, LBO(leveraged buyout) 붐이 조성되면서 월가의 자금은 미국 내부에서 활발히 환류됐다. 그러나 정크본드에 과다하게 투자했던 저축대부조합(S&L)들이 파산 위기에 몰렸고, 정크본드 시장의 대부격인 드렉셀번햄의 마이클 밀켄 등이 내부자 거래로 형사처벌됨에 따라, 자금의 미국 내 환류는 정체됐다.

이렇게 자금의 내부 환류에 있어 어려움에 처한 월가는 자금의 외부 환류로 이를 극복하고자 새로이 '신흥시장'이란 브랜드를 개발했다. 90년대 초반에 걸쳐 막대한 자금이 멕시코, 브라질, 한국, 태국, 말레이시아, 인도네시아 등 소위 신흥시장에 흘러들어간 것은 바로 이런 배경에서였다. 결국 94년 말 멕시코는 외환 위기를 맞았고, 이후 97년에는 동아시아 각국도 외환 위기에 빠져들면서 외부로 환류하던 자금은 다시 '질로의 도피(flight to quality)'를 이유로 월가로 되돌아갔다.

이로써 월가는 재차 자금을 내부에서 환류시켜야 할 필요에 봉착했다. 이런 필요에서 월가가 새롭게 착안한 것은 'IT 기술혁명'이었다. 월가는 정보기술의 발전은 증기기관과 자동차의 발명에 버금가는 제3의 산업기술 혁명으로서 생산성을 높게 끌어올리면서 인플레 없는 경제 성장을 가능케 한다는 신경제론을 내놓았고, 닷컴 기업들은 월가의 풍부한 벤처자금을 향유하며 덩치 키우기에 나섰다. 마침내 여유 자금은 미국 내에서 다시 환류할 수 있는 근거를 찾았고 극히 자연스럽게 수조 달러에 달하는 기업 사냥이 벌어졌다.

매수측은 장부가보다 훨씬 비싼 값을 주고라도 표적 기업을 마구 사들였고, 대차대조표에는 실체를 알 수 없는 막대한 영업권 자산(매입가에서 장부가를 뺀 것)이 계상됐다. 그러나 누구도 이를 심각하게 우려하지 않았다. 주식 가격이 워낙 높기 때문에 이를 근거로 매입 대금을 마련할 수 있었고, 표적 기업을 인수한 후엔 가혹한 구조조정으로 이익을 짜내면 자사주 가격은 더욱 뛰어오르기 때문이었다. 이런 방식으로 50개, 100개씩

기업을 사들인 경우가 비일비재했고, 주가 오름새와 연동해서 경영진은 막대한 스톡옵션을 챙겼다.

그러나 본질 가치에서 크게 이탈한 버블의 향연은 마냥 지속될 수 없었다. 마침내 미국 경제는 2000년 중반부터 파열 국면을 맞이했다. 그간 주가의 고공행진을 믿고 부채를 끌어다 소비 행각-투자 행각을 벌인 가계 부문과 기업 부문의 부실이 드러났고, 미래의 현금 흐름을 장밋빛으로 포장해서 주가를 띄우고 과잉투자를 벌였던 닷컴 기업들이 다수 도산하기 시작했다. 다른 업종도 예외가 아니었다. 금융기관 이상으로 파생상품 거래에 열을 올린 엔론, 인터넷 열풍에 눈이 멀어 네트워크 투자를 마구 감행한 월드컴, 서비스업 전성 시대라며 매장 규모를 사정없이 키운 K마트 등이 부실 업체의 대열에 끼어들었다.

이들 업체는 공히 마지막 수단으로 분식회계를 통해 위기 상황을 타개하려 했지만 역부족이었다. 특히 영업권으로 쌓은 가공 자산은 부메랑으로 되돌아왔다. 사들인 회사가 이익을 충분히 낼 경우엔 영업권 상각에 따른 비용 부담이 상쇄되지만, 그렇지 못할 경우엔 매수측 회사의 실적이 악화되고, 경영자의 주가 관리엔 적신호가 켜지게 된다. 이제 경영자에게 남겨진 수단은 분식회계일 뿐이었다.

그렇다고 감시장치가 발동한 것도 아니다. 회계법인은 컨설팅 수주를 위해 분식을 눈감아 줄 수밖에 없고, 각종 이권에 개입된 사외 이사는 쓴 소리를 할 수가 없다. 은행의 겸업화를 가능케 한 금융 현대화법(1999년의 Gramm-Leach-Bliley 법)의 제정도 은행의 기업 회계 감시자로서의 역할을 훼손했다.[13] 또한 재계와 핵심 인력을 주고받은 규제 당국은 대응에 소극적이고, 막대한 선거 자금에 얽힌 정치권은 상도의를 저버릴 수 없었다.

---

13) 기업에 단기 대출을 제공하는 상업은행으로서는 기업의 회계 감시자로서 이해를 갖지만, 다른 한편으로는 기업의 주식 발행의 인수와 주선, 컨설팅 서비스를 제공하는 투자은행으로서 기업과 유착관계를 가져야 할 이해를 갖기 때문이다.

연고주의는 우리만의 고유 문화(?)가 아닌 것이다.

4. 발언 메커니즘을 키워야 한다

이제 금융의 폭주와 신경제의 환상 속에서 잉태된 미국의 버블은 대단원의 막을 내렸다. 그러나 이로 인한 파장은 만만치 않다. 단지 미국 경제가 불황에 빠지느냐 아니냐의 문제가 아니라, 미국 경제의 형평성에 대한 근본적인 의문이 대두된 것이다. 미국 경제는 이미 통제력을 상실한 자본주의이고, 이런 위험한 자본주의를 자국의 주된 수출품으로 강매하고 있다. 그렇다면 한국은 어떻게 대응할 것인가? 미국 자본주의의 체제적 결함은 결코 먼 산의 불이 아니기에 그간 미국식 스탠다드에 맹종해온 국적 없는 개혁(?)은 깊은 반성을 필요로 한다.

현재 세계경제는 금융자본이 주도하는 신자유주의 세계화 체제로서 각국의 정부는 정책의 주권을 상실하고 있고, 자본은 전면적인 이동의 자유를 구가하고 있는 반면에 노동은 일국 경제 체제에 여전히 속박당함으로써 자본 대 노동간의 불평등한 구조는 더욱 심화되고 있다. 하지만 신자유주의가 분배의 문제를 왜곡하더라도 지속적 성장을 가능케 한다면 나름대로의 의미를 부여할 수 있다. 그러나 그렇지 못하다는데 결정적 한계가 있다.

역사적 관점에서 볼 때, 신자유주의는 승자가 최후의 승리를 거둔 후, 새로운 승자의 추격을 허용하지 않기 위해 성공의 공식을 폐기 처분한다는 특성을 갖고 있다.[14] 스티글리츠(2002)가 "한국은 워싱턴 컨센서스를 받아들이지 않았음에도 불구하고 경제 성장의 기적을 달성했고, 심지어는

---

14) H. J. Chang, *Kicking Away the Ladder*, London: Anthem Press, 2002.

워싱턴 컨센서스를 받아들이지 않았기에 경제 성장에 성공했다"고 주장한 것은 같은 맥락에서이다.

돌이켜보면 한국이 중남미와 같이 초국적 자본에 종속되지 않았던 것은 다국적 기업에 크게 의존하지 않고, 국적 자본의 기업을 키웠기 때문이다. 중남미는 일찍부터 다국적 기업을 대거 받아들였고, 이들의 이익 보장을 위해 수입대체산업 정책을 유지했기에, 수출을 키워 국가의 부를 축적하는 중상주의 정책을 구사하지 못했다. 반면 한국은 강력한 중상주의 정책을 추진한 외에도 단호한 국내 저축 동원 체제로 해외 자본에 대한 의존도를 최소화했고, 외국 자본의 주식 소유형 직접투자를 받아들이기보다는 국적 금융기관과 국적 기업이 외채를 끌어다 쓰는 우회 전략을 채용함으로써 주요 산업이 외국 자본에 종속되는 것을 막을 수 있었다.

그러나 IMF 위기 사태 이후, 한국은 신자유주의를 맹목적으로 수용함으로써 새로운 종속의 늪에 빠져들고 있다. 무엇보다 저축과 투자가 빠르게 위축되면서, 소비가 성장을 견인하고 있다. 금융 시스템은 영미형을 추종해서 자본시장 중심으로 개편되고 있고, 이 과정에서 은행권에 대한 외국 자본의 침투가 실로 심각한 수준에 이르렀다. 이런 일방적 변화가 계속된다면 자본의 변덕스러운 유출입으로 인해 경기 변동의 등락 폭은 더욱 높아질 것이고, 그런 가운데 기업의 불확실성이 확대됨으로써 일자리 창출의 전망은 더욱 어두워질 수밖에 없다.

이런 가운데 한국의 정치·경제·언론·학계 모두는 보수 신자유주의 일변도로 채색되어 있다. 시장경제란 원래 불평등한 경제 체제로서, 이것이 한 사회의 경제적 작동 원리로 유지되려면, 정치·언론·학계가 이를 견제하고 조정하는 기능을 수행해야 하지만, 우리 사회에선 정치·언론·학계까지도 모두 친자본적인 보수 그룹이 장악하고 있다는 데 큰 문제점이 있다.

그렇다면 한국에서 신자유주의를 극복할 수 있는 대안적 진보 정치세력은 어디서 나올 수 있는 것일까? 일단 이 문제에 관한 한, 한국의 좌파세력은 역사적 정통성과 도덕적 우위를 점하고 있다. 이들은 그간 거대 자본의 파행성을 줄곧 비판해왔고, 정치·군사·외교적으로 미국에 일방 의존해 오던 뿌리 깊은 경향을 일관되게 비판해왔기 때문이다. 그러나 문제는 한국의 정통 좌파세력이 국민적 통합을 달성하고 지속적인 경제 발전의 전망을 제시하는데 역부족이라는 사실이다.

그 이유는 다음과 같다. 무엇보다 금융자본 주도의 신자유주의는 당분간 대세이고, 대외 경제 의존도가 높은 한국에겐 이를 거부할 수 있는 운신의 폭이 없다. 즉 자본의 논리를 전면 배격할 수 없는 형편이다. 주요 산업에는 글로벌 독과점 구조가 형성되어 있고, 이런 구조 속에서 한국이 파이를 나누어 가지려면 일정 수준 국내에 독과점적 구조를 인정하지 않을수 없다. 시장경제에서 경제 발전이란 경제 정의에 의해 달성되는 것이 아니라, 독과점적 경쟁력에 의해 규정되는 측면이 있기 때문이다.

또한 한국인들은 대단히 동기 부여가 강한 민족으로서 서방 국가들이 달성한 물질적 선진화를 이루겠다는 의욕이 대단히 강하다. 이는 성장의 과실을 나누려는 지향에 못지 않게 성장 그 자체를 열망하는 정도가 높음을 의미하는 것이고, 한국의 정통 좌파는 이런 국민적 열망을 담아내기엔 이념적으로 융통성이 크게 떨어진다.

따라서 우리에게 주어진 과제는 시장의 논리를 주요 틀로서 수용하되, 사회의 논리가 보완적으로 작동할 수 있는 체제를 만드는 것이고, 이를 담당할 정치적 세력을 규합하는 것이다. 자본과 시장의 논리가 극단으로 치달을 경우 사회적 형평이 크게 훼손되고, 사회적 형평이 무시될 경우 정치·사회의 불안으로 인해 지속적 성장 역시도 불가능하기 때문이다.

이와 관련해 우리가 주목해야 하는 것은 유럽의 사민주의이다. 국내 식자층의 많은 사람들은 유럽의 사민주의가 신자유주의를 극복하기에는 역부족이라고 인식하고 있는 듯하다. 그러나 유럽의 사회민주주의가 역사의 뒤안길로 폐기처분됐다고 단정하는 것은 매우 위험하다. 최근 자본시장의 버블에 의존하던 미국 경제가 마침내 분식회계 문제까지 야기하는 등 제반 모순을 드러냄에 따라 유럽의 사회민주주의는 일정 수준 자신의 동력을 회복할 것이고, 또한 다양한 사민주의적 기제들은 법적으로 제도화되어 있어 이를 시장의 힘으로 해체하는 것은 심각한 사회적 저항을 불러올 수 있다. 따라서 우리는 시장의 패권을 인정하는 속에서 사회적 가치를 구현하고자 했던 유럽 사민주의의 역사적 경험을 긍정적으로 음미함으로써 대중적 설득력을 갖는 진보의 정치세력화를 도모해야 한다.

사민주의는 완전고용과 평등을 목표로 추구하되, 이를 계획경제가 아닌 시장경제를 통해 달성한다는 이념이다. 이런 목표는 현재 우리가 당면한 현실에도 크게 부합되는 목표가 아닐 수 없다.

대외 경제 의존도가 매우 높은 한국은 신자유주의적 글로벌 시장경제 체제를 부정할 수 없고, 그런 가운데 국민경제의 최대 현안 과제로 떠오른 질 높은 일자리 창출의 문제를 해결해야 한다. 그런데, 이런 양자의 절충은 역설적으로 조건의 평등을 추구하는 정책을 절실히 요구하고 있다.

일자리 창출과 관련 제조업 기반의 약화는 이미 바꿀 수 없는 추세이므로 한국은 20년 이상의 장기적인 시계를 갖고 국제 서비스업을 키워가야 한다. 우리 경제 규모에서 내수만으로는 지속 성장이 곤란하기 때문에 글로벌 비즈니스에 중점을 두는 새로운 산업 전략이 필요한 것이다. 이때 국제 서비스업이란 광의의 레저(관광+문화 및 엔터테인먼트+쇼핑), 국제중계무역, 국제금융, IT 서비스업 등을 지칭하는데, 이런 분야에서의 경쟁력 확보는 결코 시장에 의해 저절로 키워지지 않으며 국가의 효과적인 개입을 요한다.

무엇보다 개개인의 경쟁력을 확보해야 한다. 이때 개인의 경쟁력이란 국제 서비스 업종의 특성에 맞게 탁월한 어학 능력과 창조적인 기획 능력을 갖춘 인재를 키워내는 것을 말하는데, 이를 위해서는 국가 주도로 획기적인 교육 개혁과 선행 교육 투자가 이뤄지지 않으면 안 된다. 신자유주의자들은 개인의 경쟁력은 어디까지도 개인의 책임이고, 시장에서의 무한경쟁을 통해 이를 갈고 닦아야 한다고 주장하나, 시장에서 경쟁할 수 있는 기초적인 조건을 마련하도록 지원하는 것은 어디까지나 국가의 책임이다. 따라서 국가는 획기적인 교육 개혁을 통해 개인의 기초적 경쟁력을 키우는 방안을 제공해야 하고, 이것이 바로 평등의 정책이다. 평등이란 똑같은 수준으로 살자는 것이 아니라, 시장에서 경쟁할 수 있는 기초적 조건을 국가가 마련해 줘야 한다는 것이다.

그러나 국제 서비스업을 키워 질 높은 일자리를 창출하는 데에는 매우 오랜 시간이 걸리며, 체계적인 준비와 막대한 투자가 선행되어야 한다. 그러므로 국제 서비스업으로의 원활한 이행이 이뤄지려면 적극적인 이행 전략이 마련되어야 한다. 그 요체는 적어도 향후 20년간 전통 제조업이 기술 우위의 일본과 비용 우위의 중국 사이에서 차별적인 경쟁력을 유지해줘야 한다는 것이다. 과연 어떤 방법으로 전통 제조업의 경쟁력을 유지할 수 있을 것인가, 이를 위해서는 어떤 제도적 보완이 필요한 것인가에 답할 수 있어야 한다. 주지하듯이 전통제조업은 이미 인건비에서 열세이므로, 중간 기술의 경쟁력에 승부를 걸어야 한다. 이때 중간 기술이란 연구실에서 나오는 첨단 기술력이 아니라, 현장에서 응용력을 발휘하는 것을 의미한다. 전통 제조업은 특성상 현장에서 반복적 학습을 통해 꾸준히 기술력을 키워 가는 업종이므로, 장기적 시야에서 기업 경영이 가능하도록 하는 '인내하는 자본'과 '헌신적 노동'이 결합되어야 한다. 이 양자의 결합이 전통 제조업 경쟁력의 핵심 요건인 것이고, 미국과 영국이 전통 제조업을 지키지 못한 이유와 그 반대로 독일과 일본이 이를 지킬 수 있었던 이유는 바로 양자의 결합을 확보했느냐 아니냐에 따른 것이다.

따라서 금융 부문과 노동 부문의 시스템을 적절하게 디자인하는 것은 매우 중요하다. 현재 금융에 대해서는 기업의 적극적인 감시자 역할을 해야 한다는 측면이 강조되고 있지만, 이보다 더욱 중요한 것은 금융이 단지 수익성에만 매몰되지 말고, 장기적 안목에서 기업에 인내하는 자금을 조달하는 역할을 맡아야 한다는 것이다. 또한 노동시장의 유연화가 전면적으로 추진되는 것은 바람직하지 못하다. 특히 전통 제조업의 경쟁력은 안정된 분위기에서 현장 위주로 지속적인 기술 혁신과 생산성 향상을 기하는 것이므로, 이들 노동자에겐 일자리의 안정을 보장함으로써 헌신성을 얻어내는 제도적 장치의 보완이 필요하다.

이처럼 인내하는 자본과 헌신적 노동은 정치적 수사에 의해 결코 보장되지 않으며, 현재 우리나라를 포위하고 있는 영미식 자본주의 모델과는 상치되는 측면이 많다. 따라서 꼭 필요한 제도 개혁을 추진하기 위해서는 이를 담당할 수 있는 정치세력이 나와야 한다. 정통 좌파세력에게 이를 추진할 융통성이 결여되어 있다면 대안세력은 노동조합을 중심으로 한 현장에서 나와야 한다. 이것이 바로 경제 민주화가 중요한 이유이고, 이 시대의 경제 민주화는 관치 금융의 철폐, 재벌 철폐와 같은 관성화된 이슈에 매달릴 것이 아니라, 노사정의 활성화를 통한 국민경제 제도의 개혁, 노동자의 경영 참여를 통한 기업 건전성의 확보와 같은 사민주의적 의제를 적극 수용해야 한다.

한국은 그간 국가의 강력한 규율로 압축적 경제 성장을 달성했으나, 이제 신자유주의에 포로가 됨으로써 국가의 규율에 더 이상 의존할 수 없는 사정이 됐다. 그렇다고 시장의 규율에 맡긴다는 것도 마땅한 대안이 아니다. 시장의 인프라를 키우는데 오랜 시일이 걸릴 뿐만 아니라, 최근 분식회계 사건에서 보여졌듯이 시장의 전범인 미국 자본주의에도 치명적 결함이 보여지기 때문이다.

미국 자본주의가 유럽의 사민주의적 자본주의에 비해 극도로 황폐한 모습을 보이는 까닭은 무엇보다 발언 메커니즘이 작동하지 않기 때문이다.[15] 막대한 자원, 무한한 프론티어, 지정학적 안정성이란 특수한 조건에 의해 큰 혜택을 받아온 미국 자본주의는 초창기부터 이탈 메커니즘에 의

존했다. 즉 회사가 맘에 안 들면 주주든 종업원이든 소비자든 바로 이탈할 수 있고, 그럼으로써 비효율적 자원 배분이 개선된다는 사고 방식이 지배해왔고, 다양한 이해 당사자에 의한 발언 메커니즘은 경제를 정치화한다는 이유로 배격되어왔다.

그러나 오늘날 이탈 메커니즘에 대한 일방적 의존은 여러 가지 문제를 야기하고 있다. 문제는 시장이 결코 완전경쟁의 구조가 아니므로, 이탈 옵션을 선택한 주주, 종업원, 소비자는 쉽게 다른 기업을 대안으로 찾을 수 없고, 이런 가운데 독과점 체제가 온존하면서 기업들은 초과이윤을 향유하고 있으며, 이들이 누리는 과도한 이윤은 금융의 투기화와 사회적 격차의 확대로 이어지고 있다.

또한 주주와 종업원간에 비대칭적 구조가 고착화됐다. 주주에겐 월스트리트 룰(Wall Street rule; 수익성이 떨어지는 주식은 언제든지 팔아 처분하라!)이라 불리는 이탈 옵션이 항시 존재해왔고, 70년대 이후에는 주주이익 극대화의 논리가 부각되면서 주주들은 기업 지배 구조에서 강력한 발언권을 확보했다. 그러나 노동자들에겐 두 옵션이 모두 존재하지 않는다. 노동시장 유연화란 원리적으로는 노동자에게 이탈 옵션이 주어져 있음을 전제로 하지만, 오늘날 정규직에서 퇴출된 노동자에겐 매우 열악한 조건의 일자리밖에 주어지지 않으므로 이탈 옵션은 무의미한 것이고, 그렇다고 미국 기업의 지배 구조에서 노동자들이 대표를 파견하거나, 우리사주·기업연금의 주주권을 행사할 수 있는 길이 보장되고 있는 것도 아니다.

바로 이와 같은 비대칭적 구도로 인해 미국 기업에서는 회계 조작과 같은 비리가 쉽게 벌어질 수 있다. 내부의 부실과 부정에 대해 다른 어떤 이해관계자 집단보다 정보적·위치적 우위성을 갖는 종업원들에게 발언

---

15) A. O. Hirshman, *Exit, Voice and Loyalty*, London: Oxford University Press, 1970.

옵션이 전혀 주어지지 않아서 빚어진 자연스러운 귀결이다. 또한 이런 발언 기능의 사장은 제반 사회적 문제를 그대로 방치하는 결과를 빚고 있다. 공적 의료보험의 파탄, 공교육의 파탄, 흑인·소수인종의 열악한 지위, 월가 금융자본의 전횡, 군사적 패권주의의 만행에 대해 미국 내부에서 이렇다 할 비판세력이 결집되지 못하고 있는 것이다.

이로써 분명한 것은 미국식 이탈 모델은 사회의 건전한 자기 회복 및 정화 기능을 저해하고, 소득과 부의 형평을 극단적으로 침해한다는 것이다. 따라서 국민 대중의 상승 욕구가 매우 강한 우리나라가 의도해야 할 방향은 이탈 옵션의 가능성을 열어두되, 최대한 발언 메커니즘을 활성화하는 것이다. 그래야만 지속적인 경제 성장을 유지하면서 국민의 다수가 함께 사회적·경제적 지위를 높여 가는 국민적 전망의 실현이 가능하다.

IMF 위기 사태 이후 한국의 노동자들은 평생 직장이란 기존의 안전망에 의존할 수 없다는 것을 뼈저리게 깨달았고, 더 나아가서는 미국식 자본주의를 따르는 것이 결코 바람직한 미래를 약속하지 않는다는 인식이 높아지고 있다. 이에 새로이 노동자 의식이 싹트고 있는 화이트컬러를 노동운동의 핵심 세력으로 끌어들여 국민경제 전반을 아우르는 논리를 개발하고 발언 메커니즘을 강화함으로써 사민주의적 국민경제 제도의 개혁과 기업 지배 구조의 개혁을 시도하는 것은 의미 있는 선택일 것이다.

참 고 문 헌

문지원, 2002, 「분식회계와 미국식 경영의 동요」, CEO Information, 삼성경제연구소.

이찬근, 2001, 『창틀에 갇힌 작은 용』, 물푸레.

_____, 2002, 「추락하는 미국경제, 남의 일 아니다」, 『말』 9월.

_____, 2002, 「미국식 자본주의, 우리의 대안인가: 분식회계 사건으로 본 미국 자본주의의 구조적 모순」, 노동정책포럼, 한국노동사회연구소.

조복현, 2002, 「미국 기업의 회계 부정과 영미식 자본주의의 문제점」, 대안연대회의 대안정책심포지엄, 11월.

최희갑, 2002, 「미국 경제 분식회계의 파장과 대응」, CEO Information, 삼성경제연구소.

Albo, G., 2001, "Neoliberalism from Reagan to Clinton," Monthly Review, April.

Beams, N., 2001, "Drawing the lessons of WorldCom," WSWS, July 2.

Blackburn, R., 2002, "The Enron Debacle and the Pension Crisis," New Left Review, March-April.

Chang, H. J., 2002, Kicking Away the Ladder, London: Anthem Press.

Crotty, J., 2002, "The Effects of Financialization and Increased Competition on the Performance of Nonfinancial Corporations in the Neoliberal Era," Tenth International Symposium by Seoul Journal of Economics, August 29.

Du Boff, R., et.al., 2001, "Mergers, Concentration, and the Erosion of Democracy," Monthly Review, May.

Editors, 2001, "The New Economy: Myth and Reality," Monthly Review, April.

_____, 2002, "the New Face of Capitalism: Slow Growth, Excess Capital, and a Mountain of Debt," Monthly Review, April.

Foster, J. B., 2002, "Monopoly Capital and the New Globalization," Monthly Review, January.

Hirshman, A. O. 1970, Exit, Voice and Loyalty, London: Oxford University Press.

Kay, J., 2002, "Tyco: US conglomerate falls amid revelations of greed and corruption," WSWS, June 18.

_____, 2002, "Enron execs looted company prior to bankruptcy," WSWS, June 22.

_____, 2002, "Threatened collapse of WorldCom sends political establishment into crisis," WSWS, June 28.

_____, 2002, "Xerox restates billions in revenue," WSWS, July 1.

_____, 2002, "The morality of plutocracy," WSWS, July 15.

Klinger, S., 2002, "Titans of the Enron Economy: Ten Habits of Highly Defective Corporations," United for Fair Economy, July 23.

Stiglitz, J. E., 2002, Globalization and Its Discontents, New York: W. W. Norton & Company.

노동체제 변동과 민주주의

노중기 | 한신대 사회과학부 교수

1. 서론: 문제 제기

서구 사회와 마찬가지로 한국 사회 민주주의의 시금석은 노동사회의 민주화 문제이다. 정치사회나 시민사회의 민주화에도 불구하고 노동사회의 민주화는 지체됐고 여전히 과제로 남아있기 때문이었다. 이것은 특히 1987년 체제의 노동정치를 형성하고 그 모순을 심화시킨 근본적인 기제였다.

욕설과 폭력이 난무했던 1987년 이전의 병영적 노사관계, 5공 군부독재 정권의 억압적 노동체제는 1987년 7, 8월 노동자대투쟁으로 붕괴됐다. 이후 15년이라는 짧지 않은 시간이 지났지만 노동사회에서 민주주의는 여전히 문제가 되고 있다. 이 시기 동안 노동사회에서 민주주의는 노동정치의 가장 중요한 쟁점이었다.

이제 문민 정부를 거쳐 해방 후 첫 수평적 정권교체, 혹은 국민의 정부 임기가 끝나고 있다. 그러나 지난 5년 동안 모두가 확인한 것은 노동사회의 민주화 지표가 아직도 한심한 수준이라는 점이다. 예컨대 1998년 하반기 검찰 고위 간부가 주도한 조폐공사 파업 유도 사건, 2001년 4월 경찰의 대우자동차 해고 노동자들에 대한 무자비한 폭력 행사와 6월 민주노총에 대한 탄압, 2002년 공무원·교수 노동자의 노동기본권요구에 대한 반민주적 억압 등에서 우리 노동사회 민주화의 현실은 뚜렷이 드러났다.

제도 수준에서도 남은 민주화 과제는 적지 않은 현실이다. 작업장 단위의 복수노조 금지, 특수 고용 노동자 등 비정규 노동자에 대한 단결 제한, 실업 노동자의 노조 가입 금지, 공무원·교수의 노동기본권 박탈, 외국인 이주노동자들의 기본권 억압 등 해결해야 할 난제가 여전히 많이 남아 있는 것이다. 또 필수 공익 사업장 노동자들에 대한 쟁의권 박탈, 가압류와 손해배상청구소송 등을 통한 단체 행동권 억압 등의 문제도 남아 있다. 표면적으로는 민주적 절차에 기초한 것 같으나 실질적인 수준에서 보면 민주적 권리를 억압하는 제도와 관행이다. 이들은 1997년 이후 김대중 정권이 핵심적인 통제 수단으로 사용하면서 다시금 뜨거운 쟁점으로 부각되고 있다.

이 글은 1987년 이후 노동사회의 변동 과정을 민주주의의 확대와 질곡이라는 각도에서 검토하고자 한다. 그리고 2002년 현재의 시점에서 노동사회 민주화의 현황을 객관적으로 평가하고 그것을 노동체제의 구조적 조건이라는 맥락에서 설명하고자 한다. 또 이런 변동의 이론적 함의를 검토하고 약간의 전망을 제출해 볼 것이다.

구체적으로 2절은 1987년 이후의 체제 변동을 노동사회의 민주화라는 관점에서 정리하고, 3절에서는 현재 구조화되고 있는 신자유주의 노동체제와 민주주의의 관련성을 논의할 것이다. 4절에서는 우리의 경험을 토대로 노동운동과 민주주의의 연관성에 대해 몇 가지 이론적 문제를 검토해 본다. 그리고 결론에서는 본문의 논의를 다시 정리하고 약간의 전망을 제출하고자 한다.

2. 1987년 노동체제와 민주주의

1987년 이후 1997년 겨울 총파업과 3월 법 개정까지의 약 10년간의 기간 동안 한국의 노동정치는 '1987년 노동체제'라는 독특한 정치 과정으로 구조화됐다(노중기, 1997a; 임영일, 1998; 장홍근, 1999). 이 기간 동안 노동정치의 의제를 규정한 것은 1987년 노동자대투쟁이었다.

노동자대투쟁의 성격은 기본적으로 6월 민주항쟁을 작업장과 노동사회로 확장한 것이라고 할 수 있다. 국가의 노동사회에 대한 억압성이 6월 항쟁으로 완화되자 노동자들의 민주화 요구가 폭발한 것이었다.[1]

그러나 자연발생적, 폭발적 성격을 가졌던 노동자대투쟁은 그 성과 못지 않게 뚜렷한 한계를 드러냈다. 그것은 국가와 독점자본의 억압, 중간계급 중심의 시민운동의 무관심과 적대, 불리한 이데올로기 지형과 취약한 조직 역량 등 국가 정치와 계급 정치의 구조적 제약이 압도적이었던 계급 정치 역학을 반영하는 일이었다. 결국 노동자대투쟁에도 불구하고 우리 사회에서 노동사회 민주화의 과제는 해결되지 못했다. 이런 의미에서 노동이 전혀 영향을 미치지 못한 1987년 11월의 노동법 개정은 1987년 대투쟁의 가능성과 한계를 명확히 표현하고 제도화한 것이었다.

요컨대 노동자대투쟁의 의의 중 하나는 투쟁 이후 10년 동안 노동자들이 스스로 해결해야만 했던 과제들을 분명히 제시한 데 있다고 할 수 있다. 그것은 작업장과 노동사회의 최소한의 민주화, 즉 노동사회에서 형식적, 절차적 민주주의를 확보하는 것으로 요약된다. 그리고 이른바 '4대 악법 조항'이라 불린 노동악법에 대한 개정 투쟁은 그것의 제도 수준의 표현이었다. 또 1987년 체제에서 노동조합의 핵심적 요구사항이었던 '민주노조

---

[1] 노동자대투쟁의 성격과 그 한계에 관한 논쟁점은 다양하게 제기됐다. 필자는 그것이 본질적으로 6월 항쟁과 같은 민주화 투쟁이었다는 입론을 제시한 바 있다. 자세한 것은 노중기 (1997b) 참조.

인정,' '전노협 사수'의 구호들은 결국 민주노조운동의 시민권 요구였다.

작업장과 공장, 사무실에서 최소한의 민주적 권리를 주장했던, 그리하여 민주노조의 최소한의 활동을 인정받고자 했던 노동자들의 요구는 국가·자본의 강한 억압에 봉착했다. 이 기간 동안 민주노조운동은 수많은 구속자와 수배자를 양산했고 때로 생명을 위협받으면서도 최소한의 민주적 권리를 요구하며 전투적 대응을 포기하지 않았다. '민주노조'라는 새로운 조직적 정체성은 탄압과 패배 속에서도 노조운동에 항상 새로운 동력으로 작용했다. 그러므로 1987년 체제에서 노동조합운동은 곧 민주화운동으로 위치지워질 수 있다.

다른 한편, 노동자들의 최소한의 요구가 곧바로 범정부적 차원의 탄압을 불러왔으므로 노동의 저항은 곧 국가권력의 반민주성을 공격하는 결과를 초래했다. 민주노조의 민주주의에 대한 요구는 노동사회의 민주화를 넘어 국가권력 전체의 반민주성을 폭로하고 그것의 변화를 추동하는 효과를 가져왔다. 그러므로 1987년 체제에서 노동운동의 저항과 투쟁은 국가정치의 반동화를 막고, 민주주의의 확대를 가져온 핵심적인 요인이었다.[2]

1996년 국가 내 개혁 분파가 주도한 '노사관계개혁위원회'(이하 노개위)의 노동정치는 체제 변동, 노동사회 민주화의 제도화가 시작되는 계기였다(노중기, 1996, 2000). 노개위 정치 과정은 일차적으로 국가와 자본이 주도한 위로부터의 개혁이었다. 그러나 그 내적 동력은 노동계급의 10년

---

2) 구체적인 사례로는 1988년의 구사대 폭력과 노동기본권, 1989년의 공안정국과 노조운동에 대한 반공이데올로기 공세, 1990년의 전노협 탄압과 3당 합당으로 표현된 제도정치의 수구 회귀, 그리고 방송사노조에 대한 물리적 억압과 언론의 자유, 또 1991년 대기업 노동조합의 파업에 대한 전면적 억압과 경찰의 폭력 행사(강경대 학생 사망 사건), 보안사의 민간인 사찰과 노동운동가 사찰 등이 있었다. 또 김영삼 정권 시기에도 동일한 기제가 작동했다. 1993년 현대그룹노조의 연대 파업에 대한 경찰력 투입과 제도정치의 보수화, 1994년 세계화 선언과 철도, 지하철노조에 대한 탄압 등은 대표적 사례였다. 자세한 내용은 노중기(1995), 장홍근 (1999) 참조.

에 걸친 투쟁이었고 그것이 야기한 체제적 모순에 있었다.

먼저 주목해야 할 지점은 국가권력 내부의 일부 개혁 분파가 개혁을 위로부터 추진한 전략적 의도 문제이다. 우선 그것은 부르주아 개혁 분파의 개혁 시도이자 총자본으로서의 국가의 계급적 행동으로 해석되어야 한다. 이들의 일차적 목표는 한국 자본주의 축적 체제의 합리성을 제고하는 일이었다. 1987년 체제에서 구조화됐던 탄압과 저항은 자본 축적의 구조적 제약으로 작용했던 것이다(정성진, 1997).

되풀이되는 탄압과 대립적 노사관계로 말미암아 지배 블럭이 지불해야 했던 정치적 비용은 컸다. 절차적 정치적 민주 정권으로서의 정권의 정당성 기반은 노동 문제에 이르면 끊임없이 의심받을 수밖에 없었다. 1987년 체제는 제도정치의 수준에서 어느 정도 확보됐던 절차적, 정치적 민주주의의 가능성을 전혀 허용하고 있지 않았기 때문이었다.

그리고 작업장 노사관계의 일상적 불안과 갈등, 고율의 임금인상과 노동시장의 경직화 등 경제적 비용도 만만치 않았다. 특히 경제적 비용은 1986~88년 3저 호황 이후 경제 구조의 선진화, 합리화를 원했던 이들의 전략적 판단에 유력한 근거로 작용했다. 재벌 헤게모니 아래에서 자본 진영은 합리적 판단이나 선택을 할 수 없었으며 전근대적 노사관계만을 고집했다. '눈에 흙이 들어와도' 노조는 용인할 수 없었으며 '조직 폭력배의 식칼 테러'를 동원해서라도 민주노조를 파괴하려고 했던 것이다. 그리고 경영인사권, 그리고 무노동무임금을 둘러싼 대립에서 알 수 있듯이 이 체제에서는 경제적 자유주의의 원리도 관철하기 힘들었다. 그러므로 민주노조운동과 민주노총의 합법화, 4대 악법의 부분적 개폐는 총자본의 이해를 충실하게 따른 것이었고 개혁파의 개혁 의도는 체제의 합리성 제고로 요약될 수 있었다.

한편 노개위 정치 과정에서는 1987년 체제의 역학관계가 적나라하게 압축되어 나타났다. 8월 이후부터 날치기 법개정까지의 기간 동안에는 국가 자본의 전략적 태도가 분명해졌다. 일부 개혁파를 제외한 국가권력, 그리고 대재벌의 헤게모니 아래 있었던 자본은 궁극적으로 노동사회의 민주화를 원하지 않았던 것이다. 또 노동운동, 시민사회의 민주화 요구, 그리고 억압에 대한 투쟁은 제도정치의 반동화를 막고 민주주의를 진척시키는 기본 동인이라는 점도 명료히 입증됐다. 결국 1996년 12월 날치기 노동법 개악과 1997년 겨울 총파업의 굴곡을 거쳐 노동사회의 민주적 제도화는 커다란 한 걸음을 내디딜 수 있었다.

　노동운동의 겨울 총파업으로 개혁파의 개혁 의도는 그 본래적 형태에 가장 가깝게 달성됐다. 1997년 3월 법개정은 그 자체로 본다면 신자유주의 정리해고 제도와 여타 통제 수단의 도입 등 개악 요소가 두드러지는 것도 사실이다. 그러나 근본적으로 그것은 총자본의 이해관계, 그리고 국가 내 개혁파의 체제 재편 의도를 충실히 반영한 법개정이었다. 또 그리고 그것은 여전히 '제한적 민주화 조치'였을 뿐이다. 즉 노개위 노동정치에서 확인해야 할 또 하나의 중요한 사실은 민주노조운동의 한계 문제이다. 즉 민주노조운동의 역량은 스스로의 힘으로 노동법 개악을 막고 정치적 반동을 저지할 정도로 확장됐으나 여전히 그 내용을 스스로 결정할 수 없었던 것이다. 겨울 총파업 이후 법개정 과정에서는 다시 한번 자본의 이해가 정확하게 관철될 수밖에 없었다.[3]

　결국 1987년 체제의 노동정치는 민주주의의 확장을 둘러싸고 벌어진 수구세력과 민주노조세력의 대결로 요약할 수 있다. 전자는 제도정치에 국한된 최소 수준의 정치적 민주화로 민주화 이행을 마무리하고자 했다. 반면에 후자는 민주주의를 노동사회로 그것을 확장하고자 했던 것이다. 또 그것은 제한된 수준에서나마 형식적 정치적 민주주의가 확보된 정치사

---

3) 노개위의 결과는 날치기와 총파업, 노동법 재개정의 우여곡절에도 불구하고 국가 내 개혁 분파, 총자본의 의도가 정확히 관철된 것으로 평가할 수 있다. 필자는 다만 노개위의 개혁이 신자유주의 정책이 아닐지도 모른다는 이전의 주장을 철회하고자 한다(노중기, 1996).

회와 기본적 권리가 여전히 봉쇄되어 있었던 노동사회 간의 구조적 불일치, 모순의 표현이었다(노중기, 1997, 2000). 1987년 노동자대투쟁이 제기했던 민주화 과제는 10년의 투쟁과 겨울 총파업을 거쳐 노동계급 스스로의 힘으로 달성됐던 것이다. 또 그것은 노동운동이 1987년 6월 항쟁 이후 형성된 형식적 민주주의 체제의 붕괴를 저지하고 이를 보다 완전한 것으로 만드는 민주화 과정이었다.

다른 한편에서 노개위 과정에서 주목해야 할 또 하나의 측면은 신자유주의 자본 공세가 본격화된 점이다. 이른바 '교환 구도'로 진행된 노개위 정치 과정에서 자본의 요구는 신자유주의 정책, 특히 노동시장 유연화였고 그것은 3월 법개정에서 정리해고 제도의 도입으로 실현됐다. 경제적 자유주의의 시장 논리란 점에서 '쟁의시 무노동무임금'의 적용이 법으로 강제된 것도 상징적 변화였다. 이런 변화는 3월 법개정과 개혁의 복잡한 함의를 살펴볼 수 있게 해준다. 즉 한편에서 그것은 노동사회에서 정치적 자유화, 정치적 기본 권리를 제도화한 개혁인 동시에, 다른 한편에서 경제적 자유주의의 원리, 시장 원리가 새로이 강화되는 과정이었다. 이는 신자유주의 자본 공세가 실질적 민주주의, 사회경제적 민주주의를 본격적으로 위협하고 후퇴시키는 김대중 정권 시기의 노동정치를 예고한 것이라 볼 수 있다.

3. 종속적 신자유주의 노동체제와 민주주의

1997년 말 IMF 외환 위기의 도래와 김대중 정권의 성립은 1987년 체제를 보다 급속하게 해체시킨 중요한 배경적 요인이 됐다. 갑자기 닥친 IMF 외환 위기는 보다 강도 높은 신자유주의 노동 정책을 실행할 수 있게 만든 상황적 요인이었다. 그리고 야당이 집권한 첫 번째 정권인 김대중 정권의 노동 정책은 개혁의 외양을 띠지 않을 수 없었다. 이런 조건은 김대중 정권 집권 5년 동안 노동정치가 서로 매우 이질적인 요소들이 복잡하게 상호작용하거나 중첩되어 혼란스럽게 진행되도록 만들었다. 신자유주의 '개혁'과 노동개혁, 혹은 노동사회의 민주화 조치가 복잡하게 얽힐 수 있는 구도가 마련됐던 것이다(노중기, 1999, 2001).

　김대중 정권 시기 노동사회는 국가·자본의 노동에 대한 가혹한 배제와 억압이 '참여와 협력,' '개혁과 민주화'의 담론과 기묘하게 중첩된 과도기적 외양을 띠었다. 서론에서 예시한 억압적 요소가 실로 놀라왔던 것은 그것이 노동자·서민의 정부, 그리고 국민과의 대화, 참여와 협력의 대타협, 민주적 기본권의 회복, 신노사 문화 등의 정반대 담론과 함께 진행됐기 때문이었다. 예컨대 노사정위원회가 참여와 협력을 부르짖던 바로 그 시간에 행해진 조폐공사에 대한 파업 유도 공작의 이율배반의 혼란이 있었다. 또 민주노총 합법화와 공식 인정은 민주노총에 대한 탄압, 위원장에 대한 수배, 구속과 양립했다. 교사 노동자의 노동기본권을 보장하는 개혁 조치는 일반 공무원의 노동기본권에 대한 범정부적 탄압과 모순되지 않는 일로 현상했다. 또 폴리스라인, 여성 경찰을 동원해 집회를 보호하겠다는 새 정책이 실제로는 노동자들의 요구를 대중과 언론에서 격리시키는 통제 효과를 발휘한 것도 상징적인 의미가 컸다.

　1998년 정권 출범 직전에 구성된 노사정위원회(이하 노사정위)는 이런 정책적 모호성을 대표하는 사례였다. 그것은 김대중 정권 노동정치의 핵심 기구였을 뿐만 아니라 그 내적 동학을 이해할 수 있는 상징적 기구였다. 노사정위는 노개위와 마찬가지로 개혁과 신자유주의 정책을 교환의 형식으로 처리한 기구였으나 그 내적 성격은 상당히 차이를 보였다.[4]

---

4) 노사정위의 성격 및 자세한 정치 과정에 대한 설명은 노중기(1999) 참조. 노사정위가 코포라티즘 기구인지에 대해서는 지난 5년 동안 많은 논쟁이 있었다. 2002년 시점에서 보면 그것이

노개위에서 민주화와 신자유주의 정책, 두 가지 의제는 일정 정도 균형을 유지했지만, 노사정위에서 개혁은 신자유주의 노동시장 유연화를 위한 수단에 불과했다. 말하자면 후자에게 있어 균형추는 개혁보다 신자유주의적 노동 배제로 크게 기울었던 것이다. 또 노개위에서의 개혁은 실질적인 것으로 설정됐던 반면, 노사정위에서 그것은 실제 내용이 거의 없는 것이었다. 노사정위 개혁의 상징인 교원노조의 합법화와 노조의 정치활동 허용은 사실상 1997년 겨울 총파업과 노동사회 민주화의 진전에 따른 여파, 후속 조치라는 의미를 넘어서기 힘들다. 또 민주노총의 합법화는 단순한 행정 조치에 불과한 것이었으며 그 밖의 합의사항들은 거의 지켜지지 않았다.5)

결국 개혁기구로서의 성격을 뚜렷이 갖고 있었던 노개위와 달리 노사정위는 통제기구일 뿐이었다. 그것은 신자유주의 노동 정책을 노동대중의 저항 없이 관철하는 이데올로기적, 제도적 장치였다. 노사정위가 개혁의 외양을 유지하고 개혁 의제를 다룰 수 있었던 시기가 기껏해야 1998년 1년을 넘지 못했다는 점도 이런 판단을 뒷받침한다.

특히 2002년 집권 마지막 시기의 개혁 의제로 추진된 법정 노동시간 단축과 공무원·교수에 대한 노동기본권 보장 문제는 매우 시사적이다. 이 두 사례에서 국가·자본은 개혁적 의제를 신자유주의 규제 철폐, 노동기본권 제한이라는 정반대의 의제로 변색시켰다. 결과적으로 민주노조가 '법정 노동시간 단축'과 '단결권 확대'를 반대해 총파업에 나서는 웃지 못할 사태가 벌어졌던 것이다. 그것은 이 시기 노동사회의 내적 특질을 단적으로 보여줬다.

통제기구라는 점은 보다 분명해진 것으로 판단된다.(최영기·이장원 편, 1998; 김호진 외, 2000; 노중기, 2002).

5) 대표적인 것으로는 실업자의 초기업 단위 노조 가입 문제, 사용자의 부당 노동행위 처벌 문제, 노동시간 단축과 공무원의 노동기본권 허용 문제, 노동조합의 구조조정 과정 참가 문제 등이 있었다.

지난 5년의 경험을 통해서 한층 분명해진 것은 이제 '종속적 신자유주의 노동체제'가 우리 노동사회에 구조화됐다는 점이다. 그러므로 노동사회의 민주주의 문제는 종속적 신자유주의 노동체제의 현황과 특성을 고찰할 때 보다 분명해진다.

먼저 김대중 정권 시기에 들어와 구체화되고 전면적으로 진행된 신자유주의는 내적으로 모순적이고 탈구된 것이라는 점에 가장 큰 특성을 보여줬다. '종속성'의 규정이 필요한 것도 이런 특성 때문이라고 할 수 있다. 이미 언급했듯이 단결권 확대, 정치적 자유 확대 등 일부 개혁적 조치가 신자유주의 배제 전략과 동시에 진행된 것은 매우 시사적이다. 이는 전형적인 영미형 신자유주의와 크게 다른 점이었고 여기에는 여러 가지 상황적, 구조적 요인이 작용했다.

상황적인 요인으로는 무엇보다 IMF 외환 위기를 언급하지 않을 수 없다. 사실 노동개혁은 1997년 3월 법개정으로 일단락, 봉합될 수도 있었던 사안일 것이다. 그러나 초국적 자본의 요구인 노동시장 유연화, 즉 정리해고 제도 도입의 급박한 필요성은 다시 노동개혁의 불씨를 되살리는 배경이 됐다. 다른 한편으로 이는 반자유주의적 노동체제, 즉 1987년 체제의 잔재가 신자유주의 '노동개혁'을 가로막는 한계를 불식시켜야 하는 정책적 기획의 산물이기도 했다. 그러므로 1998년의 '개혁'은 1987년 체제의 구조적 제약을 최종적으로 극복한다는 구조적 측면을 갖고 있었다. 노사정위의 존재는 일차적으로 이런 구조적 모순 속에서 이해되어야 한다.

1998년 2월 노사정위 합의에서는 교원노조와 공무원노조의 합법화 문제, 민주노총 합법화, 노조의 정치활동 인정, 노동시간 단축 등의 여러 가지 개혁 의제가 포괄적으로 다뤄졌다. 이들은 그 자체로는 정치적 자유주의의 확대 조치라고 할 수 있을 것이다. 그러나 그것은 신자유주의 정책의 하위 정책 수단으로 동원된 것이라는 결정적인 한계, 특징을 갖고 있었다. 요컨대 우리 사회 신자유주의 노동체제의 일차적 특성은 그것이 민주화와 개혁의 외피를 덮어쓴 채 진행됐다는 점이었다.

둘째, 한국의 신자유주의는 '복지 없는, 포드주의 타협의 역사가 없는 신자유주의'란 점에서도 서구와 구별된다. 이것은 김대중 정권의 신자유주의가 서구와 반대로 복지 제도를 확충하고 예산을 늘이는 기형적인 것으로 나타나게 했다. 국민기초생활보장법의 제정, 4대 사회보장 제도의 전 국민 확대, 의료보험 통합일원화, 제한된 수준이나마 예산의 확충 등은 복지 축소의 영미형 신자유주의와는 크게 다른 것이었다.[6]

이런 조치는 단순히 정리해고나 노동시장 유연화 조치의 반대 급부만은 아니었다. 정치적 교환의 급박한 필요성 때문이라는 상식적인 설명은 일면적인 수준에서만 타당한 지적이다. 왜냐하면 그것은 서구는 물론, 제3세계 일반과 비교해서도 매우 취약했던 복지 체계를 가진 한국 사회의 구조적 특질에서 기원했기 때문이다. 신자유주의 개혁 대상으로서의 '복지'가 없는 사회에서 일어날 수밖에 없는 일인 것이다. 그러므로 김대중 정권의 복지 정책이 지닌 성격이 단순히 신자유주의인가 아닌가 하는 논란은 문제의 초점을 잘못 이해한 것이라 할 수 있다. 그것은 큰 틀의 신자유주의 경제, 노동 정책과 배치되는 것이 아니기 때문이다. 영국에서 '생산적 복지'가 복지 축소를 의미한 것이었다면 한국 사회에서 그것은 '최소한의 사회안전망' 확충을 의미하는 것이었다. 그리고 그것은 '최소 복지'와 '최대 시장'이라는 신자유주의의 기본 원리에 정확히 부합하는 일이었다.

셋째, 몇 가지 노동개혁 조치에도 불구하고 종속적 신자유주의 체제에서 노동사회의 정치적, 절차적 민주주의는 크게 위협받을 가능성이 크다. 신자유주의와 정치적 자유주의, 혹은 정치적 민주주의는 선택적 적합성을 갖는다는 섣부른 추론은 신자유주의 사회 일반은 물론이거니와(Jessop, 1990; Marsh, 1992), '종속적 신자유주의 사회'에서는 더욱 타당치 않은 것

---

6) 김대중 정부의 복지 정책 및 그 성격에 대한 분석으로는 정무권(2000), 김연명(2001) 참조.

이다. 종속 사회에서 정치적 민주화는 여전히 '제한된 정치적 민주주의'이기 때문이다. 또 신자유주의 체제에서 국가는 사라지거나 축소되는 것이 아니라 시장에 대한 개입 방식과 양태가 바뀔 뿐이기 때문이다(손호철, 2000).

서구에서 '권위주의적 민중주의'(authoritarian populism)로 규정되기도 했던 반민주적 요소가 종속적 신자유주의 체제에서 보다 극적으로 나타날 것임은 쉽게 추론해 볼 수 있다. 우리의 경우 그것은 김영삼 정부 시기에 비해 크게 늘어난 노동 문제 관련 구속·수배자의 문제로, 그리고 파업 파괴를 위한 반민주적 권력 동원이 되풀이되는 현상에서도 잘 드러났다. 또 파업 유도와 노조 파괴 공작, 지배 개입을 위한 관계기관 대책회의 등 노동사회에 반민주적 권력 행사는 신자유주의 정책의 확대와 정확히 조응하는 일이었다.[7]

2001년 초 대통령이 선언한 '강한 정부론'은 이런 국가권력의 반민주적 행사를 공공연하게 선포한 사건이었다. 그 이후 국가는 4월 대우자동차 해고 노동자에 대한 경찰의 무차별 폭력 행사와 초법적이고 범정부 차원의 화염병 대책, 6월 항공조종사노조와 민주노총 지도부에 대한 전면적 억압과 민주노총 위원장 구속, 2002년 상반기의 발전 파업 파괴, 하반기의 보건의료노조와 공무원노조에 대한 전면 탄압 등 반민주적 권력 행사를 점차적으로 강화했다. 요컨대 한국 노동사회에서 신자유주의와 파시즘적 국가폭력 사이에는 '구조적 적합성'이 있었던 것이다. 그것은 새로운 형태의 경찰국가, 즉 신자유주의 경찰국가가 제도화되는 과정으로 이해할 수 있다.[8]

---

7) 관계기관 대책회의는 노태우 정권 이후 한동안 공식적으로 확인되지 않았다. 그러나 김대중 정부는 검찰 중심의 '공안대책협의회'라는 정부기구를 공식 운영했고 핵심적인 쟁의에 대해 개입했다(허영구, 1999). 한편 2002년 하반기 시점에서 구속자 수는 김영삼 정부 507명을 훨씬 뛰어 넘어 거의 900명 선에 육박하고 있다(민주노총 기관지, 『노동과 세계』, 210호 참조).
8) 이계수(2001) 참조. 사실 1970년대 이후 피노체트의 칠레, 1980년대 중반 이후의 멕시코 사례는

마지막으로 신자유주의 정책의 결과, 실질적 민주주의나 사회경제적 민주주의의 후퇴 정도는 서구 사회에 비해서 매우 심각한 수준이었다. 노동자 대중의 시장 지위가 크게 약화된 결과 고용불안은 물론, 임금, 노동조건도 급속하게 하락했다. 특히 노동계급 내부의 최하위 계층인 불안정 노동자, 비정규직 노동자의 문제는 사회경제적 민주주의 후퇴의 단적인 지표가 된다.

우선 이들의 규모는 정규직보다 더 커져 전체 노동자의 60%에 근접하게 됐다. 1980년대 초반부터 본격적으로 노동시장 유연화 정책을 실시한 서구 사회에서도 비정규직의 규모는 대체로 10~25% 정도에 머무르고 있음을 고려해야 한다. 그리고 서구에서 비정규직에 대한 구조적 차별은 한국 사회에 비해 크게 적다는 점이 감안할 필요가 있다. 이렇게 보면 한국의 노동사회는 초유연화 체제로 급속히 변화하고 있는 것이다. 더욱이 이들의 노동조건도 과거에 비해 더 악화되고 있다. 노동시간 단축을 빌미로 한 노동조건의 후퇴도 노동계급 내 하위계층, 특히 비정규직 노동자들에게 피해가 집중되는 것이었다. 결국 노동대중 내부에서도 하층 노동자들의 삶의 질, 노동 상태는 크게 악화되고 있음을 알 수 있다. 노동자들의 시장 지위 약화는 전체 사회 수준에서 당연히 소득 불평등의 심화를 가져와 이전의 노동 소득 분배율의 개선 추세가 역전됐고 급락했다.

종속적 신자유주의 체제가 구조화됨에 따라 초국적 자본에 대한 노동의 종속성도 크게 강화됐다. 김대중 정부의 초국적 자본과 해외 자본 유치에 대한 물신숭배는 실상 합리적인 추론이 불가할 정도였다. 대우자동차나 발전산업의 경우에는 어떤 합리적 설명이나 이해도 어렵기 때문이다. 또 2002년 하반기 모든 노동자 대중과 시민단체들이 한결 같이 반대한 경제특구법의 강행 처리도 마찬가지로 상징적인 사례였다. 이 제도가 실

제3세계 신자유주의가 국가폭력과 양립하고 조응하는 것임을 이미 선명히 보여줬다.

행되면 일정 지역 내 노동자들의 노동기본권은 크게 침해받을 것이 명약 관화한 일이다. 근로기준법의 노동보호 조치가 적용되지 않는 특구는 외국인 지분 10%의 모든 기업에서 적용되므로 이는 특정 부문 노동자에게 국한되는 조치가 아닐 것으로 보인다. 결과적으로 노동자들이 스스로의 노동조건을 결정하거나 그 과정에 민주적으로 참여할 수 있는 가능성은 크게 경제적 종속의 심화에 따라 커지고 있다.

요약하자면 김대중 정권의 노동정치는 노동사회 민주화 추세가 역전되는 전환점인 동시에 과도기였다. 무엇보다 그것은 '종속적 신자유주의' 노동체제를 제도화하는 과정이었다.[9] 또 이 시기는 노동사회의 정치적 자유화, 형식적 민주화가 신자유주의 정책과 공존한 시기였다. 그리고 김대중 정권이 구조화했던 신자유주의 체제는 노동개혁 의제와의 중첩, 복지 제도의 도입, 폭력적 억압의 강화와 경찰국가 현상, 초유연화 노동체제와 사회경제적 민주주의의 심각한 후퇴 등 종속적 특성을 뚜렷이 보여줬다. 결국 민주화와 개혁 담론으로 출발한 노동사회는 민주주의의 심각한 후퇴가 제도화되는 것으로 귀결됐다고 할 것이다.

4. 노동체제 변동과 민주주의: 분석과 비판

1987년 노동자대투쟁 이후 한국의 노동사회에서 민주주의는 꾸준히 확장되어 왔다. 그러나 IMF 외환 위기의 도래와 김대중 정부의 집권을 계기로 해 그 추세는 크게 역전됐다. 본고는 이 같은 변동 과정을 1987년 노동체제에서 종속적 신자유주의 노동체제로의 체제 변동 과정으로 설명하고자

---

9) '종속적 신자유주의' 개념은 손호철(2000)의 정치 체제 개념에서 차용한 개념이다. 필자는 이 개념의 적합성이 현금의 노동체제를 이론적으로 설명하는데 적합하다고 판단했다.

했다. 이 절에서는 이 변동 과정의 함의를 구체적으로 이해하기 위해 몇 가지 이론적 쟁점을 보다 분석적으로 논의하고자 한다.

첫째, 노동사회 민주화의 현재적 조건과 그 함의를 더 구체적으로 생각해볼 필요가 있다. 지난 15년간 전체 한국 사회의 구조 변동에서 드러났던 특성, 즉 '비동시적인 과제의 동시적 발현'이라는 특징은 노동사회 변동에서도 예외가 아니었다. 현재 한국의 노동사회는 민주적 과제를 채 완성하지도 못한 가운데 '노동시장 유연화'라는 새로운 도전에 직면하고 있다. 아직도 노동사회 내부에는 반자유주의적 노동 억압과 전근대적 폭력이 여전한 반면, 경제적 자유주의의 시장 원리가 폭력적으로 확장되고 있는 것이다. 따라서 노동사회의 '민주화' 혹은 '노동개혁'의 명제는 여전히 유효한 과제인 동시에 때 이르게 낡은 명제가 되어 가고 있다.

이렇게 보면 노동체제 전환의 기점으로 설정된 1997년 겨울 총파업과 3월 법개정의 함의도 이중적인 것으로 해석되어야 한다.[10] 그것은 한편에서 노동체제 민주화를 위한 제도 개혁의 출발점이었다. 그러나 다른 한편에서 그것은 신자유주의 노동시장 유연화가 본격적으로 시작되는 중요한 전환점이기도 했다. 정리해고와 체제 민주화를 일대일로 교환하는 노동정치의 구도는 민주주의의 확장과 축소가 교차되는 분수령을 상징했던 것이다.

그러므로 지난 15년간의 노동정치는 크게 두 개의 중첩된 시기로 나누어 살펴봐야 한다. 한편에서 민주화의 정치는 1987년부터 현재까지 진행되고 있다는 점이다. 그것은 1997년과 1998년 두 개의 중요한 고비를 넘었으나 여전히 현재적 과제로 상존하고 있다. 작업장 또는 기업 단위 복수노

---

10) 필자는 1997년 겨울 대파업을 기점으로 보고 노동체제의 전환을 단절적으로 설명하고자 했던 기존의 입장(1997, 2000)을 철회하고자 한다. 이는 신자유주의 경제 정책의 도입이 1997년 이전이었다는 점, 그리고 현재까지 1987년 체제의 제도와 관행이 여전히 남아 있다는 점을 고려한 것이다.

조의 인정 문제, 공무원과 교원·교수의 노동기본권 보장 문제, 직권 중재의 철폐 문제, 비정규직 노동자들의 노동기본권 보장과 노동조건 개선 문제, 이주노동자, 장애인 노동자, 여성 노동자들의 기본권 보장 문제 등 많은 제도적 과제가 여전히 민주화의 과제로 남아 있는 것이다. 제도적 과제 이외에도 노동사회에서 여전히 횡행하는 국가권력의 폭력적 억압, 편파적 노동행정을 제거하고 자본의 일상적인 지배·개입, 부당 노동행위를 통제하는 비제도적 수준의 민주화 과제도 여전히 완결되지 못한 실정이라 할 수 있다.

반면에 반민주화 노동정치는 대체로 보아 1994년 김영삼 정권의 세계화 선언에서 본격적으로 시작되어 현재에 이르고 있다. 1994년 세계화 선언에서 노동사회 민주화의 제도적 개혁이 일차적으로 마무리된 1998년 2월 노사정 합의까지의 시기는 민주화와 반민주화의 노동정치가 상호 중첩된 특수한 시기를 형성한다. 2월 합의 이후 민주노조의 전략적 대응이 실패를 거듭하는 가운데 우리 노동사회에서는 반민주화 노동정치가 민주화 노동정치를 압도해왔다. 현대자동차를 필두로 하는 기업구조조정, 그리고 연이은 금융산업과 공공 부문 구조조정에서 정리해고 위주의 고용조정은 노동자 대중의 기본 생존권을 크게 위협했다. 상시적 구조조정이란 정부측의 표현처럼 노사간의 힘 관계는 이제 역전됐고 민주적 노동기본권의 구조적으로 위기 상황에 빠지게 됐다. 그것은 우리 노동사회에서 사회경제적 민주주의의 최소한의 기반을 무너뜨리는 일이었다. 2001년 이후 법정 노동시간 단축 과정에서 노동기준 하락, 그리고 11월 경제특구법 입법 등 빈발하는 제도적 개악은 민주주의가 제도적으로 후퇴하는 상징적 사례였다.

둘째, 신자유주의와 민주주의의 관계, 그리고 그 한국 사회적 특수성에 대한 고찰이 필요하다. 신자유주의가 사회경제적 민주주의는 물론, 정치적 민주주의도 가져다주지 못한다는 명제(손호철, 2000)는 우리 사회에서도 타당하다. 나아가 우리 사회의 종속성으로 말미암아 그것은 보다 가혹한 사회경제적 민주주의의 후퇴, 정치적·절차적 민주주의의 억압으로 현상하게 됐다.

그러나 우리 사회에서 신자유주의는 경제적 자유주의와 정치적 민주주의간에 나타났던 고전적 자유주의의 딜레마에서 전혀 자유롭지 못한 점을 다시 확인하는 것이 필요하다. 주지하듯이 경제적 자유주의는 착취의 강화를 야기하며 정치적 자유의 실제 내용을 형해화하는 특징을 갖고 있었다. 이런 면에서 19세기 중반 이후 100년간의 서구 사회의 역사는 정치적 자유주의의 내용을 확장하려는 노동계급과 이를 통제하려는 자본계급간의 치열한 정치적 계급투쟁의 역사였다. 서구에서 50년 혹은 100년에 가까운 역사적, 시간적 공간을 두고 진행된 자유주의 정치와 신자유주의 정치가 한국 사회에서는 연속적이고 중첩된 체제 변동으로 응축되어 진행됐던 것이다. 따라서 한국 사회의 경우 신자유주의 의제를 둘러싼 노사정간의 쟁패는 필연적으로 '민주주의'의 의제를 둘러싸고 진행될 수밖에 없을 것이다.

이런 추론은 한국 사회의 신자유주의 노동정치, 그리고 그 노동체제가 서구의 그것과 매우 다른 것으로 발전할 가능성을 암시하고 있다. 가압류와 손해배상청구소송, 국가의 직접적인 폭력 행사, 필수 공익 사업장에 대한 직권 중재와 연이은 파업 파괴, 노동기준 개악과 경제특구 설치 등에서 이미 나타났듯이 국가와 자본은 보다 쉽게, 그리고 직접적으로 기본적인 노동권을 공격할 가능성이 크다. 또 취약한 사회보장, 안착되지 못한 노동사회의 민주화 등 불리한 환경 속에서 노동계급에 대한 착취는 초착취 체제, 초유연화 체제로 귀결될 가능성이 크다.

그리고 이런 조건은 다시 노동대중의 민주주의에 대한 요구와 투쟁을 일정 기간 동안 상당 규모로 재생산할 가능성을 열어주는 것으로 보인다. 요컨대 한국 사회에서 신자유주의는 정치적 자유주의, 혹은 기본적 민주주의의 권리를 둘러싼 노/자 간의 계급투쟁을 격화시킬 가능성이 크다는 것이다. 곧 우리의 노동사회에서 민주주의의 의제는 여전히 과거의 것이기보다 현재적 과제라고 할 수 있다.

셋째, 민주주의와 한국의 노동운동의 관계에 관한 이론적 검토가 필요하다. 주지하듯이 한국의 노동운동은 그 전투성으로 널리 알려져 있다. '전투적 노동조합주의'라는 이름으로 불리는 이런 특성에 대해서 일부 민주화 연구자들은 상당히 비판적인 논점을 제시한 바 있었다(최장집, 1992; 임혁백, 1990). 그리고 이를 비판을 뒷받침하는 이론으로 민주화 이행론 또는 전략적 선택 이론이라는 정치사회학 이론이 적용되기도 했다. 이들은 논의는 우리 사회에서 전투적 노동운동 혹은 최대강령주의 노선은 일차적으로 민주화의 진전, 그리고 나아가서는 노동계급의 계급세력화에 장애물로 작용하고 있다는 것으로 요약할 수 있다. 결국 이들은 계급간의 타협과 온건 전략의 선택만이 민주화와 조응할 수 있다고 주장하는 것이다.11)

그러나 '노동계급 없이는 민주주의가 없다'는 테르본의 선구적 연구 결과를 상기할 필요가 있다(Therborn, 1977). 노동계급과 민주주의의 이런 관계는 선진국뿐 아니라 제3세계의 민주화 사례에서도 보편적으로 적용될 수 있음을 우리의 경험은 보여준다. 앞서 본 바와 같이 1987년 체제의 노동정치 과정에서 민주노조는 매우 형식적이고 제한된 정치적 민주주의를 확장시키고자 투쟁한 핵심 사회세력이었다. 노동체제 변동은 노동계급이 1987년 대투쟁에서 제시한 민주주의적 요구를 스스로 실현하는 어려운 과정이었다. 나아가 노동계급은 1989년 공안정국과 1990년 3당 합당의 보수 회귀는 물론, 1996년 국가보안법, 노동법 날치기 개악에 이르기까지 정치적 반동을 견제하고 비판해온 유일한 세력이었다.

---

11) 필자는 1992년 당시 노동연구자들 간의 노동운동 위기론에서 이와 같은 전략적 선택 이론에 대해 자세하게 비판한 바 있다. 자세한 것은 노중기(1995: 7장) 참조.

개혁과 민주화가 위로부터 부르주아 계급에 의해 주어진다는 경험적 사실에 대한 테르본의 설명도 역시 한국 사회에 그대로 적용할 수 있다. 한국의 경우 노개위 정치에서 노동운동은 무산되거나 반동으로 귀결할 노동개혁을 투쟁으로 확보했다. 날치기 개악과 이에 저항한 민주노조의 대규모 파업, 그 결과로 나온 3월 법개정은 노동운동이 민주화의 실질적인 주체란 점을 극명하게 보여줬다. 민주화가 김영삼 정권기의 노개위처럼 부르주아 동원의 필요성이든, 김대중 정권기의 노사정위처럼 위기 대응 수단이든 마찬가지였다. 결국 우리 사회의 민주화는 전략적 선택 이론의 결론과 달리 타협이 아니라 노동운동의 전투적 동원에 의해 전전된 것이었다.

또 노개위와 노사정위의 실험은 한국의 노동정치에서 타협과 온건 전략 선택이 구조적으로 제약되어 있음을 입증해 줬다. 한국의 민주노조운동은 온건한 정치 노선과 전투적 대중 투쟁이 결합된 특성을 가지므로 최대강령주의라는 비판은 사실상 터무니없는 것이었다. 보다 직접적으로 1996년 노개위와 1998년 2월 노사정위 합의 과정에서 민주노총은 온건 노선을 '전략적으로' 선택한 바 있었다. 그러나 한국의 노동사회에서 타협을 위한 구조적 조건은 극히 제한되어 있었으며, 2002년의 발전 파업에 관한 합의에 이르기까지 실험은 연속적으로 실패했다. 종속적 신자유주의 체제가 구조화하는 현재의 시점에서 보면 온건 노선, 혹은 타협의 가능성과 조건은 더욱 더 소멸하고 있다(노중기, 1999, 2002).

5. 결론: 함의와 전망

우리의 노동사회에서 최소한의 민주주의가 도입되는 데에는 10년 이상의 시간과 수많은 노동자들의 희생이 필요했다. 그동안 노동자들의 요구는 직접적인 경제적 이해관계에서 출발한 것이란 점을 부인할 수 없다. 그러나 그것이 폭력과 욕설이 난무하는 노동사회를 최소한의 시민적 권리가 지배하는 사회로 만든 민주화 투쟁이었음도 분명하다. 또 그 투쟁은 1987년 체제의 모순을 심화시키고 그것을 해체시켰으며, 새로운 체제를 출현시킨 핵심적인 요인이었다. 더 나아가 그것은 한국 사회의 민주주의를 시민사회로 확장하고, 정치사회의 보수반동적 회귀를 제어한 핵심적 요인이었다.

그러나 아직도 분명한 것은 한국의 노동사회에서 민주주의의 문제가 여전히 완결되지 않은 미래의 과제라는 점이다. 자본의 시각에서 보면 노동조합은 여전히 가능한 한 '배제하거나 회피해야 할' 대상일 뿐이다. 또 국가에게 그것은 보수정치 구도의 안착을 가로막는 구조적 교란 요인이며 대체로 폭력세력, 법질서 파괴세력에 불과한 실정인 것이다. 최소한의 절차적·정치적 민주화가 안착되기도 전에, 또 민주화의 외피를 덮어쓰고, 국가와 자본은 신자유주의 배제 전략을 강하게 실행하고 있다. 그것은 노동사회 민주화를 더욱 '제한적인' 절차적 민주화로 만들고 있으며, 다른 한편에서 그것을 제한하고 후퇴시키는 결과를 초래하고 있기도 하다. 향후의 전망과 관련해 필자의 견해를 제시해 보면 다음과 같다.

먼저 사회경제적 민주주의가 가속적으로 후퇴할 개연성이 매우 크다. 초국적 자본의 경제적 지배, 그리고 신자유주의 경제 정책은 노동사회를 더욱 압박할 것으로 보인다. 경제특구법 제정으로 시작된 제도적 변동은 제반 제도적 영역으로 확산되어 전방위적인 것으로 가능성이 매우 높다. 차기 정권의 당면 과제인 법정 노동시간 단축 또한 노동조건 후퇴의 계기나 수단이 될 것으로 보인다. 또 정권에 따라서 차이를 보이겠으나 불안정 비정규 노동자에 대한 보호장치는 의제 자체가 소멸되거나 최소한의 형식적 조치로 마감될 조짐이다.

둘째, 전반적으로 노동 억압, 민주적 기본권 침해가 강화될 것으로 예상된다. 물론 새 정권의 집권 초반기부터 억압이 전면적으로 강화되지는 않을지도 모른다. 그러나 앞서 고찰했듯이 종속적 신자유주의 체제에서 경찰국가 현상의 강화, 억압성의 확대는 어느 정도 예견 가능한 일일 것이다. 또 손해배상청구소송, 직권 중재, 작업장 단위 복수노조 금지, 공무원 단결 금지 등 기존 억압장치와 더불어 새로운 억압장치가 법률이나 행정적 수단을 통해서 제도화될 가능성이 크다.

셋째, 정치적 민주주의와 사회경제적 민주주의의 후퇴에도 불구하고 몇 가지 '개혁' 조치, 혹은 '제도적 개선' 조치가 동시에 진행될 가능성도 배제할 수는 없다. 제도정치의 정치적 지형의 변화에 따라 복지 제도의 확충, 노사관계의 사소한 개혁 조치가 홍보, 선전 차원에서 다시 되풀이될 것이다. 특히 정권의 성격과 무관하게 새로운 형식의 코포라티즘 제도가 도입될 여지는 여전히 존재한다. 그것은 현행 노사정위 같은 합의 방식일 수도 있고 새로운 기구의 협의 형식일 수도 있을 것이다. 민주노조운동의 대중적 동력이 유지되고 신자유주의 경제 정책이 계속되는 한 국가는 정당성 확보를 위해서도 새로운 시도에 나설 것으로 보인다.12)

지난 15년간의 노동정치가 그러했듯이 한국의 노동사회에서 민주주의 문제는 여전히 노/자 간의 쟁패의 문제가 될 것으로 보인다. 앞서 살펴보았듯이 종속적 신자유주의 체제에서 민주주의의 과제는 정치적 자유주의 혹은 민주주의의 확보라는 근대적 과제와 구별되기 어렵다. 특히 신자유주의의 환경 속에서 최소한의 노동기본권을 획득, 유지하는 일은 노동대중의 핵심적 과제가 될 전망이다. 우리 노동사회에는 아직도 근대 사회가 갖춰야 할 기본적 시민권이 여전히 제약되어 있기 때문이다. 또 신자유주의의 시장 원리가 노동계급의 사회경제적 권리뿐만 아니라 정치적, 시민적 기본권도 침해할 가능성이 크기 때문이다.

---

12) 민주화 이후 많은 제3세계 사회에서는 코포라티즘 형식의 제도 도입의 실험이 계속되고 있다. 이런 실험에 대한 비판적 검토는 노중기(2002) 참조

마지막으로 향후의 민주주의 문제는 지난 15년의 노동정치와는 다른 정세 속에서 진행될 것이라는 점을 지적해둘 필요가 있다. 즉 지난 시기 동안 민주주의 문제는 민주노조운동의 발전을 가져온 핵심적인 쟁점이었던 반면 이제 그 조건은 소멸하고 있다는 점이다. 민주노조운동은 민주적 기본 권리를 쟁취하고자 하는 투쟁 속에서 조직적 이념적 발전을 이룩해 왔다. 그러나 이제 수세기 국면에서 민주노조운동이 민주주의문제를 조직적 발전의 계기로 만들 수 있을 것인가는 온전히 민주노조운동의 주체적, 전략적 대응 여부에 달려 있다고 할 수 있을 것이다.

참 고 문 헌

김상조, 1997, 「신자유주의적 경제 정책과 노동자 생활」, 노동조합기업경영연구소, 『신자유주의와 유연화 공세, 어떻게 대처할 것인가』, 도서출판 노기연.

_____, 1999, 「한국의 99년 구조조정 전망과 노동조합의 대응 방향」, 노기연 창립기념토론회, 『99년 정세와 노조운동의 투쟁 과제』.

김성구, 1998, 『경제 위기와 신자유주의』, 문화과학사.

김세균, 1998a, 「경제 위기와 신자유주의, 그리고 노동운동」, 한국노동이론정책연구소 창립 3주년 심포지엄 발표 논문.

_____, 1998b, 「노동운동의 탈계급화·탈정치화를 위한 최근의 시도들에 대한 비판」, 『현장에서 미래를』 10월호.

김수진, 1998, 「선진 산업민주주의 국가의 사례에 비춰 본 노사정 3자 협의의 성격과 전망」, 학술단체협의회 학술토론회, 『초국적 금융자본의 세계 지배와 민중의 삶』.

김연명, 2001, 「김대중 정부의 사회복지 정책, 어떻게 볼 것인가」, 이병천·조원희 편, 『한국 경제, 재생의 길은 있는가』, 당대.

김유선, 1998, 「민주노조운동의 혁신을 위한 제언」, 한국노동사회연구소 편, 『노동사회』 9월호.

김호기 외 편역, 1995, 『포스트 포드주의와 신보수주의의 미래』, 한울아카데미.

김호진 외, 2000, 『사회 합의 제도와 참여민주주의』, 나남.

노중기, 1995, 『국가의 노동 통제 전략에 관한 연구, 1987~1992』, 서울대 박사학위논문.

_____, 1996, 「노사관계 개혁과 한국의 노동정치」, 한국산업사회학회 편, 『경제와 사회』 가을호.

_____, 1997a, 「한국의 노동정치 체제 변동: 1987~1997」, 『경제와 사회』 겨울호.

_____, 1997b, 「6월 항쟁과 노동자대투쟁」, 학술단체협의회 편, 『6월 민주항쟁과 한국 사회 1』, 당대.

_____, 1998a, 「김대중 정부의 노동정책과 노동정치」, 이병천·김균 편, 『위기, 그리고 대전환』, 당대.

_____, 1998b, 「노사정위원회와 노동운동」, 한국노동이론정책연구소 편, 『경제 위기, 신자유주의, 그리고 노동운동』, 도서출판 현장에서 미래를.

_____, 1999a, 「사회적 합의와 노동정치의 새로운 실험: 노사정위원회」, 한국노동연구원 편, 『한국의 노사관계와 노동정치』.

_____, 1999b, 「노동운동의 위기 구조와 노동의 선택」, 한국산업노동학회 편, 『산업노동연구』 제5권 1호.

_____, 2000, 「한국 사회의 노동개혁에 관한 정치사회학적 연구」, 한국산업사회학회, 『경제와 사회』 겨울호.

_____, 2001, 「김대중 정부의 노동 정책」, 민주사회정책연구원, 『민주사회와 정책연구』 창간호.

_____, 2002, 「코포라티즘과 한국의 사회적 합의」, 『진보평론』 13호.

손호철, 2000, 「한국의 신자유주의와 민주주의」, 안병영·임혁백 편, 『세계화와 신자유주의』, 나남.

_____, 2000, 『신자유주의와 한국 정치』, 푸른숲.

신광영, 1998, 「김대중 정부의 노동 정책」, 『현장에서 미래를』 6월호.

안철흥, 1998, 「노사협력주의 성공만이 우리 사회의 유일한 대안」, 『말』 7월호.

유범상, 1999, 「사회적 합의와 노동정치의 새로운 실험: 노사관계개혁위원회」, 한국노동연구원 편, 『한국의 노사관계와 노동정치』.

유홍림, 2000, 「(손호철 논문에 대한) 논평」, 안병영·임혁백 편, 『세계화와 신자유주의』, 나남.

윤진호, 1998, 「IMF 체제와 고용조정」, 한국 사회과학연구소 편, 『동향과 전망』 봄호, 한울.

이계수, 2001, 「신자유주의의 세계화와 경찰국가의 강화」, 민주주의법학연구회, 『신자유주의와 민주법학』, 관악사.

이병훈·유범상, 1998, 「한국 노동정치의 새로운 실험」, 한국산업노동학회 편, 『산업노동연구』 4권 1호.

임영일, 1997, 「코포라티즘에서 신자유주의로?: 멕시코 위기의 정치경제적 배경에 관한 연구」, 경남대 사회학과, 『사회연구』 11집.

_____, 1998, 「한국 노동체제의 전환과 노사관계: 코포라티즘 혹은 재급진화」, 『경제와 사회』 창간 10주년 기념호.

_____, 1998, 「코포라티즘에서 신자유주의로?」, 경남대 사회학과 편, 『사회연구』 제11집.

임혁백, 1990, 「한국에서의 민주화 과정 분석」, 『한국정치학 회보』 24권 1호.

장홍근, 1999, 『한국 노동체제의 전환과정에 관한 연구: 1987~1997』, 서울대학교 박사학위논문.

정건화·김상조, 1996, 「신경제정책하의 한국 경제와 1996년판 경제위기론」, 한국 사회과학연구소 편, 『동향과 전망』 겨울호.

정무권, 2000, 「'국민의 정부'의 사회 정책: 신자유주의로의 확대? 사회 통합으로의 전환?」, 안병영·임혁백 편, 『세계화와 신자유주의』, 나남.

정성진, 1997, 「한국 경제의 사회적 축적 구조와 그 붕괴」, 학술단체협의회 편, 『6월 민주항쟁과 한국 사회 1』, 당대.

조효래, 1999, 「신자유주의적 경제 개혁과 '사회적 합의': 한국과 스페인의 비교」, 한국 사회학회 발표 논문(미발간).

최영기·이장원 편, 1998, 『구조조정기의 국가와 노동』, 나무와 숲.

최영기 외, 2000, 「한국의 노동법 개정과 노사관계: 87년 이후 노동법 개정사를 중심으로」, 한국노동연구원.

최장집, 1992, 「한국 노동운동은 왜 정치조직화에 실패하고 있나」, 한국 사회학회, 『한국의 국가와 시민사회』, 한울.

_____, 1998, 「'민주적 시장경제'의 한국적 조건과 함의」, 『당대비평』 봄호.

허영구, 1999, 「김대중 정권의 노동 정책 평가」, 『김대중 정권 1년 6개월에 대한 평가』, 토론자료집, 6월 16일.

Bob, Jessop, 1990, The State Theory. Polity.

David, Marsh, 1992, The New Politics of British Trade Unionism, ILR Press.

Goeran, Therborn, 1977, "The Rules of Capital and the Rise of Democracy," New Left Review 103.

민간 정부 교육 정책의 반민주주의적 경향

박거용 | 상명대 영어교육학 교수

1. 들어가며: 신자유주의 교육 정책에 포위된 민주주의

그리스 어원에 따르면, 민주주의는 '국민 또는 인민의 지배'를 뜻한다. 민주주의는 국가 형태로서, 이 형태의 내용은 역사적으로 국가의 성격에 의해 규정된다고 할 수 있다. 여기서 민주주의는 소수를 다수에 종속시키는 것이 아니라 다수에 대한 소수의 복종을 인정하는 국가이다. 이때 다수는 인권의 지평을 넓히고, 자유의 영역을 확대하는데 다수의 참여를 보장하는 쪽으로 나아간다고 할 수 있다.

민주주의 발달사에서 제2차 대전 이후, 세계 질서는 새로운 국면에 접어 들었다. 모든 나라가 민주주의를 지향함으로써 교육도 민주주의 교육을 표방하게 됐다. 독일, 이탈리아, 일본 등 파시즘 국가에서도 새로운 민주주의를 갈망했으며, 이들 국가들과 싸웠던 서방의 여러 국가들도 미완의 민주주의를 보강하려고 애를 썼다. 이와 더불어 여러 식민국가들도 해방과 독립을 맞이해 민주주의를 추구하게 됐다.

민주주의는 그 이후 미국을 중심으로 하는 자유 또는 부르주아 민주주의와 소련을 중심으로 하는 사회주의적 민주주의로 양분됐다. 미국은 전통적 단선형 학교 제도로서 자유경쟁과 평등을 앞세워 인간의 자유와 정치의 민주를 표방하는 교육 형태를 내세웠고, 소련은 철저한 사회주의적 철학을 바탕으로 노동자 계급 투쟁을 교육의 제1과제로 삼아 평등 교육을 주장했다.

그러나 동시에 제2차 대전 이후 지속적으로 성장해온 초국적 자본은 주권을 가진 국가의 힘을 능가하고, 이제 초국적 자본과 그 기업의 지배 시대가 도래하려 하고 있다고 말할 수 있는 지경이 됐다. 이제 초국적 자본은 말 그대로 민주주의적 국가 형태를 초월해서 자기의 논리를 주장하게 된 셈이다. 초국적 자본의 목표는 OECD가 추구한 다자간 투자협정(MAI)으로 표명되어 각국 수준에서 그나마 발전되어 왔던 정치적 민주주의를 훨씬 뛰어넘는 힘을 행사할 채비를 하고 있다.[1] 바꾸어 말해서 경제의 무력화 또는 초국가화는 민주주의의 전망을 암담하게 하며, 지구촌에 전체주의적 경향을 강화할 가능성을 크게 만든다.

이 초국적 자본은 최근 그 정체를 드러낸 신자유주의의 조종자이다. 신자유주의는 민주주의의 토대가 가장 취약한 세계 체제의 지형을 점령하고 있고, 그 야만성을 견제할 수 있는 진영 차원의 방벽은 이제 존재하지 않는 것처럼 보인다. 그리고 또 신자유주의는 그간의 역사적 체험에서 민주주의의 도전을 제압하기 위한 한층 세련된 실천과 이론으로 무장하고 있다. 따라서 현존하는 지배적 질서가 안정화되면 될수록, 민주적 발전은 그만큼 더 어렵게 된다. 종속적 신자유주의 또는 종속적 경쟁국가로 나선 한국의 경우에 정치적, 경제적, 문화면에서의 민주적 발전이 더 어려워질 것이라는 점은 더욱 분명하다.[2]

교육 분야라고 해서 초국적 자본의 축적만을 강조하는 신자유주의가

---

1) 김진균, 「민주주의 성찰적 전망」, 『문화과학』, 1999년 여름호(통권 제18호), 20쪽.

2) 이병천·백영현, 「20세기 자본주의와 제3의 길의 전망」, 『문화과학』, 1999년 여름호(통권 제18호), 53쪽.

침투하지 말란 법은 없다. 아니 오히려 교육 분야에서 신자유주의 논리와 정책이 더욱 기승을 부리고 있다. 신자유주의 교육 정책은 민주주의와 공존 불가능할 뿐만 아니라 민주주의의 퇴행을 가져올지도 모른다. 민주주의와 관련해서 교육은 그 내용 면에서, 그 정책 결정과정 면에서, 그리고 그 교육 제도 면에서 모두 다수의 참여와 민주적인 의사교환과 결정과정에 토대를 두어야 한다. 그런데 민간인 정부의 신자유주의 교육 정책은 오히려 교육 민주화의 걸림돌이 되고 있는 것이다.

여기서는 민간 정부 이후 고등교육 정책을 민주주의 발전과 관련해 간단히 살펴보고자 한다. 본론으로 들어가기 전에, 대학 교육과 민주주의의 관계 차원에서 그나마 반가운 소식 하나와 걱정되는 현상 하나를 들어보자.

경상대의 『한국 사회의 이해』 국가보안법 위반 사건이 94년 시작되어 2002년에 종결됐다는 사실은 '학문의 자유'가 무려 8년만에 겨우 수호됐다는 점에서 불행 중 다행이라고 할 수 있다. 부산고법 제2형사부(재판장 김수형 부장판사)는 지난 7월 24일 북한 체제를 고무 찬양하는 내용의 대학 교재를 집필한 혐의로 기소된 경상대 장상환(경제학), 정진상(사회학) 교수의 국가보안법 위반죄 항소심 선고 공판에서 무죄를 선고했다. 재판부는 "문제의 교재는 맑스주의의 방법론을 기초로 한국 사회를 비판하고 있으나 명시적으로 사회주의 계급혁명을 주창한 부분은 없으며, 책의 결론적 주징인 사회 변혁이란 용어도 사회의 바람직한 변화라는 의미로 사용한 것"이라고 밝혔다. 재판부는 "저자들의 지위나 경력, 사회 활동 그리고 책의 제작 경위, 집필 목적, 서문 등을 종합해 판단하더라도 명시적으로 북한의 선전 활동에 동조하거나 사회주의 계급혁명을 주창한다고 보이지 않는다"고 설명했다.[3] 『한국 사회의 이해』가 이적 표현물이라는 검찰의

---

3) 『동아일보』, 2002년 7월 25일, 30면.

주장이 기각된 것이지만, '국가가보안법'이 존재하는 한 언제 또 이런 악몽이 재발할지는 아무도 모른다.

　다음으로 성차별의 차원에서, 대학교의 여성 교원 비중을 살펴보자. 한국대학교육협의회가 발간한 『전국 대학 교수 명부』를 분석한 결과, 2002년 우리나라 대학 교원 가운데 여성 교원 비율은 14.0%로 6,565명에 불과한 것으로 나타났다. 이는 정부가 각종 위원회 30% 여성 할당제 도입을 지속적으로 추진하고 있고, 정당법조차 여성 비례대표 후보 30% 할당제를 명시하고 있는 현실과 비교해 볼 때, 턱없이 낮은 비율이라고 할 수 있다.

　계열별로 보면, 여성의 영역으로 인식되어 온 분야로 여학생들이 타 계열에 비해 상대적으로 많은 가정 계열의 경우, 전체 교원의 82.1%가 여성 교원이었으며, 무용, 체조 등이 포함된 예·체능 계열도 31.3%로 타 계열에 비해 여성 교원 비율이 높은 편이다. 하지만 법정 계열(3.3%), 상경 계열(3.2%), 공학(1.8%), 농·수·해양 계열(1.9%)은 민망할 정도로 재직 중인 여성 교원이 없다. 그나마 다행인 것은 10년 전인 92년에 비해 전체 교원 가운데 여성 교원의 비율이 2.3% 증가했다는 점이며, 모든 계열의 비율이 92년보다 증가했다는 점이다.

　직급별로는 2002년 209개 대학 총장 가운데 여성 총장이 12명으로 5.7%를 차지하고 있으며 21,272명의 교수 가운데 여성 교수는 2,516명으로 11.8%를 차지하고 있다. 부교수는 교수보다 조금 많은 12.7%가 여성 교원이었으며, 조교수는 15.9%가 여성 교원이었다. 하지만 전임강사의 경우 전체 4,542명 가운데 여성 교원이 1,079명으로 23.8%를 차지해 다른 직급과 확연히 구분되고 있다.

　1992년과 비교했을 때 전임강사가 가장 많이 증가했으며, 다음은 조교수, 교수, 총장 순으로 증가했다. 하지만 부교수의 경우 1992년에 비해 0.4% 낮아졌다.[4] 전임강사가 가장 많이 증가했다는 사실을 가지고 대학교에서 성차별이 다소 해소되고 있다고 단언해도 되는 것일까? 또 초등에서 중학교, 고등학교로 올라갈수록 여성 교사가 줄어드는 사실은 이런 현상과 어떻게 연결되어 있는 것일까?(2002년 4월 1일 현재, 초등학교 68.2%, 중학교 59.7%, 고등학교 35.2%)[5] 이는 우리 사회에 여전히 교사와 교수의 서열화와 가부장적 가치관이 온존하고 있음을 보여주는 것은 아닐까?

2. 경제 논리의 지배화와 교육 관료주의

신자유주의적 사회 재편 전략의 핵심인 노동시장에 대한 국가의 탈규제 전략은 미래 노동시장의 신규 진입자에 대한 교육·훈련 제도를 경제 논리에 종속시키는 과정과 직결되어 있다. 그 대표적인 예가 2000년에 교육부의 명칭을 '교육인적자원부'로 바꾼 것이다. 교육과 노동시장의 연계가 교육의 중심 과제가 된 것이다. 이와 함께 '전경련' 산하의 <한국경제연구원>도 「차기 정부 정책 과제: 모두 잘사는 나라 만드는 길」에서 교육에 대한 공공재적 인식의 탈피, 형평성을 강조한 국가의 교육 담당 논리에서의 탈피를 강조하면서, 1) 교육부를 초등교육에 초점을 맞춰 1개 국 정도로 축소하고, 2) 대학에 대한 규제 철폐(기여입학제, 학생 선발, 정원, 등록금, 교과과정 등을 대학에 맡김), 3) 학교 선택 및 이동자유권 보장, 4) 고교 평준화 폐지 및 다양한 학교 설립 자유화, 5) 국립대학의 민영화, 6) 외국인 학교 설립 자유화와 교육시장 개방 확대 등을 대안으로 내세우고 있다.[6] 특히 교육의 공공재적 인식과 교육 형평성 논리를 탈피해야 한다는

4) 국회의원 설훈, 『대학교수 10년의 변화』, (주)홍디자인, 2002, 29~31쪽.

5) 교육인적자원부·한국교육개발원, 『교육통계연보 2002』, 32쪽.

6) 한국경제연구원, 「차기 정부의 정책 과제: 모두 잘사는 나라 만드는 길」, 보도자료, 2002, 13쪽~14쪽.

주장은 그나마 이룩해 놓은 교육 민주화를 무시하는 반민주적, 경제 지상주의적 발상이며, 이는 '국립대학의 민영화'로 연결된다. 「차기 정부 정책 과제」는 이번 정부에서 추진하려 했지만 실현되지 않은 것이기 때문에, '전경련' 차원에서 차기 정부에 더욱 강하게 주문할 것으로 예상된다.

한편, <한국경제연구원> 보고서보다 먼저 연구를 했던 <삼성경제연구소>는 「21세기 국가 과제: 산업 수요에 부응하는 인력개발 체계의 확립」이라는 보고서에서 "21세기 국가 경쟁력 확보를 위한 핵심 전략으로서 인적 자본의 개발"의 중요성을 지적한 뒤 아래와 같은 '개혁' 방향을 제시하고 있다. "무엇보다도 현재의 공급자 중심의 교육·훈련 제도를 수요자 위주의 교육·훈련제도로 전환해야 한다. 이를 위해서는 교육 훈련에 대한 규제의 과감한 폐지, 경쟁에 의한 시장 기능의 활성화 및 근로자들이 평생에 걸쳐 능력을 개발할 수 있도록 학습과 일이 효율적으로 연계되는 체제의 구축이 필수적이다. 수요자 중심, 탈규제·경쟁 촉진, 일과 학습의 통합이라는 원리가 일관된 바탕을 이루는 가운데 교육 제도, 훈련 제도 등에 대한 개혁이 이뤄져야 한다."[7] 이 보고서가 제안하는 "실천 대안" 가운데 교육 제도에 관한 개혁 항목만을 보면, 1) 대학 설립의 자율화: 대학간 경쟁 체제, 수도권 내 일정 규모 이내의 소규모 특성화 대학, 전문대학 등의 설립 자유화, 교육시장의 대외 개방 확대, 2) 대학 운영자율화: 자율적 정원 결정, 전공 이수학점, 교양필수 학점 폐지, 등록금 자율 결정, 기여입학제 허용, 다양한 형태의 학생 선발, 3) 지방화 시대에 걸맞는 대학 교육에 있어 지역 수요의 반영, 4) 산학협동 체제 강화: 이공계 교수 신규 채용시 산업체 현장 직무 경험자 우대 유도, 현직 교수에 대한 '산업체 안식년제' 도입 등이다. 이 대부분은 '국민의 정부'의 이른바 교육 개혁 내용과 사실상 거의 일치하고 있다. 물론 이 보고서는 '학

---

7) 백평규·김정호·김휴종, 「21세기 국가 과제: 산업 수요에 부응하는 인력개발 체계의 확립」, 삼성경제연구소, 1998년 1월.

생과 기업'을 수요자로 지칭하나, 학생은 미래의 '인적 자본'이라는 점에서 최종 수요자는 결국 사기업이다. 따라서 이른바 교육 개혁은 교육 현장의 민주화 등과는 애당초 무관한, 교육 제도에 있어서 자본주의적 경제 논리의 확고한 우위를 제도화하고자 하는 시도를 의미할 수밖에 없고, 그 결과 교육·훈련 과정의 '자본관계로의 실질적 포섭' 또한 불가피해 보인다. 여기서 국가는 교육 제도의 '수요자 중심적' 재편을 위한 '보편적 강제력'으로 기능한다.[8] 탈상품적 속성이 가장 강한 교육이 '교육 개혁'이라는 구호 아래서 철저히 상품화되고 있는 것이다.

발전된 산업 국가에서 기업과 행정기구(교육인적자원부)라는 권력의 양대 블록이 민주화 과정 속에 포함되지 않고 있는 한, 민주화의 과정은 아직 본 궤도에 오른 것이 아니라고 말할 수 있다면, 우리나라의 교육인적자원부는 여전히 배타적 관료주의에 안주하고 있다. 그렇기 때문에, 교육 민주화는 시작되지도 않았다고 할 수 있다.

사실 우리나라 교육 정책의 반민주적 문제는, 첫째 전문성 없는 일반직 행정 관료들이 교육 주체들을 배제한 채 교육 정책을 독점적, 배타적으로 입안하는 데서 비롯된다. 둘째 이런 정책 사안이 충분한 논의 과정 없이 형식적인 공청회를 거쳐서 확정된다는 사실에서 발생한다.[9] 예를 들어서 1999년 3월 발표된 '교육 발전 5개년 계획'(시안)을 보자. 이 계획이 최종안으로 확정되지 않은 시안의 형태로 발표되어 공론화 과정과 의견수렴 절차를 거치기로 한 점은 긍정적이었다. 그러나 이 시안의 작성자들인 '제2의 교육입국 기획단'이 현장의 교육 주체를 완전히 배제하고 교육부 소속 공무원 20여 명과 외부 전문위원 7명으로 배타적으로 구성된 점, 이 기획

---

8) 이해영, 「신자유주의, '종속적 경쟁국가' 그리고 민주주의 문제」, 『문화과학』, 1999년 여름호 (통권 제18호), 69쪽~70쪽.

9) 박거용, 「고등교육 정책을 통해 본 교육부 개혁의 필요성」, 『교육 개혁은 교육부 개혁으로부터!』, 교수노조 창립 1주년 국민대토론회 자료집, 2002, 79쪽.

단이 '5개년 계획'의 시안을 불과 5개월만에 작성한 점, 이 시안 발표 후 전국에서 5번의 공청회를 거친 후 단 한 달만에 그대로 의견수렴을 종료했다는 점, 그리고 최종안을 5월 중 확정할 예정이라는 점 등은 모두 그린페이퍼 제도의 장점을 홍보나 요식 행위 차원으로 희석시키는 졸속 정책이다. 게다가 이 시안은 7명의 장관이 교체된 후 현재까지도 확정되지 않았다는 사실은 이 시안이 관료주의와 권위주의, 즉흥주의의 형태를 벗을 수 없음을 보여준다.

교육부의 일반직 관료들은 교육 경력도 없고 현장 중심의 교육 정책에 대한 식견도 부족한 상태에서 정책 결정권을 행사하고, 이런 관료들마저 자주 부서 이동을 하기 때문에, 그 정책은 성과주의, 한탕주의적인 성격을 가질 수밖에 없다. 예를 들어서, 전교조가 작성한 교육부 주요 재직자 재직 기간 현황에 따르면, 대학과 직접적인 관련이 있는 고등교육 지원국장(직급은 이사관)의 재직 기간은 98년 3월~99년 6월(15개월), 99년 6월~8월(2개월), 99년 8월~2000년 7월(11개월) 등이다.[10] 평균 10개월이 안 되는 재직 기간 동안에 대학 교육 전반을 책임지는 국장이 무슨 일을 할 수 있겠는가 하는 점은 너무도 분명하다. 셀 수 없을 만큼 많이 바뀐 장관보다 더 자주 국장들이 바뀌었다는 사실은 교육 정책의 비민주성은 말할 것도 없고, 비일관성과 무책임성을 보여준다.

3. 민간 정부의 대표적 민주화 역행 고등교육 정책들

(1) 반민주적 사립학교법

99년 8월 6일 국회 교육위원회 법안심사소위에 참석한 일부 의원들이 교

---

10) 김대유, 「관료들이 말아 먹은 교육 개혁」, 『새 길을 여는 교육비평』 제4호, 2001.

육부 차관이 입석한 가운데 교육관계법 개악 안을 통과시켰다. 이어서 8월 10일에는 교육위원회, 8월 12일에는 국회 본회의에서 이 개악법들이 일사천리로 아무 저항 없이 통과됐다. 여기서 개악 안들은 초·중등교육법, 고등교육법, 사립학교법 개정안 등을 포함한다.

이 가운데에서 사립학교법 개악은 가장 반민주적이며 시대 역행적이다. 98년 말에 교육부가 제출한 사립학교법 개정안은 사립학교 운영의 민주화와 투명성 확보 및 학교 구성원 참여를 위해, 1) 사립학교에 학교운영위원회를 심의기구로 의무적으로 설치하고, 2) 사립학교 이사회에 공익이사가 1/3이상 참여하는 것을 보장하며, 3) 대학의 학사 운영을 심의하는 교무위원회에 평교수가 참여하는 것을 골자로 하는 그나마 참신한 수정안이었다.

그러나 국회 교육위 소속 의원들은 1) 학교운영위원회는 선택적 자문기구로 후퇴시켰고, 2) 공익 이사제 도입과, 3) 교무위원회 조항은 완전히 삭제했을 뿐만 아니라, 4) 원안에도 없던 임시 이사(관선 이사) 임기 조항을 신설해 비리 재단의 복귀마저 가능하게 하는 법안을 통과시켰다. 해마다 사학 비리가 끊이지 않아서, 구조화된 사학 비리에 대한 법적, 제도적 방지책 마련이 시급하다는 여론이 지배적이었음에도 불구하고, 국회에서 통과된 법안은 사학의 비리와 독점적 학교 운영을 오히려 부추길 것이 너무나 분명하다.

또 교육부가 98년 12월 국회에 제출한 고등교육법 중 핵심 개정 법률안은 "대학에 일반 교원이 참여해 조직·인사 및 예산 등 주요 사항을 심의하는 교무위원회를 두도록 함으로써 대학 운영의 민주성을 도모"하는 안인데, 이 안이 신설되지 못한 것이다. 그러나 고등교육법 시안이 나왔던 96년부터 국교협, 사교련, 민교협, 전교조 등 교육 개혁 연대회의가 제시했던 대학 운영의 민주화 방안은 교무위원회의 설치가 아니라 교수협의회의 공식기구화, 심의(의결)기구화였다. 왜냐하면, 교무위원회는 이미 모든 대학에 설치되어서 집행부의 역할을 수행하고 있기 때문이다. 따라서 교육 개혁 연대회의는 이 집행부를 견제할 수 있는 교수협의회(현재는 비공식 기구)를 공식기구화하고, 이 협의회에 학교 운영 전반에 대한 심의권을 부여하자는 것을 주장했다. 그리고 또 교육부의 안을 따른다고 하더라도 교무위원회에 참여하는 평교수가 대표성을 갖기 위해서도 이 평교수는 교수협의회에서 선출하는 것이 당연하며, 그렇기 때문에 또 다시 교수협 의회의 공식기구화가 요청된다고 할 수 있다. 이렇게 볼 때, 교육부의 교무 위원회 설치 방안은 대학 민주화를 위한 근본적인 대책이 아니고 타협안 이라고 할 수 있는데, 이 타협안마저도 신설되지 못했다는 점에서 대학 민주화의 길은 아직도 멀다고 할 수 있다.

여기서 또 지적하지 않을 수 없는 사실은 교육부가 자신이 제출한 법 안을 관철시키려는 노력을 포기한 채 국회 교육위에 맞장구를 치는 반개 혁성을 드러냈다는 점이다. 게다가 이 과정에서 당시 국민회의는 이 법안 을 유보한다는 당론을 99년 8월 12일 오전에 공식으로 발표했다가 오후에 다시 당론을 바꾸어 이 법안을 통과시키는 등 한심한 태도를 보였다.

민주당 교육위원들은 2001년 6월 임시국회에서 이 개악된 조항들을 다시 개정하려 했으나, 당론 분열과 한나라당의 당리·당략적 대응으로 인 해 상임위에 상정되지도 못한 채 폐기되고 말았다.

(2) 총장 직선제 폐지

참여민주주의의 토대가 되는 총장 직선제는 역설적이게도 민간인 정부가 들어서면서 오히려 계속 폐지되어 왔다.

지난 87년 12월 대학 민주화 노력의 산물로 목포대에서 시작된 총장 직선제는 한때 전국 대학의 절반이 훨씬 넘는 80여 곳에서 실시됐다. 그러 나 96년 계명대, 연세대, 동국대 등 9개 대학을 시작으로 총장 직선제가 폐지되어 현재는 전체 국립대(교원대 제외)와 일부 사립대학에서만 시행되고 있다.

김대중 정부는 '교육 발전 5개년 계획'을 통해 "현행 총장 직선제의 폐해를 방지하고, 대학 통합과 경영 효율화를 기할 수 있는 방안을 마련"하겠다고 밝혔다.[11] 이는 곧 총장 직선제 폐지를 의미하는 것으로, 이에 대해서는 지난 2000년 12월에 확정, 발표된 '국립대학 발전 계획'을 통해 구체화됐다.

이 발전 계획은 대학 의사결정 구조의 개편을 위해 우선 책임운영기관화 추진(총장 선출을 공모제로 하고 총장은 교육부 장관과 경영계약 체결)과 가칭 대학평의원회 설치(책임 운영기관으로 전환하지 않은 대학에 설치. 교수·직원 대표 이외에 다양한 학외 인사들로 구성, 2안은 국립대학 전체에 대학 평의원회의 도입을 의무화)를 제시하고 있다. 물론 이런 문제가 많은 과제가 중기 과제로 연기되기는 했지만, 문제는 해결되지 않은 채로 있다. 즉 총장 공모제는 총장 직선제의 폐지를 의미하고 총장 후보 선출위원회를 교육부내에 둔다는 것은 대학에 대한 교육부의 지배와 통제를 더욱 강화하기 때문에, 이 안은 반민주적이고 시대 역행적이라고 할 수 있다. 게다가 대학의 책임운영기관화는 대학의 영리 기관화를 부추기기 때문에, 반교육적이라고 할 수 있다.

한편 대학 경영층, 교수 대표, 직원 대표, 학부모 대표, 동문회 대표, 교육부 장관이 추천하는 자, 지방자치단체장 또는 지방자치단체장이 추천하는 지역사회 인사 등 다양한 학내외 인사들로 구성되는 대학평의원회는 학생 대표를 제외했다는 점에서 치명적으로 대표성과 민주성의 원칙을 훼손하고 있을 뿐만 아니라 비전문가를 다수 포함시킴으로 해서 이 조직의 역량을 떨어뜨리고 있다. 게다가 대학 경영층이 누구를 말하는지 분명

---

11) 교육부, 「창조적 지식기반 국가 건설을 위한 교육 발전 5개년 계획 시안」, 1999, 130쪽.

하지 않고 금전적 이윤 창출을 목표로 하는 '대학 경영층'이라는 용어를 손쉽게 쓰고 있는 문제도 있다.

　이외에도 '국립대학 발전 계획'은 조직 자율성 신장을 위한 국립학교 설치령 개정, 단과대학 및 부속시설 통합 행정 실시, 행정 직원 평정 제도 개선 및 연수 강화 등 행정 체제 개편안과 국립대학 특별 회계의 도입과 같은 재정 자율성 및 투명성 강화안 등을 담고 있다. 이 가운데 특히 국립대학 특별회계법은 대폭적인 등록금 인상(납입금을 대학의 장이 교직원, 학부모 및 관련 인사 등으로 구성된 대학 재정위원회의 심의를 거쳐 결정)도 야기할 가능성이 큰 문제를 가지고 있다. 더 나아가서 이 회계법은 국립대 민영화를 위한 방편으로 이용될 소지도 안고 있다. 또 국립학교 설치령 개정은 국립학교 설치령에 서울대학교 설치령을 통합하는 근본적인 개정안이 아니라 보직에 관한 사항 개정의 수준에 머무르고 있는 문제점을 가지고 있다.

(3) (가칭)대학운영위원회

김영삼 전 정권의 교육 정책에서, 그나마 후한 점수를 줄 수 있는 것은 초·중등공립학교에 '학교운영위원회'를 도입한 것이다. 학교운영위원회가 초·중등학교 자율적 자치의 토대를 다져 놓고 있기 때문이다. 사실 그간 우리나라 초·중등학교는 교장, 교감 그리고 서무부장에 의해 배타적으로 운영되어 왔다고 해도 과언이 아니다. 학부모는 말할 것도 없고, 교사들조차 학교의 예산과 결산에 대해서 전혀 아는 바가 없이 지내 왔던 것이다. 더 나아가서 학교운영위원회는 학부모가 학교 운영에 참여하도록 권장해 교육의 주민자치 정신을 구현하고 아울러 지역의 실정과 특성에 맞는 다양한 교육을 창의적으로 실시할 수 있도록 학교 운영의 가닥을 잡아가고 있다. 또 학교운영위원회는 학교장 추천위원회를 구성해 학교장 초빙제를 실시하고 있으며, 교사 초빙 제도도 시범적으로 실시하고 있다.

그러나 학교운영위원회에도 물론 문제점이 없는 것이 아니다. 우선 학교운영위원회는 국·공립학교에는 의무적으로 설치하도록 했으나 사립학교는 자율적으로 설치하도록 했던 점이 가장 큰 문제이다. 도입 첫 해인 97학년도에 학교운영위원회를 설치한 학교 수는 초등학교 4,070개, 중학교 1,598개, 고등학교 798개, 특수학교 22개교로서 총 6,488개교인데, 이 중에서 사립학교는 67개교에 불과하다(물론 현재는 형식적으로나마 거의 다 설치됐다). 사립학교에는 위원회의 설치를 권장하되, 그 기능은 학교 운영 전반에 관한 자문(국·공립은 심의권을 가지고 있음에 반해)에 국한하도록 하고 있는 점도 문제이다. 이런 문제는 학교 선택권이 없는 초·중등학교 학생과 학부모의 평등권에 대한 침해이기도 하다.

다음으로 교사를 대표하는 교사위원과 학부모를 대표하는 학부모위원이 있음에도 불구하고, 교사위원과 학부모위원에게 의견을 수렴해 줘야 하는 교사회의와 학부모회의가 법제화되어 있지 않다는 점이다. 따라서 교사위원과 학부모위원은 개인의 의견을 가지고 위원회에 참여하고 있는 상태에 있는 것이다.

마지막으로 운영회의 문제점은 학교 발전기금을 조성하는 결정권만을 가질 뿐 학칙의 개정 또는 제정, 예산안 및 결산, 학교 교육과정의 운영 방법에 관한 사항, 교과용 도서 및 교육 자료의 선정에 관한 사항, 정규 학습시간 종료 후 또는 방학 기간 중의 교육 활동 및 수련 활동에 관한 사항 등에 대해 심의권만을 가지고 있다는 점이다.

'국민의 정부'의 교육부는 최근 대학에도 초·중등학교에 설치된 학교운영위원회에 상당하는 '대학자치운영위원회'(가칭)를 국·공립대학에 도입하고, 사립대학에는 적극 권장할 방침을 발표했다. 앞으로 이 계획이 구체적으로 어떻게 실현될지는 불분명하지만 일단 환영할 만한 정책이다.

앞에서 초·중등위원회의 문제점들에 관해 장황하게 설명했던 것은 그 문제점들이 대학에도 그대로 적용될 것이기 때문이다. 우선 위원회의 위상 문제이다. 위원회와 기존의 이사회와의 관계는 어떠해야 하며, 그 기능 면에서 차이는 어떠해야 하는가? 이 기회에 전권을 가진 이사회의 기능을 엄격히 제한하는 것이 필요하다.

둘째, 왜 위원회는 국·공립대학에는 의무적으로 설치하고 사립대학에는 권장 사항이어야 하는가? 재단의 학교 운영 비리, 교수임용 비리 등이 매년 발생하는데도, 사학 재단의 자율성만을 보호하기 위해 학교 운영의 자치는 뒷켠으로 내몰아야 하는가? 오히려 대학 자치를 위해 사립대학에 위원회를 의무적으로 설치해야 하지 않는가?

셋째, 위원회를 구성하는데 있어서, 성인 학생들이 대학을 다닌다는 점을 고려해, 학생 대표가 교수 대표, 직원 대표, 그리고 재단 대표와 함께 그 구성원이 되어야 할 것이다. 초·중등학교에서는 보호자 차원에서 학부모가 위원회에 참여했다면, 대학에서는 당연히 학생 대표가 위원회에 참여해야 한다.

'국민의 정부'가 '문민 정부'의 학교운영위원회 제도를 발전적으로 수용하는 입장은 교육 정책의 지속성을 확보하면서 대학 자치의 뿌리를 내리는데 일조한다는 점에서 발전적이다. 그러나 이 제도가 가지고 있는 문제점을 해결하지 않고 위원회를 대학에 설치하는 뜨뜻미지근한 태도는 대학 자치 확립에 별로 도움을 주지 못할 것이다.

(4) 교수협의회, 직원노조, 학생회 위상

교육기본법은 "교직원·학생·학부모 및 지역 주민 등은 법령이 정하는 바에 의해 학교 운영에 참여할 수 있다"[12]고 규정함으로써 학교 운영에 학내 구성원이 참여할 수 있는 길을 열어 놓았다. 그런데 이 같은 법적 규정에도

---

12) 교육기본법 제5조 제2항.

불구하고 고등교육 관련 법령은 아직까지 학내 구성원의 학교 운영 참여를 보장하지 않고 있다. 이는 학내에서 발생한 부정·비리나 기타 문제가 내부에서 적발되어 자체적으로 해결할 수 있는 길을 원천적으로 막고 있으며, 대학 구성원의 목소리를 차단함으로써 학내 민주주의를 실현할 수 있는 기회를 차단하는 결과를 초래하고 있다.

이 같은 문제들이 해결되기 위해서는 관련 법·제도의 개정이 필수적이다. 하지만 교육기본법이 규정한 교수·직원·학생의 학교 운영 참여가 가능하기 위해서는 교수협의회와 직원노조, 학생회 등과 같은 자치 조직들이 법적으로 인정되고, 개별 대학에서 자유롭게 활동할 수 있어야 한다.

하지만 개별 학교 차원의 현실은 법적 인정 요구가 무색할 정도로 조직 자체가 존재하지 않은 대학들이 수두룩하다. 사립대학 민주화의 척도 가운데 하나라 할 수 있는 교수협의회와 직원노조 현황을 조사한 결과, 일반 대학은 전체 162개 조사 대상 가운데 52.5%인 85개 대학에 교수협의회가 설립되어 있으며, 국립은 거의 모든 대학에, 사립은 44.1%인 60개 대학에 교수협의회가 설립되어 있다. 하지만 사립전문대학에서 교수협의회가 설립된 대학은 전체 143개 사립 가운데 9.1%인 13곳에 불과했다.

직원노조가 설립된 대학은 전체 162개 대학 가운데 53.7%인 87곳이었으며, 사립은 136개 대상 학교의 52.2%인 71개 대학에 노조가 설립되어 있다. 하지만 사립전문대학은 교수협의회와 마찬가지로 사립에만 직원노조가 설립되어 있으며, 그 비율도 143개 전문대학 가운데 20.3%인 29곳에 불과했다.

대학 구성원의 또 다른 축인 학생회의 경우 거의 모든 대학에 설립되어 있으나, 이 조직에 대한 법적 권리는 매우 취약한 상태이다. 98년 3월 1일부터 새로 제정되어 시행된 고등교육법과 그 시행령에는 학생의 권리와 의무에 관한 조항이 당초 안보다 축소됐을 뿐만 아니라 '학생회'라는 용어가 아예 삭제됐다.

96년 2월 교개위가 제출한 고등교육법 시안에는 "학생은 헌법과 학칙이 정하는 바에 따라 학문 연구 및 예술 활동과 교육에 관한 권리를 가진다"는 조항이 있었으나 이 조항이 삭제됐다. 또 시안 제19조 "(학생회) 학생의 자치 활동은 법령과 학칙이 정하는 바에 따라 보장된다"는 조항은 그 조항 제목이 '학생회'에서 '학생 자치 활동'으로 수정됐다. 이런 변화는 96년 여름 연세대 한총련 모임 사태과 그 강경진압 과정을 거치면서 보수 정치권의 논리를 수용한 것에서 비롯됐다.

어쨌건 고등교육법과 동시에 제정·시행된 교육기본법에서 교육의 정치적 중립성을 강조하면서도, 학생의 권리 조항을 삭제한 것은 정부가 말한 '수요자 중심' 교육 체제의 기본 원리를 부정하는 것일 뿐만 아니라 학문 연구 및 예술 활동과 교육에 관한 사상의 자유를 부정하는 것이다. 나아가서 '학생회' 용어 삭제는 학생회의 불인정을 합법화하는 근거로 작용되기도 했다. 최근 몇 년간 일부 대학에서 총학생회를 인정하지 않거나 학생회비를 별도로 걷게 하고, 총학생회 간부를 징계한 사례들이 속출했던 사실까지 있었다.

특히 일반인들의 시야에서 벗어나 있는 전문대학의 학생 자치권 문제는 매우 심각한 상황이다. 대부분의 사립전문대학이 75년 박정희 정권의 영구 집권을 위해 '준전시적 조직'으로 대학 내 설치됐던 학도호국단 학칙을 28년이 지난 지금까지 토씨 하나 바꾸지 않고 유지하고 있기 때문이다.[13]

115개 사립전문대학을 대상으로 조사한 결과 "학생회에 소속되지 아니한 학생단체(동아리 등)를 조직하고자 할 때는 학장의 승인을 받도록 함"으로써 학생들의 결사의 자유를 가로막고 있는 학칙 조항을 유지하고 있는 곳이 전체의 95.7%인, 110개 대학이었다. 또한 "정치 활동과 집회의

---

13) 국회의원 설훈, 『지식정보화 시대와 사립전문대학의 현실』, (주)홍디자인, 2002, 230쪽~231쪽.

자유를 박탈하고 있는 조항"은 115개 조사 대학 가운데 89.6%인 103개 대학이 유지하고 있으며, "학장의 계획에 따라 매 학년도 학생들을 지도" 해야 하는 조항을 유지하고 있는 곳은 97.4%인 112개 대학이었다. 그리고 학생들의 표현의 자유를 제약하는 "학생 활동과 간행물 발행 사전 승인" 조항은 92.2%인 106개 대학이 유지하고 있다.[14]

전문대학은 그야말로 반민주적이며, 독재적인 학칙의 굴레에서 아직도 벗어나지 못하고 있는 상태이다.

(5) 한총련 '이적 규정' 문제

지난 11월 18일 광주지법은 국가보안법 위반 등의 혐의로 기소된 제10기 한총련 의장 김형주 학생에 대해 "한총련은 이적 단체"라며 징역 2년의 실형을 선고했다. 이 판결로 인해 올해 전국 대학의 학생회장을 역임했던 학생 수백 명은 또 다시 정처 없는 수배 생활을 하게 됐다.

98년 7월 대법원에서 '이적 단체' 확정 판결을 받은 한총련은 지난 5년 간[15] 해마다 수백 명의 수배자와 구속자를 배출하고 있다. 남북 정상회담을 추진했던 김대중 정부 출범 이후에도 무려 825명의 대학생이 국가보안법 위반으로 구속됐는데, 이 가운데 90%가 한총련 관련자들이었다.[16] 이는 한총련 주의·주장에 대한 타당성 여부를 떠나 우리 사회가 얼마나 반민주적이고 퇴행적인가 보여주는 사례라 할 수 있다.

한총련은 전국 183개 대학의 총학생회와 단과대학 학생회 등 자치조직의 연합체이다. 한총련 대의원은 해마다 반복되는 학생들의 직접 선거를 통해 선출되며, 한총련에 가입한 대학의 총학생회장과 단과대학 회장

---

14) 전국교수노동조합(준), 『사학 비리 백서』, (주)홍디자인, 2001, 209쪽~213쪽.
15) 한총련은 김영삼 정권 말기인 1997년 검찰에게서 국가보안법 제7조 제3항 등에 의해 '이적 단체'로 규정되어 실제 이적 규정 적용 시기는 올해로 6년째이다.
16) 『한겨레 21』, 제430호, 2002, 27쪽.

은 선출과 동시에 한총련의 최고 의사결정 기구인 대의원 대회의 당연직 대의원이 된다. 따라서 한총련이 '이적 단체'일 경우, 투표에 참여한 수십만 명의 학생들은 자연스럽게 이적 단체 구성을 방조한 위법자들이 된다.

한총련 '이적 규정'은 또한 "모든 국민은 집회·결사의 자유와 양심의 자유를 가진다"고 못박은 헌법 정신을 정면으로 위반하는 것이며, 정치권력과 자본에서의 자율을 추구하며, 상호 비판과 토론 속에 진리를 탐구해 나가는 대학 정신을 위반하는 것이다. 한총련의 주의·주장은 대학 내의 토론과 비판의 대상이 될 수는 있을 망정 사법 처리의 대상이 되어서는 안 된다.

특히 현 정부의 대북 화해·협력 정책에 따른 일련의 남북 화해와 교류·협력, 평화 정착 노력 등으로 인해 변화, 발전하고 있는 남북관계의 앞날을 놓고 보아도 북한에 대해 여전히 낡은 대북관을 고수한 채 '정부를 참칭하거나 국가를 변란 할 목적으로 구성된 반국가단체'라고 해 그의 합법적 실체를 부정하는 사실 인정은 위와 같은 현실에서 남북 화해 및 평화 통일의 흐름에 도움이 되지 않을 뿐 아니라 해롭기까지 하다고 할 것이다. 이미 변화된 또는 변화되고 있는 지금의 남북관계를 고려한다면, 오히려 법원이 북한에 대한 법률적 해석을 적극적으로 새롭게 전개할 필요가 있다. 북한을 반국가단체로 해석해 그와 양립하기 어려운 현정부의 대북 화해·협력 정책을 더 이상 비정상적·통치적 차원의 비법적 상태로 놓아둘 것이 아니라, 북한이 '반국가단체'에 해당하지 않는다는 해석을 적극적으로 개진해 정부의 대북 화해·협력 정책 또한 정상적·사법적 영역으로 환원시킬 필요가 있으며, 이것이 남북 화해와 평화 통일을 일대 전진시키는 데 있어서 사법부가 부여받고 있는 역사적 소임이기도 할 것이다.

또한 한총련이 최초 이적 단체로 규정된 시기보다 시대 상황과 남북관계가 상당히 변화했으며, 특히 2000년 6·15 남북 공동선언 이후로는 한총련 스스로 상당히 변화하고자 노력했고 실제로 변했기 때문에, 제9기 및

제10기 한총련에 대해서는 더더욱 이적 단체라고 보기는 어렵다.[17]

해마다 수백 명의 학생 대표들에게 이적 단체라는 굴레를 씌워 학생 자치 활동 자체를 무력화시키고, 사법적 위협을 가한다는 것은 민주 사회에서 있을 수 없는 '법적 테러'라고 할 수밖에 없다. 따라서 약 200만 명 대학생 가운데 거의 절반이 한총련을 지지하거나 간부로 활동하는 제자를 둔 교수들도 한총련 문제의 해결에 앞장설 필요가 있다.

4. 결론을 대신해

군사 정권에서 민간인 정권으로 이행하면서, 절차적 민주주의가 어느 정도 자리를 잡아가고 있다는 것이 중론이다. 정통성 없는 군사 정권의 교육에 대한 이데올로기 통제가 민간인 정권에서는 교육 민주화로 전환될 가능성이 있었지만, 초국적 자본의 득세와 IMF 지배 체제로 인해 그것은 효율성 위주의 경쟁 체제를 향해 급속히 나아가고 있다. 게다가 교육인적자원부의 관료주의는 민주화되지 않은 채 경제 논리에 종속되는 교육 정책을 여전히 배타적, 반민주적 방식으로 양산하고 강요하고 있다.

교육의 민주화는 다수가 참여해 균형 있는 세력관계를 유지할 때 가능하다. 그러나 우리나라에서는 교육 관료가 교수와 교사와 직원에게 막강한 힘을 휘두르고 있고, 사학 재단이 무소불위의 권력을 독점하고 있으며, 교수와 교사는 학생에게 엄청난 권위를 행사하고, 국가보안법은 여전히 대학가를 장악하고 있다.

따라서 교육의 민주화를 실현하기 위해서, 첫째 교육인적자원부가 행

---

17) 민주사회를 위한 변호사모임·한총련의 합법적 활동보장을 위한 범사회인 대책위 법률지원단, 『한총련을 위한 변론』, 도서출판 민주사회를 위한 변호사모임, 2002, 230쪽~31쪽 및 41쪽.

정지원부서라는 본연의 임무에 충실하도록 하고 교육 정책과 학문 정책은 현장 교사와 교수 전문가 집단이 수립하도록 제도를 개편해야 하고, 둘째 사립학교법 등 교육관계법을 개정해 재단의 권한을 축소하고 교수회, 교사회, 학생회를 법적 기구화해 학교 운영에 참여하도록 해야 하며, 셋째 학습권을 보장하도록 학생과 교수의 관계 개혁을 해야 하고, 넷째 학부모가 학교 운영에 참여할 기회를 확대해야 한다.

대선이 다가오고 있지만 교육 민주화를 공약으로 내세우는 기득권 정당의 후보는 없다. 게다가 교육 관료들은 스스로 개혁할 의지가 전혀 없어 보이는 것도 사실이다. 전교조는 합법화됐지만, 교수노조는 아직 '법외 단체'이다. 따라서 교육 주체들의 노력과 대안 마련이 더 시급하다고 할 수 있다. 그런데 대학에 대한 신자유주의 공세는 너무나 압도적이다. 『교육통계연보』에 따르면, 지난 5년 사이에 비전임(겸임교원 포함)과 시간강사의 비율은 97년 49.7%에서 2002년 60.4%로 거의 10%이상이 늘어났다. 다시 말해서 대학에서 비정규직이 늘어나고 있는 것인데, 이는 대학의 운영이 점점 더 소수에 의해 독점화되고 있는 경향을 보여준다.

학교는 생산의 사회관계를 재생산하기도 하지만, 저항의 형식들도 재생산한다. 다시 말해서 학교는 민주주의에 무관심한 경제 논리에 밀려서 생산의 사회관계를 재생산하지만, 그 논리의 부당성을 깨뜨리기 위해 민주적인 형식 또는 민주적인 저항의 형식들도 재생산한다.

한국의 민주주의와 언론의 권력

조항제 | 부산대 신문방송학 교수

1. 서론: 문제 제기

민주주의와 언론의 자유가 수미일관하게 어울리는 이념이 아니라는 점은
이미 많은 연구(자)들에 의해 지적된 것이다. 대체로 이 엇갈림은 민주주
의와 근대 이후 발전된 (언론의) 시장자유주의의 관계에서 주로 발견된
다. 민주주의는 크게 볼 때, 다음의 두 가지 당위적 요소로 이뤄진다
(Rozumilowitz, 2002). 하나는 국민이 '의미 있는' 것으로 받아들일 수 있는
정치 행위자들의 공정한 경쟁이 이뤄져야 하고, 선출 이후 책임 또한 물
을 수 있어야 한다는 점이다. 다른 하나는 이런 국민의 선택이 국가 또는
정치 공동체 내에서 대표성을 가질 수 있을 만큼 충분한 참여가 이뤄져야
한다는 점이다. 이런 경쟁과 참여는 민주주의의 다양한 정의를 가로지르
는 공통적인 부분이다. 따라서 만약 언론의 시장 자유주의가 민주주의에
기능적일 수 있기 위해서는 언론으로 인해 이런 '경쟁과 참여'가 진작되
거나 최소한 방해받지 말아야 한다.

그러나 근대 언론의 시장자유주의는 자주 이런 경쟁과 참여를 제한하
거나 방해하는 특권적 계층과 이념을 생성시켜왔다. 많은 연구자들은 이

특권의 원인으로 언론 시장의 소유·통제권 독점과 불공정 거래 문제를 지목한다. 따라서 만약 언론의 시장자유주의가 민주주의에 기능적으로 되는데 실패했다고 한다면, 이는 독점·불공정에서 파생된 특권화된 계층이나 이념을 민주주의의 요소와 분리시켜 이해한데 있다(Hallin, 2000). 특히 대부분의 신생 민주주의 사회는 선진 사회와 달리 이런 시장 문제를 완화시킬 수 있는 다른 방안이 미흡해 정치적 후견주의(political clientelism) 같은 특권적 사회 체제를 만들어내기 쉽다. 이런 체제에서 언론의 자유는 개인의 표현의 자유라기보다는 조직 또는 자본의 특권 유지의 수단이 된다. 이 점은 언론의 자유가 언제나 정해진 기능을 수행하는 것이 아니라 조건에 따라 얼마든지 그 기능을 달리 할 수 있다는 점을 확인시켜준다.

언론의 근대성은, 근대성 개념을 기술적 근대성과 해방적 근대성으로 나누고 있는 월러스틴(Wallerstein, 1995/1996)에 비춰보면, 대량 생산과 대량 배포술, 이에 기반한 편재성(ubiquity), 속보력, 광고 미디어로서의 소구력, 상업주의 등 같은 기술적 근대성이 있고, 민심의 여론화, '제4부'로서 정부로부터의 정치적·경제적 독립, 다원주의에 대한 신념, 이성(또는 객관주의)에 대한 믿음 등의 해방적 근대성이 있다. 민주주의에서 중요한 것은 언론의 이 양자 근대성이 역사적으로 어떻게 결합됐는가, 보다 구체적으로 말해 언론의 편재성·상업성과 여론 형성·정부에 대한 감시·다원주의 등이 어떤 모양새로 결합했는가이다.

근대 이후 미국 언론이 민주주의를 뒷받침하는 것이었다고 한다면, 그것은 미국의 언론이 역사의 진보, 이성과 보편적 진리 또는 규준에 대한 믿음을 토대로 객관주의와 상업주의의 균형을 이뤄냈고(Hallin, 1994; 1996), 언론인들이 중간계급적 전문직주의에 기초한 진보주의를 주창했기 때문이다(Carey, 1993). 또 만약 지금의 미국과 스웨덴에서 그렇지 못한 현상이 나타난다고 한다면, 그것은 "시민과 정치인들의 대표자간의 커뮤니케이션 고리를 파괴하는 제도가 … 정치권력을 유지하는 기초"가 되어,

"정당이나 정치인들이 권력을 잃어버릴 위험을 안고 자기 자신을 쇄신해야 할 필요에 직면했을 때 … 단기적이면서 마케팅에 기초한 커뮤니케이션 전략을 사용했기" 때문이다(Åsard & Bennett, 1997, pp.181~182). 앞의 사례가 언론의 기술적 근대성이 객관주의 및 전문직주의와 결합한 것이었다면, 뒤의 사례는 언론과 정당이나 정치인들의 단기적 여론 전략이 결합한 것이다.

이 글의 목적은 지금의 한국 언론이 이 양자의 근대성을 자신의 사익과 관련된 권력적 길로 결합시키고 있다고 보고, 이 언론 권력이 얼마나 민주주의에 역기능적인가를 살펴보고자 하는데 있다. 이 목적을 위해 이 글은 먼저 언론 권력의 개념화를 시도한다. 이 개념화는 언론 권력의 다양한 층위들에 대한 분석과 비판에 대한 대응으로 이뤄진다. 그리고 민주화 이후 한국 언론의 변화를 야쿠보위츠의 모델로 평가하고 그 변화에 대한 전망과 대안을 도출해보고자 한다.

2. 언론 권력(화)의 개념

언론 권력 개념은 생소한 것은 아니다. 이전에도 언론의 위상은 중세 카톨릭의 그것에 비견된 바 있고(Curran, 1981), '제4부'니, '제4의 권력'이니 '감시견'이니 하는 이전부터 쓰여져 온 언론의 별명들 자체가 언론의 기능이 "사회 내의 권력이나 통제와 연관되어 있고, 권력과 언론 관계의 보편적 중요성을 반영하고" 있었기 때문이다(Splichal, 2002, pp.8~9). 이 점에서 기능론이나 효과론 등의 이름으로 전개된 그간의 주류 연구 역시 궁극적으로는 언론이 가진 힘에 대한 연구로 볼 수 있다.[1] 언론이 어떻게 기능하고

---

1) 이를테면 리스(Reese, 1991)는 언론의 의제 설정 기능을 이미 권력관계로 파악한 바 있다.

효과를 발휘하느냐는 물음은 결국 언론의 병목적 권력이 민주주의에 어떤 영향을 미치는가라는 물음과 다르지 않은 것이기 때문이다. 언론의 정치적 효과와 관련되어 최근에 등장한 여러 이론들, 이를테면 언론의 '아젠다 설정' 기능이나 '틀 짓기'(framing), '점화'(priming) 효과 등도 이렇게 보면 모두 이런 언론 권력의 여러 측면('어떻게 권력이 행사되는가,' '권력의 수준은 어느 정도인가,' '그 권력의 방향성은 어떠한가')을 분석한 것이다.

이를 반영하듯 최근 들어서는 언론 현상을 권력 작용 자체로 분석하는 연구들이 늘어나고 있다. 이를테면, 스트리터(Streeter, 2001)는 언론의 권력을, 대중적 상식이 만들어지는 방식과 연관된 담론적 권력(discursive power)과 특정한 이해 또는 정체성이 인정되거나 배제되는 접근 권력(access power), 그리고 언론이 정부와 국가의 행위에 영향을 미치는 방식과 연관된 자원 권력(resource power) 등으로 나누면서 언론을 권력 현상으로 이해해야 한다고 주장한다. 또 베넷(Bennett, 2000)은 언론의 권력을 매개의 권력(스트리터의 구분에서는 담론적 권력으로 볼 수 있는)으로 정의하면서, 언론 권력을 권력의 세가지 측면, 즉 '벌거벗은 폭력,' 정부와 같이 '제도화되고 절차화된 권력' 그리고 가치나 사고방식처럼 '인간의 의식 속에서 작용하는 인지적 권력' 등에 맞춰 각각에서 언론 권력이 작동하는 양상을 보여준다.

이처럼 언론과 권력을 복합시킨 이 개념은 권력 개념을 눈에 보이는 협소한 인과관계나 엄격하게 제도화된 실체로 정의할 경우에는 성립되기 어려운 것이다. 즉 권력을 타인을 복종시키거나 제한된 자원을 통제하는 관계, 수단, 또는 원천으로 넓게 정의해서 권력이 비단 물리적 강제력에만 국한되지 않으며 의사결정을 포함해 행위에 가해지는 구조적인 것, 그리고 사고나 인지에 영향을 주는 인지적·상징적인 것도 포함시켜야 하는 것이다. 또 지금 사회에서 합의되고 제도화된 눈에 보이는 권력 외에 통상 권력으로 느껴지지는 않는 일상의 권력이 존재한다는 점도 인정해야 한다. 이 점은 스콧이 권력 연구의 두 번째 흐름으로 명명한 일군의 연구들이 제시한 권력관, 곧 권력이 "특정한 행위자가 놓여 있는 사회관계의 장(場)의, 그리고 서로 협력하는 행위자들의 전체 시스템의 집합적 속성"(Scott, 2001, p.9)이라는 점을 인정하는 것과 다르지 않다.

(1) 언론 권력의 다양한 층위들

언론 권력을 보다 심층적으로 이해하기 위해서는 <표 1>의 일반적 권력 층위들에 언론 권력을 적용시켜 살펴볼 필요가 있다. 먼저 권력관계 구성 요인의 첫 번째인 지배-피지배 분화 체계를 살펴보면, 현대의 언론 권력은 그 영향력을 사회화시키면서 일정한 지배-피지배 관계를 만들고 있는데, 가장 먼저 떠올릴 수 있는 언론의 피지배 인자는 역시 수용자이다. 만약 수용자 또는 공중의 의제가 여러 이유들로 실제 세계의 지표보다는 미디어의 의제에 더 많은 영향을 받는다면(Dearing & Rogers, 1996), 그리고 언론이 권력 엘리트 또는 특권화된 사적 권력을 용인 또는 공모하거나(Herman & Chomsky, 1988), 제도 이상의 제도, 즉 초-제도로 표현되는 정치와 미디어 간 복합체를 형성시켜(Swanson, 1992), 수용자를 소외시킨다면 피지배 인자로 수용자를 놓는다 해도 큰 무리는 아니다.

<표 1> 권력관계의 다양한 층위들

권력관계 구성 요인	작동방식	권력관계 또는 권력자(체)의 기제
지배- 피지배 분화 체계	한 인간의 다른 인간에 대한 영향력의 사회적 구조화	-법률 또는 지위와 특권의 전통에 의한 분화 -경제적 차이 -언어적이거나 문화적인 차이 -비법과 능력의 차이
목표	권력자의 의도	-특권의 유지 -자원의 배타적 사용 -신분적 권위 -기능 또는 교환의 실행
권력의 수단	권력관계에 실효성을 부여하는 매체와 방식	-무기의 위협 -말의 효과 -경제적 불이익 -형벌체계 -현재적 또는 잠재적인 규칙 및 규율 -기타 여러 기술적 수단들
제도화의 형태	권력관계의 제도적 형태	-전통에서 고착된 성향 -법 구조 -습속 또는 유행과 연관된 성향 -특정하게 규정된 입지(지역), 그 폐쇄적 구조 안 에서의 위계 -상대적 자율성을 가진 교육 또는 종교 -국가, 감옥 등을 비롯한 사회 관계 안에 내장된 부속 권력이 제도화된 복합체
권력의 정당화 또는 합리화의 정도	권력관계 안의 인간들이 자기 행위를 할 때, 고려하는 권력의 양상들	-기구의 효과성과 행위의 확실성을 예측할 수 있 는 가능성의 정도 -비용 정도 -특정 상황에서의 행위의 예측 가능성

* 자료원: 홍윤기(2000)와 푸코(Foucault, 1994)를 참조해 일부 수정.

　　그러나 이 점에 대해서는 수용자의 능동성 등을 들어 결코 수용자를
'피지배'로 간주할 수 없다는 반론이 제기될 수 있다. 또 "뉴스 커버리지는

언론 수용자의 한계와 이해를 뛰어넘을 수 없다"(Entman, 1989, p.140)는 언명처럼 언론 문제가 언론만의 책임으로 국한되어질 수 없다는 주장도 설득력 있다. 그러나 애드킨스-카버트 등의 내용 분석(Adkins-Covert et al, 2000)에 따르면 꼭 그런 것만은 아니다. 이들에 따르면, 정치적 참여도, 교육 수준, 경제적 부 등이 모두 높은 수준에 있는 지역에서도 신문(신문체인이 소유한 지역 신문)은 공적 이슈에 대한 충분한 정보의 제공 및 가능한 대안(들)의 제시 등에서 모두 실패해 수용자의 요구에 부응하지 못하고 있다. 물론 이 한가지 예로 보편화가 가능하지는 않다. 그러나 이 연구로 볼 때, (미국) 신문이 자신의 기능을 다하지 못하는 가장 큰 이유는 뉴스의 인격화, 드라마화, 파편화, 일상화 등 사실을 가공하는 구조적 관행에 있으므로 쉽게 치유될 수 있는 성질의 것이 아니라는 점, 소비자의 개별적인 행위가 이런 구조적 관행과 동떨어져 있는 것이 아니라 "상호적으로 구성된다"(Webster, 1998, p.202)는 점은 꼭 염두에 둘 필요가 있다. 꼭 이 연구만이 아니더라도 신문, 그것도 가장 시장에 민감하다는 미국의 신문에서 소비자의 위치가 그렇게 높았던 적은 없다(Gans, 1979).

다른 하나는 최근에 많이 논의되고 있는 정치권력이다. 만약 정치가 미디어에 주는 영향은 작으나 미디어가 정치에 영향을 미치는 정도가 크다면, 이는 정치의 미디어에 대한 의존도가 더 높은 '미디어 추동 민주주의'(media-driven democracy) 또는 정치의 미디어화로 부를 수 있다. 이 미디어화 개념은 다양한 행위자나 제도 사이를 단순히 협상·중재하는 중립적 의미의 매개화(mediation)와는 다르다. 미디어화는 정치가 언론에 대한 적응을 위해 자신의 자율성을 잃어버리는, 곧 언론에 의한 정치(politics by media)가 되는 경우이다(Mazzoleni & Schulz, 1999). 만약 여러 논자들의 주장대로, 현대 언론이 정치인과 정치 제도에 대한 최소한의 공적 신뢰를 떨어뜨리고, 정치에 대한 냉소주의를 부추기며, 정치적 지식을 삽화화(episodic)시키거나 지식의 수준을 낮추고, 정보 부자와 빈자 간 격차를 키우며, 사회적 신뢰를 감소시킨다면, 정치는 언론에 의해 방향성을 잃고 있다고 보아야 한다(조항제, 2002).

다음으로 언론 권력의 목표를 찾아볼 수 있다. 권력관계에 따른다면 이 목표는 권력자의 의도가 개입된, 특권의 유지와 자원의 배타적 사용, 신분적 권위, (불평등)교환 등의 경제적 기능의 실행 등을 들 수 있는데, 이중에서 언론 권력의 목표는 특권의 창출 및 유지와 자원의 배타적 사용과 연관된다. 이 특권 또는 자원 중 가장 큰 것은, 다음과 같은 카스텔스(M. Castells)의 말대로 언론이 유일하게 수용자의 정치적·사회적 공간을 구성하는데 있다. "미디어가 정치를 '통제'하지는 않는다. 그러나 미디어는 이른바 '선진' 사회에 사는 대부분의 사람들에게 정치가 발생하는 바로 그 **공간**을 만들고 구성한다. … 우리가 미디어를 좋아하든 좋아하지 않든 정치적 논쟁에 참여하기 위해서 우리는 미디어를 통하지 않을 수 없다"(Blumler & Gurevitich, 2000, p.166; 강조는 인용자). 그리고 이 공간에서 언론은 정치권력, 정부와 더불어 제도 이상의 제도인 정치-미디어 복합체를 형성한다. 스완슨이 보는 이 복합체의 성격은 '공익'을 자주 실종시킨다. "이 복합체에서 특정한 이해관계를 가진 각 제도는 공중의 인지를 통제하는 싸움에서 종종 갈등한다. 그러나 그 제도가 목적을 달성하기 위해서는 상호 간의 협조가 필요하다. … 이런 정치-미디어 복합체에서 표출되지 않은 것이 바로 공익 그 자체이다"(Swanson, 1992, p.399).

언론의 권력관계에 실효성을 부여하는 매체와 방식은 다음과 같은 험프리(Humphrey, 1996, p.74)의 '단계론'에서 잘 엿볼 수 있다. 첫 단계에서는 신문의 편견이 선거의 결과에 영향을 미칠 수 있다는 점이 격렬한 논란의 대상이 되기는 하지만 대부분의 국민들에 의해 받아들여진다. 또 그들의 영향이 종종 더욱 결정적인 것이 되리라는 혐의가 생겨나고, 미디어가 단순히 기존의 견해를 강화시킬 뿐이라는 전통적 금언은 점차 의심받게 된다. 둘째 단계에서는 미디어의 힘이 공적 관심사에 대한 공공 정책의 방향에 상당히 두드러지게 행사될 수 있다. 셋째, 미디어의 소유자와 고위 편집진은 정치인들이 미디어에서 표현되는 방식에 생래적으로 민감한 점을 이용해 그들에게 더욱 교묘한 영향력을 행사한다. 넷째, 그들은 미디어, 곧 공적 의제에 대한 접근권에서 확실한 '게이트 키퍼'로 행동한다. 다섯째, 그들은 개별 정당과 정부의 정책이 결정되는 은밀한 내실(sanctums)에서도 발언권을 가진다. 따라서 그들의 정치적 커넥션이 더 노골화된다.

앞서 살펴본 것처럼 언론이 일정한 정치적 공간을 구성할 수 있다면 언론이 가지는 현재적 또는 잠재적인 '형벌 체계' 역시 정치적인 것이다. 일례로, 나라나 사회에 따라 정도의 차이는 있겠지만, 정부 및 입법 관계에 종사하는 정책결정 엘리트 사이에서는 '정책 불확실성'(policy uncertainty)이라 부를 수 있는 혼선이 수시로 발생한다. 이런 혼선이 발생하게 되면 정책에 영향을 주는 외부 요인(주로 언론)의 영향력이 커지게 되는데, 만약 이 혼선을 언론이 특정 편에 서서 보도하게 되면, 그 반대편의 정책결정자들은 여론에 의해 부정적 평가를 받게 된다(Robinson, 2001). 이와는 조금 다른 맥락이지만, 특정 정책을 둘러싼 이해집단간, 또는 당국과 '도전자' 간 갈등이 어느 한 쪽의 힘의 우위 없이 첨예하게 벌어질 때도 언론의 선택은 힘을 발휘한다(Wolfsfeld, 1997). 이 같이 발휘되는 언론의 힘은 당사자들에게 현재적 또는 잠재적인 규칙이 된다.

언론 권력이 제도화되는 형태는 언론의 자율성을 강조한 전통, 법, 관습, 수용자의 인지적 구조 안에서의 우위 등 다양한 측면에서 찾아볼 수 있다. 앵글로색슨 지역과 달리 남부 유럽 지역에 미디어 '영주'(baron)가 없는 이유를 분석한 찰라비(Chalaby, 1997)의 비교 연구, 그리고 이 지역과 라틴아메리카 일부 나라들을 '정치적 후견주의'라는 범주로 유형화하고 있는 핼린 등(Hallin & Papathanassopolous, 2002)의 연구를 응용해보면, 일반적으로 언론 권력의 제도화는, 언론이 정치적으로 중립을 지키기 어려운 다당제(미국이나 영국과 같은 양당제의 경우는 상대적으로 훨씬 쉽다) 및 미흡한 민주화(정치적 측면), 낮은 경제적 수준 및 광고비 성장 속도(경제적 측면), 늦은 도시화와 지역간 이질성(사회적 측면), 문화·언어의 다양성과 높은 문맹률(문화적 측면), 경제적 산업으로서 신문의 낮은 위상 및 분산된 시장, 언론에 대한 미흡한 규제 체계(언론적 측면) 등을 갖추고 있는 곳에서는 상대적으로 나타나기 어렵다. 그리고 이중에서도 중요한 전통은 언론이 주변으로부터 독립할 수 있는 요건으로서 언론의 기업적 위상이다.

그러나 그 반대의 조건을 갖추었다고 해서 반드시 언론이 반드시 권력화의 길을 걷는 것은 아니다. 위와 가장 다른 조건을 가지고 있는 미국의 경우에는, 비록 시장에 소유 집중이 일어나고 있기는 하지만 시장이 잘 분화되어 있어 지배력이 존재하지는 않으며, 이를 제어하는 합리적-법적 체계가 있고, 전문직주의적 이성과 정치적·이념적 다원주의에 대한 믿음이 여전히 작지 않다는 언론 내부의 조건들이 언론의 권력화를 제어한다. 또 시민사회의 각 부문을 대표하는 고도로 조직화된 집단 사이의 정치적 협상을 주축으로 하면서, 다른 한편으로는 정치적 과정에 대한 참여가 법적으로 통제되고, 무엇보다도 공적인 이익이 특정한 집단의 사익을 넘어선다는 사회적 신념 체계가 언론을 구속하는 중·북부 유럽에서도 언론은 권력화되지 않는다.

특정 언론의 권력화는 앞서의 조건들이 불균등하게 결합할 때 발생하기 쉽다. 즉 민주주의 수준이 낮고, 합리적-법적 체계가 미비한 가운데, 경제적·시장적 측면에서 독립성과 시장 지배력을 갖춘 언론이 존재하고, 이 언론이 전문직주의 같은 내적 규범을 무시하는 높은 당파적 지향성(party-politicization)을 가질 때, 언론이 권력화될 수 있다는 것이다.

권력관계 안에서 인간들이 자기 행위를 할 때, 고려하는 권력의 양상들인 권력 관계의 합리화 정도를 살펴보면, 언론의 경우 우선 객관주의 등을 규범화한 전문직주의를 들 수 있다. 이런 전문직주의에는 두가지 측면이 있는데, 하나는 언론인이 스스로 자신의 재량을 예측 가능하게 하는

(discretion predictable) 규범으로서의 측면이고, 다른 하나는 그 전문직주의의 핵심인 객관주의가 언론이 책임을 회피하고 시장에서 독점적 지위를 확보하는 방식으로 이용된다는 측면이다.[2] 그리고 이 규범은 언론 조직 내에서도 이와 유사한 '양날'을 가진다. 한 쪽 측면은 이 규범이 일선 기자들에게 힘의 기반을 제공한다는 점이다. 다른 한 측면은 외부의 압력에 대해 언론사 또는 언론인들이 맞설 수 있게 하는 효과를 낸다(Soloski, 1989). 따라서 전문직주의가 발현되는 구체적인 양상은 언론사 내부의 조직 규범 및 외부의 환경, 특히 정치 문화(Schudson, 1995)와 밀접한 연관을 맺는다고 볼 수 있다. 또 윤리강령 같이 자율적으로 제정된 규범도 전문직주의처럼 '조건적'이다. 만약 이 규범이 언론인 개인을 책임의 주체로 삼고 있고, 언론 조직이 개인으로는 극복키 어려운 소유주 중심의 구조를 갖고 있다면, 이 규범은 쉽게 무력화될 수 있다(McManus, 1997).

(2) 언론 권력 개념에 대한 비판과 대응

그러나 아직 이 개념에는 해명하거나 보완되어야 할 것이 많이 있다. 그 첫째는 이 개념의 일관된 수준별 쓰임새의 정착과 (주로 영어권에서 쓰이는) 다양한 개념에 대한 적절한 구분이다. 우선 가장 흔히 쓰이는 것으로 미디어 파워라는 용어가 있다(예를 들면, Bennett, 2000; Streeter, 2001). 이 용어는 언론의 힘/권력을 두루 포괄하는 뜻으로 주로 쓰이는데, 일반적이고 편의적인 용례를 갖는다. 또 다른 용어로는 포스(forces)가 있는데 주로

---

[2] 후자의 예를 들면, 언론의 가장 큰 권력 양상으로 볼 수 있는 폭로는 대체로 권력의 재편과 연관된 엘리트들의 의식적인 아젠다 전략(흔히 언론 플레이로 불리는)의 일부로 이뤄지는 경우가 많다. 그럴 때, 이 폭로의 근거는 언론 자신의 탐사보다는 정부를 포함한 파워 블록 내의 정보원에 의해 제공된다(Protess et al, 1991; Waisbord, 2000a). 이 점에서는 탐사 보도의 고전으로 불리는 워터게이트 사건도 예외가 아니었다(Lang & Lang, 1983). 언론 권력은 이렇듯 취재원의 뒷자리에 숨으면서 합리화되는 경우가 많다.

사회적 또는 정치적이라는 용어가 앞에 붙는다(예를 들면, Schudson, 1995). 이 용어 역시 그 정의가 엄밀하지는 않으나, 앞서의 언론 파워가 말 그대로 의 '힘'을 가리키는 경우가 많은데 비해 이 용어는 '제도화된 것,' 정치·경제·사회로 편의상 부문을 나눌 때 그 '부문에서 작용하는 권력'이라는 함의를 담고 있다. 파워 센터(power center)라는 용어도 쓰인다(예를 들면, Reese, 1991). 이 용어는 유형화되어 있는 일정한 힘의 결집체라는 뜻을 담고 있는 듯 하다(이 역시 따로 정의 없이 쓰인다). 알튀세르(L. Althusser)적인 용어로 파워 어패러터스(power apparatus)도 있다. 이 용어는 눈에 보이지 않지만, 사실상 제도화되어 있다고 해도 과언이 아닌 사적·비공식적 부문의 권력을 행정부나 경찰, 군대와 같은 공식적 권력 기구에 빗대어 지칭한 것이다. 알철(Altschull, 1984/1991)의 파워 에이전트(power agent)라는 개념은 언론이 권력의 대리 또는 (매개)행위자라는 뜻을 담고 있다. 이 용어들은 편의든 학문적이든 모두 현대 사회의 복잡한 권력 메커니즘을 분석하기 위해 고안됐다.

따라서 언론 권력 개념은 이런 개념들 모두와 직접적인 관계가 있다. 그런데 이 개념들은 분명치 않게 쓰였다고는 하나 그 전후의 맥락으로 보아 그 함의를 짐작할 수 있고, 그에 따른 구분이 가능하다. 즉 일반적으로 쓰이는 미디어 파워는 포괄적인 의미에서 권력을 지칭하는 용어로 쓰며, 포스는 언론이 소속된 보다 큰 부문이 가지는 권력, 예를 들면 정치적, 경제적, 문화적 등의 부문 권력으로, 파워 센터와 파워 어패러터스는 (준)제도화되어 있는 권력'체'로, 파워 에이전트는 언론이 행사하는 권력의 방향성(지배와 저항)과 관계 있는 것으로 구분할 수 있다는 것이다. 이를 종합해 언론 권력에 대한 정의를 내려보면, 언론 권력은 정치·경제·문화 등 타 부문의 권력과 밀접하게 영향을 주고받으면서 그 사회 내의 기본적인 권력 갈등을 선택적으로 구조화하는 (준)제도화 또는 유형화된 사회적 힘이다. 그리고 권력화는 이것의 진행형적 개념이다.

둘째, 언론의 권력이 여러 부문과의 상대적 관계(곧 자율성) 면에서 스스로 창출했는가 아니면 대리의 성격이 더 큰가 하는 점이다. 만약 후자라면 언론 권력이라는 개념은 그 실체가 분명하지 않거나 별반 유용성이 없는 것이다. 이 비판은 셧슨(Schudson, 1995) 등이 제기했다. 셧슨은 언론의 힘을 원래의 정보 내용이 가진 영향력과 분리해 측정하기 매우 어려우므로, 바꿔 말해 뉴스가 언론의 온전한 생산물로 볼 수 없으므로 언론을 독립된 권력으로 볼 수 없다고 주장했다. "매스미디어는 대부분 사회의 일상에 깊숙이 통합되어 있어서 이들을 권력이나 영향력의 독립된 기원으로 보는 것은 별 의미가 없다. 매스미디어의 활동은 사회 내의 수많은 다른 행위자들의 필요, 이해, 목적에 의해 움직인다. 미디어가 다른 제도의 배치에 의존한다는 전제가 다른 제도 또한, 확실히 단기적으로는, 미디어에 의존적이라는 사실과 모순적인 것이 아니다"라고 하는 멕퀘일의 주장(McQuail, 1994, p.382) 역시 셧슨과 같은 맥락으로 볼 수 있다.

그러나 이는 이들이 권력관계(여기서는, 매스미디어의 효과관계)를 원인-결과로 협소하게 규정했을 때 발생하는 오류를 지적하면서 내린 결론이다. 즉 이들은 오히려 언론이 가진 권력성이 권력관계를 넓게 해석할 때 더 잘 포착될 수 있다는 것이다. 이를테면 셧슨은 같은 글에서 언론의 정당한 몫은 언론을 사회에서 격리된 무언가로 보지 않고 "공공 커뮤니케이션의 넓은 생태계의 일부로서 다른 사회적, 정치적 권력의 맥락 속에서 바라봄으로써"(p.26)만 찾아질 수 있는 '상호적인 것'으로 보고 있다. 이 상호성은 앞서 본 두 번째 흐름의 권력관(시스템을 위해 서로 협력하는 행위자들의 집합적 속성)과 크게 다르지 않다. 또 맥퀘일은 다른 글에서, 설사 우리가 매스미디어의 영향력을 정확하게 추적하고 미래를 예측하지 못한다 해도 매스미디어의 권력을 부정할 수는 없다고 하면서 "매스미디어의 역사는 명백하게 매스미디어에 대한 통제력이 정치적 또는 경제적 권력을 추구하는 이들에게 가치 있는 자산으로 간주되고 있음을 말해준다"고 했다(McQuail, 1979, p.90). 정확하게 분별이 어렵기는 해도 권력의 유무 자체를 문제삼기는 어렵다는 뜻이다.

셋째는 그 권력이 규범적으로 바람직한가 바람직하지 않은가에 대한 것이다. 규범적으로 바람직하다면 용어는 사용하더라도 그 함의는 달라지지 않으면 안 된다. 이 점은 최근 윤영철(2001)이 제기했다. 또 이 점을 집중적으로 비판해왔던 강준만(2000)도 이 개념 자체는 중립적인 것으로 쓰고 있다. 필자 역시 "언론의 권력화 역시 발전된 시민사회의 산물이고, 권력이 분산되는 민주주의 사회의 한 단면을 반영한다"(조항제, 2001, 188쪽)고 쓴 바 있다.

앞서 본대로 '영주'로 상징되는 언론 권력은 결코 민주화의 수준이 낮거나 시민사회가 발전되지 않은 사회에서 나타나는 현상은 아니다. 그러나 이 점을 기능주의적으로 사고해서는 안 된다. 이와 같은 오류의 대표적인 예는, 미국의 건국 초기에 나타난 많은 신문의 원인을 수용자의 필요 차원에서만 보았던 토크빌(A. Tocqueville)이다. 셧슨(Schudson, 1997)은 이 사고의 기본 형태가 "만약 어떤 것이 존재한다면, 그리고 사람들이 그것을 사용한다면, 그 현상은 틀림없이 그것이 소용되는 대중의 필요 때문에 존재한다"(p.472)는 기능주의의 오류를 범하고 있다고 비판한다. 셧슨에 따르면, 이 시기의 많은 신문은 자기 지역 수용자의 정보적 목적 때문이 아니라 자기 지역을 타 지역에 광고할 목적으로 발행됐다. 이처럼 언론은 언제나 조건에 관계없이 정해진 기능만을 수행하는 것은 아니다. 민주화 또는 권력 분산에 언론이 기여할 수 있고 또 그 결과로 인해 언론이 권력을 가질 수는 있지만 그 권력이 민주주의의 진전에 반드시 기능적인 것은 아니라는 뜻이다. 여기에서 제기될 수 있는 것이 언론 권력 개념이 가지는 비판성이다. 즉 언론이 권력을 갖는 것과 같은 권력 분산 현상은 민주주의를 위한 수단이지 그 자체가 목적은 아니다. 또 설사 민주적 절차에 의해 성립된 권력이라 해서 국민의 비판이 면제된 것이 아닌 것처럼 언론과 같은 사적 권력 또한 무풍의 영역 속에 있어야 한다는 근거는 아무 데도 없다. 언론의 권력(화) 개념은 한편으로는 현대 사회의 복잡한 권력구조를 분석하기 위해 제시된 학문적인 것이지만, 다른 한편으로는 언론의 힘이 '책임 있게' 행사될 수 있게 하기 위해 국민의 각성과 비판이 필요하다는 점을 일깨우기 위한 비판적·실천적인 것이다.

넷째, 가장 어려운 부분으로, 그렇다면 현대의 언론을 어떻게 평가할 것인가, 다시 말해 언론 권력의 실제에 대한 평가 문제가 제기될 수 있다. 앞서 열거했던 대로라면 언론 권력은 심각한 문제를 안고 있다. 그러나 이 문제는 병폐론에 대한 수많은 반론을 감안한다면 그리 단순치 않다. 이들은 '언론 병폐론'이 실증적 증거는 미약한 반면 목소리는 크고, 때로 단순 상관관계를 인과관계로 간주하며, 언론을 하나의 총체로 인식하면서 내부의 다양성을 무시하는 비분석적 오류를 범하고 있다고 주장한다. 특히 대부분의 논자들이 인정한 바대로 정치적 냉소주의는 결코 언론의 영향으로만 국한될 수 있는 문제가 아니다. 또 신문의 경우, 단정적 비판에 앞서, 최근 나타나고 있는 신문의 제도적·문화적 변화를 보다 총체적으로 분석할 필요가 있다는 지적도 일리가 있다(조항제, 2002 참조).

이런 반론들을 앞서의 병폐론과 단순 비교해 어느 한편의 손을 들어주기는 어렵다. 그러나 대부분의 반론이 채택하고 있는, 개인의 '의견'을 집적해 일정한 결론을 도출하는 '개인-의견 중심적 접근'(individual-opinion-centered approach)은 언론의 간접적·누적적·인지적 영향을 검증하는데 실패했던 기왕의 효과 연구들과 유사한 오류를 범할 가능성이 높다는 점은 반드시 지적해둘 필요가 있다. 이 접근에 비해 앞서 병폐론을 제기했던 연구의 대부분은 '과정-조건 중심적 접근'(process-condition-centered approach)을 취하고 있다(Entman & Bennett, 2001). 이 접근은, 유권자들의 의견을 토대로, 유권자들이 지난 반세기 동안 했던 것과 같이 지금도 깊이 고려해서 정치적 결정을 내리고 있다는 낙관적 결론을 내린 젤러(J. Zaller)에 대해, 이 연구가 "유권자가 가진 정보의 퇴락성(corruption), 뉴스 보도나 캠페인 메시지 전략에서 나타난 변화로 인해 달라진 선거과정에 대한 유권자의 불만족에 관한 연구와 이론적·경험적으로 연계되지 못하고 있다"(p.471)고 비판한다. 이들이 생각하는 올바른 방향은 "(앞서 잴러가 말한 바와 같은) 유권자의 안정성뿐만 아니라 줄어들고 있는 유권자의 수, 시간적 경과에 따라 변화되고 있는 또는 아마도 저하되고 있는 정치 정보의 질, (종종 눈가림되고 있는) 이익집단과 후보자에 의해 정교하게 대본으로 만들어진, 포커스 그룹의 의견에 기초한 메시지, 그리고 시민의 양극화와 냉소주의를 불러일으키는 부정적 뉴스 프레임과 광고의 증가"(p.471; 괄호는 인용자)를 모두 고려해야 한다.

이런 비판과 반비판은 언론이, 한편으로는 정치 등에 대한 일종의 '추상적 신뢰'(abstraction trust)를 만드는 데 기여하지만, 다른 한편으로는 그 과정에 자신의 사익과 전략을 개입시키며, 헬린(Hallin, 1994)이 실증했듯 (어떤 이유에서든) 최근 들어 언론이 정치를 "더욱 매개화"시키고 있다는 점은 분명하게 해주고 있다고 생각된다. 물론 이 현상은 나라나 사회별로 상대적 차이가 작지 않게 나타난다.

다섯째, 언론 권력의 주체가 뚜렷하지 않다는 문제가 제기된다. 즉 언론 일반이 그런지, 아니면 특정 언론사가 그런지, 또는 언론사의 소유자가 그런지, 특정 언론인이 그런지에 대한 의문이다. 이는 앞서 살펴본 '목표를 추구하는 권력자의 의지'와 관련 있는 질문이다. 그러나 이 문제는 추상 수준의 위계별 차이가 설정된다면 해결될 수 있는 문제라고 생각된다. 가장 큰 추상 수준에서 언론 권력의 기반은 앞서 카스텔스의 말대로 언론이 유일한 정치적 '공간'이 되는 점이다. 여기에서 추상 수준을 한 단계 낮추면, 그것은 이 정치적 공간을 움직이는 논리(이를테면, 시장 논리 또는 규제의 논리, 정치-미디어 복합체에서 이뤄지는 협상의 논리 등)가 될 수 있다. 더 추상 수준을 낮춰 행위자에 주목하게 되면, 이는 글로벌 차원에서 거대 미디어 기업의 합병과 통합, 그리고 전략적 제휴로 발생한 과두적 소유·통제 네트워크 같은 것이 될 수 있으며, 더 좁게는 한 국가 내의 시장 독점 언론사의 소유·편집 권력이 될 수도 있다. 아주 일상적인 미시 권력으로는 언론인과 취재원의 불평등관계에서 발생하기도 한다.

따라서 이 권력은 상황적 또는 조건적인 것이다. 예를 들어, 많은 발행 부수를 가진 신문이라 해서 반드시 그 권력의 정치적 자장이 큰 것은 아니다. 만약 언론 시장이 잘 분화되어 있다고 한다면 그 신문의 많은 부수는 단순히 경제적 크기에 불과할 수도 있다. 수용자별(이른바 권위지와 대중지)·이데올로기별(좌/우)·정당별(여/야)·지역별로 언론 시장이 전혀 분화되어 있지 않은 경우에 이 부수는 곧 정치적 영향력의 크기가 될 수도 있다. 물론 이것이 자동적인 것은 아니다. 분화가 되어 있기는 하지만, 좌/우, 여/야 간의 언론 역관계가 큰 차이를 보이는 영국에서도 이 언론간 불균등은 실제의 투표 내용으로 직결되지는 않는다(Seymore-Ure, 1991). 그러나 만일 양당 경쟁이 박빙으로 이뤄지는 조건이 더해진다면, 신문의 영향은 상당한 변수로 기능할 수 있음을 보여준다(Newton & Brynin, 2001). 이처럼 만약 권력적 양상이 드러난다면, 그것은 여러 조건들이 합치된 결과이다.

3. 한국의 민주주의와 언론

(1) 정치·사회적 변화와 언론: 야쿠보위츠의 모델

야쿠보위츠(Jakubowicz, 2002)에 따르면, 권위주의가 민주주의로 이행되어 가는 체제 변화과정에서 언론 역시 변화의 단계를 밟게 된다. 변화의 첫 단계에서 언론은 자유화, 다원화, 탈 규제화 등의 변화를 겪게 되는데, 이 변화는 민주화를 경험한 대부분의 나라에서 거의 예외 없이 나타난다. 그러나 두 번째 단계부터는 양상이 달라지게 되는데, 그 이유는 이행기 이후 많은 나라의 민주화가 유동적인 상황, 곧 민주화가 더 이상 진전되지 않고 교착 상태에 빠져 있는 현상이 발견되기 때문이다. 만약 민주화가 계속 진행된다면, 언론은 정치·경제에서 일정한 자율성을 얻게 되며, 소수자 집단에 대한 배려가 커지는 등 언론의 다원주의가 심화되고 탈 중앙화가 이뤄지게 된다. 그리고 공고화 시기인 3단계에 이르러서는 경제·시장 메커니즘이 보다 중시된다. 상업화·집중화 경향과 더불어 언론의 독점이 문제가 되면서, 제도적 하한선이 만들어질 수 있다. 물론 그렇지 못한 경우도 발견된다. 그리고 이 시기에 일부 언론은 글로벌화되는 변화가 나타나게 된다. 마지막 4단계에는 '문화적 변화'가 필요하다. 이 변화에는, 언론의 비정치화, 법질서의 정착, 언론의 공적 서비스 보편화, 언론의 비정치화, 편파적이지 않은 감시견으로서의 언론 등을 들 수 있다. 물론 여기서의 단계는 분석의 편의에 따른 것일 뿐 단선적인 것도 아니고 진화론적인 것도 아니다.

　야쿠보위츠는 언론의 민주적 개혁이 결국은 이런 문화적 변화를 통해 완성된다고 주장한다. 언론의 개혁과 언론의 독립을 같은 것으로 보는 야쿠보위츠의 주장에 따르면, 언론의 독립은 언론 조직의 외부적 독립, 조직 내 자본 또는 경영에서의 내부적 독립, 그리고 개인적/직업적 독립 등 세가지 수준에서 이뤄진다. 이중 가장 중요한 것은 편집진의 개인적/직업적 독립이다. 왜냐하면 외부적 독립은 내부적·개인적/직업적 독립이 없이도 가능하지만, 내부적 독립은 외부적 독립이 없이는 불가능하며, 그런 내·외부적 독립은 언론인의 개인적/직업적 독립이 없이는 의미가 없기 때문이다. 야쿠보위츠는 "이것(편집진의 개인적/직업적 독립)이 없이는 언론의 독립을 지키려는 모든 법적·제도적 조치들은 '비어있는 껍질'에 불과할 뿐이다. 반대로, 언론 독립의 공식적 보호 장치가 없다 해도 개인적/직업

<표 2> 정치·사회적 변화에 따른 언론 변화

단계	성격	정치·사회적 변화	언론 변화
1	이행	정치적 요인에 의존해서 언론에 나타날 수 있는 변화	−자유화 −다원주의적, 공개적(open) −탈규제화 −언론인의 전문직주의를 촉진
2		정치, 경제가 언론에 나타날 수 있는 다음의 변화 내용을 결정함	−자율성의 획득 −탈중앙화 −내용에서의 다양성 −소수자 집단에 대한 배려 −국제화
3	공고화	경제, 시장 메커니즘은 다음의 언론 변화를 장려할 수도 있고, 방해할 수도 있음	−언론 독점의 제거 −상업화 −집중 −글로벌라이제이션
4		'문화적 변화'에는 다음의 변화가 필요함	−언론의 비정치화(depoliticization) −법질서의 제도화 −공익의 정의와 공익에 대한 서비스 −여론의 발전 −편파적이지 않은 감시견으로서의 언론

* 자료원: 야쿠보위츠(Jakubowicz, 2002, p.203). 단계 구분과 성격 부여는 필자.

적 독립을 유지하는 편집진은 큰 차이를 보일 수 있다"(p.205)고 주장한다. 야쿠보위츠가 보기에 변화의 완성은 공식적·법적인 것에 있는 것이 아니라 비공식적·경제적·문화적 저변의 변화에 달려 있는 것이다. 따라서 야쿠보위츠는 자신의 이런 문화적 변화의 단계가 민주주의의 공고화라는 정치·사회적 전제 없이는 가능하지 않다고 한다. 그가 전제하는 여러 조건 중 가장 핵심적인 것은 시민사회의 실재와 여론 및 공익에 대한 사회적 신뢰, 공영방송의 확립, 자유시장의 존재와 경제 성장 등이다.

이런 야쿠보위츠의 모델은 그가 시민사회에 보다 큰 권한을 부여하는 규범적인 접근을 포기하면서 현상적으로 나타난 변화를 '표준화'한 결과이다. 이 모델은 정치적 변화와 언론 변화가 밀접한 상관이 있다는 점을 잘 보여주는 장점이 있지만, 주로 중·동부 유럽이 준거가 되기 때문에 몇 가지 한계 또한 아울러 가지고 있다. 첫째 많은 자본주의권 신생 민주주의의 언론이 이미 권위주의 시기부터 상업화·집중의 길을 밟아왔다는 점을 간과하고 있다는 점이다. 따라서 이행기에 나타난 자유화가 오히려 일부 언론을 과잉 공고화시켜 언론 지형의 다원주의화를 낳지 못할 수도 있다는 점을 경시하고 있다. 둘째 시장 주류 언론이 다수의 소비자를 무기로 이런 변화에 저항하거나 오히려 정치·경제 변화에 영향을 줄 수 있는 일정한 자율성과 권력을 가질 수 있다는 점을 또한 고려치 않고 있다. 브라질 등의 사례에서 볼 수 있듯이 언론의 사익 배제와 관련된 정부의 정책은 언론의 거부로 그 실효성을 잃고 말았다. 셋째 야쿠보위츠는 언론의 독립성과 개혁을 동일시하지만, 이 독립성과 공적 서비스 사이의 괴리 가능성, 언론에 대한 정부 및 시민사회 개입의 적절성이나 형태 여부에 대해서는 침묵하고 있다. 물론 이 점은 그가 이전에 제시했던 개혁 모델[3]이나, 자유로운 미디어의 '아이러니'를 여과할 수 있는 것은 자율적 시민 제도 (civic institutions)와 이에 기반한 사회적 커뮤니케이션 정책·운동의 필요성 주장(Jakubowitz, 1995) 등에 비춰 볼 때, 그 독립성이 '수단적'인 것임을 보여주고 있기는 하다. 그러나 이 모델이 민주주의의 공고화와 언론 사이의 관계를 일방적이라고 보는 것만은 분명한 듯 보인다. 넷째 문화적 변화의 조건으로 자유시장의 존재와 경제 성장을 꼽고, "경제적으로 성공할 수 있을 때만"(p.206) 언론이 독립할 수 있다는 주장은 중동부 유럽의 맥락에서는 쉽게 이해가 가는 것이지만, 자유시장의 짝이 반드시 민주주의가 아니라는 점은 분명히 확인하고 넘어가야 할 문제이다. 역사적 사례들을 볼 때, 자유시장과 정치적 억압의 결합 역시 결코 예외적인 경우만은 아닌

---

[3] 잘 알려진 커런의 미디어 개혁 모델은 야쿠보위츠의 것을 커런이 영국의 실정에 맞게 응용한 것이다(Curran, 1991).

것이다.

야쿠보위츠의 모델이 설정하는 '정치·경제→ 언론'의 방향은 이처럼 자유화, 탈규제화 이후에 나타날 수 있는 시장 지배적 언론, 곧 언론 권력의 중요성이 감안되지 않고 있다. 따라서 이 모델은 '정치·경제↔언론'의 형태로 바뀌어야 할 필요가 있다. 대체로 언론 권력은 자신의 사익이 관계된 자유(율)화 단계에서는 민주화에 적극적으로 협력하지만, 이 민주화가 일정하게 진전되면서 취해지는 시장 규제적 변화에 대해서는 소극적으로 방임하거나 적극적으로 저항한다. 이를테면 언론 독점의 제거, 이념적 다양화, 소수자 집단에 대한 배려, 비정치화, 탈중앙화 부분 등은 이들이 쉽게 동의할 수 없는 사항이다. 이 점은 결국 시민사회와 여론 및 공익에 대한 사회적 신뢰, 공영방송의 확립, 자유시장의 존재와 경제 성장 등이 언론 권력을 제어하는 견제력으로 작용할 수 있어야 한다는 것을 의미한다고 볼 수 있다.

(2) 한국의 민주화와 신문

한국의 민주화 과정에서 나타난 시장 주류 신문의 변화는 야쿠보위츠의 모델에 비춰 볼 때, 대체로 1단계 이상을 벗어나지 못한 것으로 보인다. 물론 이 점을 신문의 책임만으로 볼 수는 없다. 예컨대, 한국의 정치·사회 분야에서의 여러 특징들—— 정치의 인격화가 쉬우면서 서지 민주주의에 비해 수평적 책임성이 약한 대통령제, 오랫동안 1인의 지배 아래 '사당'(私黨)으로 성장한 '잡동사니' 양당[4]의 경쟁구조, 야당 집권 이후로 본격화된

---

4) 물론 같은 잡동사니 정당이라 하더라도 질적 차이는 있다. 최장집(2001)의 다음의 말은 이를 예증해준다. 최장집은 잡동사니를 '포괄'로 번역했다. "서구 정당 체계에서 포괄정당은, 좌와 우의 이념적 기반에 바탕해 형성된 정당들이 중앙으로 수렴하는 경향을 의미한다. 이와는 달리 한국 … 은 이념적 분화가 없는 매우 협소한 정치적 대표 체제 위에서 모든 정당들이 모든 계층의 유권자들로부터 지지와 대표성을 얻으려는 태도를 가리키는 것으로 사실상 이는

파워 엘리트간의 갈등, 권위주의 시절부터 지속적으로 키워진 정치 혐오 문화, 수적 여론을 중심으로 한 위로부터의 개혁 시도와 실패, 언론 외에 시민사회의 다른 정치 기제의 발전이 미약한 점 등——이 언론에 변화를 도모하지 않게 하거나 오히려 구태를 강화한 요인이기 때문이다. 그러나 한국의 정치 현상에는 앞서 언급했던 언론의 반작용도 같이 고려해야 하는 특수성이 있다. 이 언론의 반작용, 곧 권력화는 정치·사회 조건의 '반사적' 현상만은 아닌 것이다.

한국에서도 민주화 이후 나타난 신문의 변화는 자유화, 탈규제화, 다원주의화라고 볼 수 있다. 그러나 이 변화는 지난 권위주의 체제의 유산을 청산하려는 방향보다는 그 유산을 유지 또는 확대하는 방향으로 나타났다. 대체로 그 유산은 다음의 세가지로 볼 수 있다. 첫째 신문 자신이 스스로 구속되지 않을 수 없는 자신의 과거 논조와 행태이다. 둘째 이전 권위주의의 정책적 산물 중의 하나인 언론의 독과점적 시장구조이다. 셋째 1964년의 언론윤리위법 파동과 1975년의 동아·조선 언론자유수호운동 이후 지속적으로 굳어진, 소유주를 정점으로 하는 신문 조직 내부의 헤게모니와 구태의연한 권력 중심적 취재 관행이다. 이 세 가지는 모두 신문 자신의 반성과 목적의식적인 노력, 신문 외부의 협조와 강제가 아니면 바뀔 수 없는 것이다.

우선 민주화 이후 한국 신문의 가이드라인은 민주주의의 최소 정의에 머물렀던 6·29 선언이나 시민사회적 대표성을 갖추지 못했던 3당 합당과 같은 정치적 협약으로 정해졌다. 이 협약은 그간 한국 신문이 내재화해 온 보수적 생래성과 민주주의 이념, 그리고 수와 구매력에서 우위를 지닌 중산층이 만난 접점이었다. 따라서 한국의 신문은 이 협약이 지닌 제한성만큼 이념적 다원화에서 큰 한계를 지니게 됐다. 둘째, 신문 자체가 이전

한국 정당이 아무도 대표하지 않는 사회적 기반이 없는 조직이라는 것을 의미하는 것이기도 하다"(98쪽).

권위주의 체제의 주요한 축이었음에 비해, 이 체제를 극복한 민주화는 기존의 신문시장 구조를 바꾸기보다 오히려 그 기득권을 심화시켜주는 역효과를 빚어냈다. 예를 들어, 시장의 집중도 지수 중의 하나인 CR4를 매출액5)에 적용시켜 볼 때, 1988년의 78.8(경향신문 제외, 이하도 마찬가지임)은 1992년에는 77.63으로 약간 줄어들었으나 1996년에는 다시 78.67, IMF 이후인 2000년에는 81.77로 상승했다. 1위 신문인 『조선일보』의 시장점유율은 1992년 21.73%에서 2000년 25.07%로 증가했다(조항제, 2002). 셋째, 외압으로부터의 언론 자유는 크게 신장됐으나 이에 비례해 신문사 내부의 통제 역시 크게 심화됐다. 편집권의 보장 논의는 민주화 초기에 잠시 반짝했으나 제도화되지 못한 채 곧 침체됐다. 이로 인해 한국의 기자들은 '기사 선택과 기사 작성 방향 결정의 자유도'에서는 78.5%가 어느 정도의 자유를 갖고 있으나, '취재 및 보도 활동을 제약하는 요인'으로는 44.6%가 신문사 사주의 상업주의적 경영관을, 10.2%가 데스크나 간부의 권위주의적 태도를 들어 54.8%가 내부의 통제가 더 크다고 보고 있다(한국언론재단, 1997).

이처럼 민주화 이후 신문의 변화는 과거의 문제 해결을 도모하기보다는 오히려 이를 심화시키는 방향으로 나아가고 있다. 따라서 민주화 이후 신문이 획득한 자율성은, 결코 민주주의에 필요한 언론의 변화, 곧 탈중앙화, 내용에서의 다양성, 소수자 집단에 대한 배려, 언론의 비정치화, 법질서의 제도화, 공익의 정의와 공익에 대한 서비스, 편파적이지 않은 감시견화로 나타나지 못하고 있는 것이다. 그런데도 정치적 의견 시장에서 신문

---

5) 이런 매출액 지표는 '의견 시장의 영향력'을 보여주는 척도로는 불충분하다. 그러나 이오시피데스(Iosifides, 1997)의 주장대로 이 척도는 많은 장점도 아울러 가지고 있다. 장점은 이 척도가 시장 집중도를 측정하는데 있어 오랫동안 그 유효성을 검증 받았다는 점과 전체 신문시장을 아우르는 공통적 지표가 될 수 있다는 점 등이다. 물론 의견 영향력을 더욱 세밀히 측정하려면, 이 척도 외에 수용자 부분에 대한 것(이를테면, 가장 기초적인 발행 부수 등)도 필요하지만, 주지하다시피 현재 우리 신문시장에는 그런 데이터가 없다.

이 가지는 권력의 정도는 매우 크다.

다음의 단면은 이를 잘 보여준다. 김대중 정부 내내 대북한 정책 등에서 한국의 신문은 야당과 이념의 상동관계에 있었다. 이 점을 그릇됐다고 단정할 수는 없다. 그러나 신문의 비판에는 반대 당의 주장을 단순히 공명시키는 것이 아닌 실체적 근거가 요구된다. 만약 그 사안이 실체적 근거를 찾기 어려운 이념적·정치적 영역의 것이라면, 이념에 대한 판단을 '자유로운 시장'에 맡기는, 적어도 갠스(Gans, 1979)가 말하는 다중 관점을 제시해야 한다. 다른 선진 사회처럼 정치사회가 시민사회에 대한 대표성을 가진다면 이 다중 관점은 정치사회의 관점에 머물러도 될 것이다. 그러나 신문이 늘 국민의 이름으로 비판하듯이 그 사이가 심각하게 분리되어 있는 한국의 경우(최장집, 2000)라면 이 다중 관점은 여·야의 차원을 넘어서지 않으면 안 된다. 그러나 한국 신문에서 그런 다중 관점은 찾아볼 수 없다. 만약 그것이 의도적·관행적인 생략 또는 무시라면, 이 점은 신문이 정부를 포함한 정치사회와 정치사회 외의 나머지가 맺는 관계를 정치사회와 자신의 2원 관계로 설정하고 있다는 의미를 지닌다. 즉 신문이 의식·무의식적으로 스스로를 정부와 대칭되는 권력을 가진 시민사회 또는 여론의 '챔피언'으로 여기고 있다는 뜻이다. 이 점은 주인-대리인 관계가 전치된 한국의 정치엘리트 카르텔과 똑같은 모습이다.

그러나 이보다 더 심각한 한국 신문의 문제점은 야쿠보위츠가 가장 중요한 변화로 부른 편집·취재진의 내부적 독립의 움직임이 거의 나타나지 않고 있는 점이다. 이 점은 한국 신문을 변화시킬 주체가 신문 내에는 없거나 매우 미약하다는 점을 말해준다. 그 이유가 될 수 있는 가능성은 다음의 세가지이다. 첫째는 편집·취재진이 조직의 헤게모니에 완벽하게 동화됐을 가능성이다. 예를 들면, 김대중 정부의 세무 조사에 대항하면서, "최류탄을 뒤집어쓰면서" "눈물이 밴 기사를 썼다"(『조선일보』, 2001년 6월 27일)고 하며 1980년대의 기억을 상기해내는 기자의 머릿속에는 이념을 외치기 위해 사실 조작까지 감행하는 자기 신문의 금기 파괴 또는 사주부터 고위 편집진으로 내려오는 위계적 관료제에 대한 인식이 아예 없다고 볼 수 있다. 이 점에서 이들은 김대중 정부 시기에 "민주주의를 위장한 폭력적 군중 노선과 반의회적 사회주의 사상이, 민주주의로 포장된 획일적 평등주의와 대중영합주의 이념이, 그리고 민족을 앞세운 감상주의적 평화와 통일의 관념이 세를 몰아가고 있다"(『동아일보』, 2001년 4월 2일)는 견해에 동화되어 있다.

둘째는 이처럼 동화되어 있지는 않지만 현 시점에서는 자기 신문의 처지와 행태에 동의하므로 내부적 독립의 필요성을 크게 느끼지 않고 있을 가능성이다. 풀어 말해, 소유주 중심의 위계적 통제에는 반대하지만 김대중 정부의 정책이나 부패상, 특히 신문에 대한 정부의 개입 등에 대해서는 같은 입장이므로 이 시기에는 조직에 해를 끼치는 내부적 저항을 하지 않는다는 것이다. 필자의 관찰로는 이 점이 같은 처지의, 서로 경쟁하는 시장 주류 신문들 사이에 일종의 암묵적 담합을 만들고 있는 것처럼 보인다. 이 가능성에서는 상황 변화에 따라 미약하나마 내부적 독립의 움직임이 나타날 가능성이 있다.

셋째는 미시적 이유로 편집·취재진이 아예 스스로를 탈정치화하고 있을 가능성이다. 이들은 신문의 자본 또는 경영으로부터의 독립과 자신의 개인적·직업적 독립을 분리해서 사고한다. 따라서 이들에게 중요한 것은 개인적·직업적 만족과 자기 완결성(전문성으로 흔히 포장되는)이며 편집의 독립은 이를 저촉하는 경우에만 문제가 된다. 따라서 이들에게 신문의 권력화나 과당·불공정 경쟁, 사주의 탈세는 별 큰 문제가 아니다. 더 정밀한 분석이 필요한 주장이기는 하지만, 필자가 보기에 편집권 논의의 장이 될 수 있는 노조 활동의 실패, IMF 당시의 대량 해직, 비정치면의 비중 증대 등으로 미뤄 양적 분포 면에서는 셋째 부분이 가장 크지 않을까 한다.

이중 첫 번째의 가능성이 높다면 신문의 변화는 결국 전적으로 외부의 계기에 기댈 수밖에 없다. 둘째의 경우라면 정권이 바뀌는 상황 변화에 따라 약하게나마 내부의 움직임이 나타날 가능성이 있다. 셋째의 경우라면 개인적·직업적 만족과 조직 내의 권력(편집권) 문제를 분리시키는 조직의 헤게모니가 전형적으로 관철된 형태이므로 이 경우에도 움직임이 나타날 가능성은 매우 희박하다고 볼 수 있다.

(3) 한국의 민주화와 방송

민주화 이후 방송에서 나타난 변화 역시 일정 수준의 자유화, 탈규제화, 다원화였다. 방송에서도 권위주의의 유산은 컸다. 이 유산은 당장의 변화를 크지 않게 했다. 방송 시청과 직선을 통한 군부의 재집권은 일정한 상관관계가 있었던 것이다(안광식·최선열, 1990). 사실 보도만으로 특유의 파급력을 발휘했던 점을 제외한다면, 이 시기에 나타난 한국 방송을 긍정적인 것으로 평가하기는 어렵다. 그러나 방송에 대해서는 이전의 시청료거부운동 등을 거치면서 영국식 공영제가 이미 국민적 합의로 굳어져 있다는 큰 장점이 있었다. 이 장점은 공영제의 내실을 모색하는 일부 제도적 변화(방송위원회의 권한 강화)와 각 방송사 내부의 의사결정구조의 다원화(노동조합의 신설)를 낳았다.

1980년대 말에 노동조합 등이 중심이 되어 경주된 방송의 다원화·민주화 노력은 매우 긍정적인 것이었다. 한국의 방송은 파업 등도 불사하면서 정부의 구태적 통제에 반발했고, 역 편파 시비를 만들 정도로 민주화 의지를 외화시키기도 했다. 그러나 이런 노력들은 군부의 재집권으로 이뤄진 당시 정부와 피할 수 없는 갈등을 낳았다. 정부가 방송을 움직일 수 있는 기제는 민주화 이후에도 크게 달라지지 않았다. 그것은 인·허가권과 인사권을 통한 간접적 권한이면서 정도 면에서는 결코 작지 않은 것이었다. 이런 정부와 방송의 갈등은 정치 상황이 3당 합당 등으로 보수화되면서, 공식적 정당에 대한 방송의 공정성 준수 선에서 절충됐다.

　1990년의 민영방송의 도입은 방송 내외에서 많은 반발을 불러 일으켰다. 당시 노태우 정부의 민영방송 도입의 이유가 이탈리아나 스페인처럼 정부가 더 이상 방송에 대해 정치적 통제를 계속하기 어려울 때, 손쉽게 선택된 실용적인 대안(Maxwell, 1997)에 가까웠기 때문이다. 물론 시기적으로 볼 때, 이런 현상은 비단 한국만의 것은 아니었다. 공영(독점)제에 있었던 대부분 유럽 나라에서도 같은 현상이 나타났기 때문이다. 그러나 한국의 경우는 공영방송이 제 자리를 잡기 위해 진통을 겪는 가운데 경쟁이 도입됐다는 점에서 큰 차이가 있다. 경쟁의 도입으로 인해 한국 공영방송의 정치적 다원주의 실험은 결실을 거두지 못한 채 상업적 경쟁에 휩쓸리게 됐다. 모든 방송사가 광고에 의존하면서 대리 경영을 해왔던 한국에서는 민영방송의 도입이 방송에 대한 매우 적절한 통제가 됐다. 경쟁으로 인해 상업주의가 만연하면서 정치적 부문에는 그만큼 소극적이게 됐기 때문이다.

　야쿠보위츠의 모델에 비춰 볼 때, 방송은 자율화, 내용의 다양화, 법질서의 제도화 등에서는 진전이 있었으나 탈중앙화, 비정치화 등으로 이뤄지는 성숙기에는 도달하지 못했고, 시장 메커니즘의 도입으로 인한 상업화를 제대로 소화하지 못했다. 그 가장 큰 이유는 밀튼(Milton, 2001)의 지적대로 민주화 이후의 정부나 집권당 역시 방송의 (정부)종속이 가진 단기적·실용적 이익에 집착했기 때문이다. 1990년대의 방송에서 가장 큰 문제는 방송위원회를 방송 정책의 결정 기관으로 자리매김하는 것과 방송에 대한 인사권의 자율화였다. 그러나 방송위원회 문제는 2000년에 이르러서야 비로소 법적 해결의 틀을 마련했고 인사의 자율성은 아직도 제자리에 머물고 있다. 따라서 진정한 다양성으로 볼 수 있는 "체제의 반대 세력에게도 접근이 보장되는 계급 타협의 산물 또는 민주주의적 정치(定置)의 일부분"(Curran, 1998, p.185)에는 여전히 미치고 있지 못하다.

그러나 이 시기 동안 방송에는 많은 긍정적인 변화가 있었다는 점 또한 부인할 수 없다. 가장 큰 것으로 방송위원회의 위상이 법적으로 (재)정립됐다는 것을 들 수 있다. 위원의 정치적 구성이 여전히 문제가 되고 있기는 하지만, 방송 정책이 정부에서 (반)민간으로 이양됐다는 점은 큰 발전이라 아니할 수 없다. 다음으로 방송이 신문의 의제나 관행에서 일정하게 탈피한 점을 들 수 있다. 이 자율화는 신문의 획일화된 의견 지형을 다원화하는데 일정한 역할을 수행했다. 또 KBS의 변화도 빼놓을 수 없다. KBS 1TV의 광고 중단과 채널 이미지 정립은 지난 방송연대에서 가장 큰 결실 중의 하나로 꼽을 수 있다. 색깔이 일부 변질됐다는 평가가 있기는 하지만, 노조가 여전히 경영에 대한 감시 기구로서 역할하고 있다는 점도 신문과 대조되는 부분이다. 신문과 달리 개혁의 내부적 동력이 남아 있다는 것이다.

그러나 문제는 여전히 산적해 있다. 방송위원회는 지배적 정치 정당들의 '나눠먹기'로 귀결되어 정책 기구로서의 전문성이나 효율성을 잃게 될 가능성이 크다. 인사의 종속과 구조 개편의 위협에 시달리는 공영방송은 자율적 이념 없이 친정부적 태도를 관행화할 수 있다. 디지털화와 미디어 다양화로 재원 경쟁에 쫓기면서 상업성은 지금보다 더 강해지면 강해졌지 약해지지는 않을 것으로 보인다. 노조가 얼마만큼 과거의 민주화 노력을 경주할 수 있을지도 아직은 미지수이다. 이렇게 볼 때 방송의 변화 역시 외부적 계기에 기대는 바가 적지 않다고 볼 수 있다.

4. 결론: 대안과 전망

본문에서 지적한 대로 한국 언론의 문제는 내·외부 모두에 있다. 정치를 비롯한 언론 외부에는 언론의 힘이 책임 있게 행사되도록 하는 조건과 기반이 없고, 언론 내부에서도 변화에 필요한 유인과 계기가 없거나 있다고 해도 매우 약하다. 이 글에서 제시한 언론 권력·야쿠보위츠의 모델에 따르면 후자가 더 큰 문제이다. 언론 내부의 변화가 없다면 외부의 다른 변화 역시 큰 장애에 부딪히게 될 것이기 때문이다.

언론 권력 개념은 한국 사회에만 있는 것은 아니다. 필자가 정리한 바로는 많은 나라에서 언론의 권력화가 특유한 형태로 진행되고 있다(조항제, 2002). 그러나 정도와 수준, 그리고 정당성 면에서 한국 사회보다 더 크고 취약한 곳은 발견하기 어렵다. '민주화 이후의 민주주의'(최장집, 2002)는 더 크고 더 심대하게 언론의 도움을 필요로 하지만, 한국 사회에서 언론은 결코 민주화에 도움이 되지 않고 오히려 이를 방해한다. 이 점이 "한국의 민주화가 제기했던 여러 문제들이 여전히 존재함에도 불구하고 변화의 계기들은 점차 약해진 반면 변화를 거부하는 힘들은 보다 조직화되고 강해"(36쪽)진 주인(主因) 중의 하나이다. 베이커의 말대로 현대 민주주의 정치에서 가장 중요한 것이 "정부의 의지 형성과정(will formation)과 여론을 만들어내는 의미 있는 대중의 참여를 결합시키는"(Baker, 2001, p.344) 언론 의존적 담론 활동이기 때문이다.

따라서 한국 언론에는 변화를 강제할 수 있는 외부적 계기가 절대적으로 필요하다. 그 맹아는 지금의 한국 사회에서도 발견된다. 첫째는 언론 외적인 것으로 정치·사회운동의 성장을 들 수 있다. 이 운동은 기존 정치의 부패 및 무기력에 대한 비판과 최근 들어 새롭게 등장한 사회적 균열선, 즉 라이프스타일, 환경, 성, 지역 문제 등을 기반으로 빠르게 세를 넓혀가고 있다. 기존의 정부와 두 개의 거대 정당 외에 또 하나의 '정부'로 불리는 영국이나 미국 등의 사례를 볼 때 이런 운동은 앞으로 더욱 성장할 수 있을 것이다. 물론 운동과 언론 사이에도 정치와 언론 사이처럼, 언론이 운동을 필요로 하는 것보다 운동이 언론을 더 필요로 하는 비대칭적 종속(asymmetrical dependence)의 관계가 있다(Gamson & Wolfsfeld, 1993; Wolfsfeld,

1997). 영국이나 미국 등에서 운동이 성장한 이유도 이런 관계에 있는 언론이 운동을 적극적으로 도왔기 때문이다. 그러나 지난 낙천·낙선운동 보도에서 볼 수 있듯이 한국 사회에서 이런 도움은 기대하기 어렵다. 따라서 한국의 운동과 언론이 맺는 관계는 최소한 기성 정치와는 다를 수밖에 없다. 둘째는 언론적 계기로, 정보미디어의 지속적인 다원화 현상을 들 수 있다. 인터넷의 등장 및 보편화 속도로 볼 때 한국에서도 머지 않은 미래에 새로운 정치 커뮤니케이션 시대(Blumler & Kavanagh, 1999)가 열릴 가능성이 높다. 셋째, 수용자들의 기존 언론에 대한 신뢰도 저하 문제6)도 대안 미디어의 필요를 간접적으로 증명해준다. 만약 한국 언론이 좀더 긴 안목을 가진다면, 최근 보수당에서 노동당으로 방향을 선회한 영국의『썬(Sun)』지처럼 소유주의 관점이 무엇이든 그것은 결국 독자에 대한 신뢰도 유지에 달려 있다(Manning, 2001)는 점을 인식하지 않으면 안될 것이다. 넷째, 힘을 모으고 있지는 못하지만 여전히 지지를 받고 있는 언론개혁운동도 희망을 잃지 않게 해준다. 그러나 이 개혁운동에는 원칙이나 강령, 전략 등에서 대대적인 정비가 필요할 것으로 생각된다. 특히 운동에 전략적 고지가 없다는 점은 새삼 숙고되어야 할 부분이다. 다섯째, 정권이 바뀌는 상황 변화에 따라 언론 내부에서 개혁의 움직임이 나타날 가능성도 완전히 배제할 수는 없다. 이 가능성은 그리 높지 않지만 앞서의 셋째 부분이 가시화된다면 그 움직임을 기대할 수 있다.

---

6) 신문의 신뢰도는 1994년의 4.0(5점 척도)을 정점으로 계속 떨어져 2000년에는 3.1이 되어 1990년 이전 수준으로 되돌아갔다(한국언론재단, 2001). 기자에 대한 평가 역시 마찬가지이다. '직업 윤리의식'에서는 59.9%(1996년)에서 46.9%(2000년)로, '프라이버시 존중'에서는 39%에서 33.5%로, '책임감'에서는 56.6%에서 51.4%로, '사실 확인'에서는 32.6%에서 26.6%로, '우수한 자질' 면에서는 62.6%에서 57.1%로, 한국의 기자들은 모든 분야에서 이전보다 낮은 평가를 받았다(한국언론재단, 2000). 주목할 부분은 객관 저널리즘의 가장 기본일 수 있는 사실 확인 부분의 매우 낮은 수치이고, 윤리의식의 상대적으로 급격한 하강이며, 자질 면은 비교적 높은 절대치이다. 한국 언론의 미래에 비춰 볼 때, 여러 모로 곱씹어볼 내용이다.

단순한 힘 관계만으로 볼 때, 이 계기들은 아직 기성 구조에 턱없이 못 미친다. 그렇지만 변화하지 않으면 한국 민주화의 장래가 어둡다는 점에서 이 계기들은 적극적으로 육성될 필요가 있다.

김대중 정부는 보수 언론의 저항에도 불구하고 또 여러 굴절을 내포하면서도 언론사 세무조사를 감행했다. 새 정부에게 당위적으로 요구되고 있는 언론개혁의 바로미터는 바로 이 세무조사의 최종적 집행이다. 만약 이것이 '정치적'으로 해결되는데 그친다면 한국 사회는 왕년에 경험했던 정치-언론 복합체를 다시 보게 될 것이다. 그리고 당연한 귀결로 언론을 중심에 둔 사회적 갈등의 폭은 더욱 커질 것이다. 2002년 대통령선거의 결과는 분명 주류 신문이 예측했고 원했던 방향과 반대로 나타났다. 그리고 노무현 당선자는 역대 어떤 정치인보다 언론 개혁에 대해 적극적인 마인드를 갖고 있다. 선거의 결과는 언론에게 내적 체계(현실에 대한 인식 체계의 미흡)와 외적 환경(언론개혁을 추진할 가능성이 높은 정부) 모두에서 큰 변화를 요구하고 있는 셈이다. 물론 신문들은 변화에 저항하면서 지난 정부 때와 크게 다르지 않은 행보를 보일 수도 있다. 그러나 이번 선거에서 나타난 이른바 2030세대의 반 주류 성향은 그들이 곧바로 우리 사회의 주역이 된다는 점에서 주류 신문의 미래가 그리 밝지 않다는 점 한가지만큼은 분명하게 보여주고 있다고 생각된다.

이 점에서 선거 이후 언론 부분에서 나타난 세가지의 사건은 언론에서 차기 성부가 하지 않으면 안되는 일을 잘 보여준다. 그 사건의 첫째는 공정거래위원회의 언론사 과징금 취소 조치이며, 둘째는 『조선일보』의 변화 예고이다. 그리고 셋째는 신문 부수 늘리기 경쟁이 또 다시 낳은 폭력 사태이다.

과징금 취소는 아직 그 구체적인 배경과 이유가 밝혀지지 않았고 대통령직인수위원회가 감사원 특감을 요청하는 등 제동을 걸고 있어 그 최종 결과는 아직 미지수이다. 그러나 이 조치는 그 내막이나 추이와는 관계없이 지난 세무조사가 남긴 가장 긍정적인 유산을 폐기하려 했다는 점에서 공정위를 포함해 현 정부가 가진 역사 퇴행적인 측면을 여실히 보여준 것이라 아니 할 수 없다. 따라서 이 조치는 구태 정치의 극복 기치를 다른 어떤 것보다 높이 세운 차기 정부가 해야 할 급선무가 무엇인지를 분명하게 보여준 것이다. 다른 글에서 필자(조항제, 2003)가 밝힌 바와 같이 언론과의 물밑 거래는 구태 정치의 핵심 중 핵심이기 때문이다.

이에 발맞춘 것인지는 알 수 없지만, 『조선일보』는 2003년 1월 27일자의 사고(社告)로 지면 혁신을 하겠다고 예고했다. 이 사고에서 『조선일보』는 혁신의 가장 큰 이유로 '독자의 변화'를 꼽고, 자신을 포함해 이전의 신문이 가진 관행에 마침표를 찍겠다고 했다. 『조선일보』는 이 관행으로 자신의 논조와 다른 견해를 무시하고 남을 가르치려 하며 소외된 계층과 사회적 약자를 무시하는 행위 등을 열거했다. 표면적인 내용만으로 볼 때, 이 사고는 이전의 자신에 대한 반성과 독자의 변화에 대한 적응이 키워드이다.

이 변화 예고가 실제로 어떻게 나타날지는 더 지켜보아야 알 일이지만, 그 변화의 관건은 앞서 『썬』지에서 살펴본 것처럼 얼마나 독자에 대한 신뢰도를 유지할 수 있느냐, 얼마나 독자의 다양한 의견을 존중하느냐에 있다. 지난 대통령 선거에서 『조선일보』는 북한의 핵과 정몽준의 노무현 지지 철회 등의 건에서 신문이 가지는 최소한의 성실성·공정성조차 지키지 않았다. 이 점이 여론의 변화를 정확하게 읽으면서 선거전에 그에 합당한 노선으로 변모한 『썬』지와 『조선일보』의 큰 차이이다. 만약 이 차이를 인식하지 못한다면 설사 『조선일보』가 재창간의 심정으로 변화한다 해도 그 변화는 전술적인 형식 변화 이상이 되지 못할 것이다. 이를 반영하듯 이 사고는 중간 부분에서 "조선일보가 일관되게 지켜 온 원칙만큼은 사설과 본지 논객들이 쓰는 칼럼 등을 통해 지켜나갈 것"이라고 하면서 이 변화가 과거와의 단절이 아님을 확실히 했고, 또 전통적인 '종이 신문' 제작 시스템의 한계를 운운하면서 자신의 선거 실패가 마치 종이 신문과 인터넷의 기술적 차이인 것처럼 오도해 놓았다.

지난 1996년에 살인까지 불러온 신문의 부수 경쟁이 거의 7년이 지난 지금에 이르러서도 별 변화가 없는 채 다시 폭력 사태를 불러왔다. 어떤 시장도 이토록 혼탁하지 않을 것이고, 또 어떤 시장도 이토록 변화의 시도를 무시하지 않을 것이다. 지난 세월 동안 수없이 나온 개혁의 목소리는 적어도 부수 경쟁에서는 공염불에 그친 것이다. 이 점 역시 신문에 대해 차기 정부가 해결하지 않으면 안 되는 과제를 던져준다.

역사 퇴행적인 과징금 취소와 변화를 하겠다고 하면서도 정작 변화되어야 하는 부분은 계속 지키겠다고 하는 『조선일보』, 많은 개혁의 목소리 가운데에서도 여전한 시장의 과당·불공정 경쟁 등은 국민의 신뢰를 잃었으면서도 사익은 지키고자 하는 정부·언론이 가게 되는 막다른 길이다. 이제 언론 개혁은 바로 그 언론에 의해 서서히 국민적 정당성을 얻고 있다.

참 고 문 헌

강준만, 2000, 『권력 변환』, 서울: 인물과 사상.

안광식·최선열, 1990, 「커뮤니케이션과 투표 행태: 제13대 대통령 선거를 중심으로」, 『신문학보』 25호, 75~123쪽.

윤영철, 2001, 『한국 민주주의와 언론』, 서울: 유민문화재단.

조항제, 2001, 「언론 권력화의 조건에 대한 시론적 분석」, 『언론과 정보』 제7호, 165~196쪽.

_____, 2002, 『한국의 민주화와 미디어의 권력화』, 서울: 한울.

최장집, 2000, 「한국의 민주화, 시민사회, 시민운동: '2000년 총선 시민연대' 시민운동의 의미」, 『정치비평』 제7호, 156~184쪽.

_____, 2001, 「민주주의와 정치개혁: 김대중 정부의 사례」, 『평화논총』 제5권 1호, 93~114쪽.

_____, 2002, 『민주화 이후의 민주주의』, 서울: 후마니타스.

홍윤기, 2000, 「반입장의 입장: 우리 시대의 권력 비판과 권력 감수성」, 『월간 인물과 사상』 10월호, 90~125쪽.

한국언론재단, 1997, 「취재 및 보도활동을 제약하는 요인」, http://www.kpf.or.kr/lib/lib_frame_2.html

_____, 2000, 「기자에 대한 평가」, http://www.kpf.or.kr/lib/lib_frame_2.html

_____, 2001, 「신문의 신뢰도 추이」, http://www.kpf.or.kr/lib/lib_frame_2.html

Adkins-Covert, T., Ferguson, D., Philips, S., & Wasburn, P., 2000, "News in my backyard: Media and democracy in an 'All American' city." The Sociological Quarterly, 41(2), pp.227~244.

Altschull, J., 1984/1991, 강상현·윤영철 공역, 『지배권력과 제도 언론』, 나남.

Åsard, E., & Lance Bennett, W., 1997, Democracy and the marketplace of ideas: Communication and government in Sweden and United States, NY: Cambridge Univ. Press.

Baker, C. E., 2001, "Implications of rival visions of electoral campaigns," In W. L. Bennett & R. Entman(eds.), Mediated politics: Communication in the future of democracy, NY: Cambridge Univ. Press, pp.342~361.

Bennett, L. W., 2000, "Media power in the United States," In J. Curran & M-J. Park(eds.), De-Westernizing media studies, London: Routledge, pp.202~220.

Blumler, J., & Kavanagh, D., 1999, "The third age of political communication: Influences and features," Political Communication, 16(3), pp.209~230.

Blumler, J. & Gurevitch, M., 2000, "Rethinking the study of political communication," In J. Curran & M. Gurevitch(eds.), Mass media and society, 3rd. ed., London: Arnold, pp.155~172.

Carey, J., 1993, "The mass media and democracy: Between the modern and the postmodern," Journal of International Affairs, 47(1), pp.1~21.

Chalaby, J., 1997, "No ordinary press owners: press barons as a Weberian ideal type," Media, Culture & Society, 19(4), pp.621~641.

Curran, J., 1981, "Communication, power, and social order," In M. Gurevitch, T. Bennett, J. Curran, & J. Woolacott(eds.), Culture, society and the media, London: Routledge, pp.202~235.

_____, 1991, "Rethinking the media as a public sphere," In p. Dahlgren & C. Sparks(eds.),

Communication and citizenship: Journalism and the public sphere in the new media age, NY: Routledge, pp.27~57.

_____, 1998, "Crisis of public communication: A reappraisal," In T. Liebes & J. Curran(eds.), Media, Ritual and Identity, London: Routledge, pp.175~202.

Dearing, J., & Rogers, E., 1996, Agenda Setting. London: Sage.

Entman, R., 1989, Democracy without citizens. NY: Oxford Univ. Press.

Entman, R & Bennett, W. L., 2001, "Communication in the future of democracy: A conclusion," In W. L. Bennett & R. Entman(eds.), Mediated communication, NY: Cambridge Univ. Press, pp.468~480.

Foucault, M., 1994, "The subject and power." In J. Scott(ed.), Power: Critical concepts, NY: Routledge, pp.218~233.

Gamson, W. & Wolfsfeld, G., 1993, "Movements and media as interacting system," Annals of American Academy of Political and Social Science, 528, pp.114~127.

Gans, H., 1979, Deciding what's news, NY: Pantheon.

Hallin, D., 1994, We keep America on the top of the world: Television journalism and public sphere, London: Routledge.

_____, 1996, "Commercialism and professionalism in the American news media," In J. Curran & M. Gurevitch(eds.), Mass media and society(2nd ed.). London: Arnold, pp.241~262.

_____, 2000, "Media, political power, and democratization in Mexico," In J. Curran & M-J. Park(eds.), De-Westernizing media studies, London: Routledge, pp.97~110.

Hallin, D., & Papathanassopoulos, S., 2002, "Political clientelism and the media: Southern Europe and Latin America in comparative perspective," Media, Culture & Society, 24(2), pp.175~195.

Herman, E., & Chomsky, N., 1988, Manufacturing consent.: The Political economy of mass media, NY: Pantheon.

Humphreys, P., 1996, Mass media and media policy in Western Europe, NY: Manchester Univ. Press.

Iosifides, P., 1997, "Methods of measuring media concentration," Media, Culture & Society, 19(4), pp.643~663.

Jakubowicz, K., 1995, "Media as agents of change," In D. Paletz, K. Jakubowicz, & p. Novosel(eds.),

Glasnost and after, Cresskill, NJ: Hampton Press, Inc., pp.19~48.

_____, 2002, "Media in transition: The case of Poland," In M. Price, B. Rozumilowicz, & S. Verhulst(eds.), Media reform: Democratizing the media, democratizing the state, London: Routledge, pp.20 3~231.

Lang, K., & Lang. G. E., 1983, The battle for public opinion: The President, the press, the polls during Watergate, NY: Colombia Univ. Press.

McManus, J., 1997, "Who's responsible for journalism?," Journal of Mass Media Ethics, 12(1), pp.5~17.

McQuail, D., 1979, "The Influence and effects of mass media," In J. Curran, M. Gurevitch, & J. Woollacott(eds.) Mass communication and Society, London: Sage, pp.70~93.

_____, 1994, Mass communication theory, 3rd. London: Sage.

Manning, P., 2001, News and news sources: A critical introduction, London: Sage.

Maxwell, R., 1997, "Restructuring the Spanish television industry," In M. Bailie, & D. Winseck(eds.), Democratizing communication? Comparative perspectives on information and power, Cresskill, NJ: Hampton Press, pp.135~158.

Mazzoleni, G., & Schulz, W., 1999, "Mediatization of politics: A challenge for democracy," Political Communication, 16(2), pp.247~261.

Milton, A., 2001, "Bound not gagged: Media reform in democratic transitions," Comparative Political Studies, 34(5), pp.493~526.

Newton, K., & Brynin, M., 2001, "The national press and party voting in the UK," Political Studies, 49(2), pp.265~285.

Reese, S., 1991, "Setting the media's agenda: A power balance perspective," Communication Yearbook, 14, pp.309~340.

Robinson, P., 2001, "Theorizing the influence of media on world politics: Models of media influence on foreign policy," European Journal of Communication, 16(4), pp.523~544.

Rozumilowicz, B., 2002, "Democratic change: A theoretical perspective," In M. Price, B. Rozumilowicz, & S. Verhulst(eds.), Media reform: Democratizing the media, democratizing the state, London: Routledge, pp. 9~26.

Schudson, M., 1995, The power of news, Cambridge, Massachusetts: Harvard Univ. Press.

_____, 1997, "Toward a troubleshooting manual for journalism history," Journalism & Mass Communication Quarterly, 74(3), pp.463~476.

Scott, J., 2001, Power, Cambridge: Polity.

Seymour-Ure, C., 1991, The British press and broadcasting since 1945, Cambridge, Masschusetts: Basil Blackwell.

Soloski, J., 1989, "News reporting and professionalism: Some constraints on the reporting of the news," Media, Culture & Society, 11(2), pp.207~228.

Splichal, S., 2002, "The principle of publicity, public use of reason and social control," Media, Culture and Society, 24(1), pp.5~26.

Streeter, J., 2001, Mass media, politics and democracy, NY: Palgrave.

Swanson, D., 1992, "The political-media complex," Communication Monographs 59, pp.397~400.

Wallerstein, I., 1995/1996, 강문구 옮김, 『자유주의 이후』, 서울: 당대.

Webster, J., 1998, "The audience," Journal of Broadcasting and Electronic Media, 42(2), pp.190~207.

Wolfsfeld, G., 1997, Media and political conflict: News from the Middle East, Cambridge: Cambridge Univ. Press.

제 3 부
한국 정치변동의 현실과 민주주의

지역주의정치의 평가와 그 변화 전망
—— 제16대 대통령선거를 중심으로

정해구 | 성공회대 사회과학부 교수, 한국정치

1. 들어가며

1987년 6월 민주화대항쟁에 의해 민주화가 이뤄지기 이전의 한국정치는 실상 아래로부터의 자발적인 선거에 의해 정치가 구축되고 그 정치권력의 향방이 결정됐던 진정한 의미의 선거정치라 하기는 어려웠다. 오히려 반공체제의 구축을 통해 특정의 정치세력들만이 제도권 정치에 참여했거나 또는 군부쿠데타라는 사실상의 권력 장악이 먼저 이뤄진 가운데, 그런 정치와 그 정치권력에 대한 대중의 지지를 강요하거나 동원했던 했던 것이 민주화 이전의 한국정치의 실모습이었다. 따라서 민주화 이전의 선거란 대중이 그 대표를 선출하고 정부를 선택하는 행위이기 이전에, 다른 수단에 의해 이미 장악된 권력을 사후적으로 추인해주거나 정당화시키는 수단에 불과했다.

즉, 민주화 이전에 시행됐던 선거의 주된 역할은 이미 물리력으로 정치권력을 장악했던 특정의 반공세력 또는 독재세력에 대한 추인 또는 정당화의 역할이었던 것이다. 선거가 정부의 선택이나 권력 교체를 가져올 수 없었던 이 같은 현실에 비춰본다면, 민주화 이전의 한국의 반독재 민주화운동이 선거를 통한 민주화의 진전보다는 독재정권에 대한 물리적 항거라는 '거리의 정치'에 호소했던 것은 어쩌면 당연한 일이었다. 반독재 민주화운동이 선거 중심의 제도권 정치가 아니라 비제도권 영역에서 체제비판과 저항 등의 형태로 전개될 수밖에 없었던 이유는 선거가 일정한 한계를 가질 수밖에 없었던 바로 이런 현실에 기인했던 것이다.

그러나 1987년 6월 민주항쟁은 한국정치의 모습을 바꾸어 놓았다. 우선 그것은 쿠데타를 통해 등장했고 억압적 통치를 통해 그 권력을 유지해왔던 군부세력의 퇴각을 불가피하게 만들었다. 항쟁은 군부세력으로 하여금 대통령 직선제를 수용하지 않을 수 없게 만듦으로써 이제 선거에 의하지 않는 그들의 집권은 더 이상 가능하지 않게 됐기 때문이다. 다음으로 그것은 권력에 대한 사후 추인 또는 정당화의 수단으로서만 기능했던 선거의 역할에, 그리고 그 동원 대상으로만 상정됐던 대중의 역할에 중대한 변화를 가져왔다. 6월항쟁에 의해 선거는 대중이 스스로 자신의 대표와 정부를 선택할 수 있는 그 본래적 의미를 되찾게 됐고, 이에 따라 권력과 정치의 향방은 선거를 통해 표현되는 유권자 대중의 지지 여부에 의존하지 않을 수 없게 됐기 때문이다.

그런 점에서 한국정치는 민주화 이후이야 비로소 아래로부터 유권자 대중에 의해 대표와 정부가 선택되고 그 과정에서 선거가 결정적인 의미를 가지게 된 본격적인 선거정치의 의미를 갖게 됐다. 이후 지금에 이르기까지 상당한 시간이 흘렀다. 그리고 그 사이 대통령선거가 네 번, 국회의원선거가 네 번, 그리고 전국적인 지방선거가 세 번이나 치뤄졌다. 그렇다면 민주화 이후 전개된 한국정치에서 그 민주적 발전은 제대로 이뤄졌는가?

그 대답은 그리 긍정적이지 못하다. 민주화 이후 한국정치의 민주적 발전에 대한 기대는 상당히 높았지만 실질적인 성과는 그 기대에 훨씬 미치지 못했기 때문이다. 그렇다면 탈독재 민주화가 이뤄졌음에도 불구하고 한국정치의 민주적 발전이 제대로 이뤄지지 않았던 이유는 무엇인가? 우리는 그 주된 원인을 민주화 이후 전면 등장했고 그 동안 지속되어왔던 지역주의정치에서 확인하고자 한다. 지역주의정치가 민주화 이후 한국정치의 민주적 발전에 구조적인 장애를 드리웠다고 보기 때문이다.

이 같은 문제의식에서 민주화 이후 전개됐던 지역주의정치의 실상의 폐해를 살펴보는 한편, 2002년의 제16대 대통령선거를 계기로 이 같은 지역주의정치가 변화될 것인가를 검토하고자 하는 것이 이 글의 목적이다. 이를 위해 이 글은 우선 민주화 이후 2002년 대선 직전까지 이뤄졌던 지역주의선거의 실태와 그로 인한 지역주의정치의 등장을 살펴볼 것이다. 다음으로 이 글은 지역주의정치가 한국정치의 민주적 발전에 어떠한 장애를 드리웠는가를 점검할 것이다. 마지막으로, 이 글은 2002년의 역동적인 대선 경쟁과정을 거쳐 결국 노무현정부를 탄생시켰던 2002년 대선 결과를 분석함으로써 향후 지역주의정치의 변화 전망을 분석할 것이다.

2. 지역주의선거의 실태와 지역주의정치

지역주의정치가 한국정치의 민주적 발전에 끼친 영향과 지역주의정치의 변화 가능성을 살펴보기에 앞서, 우리는 지역주의정치를 가능하게 했던 지역주의선거의 실태를 살펴볼 필요가 있을 것이다. 우선 민주화 이후의 역대 대통령선거에서 각 후보자가 획득한 전국 득표율과 각 후보의 연고 지역 득표율을 살펴보면 다음과 같다(<표 1> 참조).

<표 1> 민주화 이후 역대 대통령선거 득표율 (전국/연고지역) (단위: %)

13대대선 (87.12.16)	후보자	노태우	김영삼	김종필	김대중	
	전국 득표율	36.6	28.0	8.1	27.0	
	연고지역 득표율	대구·경북 : 68.1	부산·경남 : 53.7	충청 : 34.6	호남 : 88.4	
14대대선 (92.12.18)	후보자	김영삼			김대중	정주영
	전국 득표율	42.0			33.8	16.3
	연고지역 득표율	영남: 68.8			호남: 91.9	
15대대선 (97.12.18)	후보자	이회창			김대중	이인제
	전국 득표율	38.7			40.3	19.2
	연고지역 득표율	영남: 59.1			호남: 94.4	

* 출전 : 중앙선거관리위원회 홈페이지(http://home.nec.go.kr)의 역대선거정보(개표-후보자별 득표상황)를 이용해 작성

위의 표가 보여주고 있는 바와 같이, 1987년 13대 이후 1997년의 15대에 이르기까지 역대 대통령선거는 전형적인 지역주의선거의 모습을 보여주고 있다. 우선 각 대선에서 노태우, 김영삼, 이회창 후보는 영남지역에서 50~70%에 걸친 지지를 받고 있으며, 김대중후보는 호남지역에서 거의 90% 전후의 몰표를 받고 있다. 13대 대선에 출마했던 김종필 후보조차 충청도에서 전국 득표율 8.1%의 거의 4배에 이르는 34.6%의 지지를 받고 있다. 물론 14내 대선에서 정주영 후보가 전국적으로 16.3%의 지지를, 15대 대선에서 이인제 후보가 19.2%의 지지를 받기도 했지만, 그것은 영남과 호남지역을 기반으로 했던 지역 투표 사이의 틈새 지지 이상의 의미를 지니기는 어려웠다.

다음으로 민주화 이후 치뤄졌던 역대 국회의원선거 결과를 살펴보면 그것은 다음과 같다(<표 2> 참조).

<표 2> 민주화 이후 역대 국회의원 선거 득표율(전국/연고지역) (단위: %)

*통일국민당 **자유민주연합 ***새천년민주당

	정당	민주정의당	통일민주당	신민주공화당	평화민주당	
13대 총선 (88.4.26)	전국 득표율	34.0	23.8	15.6	19.3	
	연고지역 득표율	대구·경북 : 49.9	부산·경남 : 45.7	충청: 42.1	호남: 69.1	
	정당	민주자유당			민주당	국민당*
14대 총선 (92.3.24)	전국 득표율	38.5			29.2	17.4
	연고지역 득표율	영남: 48.5			호남: 62.1	
	정당	신한국당		자민련**	국민회의	민주당
15대 총선 (96.4.11)	전국 득표율	34.5		16.2	25.3	11.2
	연고지역 득표율	영남: 42.4		충청: 47.0	호남: 71.6	
	정당	한나라당		자민련	민주당***	
16대 총선 (2000.4.13)	전국 득표율	39.0		9.8	35.9	
	연고지역 득표율	영남: 56.0		충청: 34.8	호남: 66.8	

* 출전: 중앙선거관리위원회 홈페이지(http://home.nec.go.kr)의 역대선거정보(개표-정당별 득표상황)를 이용해 작성

　　민주화 이후의 국회의원선거 역시 지역주의선거의 모습에서 벗어나지 못하고 있다. 우선 각 국회의원 선거에서 영남지역에 그 기반을 두고 있는 민주정의당, 통일민주당→ 민주자유당→ 신한국당→한나라당은 40∼60%의 영남지역 득표율을 보여주고 있으며, 평화민주당→ 민주당→ 국민회의→ 새천년민주당은 호남지역에서 60∼70%의 득표율을 보여주고 있다. 신민주공화당→자유민주연합 역시 각 총선에서 30∼50%의 충청지역 득표율을 보여주고 있다. 물론 각 국회의원 총선에서 각 정당의 연고지역 득표율은 대통령선거에서의 그것보다는 낮다. 그러나 그것이 지역주의 투표의

약화를 의미했던 것은 아니다. 그것은 단지 국회의원 선거의 특성상 그 지지의 집중성이 대선의 그것보다 약했기 때문일 뿐이다.

이상에서 살펴본 바와 같이 민주화 이후에 치뤄졌던 역대 대통령선거와 국회의원선거의 결과는 한국의 선거가 너무나 분명하게 지역주의에 기반하고 있음을 보여주고 있다. 그렇다면 민주화 이후 유권자 대중은 왜 지역주의 투표행태를——그것도 갑작스럽게——보이게 됐는가 하는 질문을 제기하지 않을 수 없다.

이와 관련해서는 다음과 같은 두 흐름의 주장이 있다. 그 하나는 지역주의 발생의 원인을 사회경제적인 차원에서 찾는 한편 지역주의선거는 그것의 정치적 표출로서 이해하고자 하는 주장이다. 지역주의의 발생은 박정희정권 시기 지역적 불균등 개발에서 비롯됐으며 그것의 정치적 표출은 부분적으로는 1967년과 1971년의 대통령선거에서 그리고 전면적으로는 1987년의 대통령선거 이후 이뤄졌다는 것이다.[1] 지역주의 또는 지역주의정치의 등장 원인에 대한 또 다른 연구의 흐름은 그 등장 원인을 정치적 차원에서 찾는 것으로서, 민주화 이후 지역대결 양상으로 편성된 정치경쟁 구도가 유권자 대중의 지역주의적 정열을 초래하게 됐고 그 결과 지역주의 투표행태가 나타나게 됐다는 주장이다.[2] 전자의 주장이 아래로부터의 사회경제적 원인을 중시하는 주장이라면, 후자의 주장은 위로부터의 정치적 동원을 강조하는 주장이라 할 수 있다.

---

1) 대표적인 연구로서는 김만흠, 「한국의 정치균열에 관한 연구; 지역균열의 정치 과정에 대한 구조적 접근」, 서울대학교 정치학과 박사학위논문, 1991. 참고로, 1967년과 1971년 대통령선거에서 박정희후보 대 김대중후보의 영호남지역 득표율을 비교해보면, 경북 71:29 및 76:24, 경남 75:25 및 74:26, 전북 46:54 및 37:63, 전남 49:51 및 35:65이다(단위 %). 같은 책, 110쪽.
2) 대표적 연구로서는 박상훈, 「한국지역정당체제의 합리적 기초에 관한 연구-합리적 선택이론을 통해서 본 민주화 이행기 유권자 투표행위 분석」, 고려대학교 정치외교학과 박사학위논문, 1999. 박상훈, 「민주화 이전의 선거와 지역주의」, 고려대 아세아문제연구소, 『아세아연구』, 제43권 제2호, 2000.12.

지역주의 발생의 잠재적 구조는 박정권 시기의 지역적 불균등 개발에 의해 형성됐을지 모른다. 그러나 그것의 본격적인 정치적 표출이 1987년 의 민주화 이후에 이뤄졌다는 사실은 정치적 차원의 지역주의는 민주화 이후 정치경쟁 구도의 지역적 재편 및 이와 결부된 정치적 동원과 밀접한 관계가 있음을 말해준다. 뿐만 아니라, 일단 표출된 지역주의는 한 지역에 대한 다른 지역의 지역감정을 상호 반복적으로 자극함으로써 더욱 강화되 지 않을 수 없다. 여기에 민주화 이후에도 지속됐던 극단적인 중앙집권화 의 추세는 중앙 권력을 둘러싼 지역간 경쟁과 대립을 증대시킴으로써 지 역주의를 더욱 가속화시키는 결과를 낳았다.[3] 요컨대, 일단 표출될 경우 그 스스로를 강화하는 메카니즘을 갖추게 된 지역주의로 인해 민주화 이 후 한국정치는 첨예한 지역간 경쟁과 대립의 지역주의정치가 될 수밖에 없었던 것이다.

그러나 지역주의는 전국성을 갖지 못한 바로 그 지역성으로 인해 선거 에서 특정 지역의 정당이나 후보가 지역적 지지를 넘어서는 득표를 가능 하지 않게 만드는 것 또한 사실이다. 지역주의선거에서 지역성에 따른 표 의 분산은 불가피하기 때문이다. 따라서 지역주의선거는 특정 지역 연고 의 정당이나 후보가 아무리 많은 득표를 한다 해도 절대 다수를 점하지 못한 채 이들간에 일정한 지지 차이만을 낳는 지역간 대립의 정치를 낳는 다. 물론 선거에 직면해 지역 연고가 없는 특정 후보나 정당이 선거 경쟁에 뛰어들 수 있다. 그러나 지역간 틈새지지의 확보에 그칠 수밖에 없는 그들 의 등장은 지속적 의미를 가지지 못한다. 민주화 이후 치뤄졌던 역대 대선 과 총선에서 각 지역 연고 또는 비연고의 정당과 후보의 득표율을 보여주

---

[3] 이와 같은 한국사회의 극단적인 중앙집권적 상황이 지역주의정치에 미치는 영향과 관련, 최 장집은 "지역감정의 정치가 서울로의 초집중화 및 그에 따른 지방의 배제라는 갈등구조에 기인한 것임에도 불구하고 갈등의 정치적 분획선은 중앙 대 지방의 차원에서 표출되는 것이 아니라 지방 대 지방의 대립으로 나타났다"고 언급하고 있다. 최장집, 『민주화 이후의 민주주 의』, 후마니타스, 2002, 28쪽.

고 있는 <표 3>과 이를 그래프로 나타내고 있는 <표 4>는 이 같은 사실
을 잘 보여준다.

<표 3> 역대 대선·총선에서 각 지역 연고 정당/후보의 득표율 (단위:%)

구분	13대 대선 (87.12.16)	13대 총선 (88.4.26)	14대 총선 (92.3.24)	14대 대선 (92.12.18)	15대 총선 (96.4.11)	15대 대선 (97.12.18)	16대 총선 (2000.4.13)
영남 연고 정당/후보	노태우:36.6 김영삼:28.0	민정당:34.0 통민당:23.8	민자당:38.5	김영삼:42.0	신한국당:34.5	이회창:38.7	한나라당:39.0
호남 연고 정당/후보	김대중:27.0	평민당:19.3	민주당:29.2	김대중:33.8	국민회의:25.3	김대중:40.3	민주당:35.9
충청 연고 정당/후보	김종필:8.1	공화당:15.6			자민련:16.2		자민련:9.8
비지역연고 정당/후보			국민당:17.4	정주영:16.3	민주당*:11.2	이인제:19.2	

* 15대 총선 당시의 민주당은 14대 대선 직후 정계를 은퇴했던 김대중이 정계 복귀를 시도하면서 만들어졌던 국민회의에 동참하지 않았던 잔여 민주당임

<표 4> 민주화 이후 역대 선거에서의 지역간 경쟁 추이

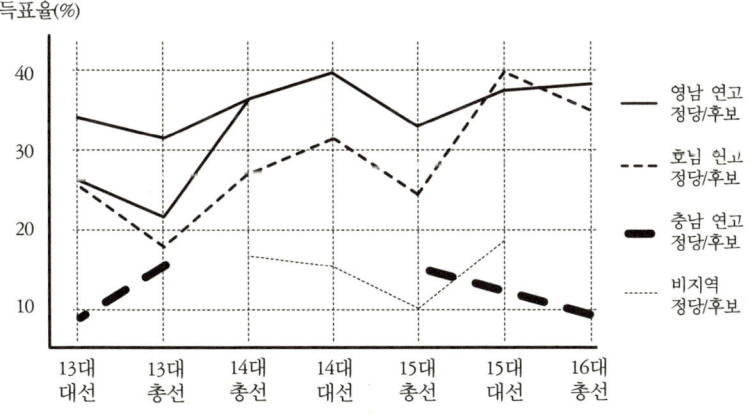

위의 표와 그래프는 지역주의선거가 만들어냈던 민주화 이후의 한국 정당정치의 일정한 패턴을 이해할 수 있게 해준다. 우선 민주화 이후의 그것은 기본적으로 영남지역에 기반을 둔 정당·후보와 호남지역에 기반을 둔 정당·후보간의 경쟁과 대립으로 전개될 수밖에 없었던 정당정치였음을 보여주고 있다. 그러나 그 경쟁은 대등한 것이라기보다는 전자에 비해 후자가 언제나 불리한 상대적으로 불평등한 것이 되지 않을 수 없었다. 물론 그 이유는 영남지역의 유권자 규모가 호남의 그것에 비해 2배 이상으로 컸기 때문이다. 다음으로 한쪽이 절대 다수를 차지할 수 없었던 이 같은 지역간 경쟁구도는 영남 또는 호남의 정당·후보가 승리하기 위해 제3의 타 지역, 즉 충청 연고의 정당·후보에 의존하는 것을 불가피하게 만들었다.[4]

절대 다수를 점할 수 없는 영호남 대립의 지역주의 정치경쟁에서 영호남이 충청지역과 지역연합을 추구했던 시도는 특히 국가권력 장악의 집권 여부를 가름하는 대통령선거에서 더욱 두드러졌다. 예컨대, 14대 대선에서 민주자유당의 김영삼후보가 승리할 수 있었던 것은 호남 고립을 목적으로 이뤄졌던 영남지역과 충청지역 연대의 '지역패권연합' 때문이라 할 수 있었는데, 그 연합은 1990년의 민주정의당, 통일민주당, 신민주공화당의 3당 합당을 통해 이뤄질 수 있었다. 반대로 15대 대선에서는 김대중후보가 가까스로 승리할 수 있었는데 그 원인은 이른바 'DJP연합', 즉 호남지역과 충청지역의 '지역등권연합'을 이룰 수 있었기 때문이다. 요컨대,

---

4) 참고로 15대 총선(1996.4.11)과 15대 대선(1997.12.18) 당시의 영호남지역 및 충청지역의 선거인 수는 다음과 같다.

구 분	영남지역 (경남, 경북, 부산, 대구, 울산)	호남지역 (전남, 전북, 광주)	충청지역 (충남, 충북, 대전)
15대 총선	8,968,530	3,720,814	3,119,153
15대 대선	9,136,189	3,781,383	3,228,022

출전: 중앙선거관리위원회 홈페이지(http://home.nec.go.kr)의 선거인수 변동추이에 의거해 작성

14대, 15대 대통령선거는 영남 연고의 후보와 호남 연고의 후보의 경쟁과 대립에서 충청지역이 캐스팅보트를 행사함으로써 그 승패가 좌우됐던 것이다.

이상의 논의를 통해 우리는 민주화 이후 지역주의선거에 의해 구축됐던 지역주의정치의 특성을 다음과 같이 확인할 수 있다. 우선 지역주의정치는 그 자체를 유지시키고 재생산시키는 특유의 정당체제를 갖는다는 점이다. 상호 경쟁의 영호남 연고 정당과, 그 사이에서 독자적인 정권교체 능력은 없지만 캐스팅보트를 행사할 수 있었던 충청 연고 정당이 상호 경쟁했던 '2.5당체제'[5] 가 그것이다. 다음으로 이 같은 정당체제는 그 내부에서는 지역주의정당간의 경쟁과 대립을 증대시킬지라도, 비지역적 정치세력에 대해서는 그 진입을 허용치 않음으로써 지역주의 정치세력만의 독점적 카르텔을 구축한다는 점이다. 결국 지역주의정치란 지역간 정치경쟁이 이뤄지기는 하나 그 정치경쟁 자체는 지역주의의 울타리를 넘어설 수 없는 매우 폐쇄적인 정당체계에 의해 독점적으로 운영되는 정치라 할 수 있다.

3. 지역주의정치와 민주주의의 지체

그렇다면 1987년 민주화 이후 전면 등장해 이제껏 지속됐던 이와 같은 지역주의정치가 한국정치의 민주적 발전에 어떠한 영향을 줬는가? 그것은 민주화 이후 한국정치의 민주적 발전을 지체시켰는가? 지체시켰다면 어떻

---

5) G. 사르토리는 상호 경쟁이 가능하나 사실상 정권교체는 이뤄지지 않는 정당체제를 '일당우위제'라 지칭하고 있다. G. 사르토리 지음, 어수영 옮김, 『현대정당론』, 동녘, 1995, 258쪽. 이 같은 일당우위 정당체제를 '1.5당' 체제라 한다면, 정권교체가 가능한 2당과 그것이 가능하지 않은 0.5당으로 이뤄진 지역주의 정당체제는 '2.5당' 체제라 할 수 있을 것이다.

게 지체시켰으며, 그 지체의 구체적인 모습은 어떻게 나타났는가?

이와 관련해 우리가 먼저 살펴보아야 할 것은 민주화 이행과 지역주의 정치의 등장에 의해 새롭게 형성됐던 정치지형6)이 각 정치세력에 미쳤던 효과이다. 여기에서 정치지형의 문제를 주목하지 않을 수 없는 것은 민주화 이후 지역주의의 여파 속에서 새로이 구축된 그 지형이 이후 한국정치의 전개에 커다란 영향을 미쳤기 때문이다. 이와 관련, 민주화 이후의 정치지형 은 다음과 같이 표시할 수 있을 것이다(<표 5참조>).

<표 5> 민주화 이후의 정치지형

정치적 차원:	비제도권 정치* -비지역적 정치세력	제도권 정치(지역주의정당)
사회적 차원:	-사회운동 (민중운동, 사회운동)	지역주의에 구획·분할된 사회

* 반독재 민주화운동의 영향으로 비제도권 정치영역에서 정치와 사회의 구분은 모호하며, 따라서 이 영역은 비지역적 정치세력 뿐만 아니라 사회운동까지 포함함.

그렇다면 민주화 이후 새롭게 등장했던 정치지형은 어떠한 변화를 보 여줬는가? 전반적인 차원에서 그것은 제도권 정치를 강화시켰던 한편 비 제도권 정치를 약화시켰다. 그 이유는 대중의 자유로운 선택이 보장된 선 거를 통해 제도권 정치가 구축됨으로써 그것은, 비록 그것이 지역주의에 기반하는 것일지라도, 일단 그 정당성을 회복하고 강화될 수 있었기 때문 이다. 반면 제도권 정치의 이 같은 강화는 상대적으로 비제도권 정치의 의미와 중요성을 약화시켰다. 과거 권위주의정권에 대한 저항이 주로 제

---

6) 여기에서 정치지형(political terrain)이란 그 위에서 전개되는 각 정치세력의 전략과 활동에 영향 을 미치는 특정의 정치적 상황 구조를 의미한다.

도권 정치 밖에서, 즉 '거리의 정치'에서 수행됐다는 점을 감안할 때, 정치의 중심이 제도권으로 이동했다는 사실은 정치지형상의 중대한 변화가 아닐 수 없었다.

우선 이 같은 정치지형상의 변화는 지역주의 기반을 가질 수 없었던 비지역적 정치세력의 제도권 정치 진입을 사실상 어렵게 만들었다. 특히 지역주의선거에 의해 강화됐던 이 장벽은 과거 민주화운동의 연장선상에서 독자적인 정치세력으로 제도권 정치에 진입하고자 했던 진보진영의 시도에 장애를 드리웠다. 민중당, 국민승리21, 민주노동당 등 진보적 기치를 내세웠던 정당들이 독자적인 정치세력으로 제도권 정치에 진입하고자 했던 그간의 시도가 빈번히 실패했던 것은 그것을 증명해준다. 물론 진보진영의 개별적 인사들이 개인적으로 지역주의정당에 편입해 제도권 정치에 진입하는 것은 불가능하지 않았고 실제로 그런 경우 또한 빈번했다. 그러나 그 경우 집단적 차원의 진보적 정체성은 유지되기 힘들었다.

이처럼 비제도권 정치에 비해 제도권 정치의 중요성이 한층 강화됐던 상황에서, 또한 지역주의 정치세력들만이 참여하고 비지역적 정치세력의 제도권 정치 진입이 사실상 가능하지 않았던 상황에서, 과거 민주화운동 세력 또는 재야세력의 상당수가 사회운동에 자신의 노력을 집중하지 않을 수 없었던 것은 이 같은 현실을 반영한 것이었다. 물론 제도권 정치에 진입하지 못한 진보적 정치세력과 사회적 차원에서 이뤄졌던 민중운동과 시민운동이 민주회 이후에도 나름의 주장과 활동을 전개했던 것은 사실이다. 그러나 제도권 정치 안에서가 아니라 그 밖에서 이뤄졌던 그들의 정치적 영향력은 제한적이지 않을 수 없었다.

이상이 주로 민주화 이후의 정치지형상의 변화가 제도권 정치 밖의 진보적 정치세력이나 사회운동에 미친 영향을 검토한 것이라면, 이제 우리는 그 정치지형상의 변화가 제도권 정치 내의 각 정치세력에게 어떠한 영향을 미쳤는지 살펴볼 필요가 있을 것이다.

우선 민주화 이후 지역주의 정당들을 중심으로 제도권 정치가 강화됐을 때 그 가장 커다란 수혜자는 민주정의당→ 민주자유당→ 신한국당→ 한나라당이었다. 그들은 1987년 민주화 이행 과정에서 양 김씨의 지역주의적 분열에 의해 재집권에 성공할 수 있었을 뿐만 아니라, 1990년 3당합당을 통해 영남지역 전체를 자신의 연고지역으로 삼을 수 있었기 때문이다. 그 뿐 아니라, 3당합당은 특히 독재세력의 후계세력인 보수정당이 민주화 야당의 한 분파인 통일민주당을 흡수, 영남지역에서의 민주화 야당의 흐름을 단절시켰다는 점에서 주목할 만하다.[7] 그 결과, 그들은 민주화 이후 자신의 연고지역인 영남지역에서 항상적으로 역대 대선에서는 약 50~70%의 득표율을, 역대 총선에서는 약 40~60%의 득표율을 올릴 수 있었던 것이다.

다음으로 민주화 이후 제도권 정치에서 이뤄졌던 지역주의정치의 또 다른 수혜자는 평화민주당→ 민주당→ 국민회의→ 새천년민주당이었다. 물론 그들은 그 동안 권력 접근이 용이했던 영남 연고의 정치세력에 비해 상대적인 피해자이기도 했다. 그러나 그들은 지역주의정치의 등장으로 인해 그 생존이 지속적으로 보장될 수 있었던 또 다른 수혜자였다. 민주화 이후 그들이 호남지역에서 역대 대통령 선거에서는 약 90% 전후의 득표율을, 국회의원선거에서는 60~70%의 득표율을 올릴 수 있었던 것은 바로 그 점을 보여준다. 다른 한편 이 기간 동안 지역주의정치의 또 하나의 수혜자는 신민주공화당→ 자유민주연합이었다. 충청지역에서 약 30~50%의

---

7) 최장집은 이탈리아 통일과정(resorgimento)에서 피에드몬트 중심의 보수적 연합세력이었던 '온건당'이 진보적 야당이었던 '행동당'을 보수적 자유민주주의의 헤게머니 하에서 융합시켰던 방식이었던 '변형주의(transformismo, transformism)' 개념을 원용, 3당합당을 한국식의 '전면적 변형주의'로 설명하고 있다. 여기에서 '변형주의'란 "정부의 집권엘리트들이 의회 내에서의 취약한 지위를 벗어나 안정적인 다수파를 형성하기 위해 야당의원들을 포섭하는 공작정치와 그것이 빚어내는 비공식적인 수혜관계의 체계"라 할 수 있다. 최장집, 『한국민주주의의 조건과 전망』, 나남출판, 1996의 '제6장 한국정치에서의 변형주의'.

지지율을 확보할 수 있었던 그들은 이 지분을 활용해 한 번의 대선에서는 영남 정당과, 다른 한 번의 대선에서는 호남 정당과 연대함으로써 자신의 정치적 영향력을 극대화시킬 수 있었다.[8]

이처럼 1987년 민주화 이후 전면 등장했던 지역주의정치의 지형은 비제도권의 진보진영과 사회운동의 정치적 영향력을 한계지웠던 한편, 제도권 정치에 참여할 수 있었던 지역주의 정치세력들의 영향력을 강화시켰다. 특히 이 같은 정치지형은 지역주의정치세력 중 한나라당을 가장 커다란 수혜자로, 그리고 민주당 및 자민련을 또 다른 수혜자로서 만들었다. 이 같은 정치적 현실이 민주화 이후의 민주주의 발전에 구조적 장애를 제공했음은 물론이다. 사실상 독재권력의 후계세력으로서 강력한 보수 정당으로 존재할 수 있었던 한나라당에 비해, 제도권 정치의 민주적 발전을 주도해야 할 민주당의 영향력은 허약했을 뿐만 아니라 그 시도조차 과거 독재세력의 한 분파이자 보수적 정치세력의 하나인 자민련의 협조 없이는 불가능했기 때문이다. 또한 진보진영과 사회운동은 보다 적극적인 민주개혁을 외쳤지만, 제도권 정치의 밖에서 이뤄질 수밖에 없었던 그것의 영향력은 제한적이지 않을 수 없었기 때문이다.

민주화 이후 새롭게 구축됐던 정치지형으로 인해 한국정치의 구조가 이와 같이 변화됐다면, 구체적으로 이 같은 구조를 바탕으로 이뤄졌던 지역주의정치가 초래했던 문제점은 무엇인가? 그것은 한국정치의 민주적 발전에 어떠한 영향을 끼쳤는가? 우리는 지역주의정치로 인한 다수의 문제점들을 확인할 수 있다. 그러나 그중 민주개혁의 추진, 정치경쟁의 '사적' 성격 및 권력의 '사유화' 문제, 그리고 정당 내부의 비민주성 등에 미친 지역주의정치의 영향은 더욱 부정적인 것이 아닐 수 없었다.

---

8) 유권자 규모상 영호남 지역의 양자 대결 시 호남은 단독으로 승자가 될 수 없었다. 그러나 1997년 15대 대선에서 호남의 김대중후보는 승리할 수 있었는데, 그것은 호남·충청지역의 DJP연합에 더해 국민신당의 이인제후보가 한나라당의 표를 분산시켰기 때문이다.

우선 민주화 이후 추구됐던 민주개혁 시도는 노태우정권의 '의사(疑似)민주화' 개혁, 김영삼정권의 초기 개혁 및 '역사바로세우기' 개혁, 그리고 김대중정권에 의해 추진된 각종 개혁 등의 시도로 구분될 수 있다. 노태우정권의 '의사민주화' 개혁은 6월항쟁의 남은 여파와 야대여소의 압력에 의해 불가피하게 취해진 시도였다. 그러나 그런 개혁 시도는 야당의 공조체제가 흔들리고 최종적으로는 야대여소의 정치상황을 여대야소의 상황으로 뒤바꾼 3당합당에 의해 무산됐다. 군 개혁과 정치개혁 중심으로 추진됐던 김영삼정권의 초기 개혁은 중도에서 경제상·안보상의 이유로 중단됐고, 김영삼정권 후기에 시도됐던 '역사바로세우기' 개혁 또한 임기말 레임덕 방지의 강경정책 속에서 그 의미를 상실했다.9) 김대중정권의 경우 햇볕정책 등 일부 개혁정책이 진전을 보이기도 했지만, 그것은 국내 보수세력의 반발 속에서 그 안정적 기반을 구축하기는 어려웠다.

여기에서 우리가 알 수 있는 것은 민주개혁 조치가 빈번히 시도되기는 했지만, 그것은 항상 반개혁적 역풍에 의해 중도에서 동요되거나 실패하지 않을 수 없었다는 점이다. 민주개혁의 시도에도 불구하고 중도에서 좌절되거나 역전되지 않을 수 없었던 이 같은 결과는 민주화로 인한 민주개혁의 압력이 존재했던 한편 이에 반발했던 반개혁적 요구 또한 강력했기 때문에 비롯된 결과였다. 특히 후자의 반개혁적 요구는 지역주의정치에 의해 자신의 강력한 영향력을 유지할 수 있었던 보수적 정치세력의 존재에 더해, 시민사회 차원에서 이와 결탁했던 보수언론의 존재에서 비롯된 것이었다. 수시로 민주개혁이 주장되고 시도됐지만 언제나 그 실현이 제대로 이뤄질 수 없었던 이 같은 현실은 민주화 이후의 민주주의 발전이 민주개혁과 반개혁의 교착상태에서 좌초됐음을 보여준다.

다음으로 지역주의정치의 전개과정에서 우리가 주목하지 않을 수 없

---

9) 노태우정권과 김영삼정권기의 개혁 시도와 그 실패에 대해서는 정해구, 「한국정치의 민주화와 개혁의 실패」, 학술단체협의회 편, 『6월민주항쟁과 한국사회 10년』 II, 당대, 1997 참조.

는 것은 정치경쟁의 '사적(私的)' 성격 및 권력의 '사유화(私有化)' 문제이다. 사실 지역주의정치는 사실 지연, 학연 등 연고주의에 의한 정치엘리트의 결집과 지역주의에 의한 주역민의 동원에 기반한 정치이다. 그런 만큼 지역주의에 기반을 둔 정치경쟁은 지역주의적 대립을 전제로 한 사적 성격을 강하게 띨 수밖에 없고, 따라서 지역주의 정당간 경쟁과 대립은 권력 그 자체의 장악을 둘러싼 지역적 집단의 갈등과 투쟁으로밖에 비춰지지 않을 수 없었다. 나아가, 권력에 대한 그런 접근은 실세그룹화된 권력 집단의 비공식적 권력 행사를 가능케 함으로써 권력 비리의 부정부패를 야기시킨다. 정권이 바뀔 때마다 특정 실세 인맥에 의한 권력 비리의 등장은 바로 이 같은 권력 사유화의 직접적이고도 주요한 폐해인 것이다.

마지막으로 지역주의정치의 전개는 정당 내부의 민주화를 지체시키는 결과를 초래했다. 특정 지역을 상징하는 보스 정치인을 정점으로 해 당내의 권력관계가 수직적으로 계열화됐을 때 당내의 민주주의는 제대로 작동될 수 없기 때문이다. 더구나 당의 보스가 실질적으로 당의 공천권을 독점하게 됐을 때 당내의 민주적 결정은 무력화되지 않을 수 없다. 다른 한편, 연고지역에서 몰표가 쏟아져나오는 지역주의 투표 결과는 사실상 선거에서의 경쟁을 무의미하게 만든다. 공천이 곧 당선이기 때문이다. 당내의 경쟁이 사실상 불가능하고 그 모든 주요 결정이 위로부터 이뤄지게 될 때, 그리고 그런 결정에 대해 선거 경쟁에 의한 아래로부터의 선택이 사실상 가능하지 않을 때, 그것이 당내 민주주의의 심각한 지체를 가져오리라는 것은 두말할 나위가 없다. 민주화 이행 이후 각 지역주의 정당 내부에서 전개됐던 상황은 바로 당내 비민주성의 바로 이 같은 모습이었다.

4. 2002년 대통령선거와 지역주의정치의 변화 전망

제16대 대통령선거를 둘러싸고 전개됐던 2002년 한 해의 역동적인 정치상황은 마침내 12월 19일 선거로서 마무리됐다. 민주당의 노무현후보가 대통령으로 당선된 가운데 마무리된 대선의 각 지역별 결과는 다음과 같다 (<표 6> 참조).

<표 6> 2002년 제16대 대통령선거 지역별 득표 현황

지역 \ 후보		이회창(한나라당)	노무현(민주당)	권영길(민노당)
수도권	서 울	2,447,376 (45.0)	2,792,957 (51.3)	179,790 (3.3)
	인 천	547,205 (44.6)	611,766 (49.8)	61,655 (5.0)
	경 기	2,120,191 (44.2)	2,430,193 (50.7)	209,346 (4.4)
	강 원	400,405 (52.5)	316,722 (41.5)	38,722 (5.1)
충청권	대 전	266,760 (39.8)	369,046 (55.1)	29,728 (4.4)
	충 남	375,110 (41.2)	474,531 (52.2)	49,579 (5.5)
	충 북	311,044 (42.9)	365,623 (50.4)	41,731 (5.8)
호남권	광 주	26,869 (3.6)	715,182 (95.2)	7,243 (1.0)
	전 남	53,074 (4.6)	1,070,506 (93.4)	12,215 (1.1)
	전 북	65,334 (6.2)	966,053 (91.6)	14,904 (1.4)
경북권	대 구	1,002,164 (77.8)	240,745 (18.7)	42,174 (3.3)
	경 북	1,056,446 (73.5)	311,358 (21.7)	62,522 (4.4)
경남권	부 산	1,314,274 (66.8)	587,946 (29.9)	61,281 (3.1)
	울 산	267,737 (52.9)	178,584 (35.3)	57,786 (11.4)
	경 남	1,083,564 (67.5)	434,642 (27.1)	79,853 (5.0)
제 주		105,744 (39.9)	148,423 (56.1)	8,619 (3.3)
전 국		11,443,297 (46.6)	12,014,277 (48.9)	957,148 (3.9)

* ( )은 득표율(%)이며 소수점 둘째 이하는 반올림함
출전: 중앙선거관리위원회 홈페이지(http://home.nec.go.kr)의 제16대 대통령선거 시도별 투·개표결과를 이용해 작성

우선 위의 결과와 관련, 우리가 가장 먼저 분석해야 할 것은 당선이 쉽지 않을 것이라 예상됐던 민주당의 노무현후보가 승리할 수 있었던 원인은 무엇인가 하는 점이다. 이를 위해 우리는 민주당[10]의 김대중후보가 과거 대선에서 각 지역별로 얻은 득표율과 노무현후보가 16대 대선에서 얻은 그것을 비교할 필요가 있다. 그런 비교는 노무현후보가 지역 유권자 규모상의 열세로 항상 소수당에 머물 수밖에 없었던 민주당의 김대중후보가 갖는 구조적 한계를 극복할 수 있었는지 여부를 파악할 수 있게 해줄 것이기 때문이다. 다음의 <표 7>은 민주화 이후 역대 대선에서 민주당 후보가 얻은 지역별 득표율이다.

<표 7> 민주화 이후 역대 대선의 민주당 후보의 지역별 득표율 (단위: %)

지역 \ 후보		13대 대선* (87.12.16)	14대 대선* (92.12.18)	15대 대선* (97.12.18)	16대 대선** (2002.12.19)	16대−15대 차이
수도권	서 울	32.6	37.8	44.9	51.3	+ 6.4
	인 천	21.3	31.7	38.5	49.8	+11.3
	경 기	22.3	32.0	39.3	50.7	+11.4
	강 원	8.9	15.5	23.8	41.5	+17.7
충청권	대 전	12.4	28.7	45.0	55.1	+10.1
	충 남		28.6	48.3	52.2	+ 3.9
	충 북	11.0	26.0	37.4	50.4	+13.0
호남권	광 주	94.4	95.9	97.3	95.2	− 2.1
	전 남	90.3	92.1	94.6	93.4	− 1.2
	전 북	83.5	89.1	92.3	91.6	− 0.7
경북권	대 구	2.6	7.8	12.5	18.7	+ 6.2
	경 북	2.4	9.6	13.7	21.7	+ 8.0
경남권	부 산	9.1	12.5	15.3	29.9	+14.6
	울 산	4.5	9.2	15.4	35.3	+19.9
	경 남			11.0	27.1	+16.1
제 주		18.6	32.9	40.6	56.1	+15.5
전 국		27.1	33.8	40.3	48.9	+ 8.6

10) 민주당은 민주화 이후 평화민주당, 민주당, 국민회의, 새천년민주당 등으로 그 이름을 변경해왔으나 여기에서는 민주당으로 통칭함.

*김대중후보, **노무현후보
출전: 중앙선거관리위원회 홈페이지(http://home.nec.go.kr)의 역대 선거정보와 <표 6>을 이용
해 작성

위의 표가 보여주는 바와 같이 민주당의 김대중후보는 대선이 거듭될
수록 자신의 지지율을 확대시켰고, 그 결과 1997년 15대 대선에서는 40.3%
의 지지를 획득함으로써 마침내 대통령으로 당선될 수 있었다. 그러나 지
역적 열세로 인해 항상 소수당에 머물 수밖에 없었던 김대중후보의 대통
령 당선은 사실 호남과 충청지역 연대의 DJP연합의 효과, 그리고 국민신
당 이인제후보의 등장으로 인한 한나라당 지지표의 분열 효과 등에 기인
한 것이 아닐 수 없었다. 여하튼, 15대 대선의 이 같은 결과에서 우리가
확인할 수 있는 것은 김대중후보가 얻은 이 득표율이 지역주의정치가 존
재하는 한 호남 연고의 후보가 얻을 수 있는 거의 최대의 득표율——그것
도 충청과의 지역연대를 통해 얻을 수 있는——이라는 점이다.

그러나 이번 16대 대선을 통해 노무현후보는 김대중후보가 얻을 수
있는 이 같은 최대 득표율 40.3%을 넘어서는 48.9%의 득표율을 기록하고
있다. 이처럼 노무현후보의 득표율이 과거 김대중후보의 득표율이 직면했
던 구조적 한계를 훨씬 넘어섰을 때, 이는 어떻게 설명될 수 있을 것인가?
이와 관련해 15대 대선에서 김대중후보가 얻었던 지역별 득표율과 16대
대선에서 노무현후보가 얻었던 그것을 비교해보면, 우리는 다음과 같은
사실을 확인할 수 있다.

첫째, 수도권에서 노무현후보는 약 6~11% 전후의 지지율 상승을 기
록하고 있는데, 이는 과거 김대중후보가 주로 호남 출신자들을 기반으로
해 얻을 수 있었던 지지의 한계선을 크게 넘어선 것이었다. 둘째, 노무현후
보는 강원도에서도 무려 약 18%에 이르는 지지율 상승을 보여주고 있다.
이는 전통적으로 안보 이슈에 민감했던 이 지역의 표심이 이제는 강원도
지역발전과 긴밀한 관계를 갖는 남북관계 개선에 민감하게 됐다는 사실을

반영한 결과로 해석될 수도 있을 것이다. 셋째, 노무현후보는 충청권에서
도 약 4~13% 사이의 지지율 상승을 기록하고 있는데, 이는 행정수도 이전
공약과 관계가 있는 것으로 보인다. 즉 과거 지역주의의 경쟁적인 확산
속에서 충청 소외감의 발로는 자민련 지지로 연결됐다. 그러나 행정수도
이전 공약에 의해 그 지지의 상당 부분은 노무현후보 쪽으로 돌아선 것으
로 것으로 보인다.

아무튼, 이번 대선을 통해 나타난 수도권과 중부권 표심에서 우리가
주목할 것은 노무현후보가 이 지역에서 과거 민주당이 직면했던 구조적
한계, 즉 주로 호남 출신자들만을 기반으로 했던 김대중후보에 대한 전통
적 지지 기반의 한계를 넘어서고 있다는 점이다.[11]

한편 이번 대선에서 드러난 또 하나의 특징은 영남지역에서 노무현후
보는 15대 대선에서 김대중후보가 얻었던 득표율에 비해 약 6~20%의 지
지율 상승을 기록하고 있다는 점이다. 비록 노무현후보에 대한 영남지역
의 지지도는 18~35% 사이에 머물고 있지만, 과거 15대 대선 당시에 비해
이 같은 지지율 상승은 거의 두 배 전후에 이르는 지지율 상승이었다. 그렇
다면 이 같은 지지율 상승의 원인은 무엇인가? 그것은 일단 노무현후보가
부산 출신이라는 점을 들 수 있을 것이다. 영호남 출신이 각각 대선 경쟁의
후보자가 될 경우 지역주의적 경쟁이 유권자의 투표행태를 강력하게 지배
하게 되지만, 영남 출신의 후보가 호남지역을 대표하게 됐을 때 지역주의

---

11) 그런 점에서 노무현후보는 수도권 및 중부권에서 비영남·비호남의 유권자들을 상당 정도
흡수했다고 할 수 있다. 참고로, 비영남·비호남 유권자들의 지지는 과거 14대 대선에서 국민
당 정주영후보 지지로, 그리고 15대 대선에서 국민신당 이인제후보 지지로 나타났는데 그들
의 지역별 득표율은 다음과 같다.

지역	수도권			강원	충청권			호남권			영남권					제주	전국
	서울	인천	경기		대전	충남	충북	광주	전남	전북	대구	경북	부산	울산	경남		
정주영	18.0	21.4	23.1	34.1	23.3	25.3	23.9	1.2	2.1	3.2	19.4	15.7	6.3		11.5	16.2	16.3
이인제	12.8	23.0	23.6	30.9	24.1	26.1	29.4	0.7	1.4	2.1	13.1	21.8	29.8	26.7	31.3	31.3	19.2

경쟁은 일정 정도 약화되지 않을 수 없기 때문이다.

이상에서 살펴본 바와 같이 16대 대선 결과는 지역주의선거가 약화되는 가운데 민주당의 노무현후보가 승리했다는 점에서 그 특징적 모습을 보여주고 있다. 그러나 16대 대선은 그 이외에도 지역주의선거의 동요를 보여주는 또 다른 결과를 보여주고 있다. 전국에 걸친 고른 분포로 약 100만표에 육박하는 3.9%의 지지율을 기록한 민주노동당(민노당) 권영길후보의 득표율이 그것이다. 근래에 들어 진보정당이 얻었던 지지율[12]을 감안할 때, 그것은 이례적인 일이 아닐 수 없었다.

요컨대, 16대 대통령선거는 지역주의선거의 가장 커다란 수혜자인 한나라당이 패배하고, 민주당의 노무현후보가 과거 김대중후보가 가졌던 지역주의적 한계를 뛰어넘는 득표율 상승으로 대통령에 당선될 수 있었던 한편, 지역주의선거의 가장 커다란 피해자인 민노당 또한 상당한 진전을 이루는 결과를 낳았다고 할 수 있다. 여기에서도 드러나듯이, 16대 대선은 지역주의 성향이 상당 정도 동요되거나 약화된 선거였다. 물론 지역주의의 핵심 지역인 호남과 대구·경북지역에서 지역주의적 성향은 아직도 강력히 남아 있었다. 그러나 그것은 그 지역에 한정된 것이었을 뿐 전국적인 차원에서 볼 때 지역주의 성향이 전반적으로 약화되고 있다는 사실은 숨길 수 없었다.

그렇다면, 이번 대선을 통해 지역주의선거에 일정한 변화가 야기됐던 원인은 무엇인가? 앞에서 언급한 바와 같이 선거결과 자체가 그 원인의 일부를 설명해준다. 그러나 여기에서 더욱 분석이 요구되는 것은 이런 결과를 낳았던 새로운 요소는 무엇이었는가 하는 점이다. 이를 파악하기 위

---

12) 15대 대선(1997.12.18)에서 국민승리21의 권영길후보는 306,026표(1.2%)를 획득했으며, 16대 총선(2000.4.13)에서 민노당은 223,261(1.2%)를 획득했다. 한편 민노당은 제3회 전국지방선거(2002.6.13)의 정당 투표에서 1,339,728(8.1%)를 얻었는 바, 그 득표율은 당시 비례대표 명부작성을 위한 정당 투표가 후보자에 대한 투표와 분리되어 있었기 때문에 가능했음을 감안할 필요가 있다.

해 우리는 2002년의 약 1년간에 걸쳐 전개됐던 16대 대선의 경쟁과정을 되짚어볼 필요가 있을 것이다.

이와 관련해 16대 대선 경쟁과정에 대한 검토는 후보간 경쟁구도와 유권자 대중의 양 측면에서 이뤄질 필요가 있다.

우선 전자와 관련해 과거의 정치경쟁 구도는 시종 지역 대결의 구도였다. 김영삼, 김대중, 김종필 등 3김정치 구도가 바로 그러했고, 영남과 호남 중심의 대선 경쟁구도가 바로 그러했다. 그러나 지난 2002년 한 해 동안 전개됐던 대선 후보 경쟁과정은 또 다른 면모를 보여줬다. 민주당의 노무현후보, 국민통합21의 정몽준후보 그리고 한나라당의 이회창후보 사이의 경쟁과 대립, 그리고 후보단일화 이후 노무현후보와 이회창후보 사이의 그것은 지역주의적일 뿐만 아니라 이념적·정책적이었다. 그러나 16대 대선에서 정작 중요한 것은 후자의 이념적·정책적인 경쟁과 대립이 특히 양 후보의 세대 대표성과 중첩되어 나타났다는 점이다. 즉 민주당의 노무현후보는 개혁적 이념과 정책을 지지하는 젊은 세대를 상징했던 반면 한나라당의 이회창후보는 보수적 이념과 정책을 지지하는 기성 세대를 상징하게 됐던 것이다. 결국 양 후보의 대립과 경쟁은 한편으로는 지역역주의적인 모습으로, 다른 한편으로는 이념적·정책적 성격과 중첩된 세대 대표성의 모습으로 나타나지 않을 수 없었다.

16대 대선이 경쟁구도의 측면에서 위와 같은 모습을 보여줬다면, 유권자 대중의 측면에서는 어떠한 모습을 보여줬는가? 민주화 이후 역대 선거에서 유권자 대중의 대부분은 지역에 따라 구획되고 정열되는 양상을 드러냈다. 그리고 이런 양상은 비지역적 유권자라 할 수 있는 젊은 층의 대규모적인 선거 불참에 의해 지속될 수 있었다. 그러나 젊은 층의 선거 불참으로 지역주의선거의 현실이 계속 유지되는 이 같은 현실은 역으로 그것이 젊은 층의 적극적인 선거 참여나 비지역적 투표행위를 통해 동요될 수 있음을 의미하는 것이기도 했다. 그렇다면 16대 대선에 즈음해 젊은 층은 어떠한 태도를 취했는가?

이와 관련해 <표 8>은 민주화 이후 역대 선거의 투표율을 보여주고 있다.

<표 8> 민주화 이후의 역대 선거의 투표율 (단위: %)

구 분	대통령선거	국회의원선거	전국지방선거
투표율	13대 대선(1987): 89.2 14대 대선(1992): 81.9 15대 대선(1997): 80.7 16대 대선(2002): 70.8	제13대 총선(1987): 75.8 제14대 총선(1992): 71.9 제15대 총선(1996): 63.9 제16대 총선(2000): 57.2	제1회(1995): 68.4 제2회(1998): 52.7 제3회(2002): 48.0

여기에서 우리가 알 수 있는 것은 민주화 이후 선거가 거듭될수록 투표율이 급속히 저하되고 있다는 사실이다. 투표율 저하에는 다양한 요소들이 작용한다. 그러나 투표율 저하의 가장 주된 이유는 젊은 층의 선거 불참이었다. 민주화 이후 새로이 유권자층에 유입됐던 그들은 정치적 무관심과 더불어 구태의연한 지역주의정치의 현실에 대해 실망하게 됐고, 그런 무관심과 실망은 그들로 하여금 대거 선거에 불참토록 만들었기 때문이다.

그러나 민주화 이후 새로이 유권자층에 편입됐던 젊은 층은 어떤 점에서는 지역주의정치에 의해 강제적으로 탈정치화 됐다고도 할 수 있었다. 그런 점에서 그것은 선거 참여의 합당한 동기가 제공되고 계기가 주어질 경우 그들이 선거에 적극 참여할 수도 있음을 의미하는 것이기도 했다. 지난 2002년 초 이뤄졌던 민주당의 국민경선에 대한 젊은 층의 폭발적인 관심과 참여, 그리고 이와 더불어 활발하게 전개됐던 '노사모' 활동[13] 등

---

13) 노사모의 활동 및 그 성격에 대해서는 노혜경 외, 『유쾌한 정치반란, 노사모』, 개마고원, 2002 참조.

은 바로 그 점을 보여주고 있었다. 또한 같은 해 6월의 한일 월드컵대회의 '붉은 악마' 현상, 그리고 연말을 장식했던 미군 전차에 의한 두 여중생 사망사건에 대한 대규모 항의시위 등 집단적으로 분출했던 젊은 층의 행동은 그들이 점차 개별주의적 행동과 정치적 무관심에서 벗어나고 있음을 보여주고 있었다. 그렇다면 16대 대선 투표에서 젊은 층의 집단적이고 적극적인 참여는 이뤄졌는가?

위의 <표 8>은 16대 대선에서도 투표율은 어김없이, 그것도 큰 폭으로 저하했음을 보여준다. 투표율 저하의 원인은 무엇인가? <표 9>는 투표율 저하의 주된 원인이 여전히 20,30대 젊은 층의 선거 불참이라는 사실을 보여준다. 특히 20대의 투표율은 지난 대선에 비해 무려 20% 이상 떨어졌다. 다른 한편 40대와 50대 이상의 경우에도 투표율은 떨어지고 있다. 그런 점에서 본다면 16대 대선에서 나타난 투표율 저하는 한편으로는 젊은 층의 선거 불참 때문이며, 다른 한편으로는 또 다른 원인, 즉 대선 후보의 출신지역과 그가 속한 정당의 지역적 기반이 일치하지 않는 등 선거경쟁의 치열성이 과거 여타의 대선보다 떨어졌기[14] 때문이라 할 수 있다.

<표 9> 15대, 16대 대선의 연령별 투표율 비교 (%)

연령\구분	15대 대선 투표율* (A)	16대 대선 투표율** (B)	15대/16대 투표율 비교 (B-A)
20대	68.2	47.5	-20.7
30대	82.8	68.9	-13.9
40대	87.5	85.8	-1.7
50대 이상	85.9	81.0	-4.9

---

14) 정영태, 「변화를 감지한 세력만이 성공했다」, 『이론과 실천』, 민주노동당, 2003년 1월호, 10~11쪽.

* 중앙선관위의 15대 대선 투표율 분석
** 미디어리서치의 출구조사 결과 추정 투표율
출전: 『제16대 대통령선거 투표행태』, 한국갤럽, 272쪽

그러나 젊은 층의 선거 참여가 이처럼 저조했을지라도, 16대 대선에서 지역주의를 동요시키고 약화시켰던 주역 또한 20,30대 젊은 층이었다는 사실은 분명하다. 이와 관련해 <표 10>은 20,30대에서 노무현후보 지지표가 이회창후보의 그것에 비해 거의 2배에 달하고 있음은 보여주고 있다. 물론 이회창후보 역시 50대 이상에서 다수의 지지표를 획득하고 있지만, 이번 대선의 승패를 좌우했던 것은 바로 20,30대의 표심이었다. 그들은 비록 상당수가 선거에 불참했지만 노무현후보에 대한 압도적인 지지를 통해 16대 대선의 승패를 좌우했던 것이다.

<표 10> 16대 대선의 각 후보에 대한 연령별 지지도* (%)

연령\후보	노무현	이회창
20대	59.0	34.9
30대	59.3	34.2
40대	48.1	47.9
50대	40.1	57.9
60대 이상	34.9	63.5

* MBC-코리아리서치센타(KRC) 출구조사 결과(19일)

결국 민주화 이후 지속적으로 전개됐던 지역주의정치의 전망과 관련해 16대 대선 결과의 의미를 평가한다면, 16대 대선은 지역주의선거를 붕괴시킨 것은 아니지만 그것을 동요시키고 약화시킴으로써 그 변화의 발판을 마련했다고 할 수 있다. 물론 그것을 가능하게 했던 요인은 여러 가지이다. 행정수도 이전 공약도 그 하나일 것이고, 부산 출신 후보가 민주당의 후보가 됨으로써 기존의 대선 경쟁구도를 변화시킨 것도 그 하나일 수

있다. 그러나 이 모든 요소중 가장 중요한 것은 지역주의정치가 수반했던 부정적 결과들이 누적적으로 증대함에 따라 이의 극복을 요구하는 압력 또한 강력해졌다는 점이다.

바로 그런 압력은 16대 대선에 즈음해 젊은 세대의 적극적인 행동으로 분출하기 시작했으며, 마침내는 지역주의정치 타파를 내세웠던 노무현후보의 당선을 가져오기에 이르렀다. 그러나 여전히 우리가 유의하지 않을 수 없는 것은 지역주의선거에 새로운 변화를 가져왔던 젊은 세대의 적극적인 역할에도 불구하고 젊은 세대의 또 다른 부분은 여전히 정치에 무관심하다는 점이다. 또한 노무현정부의 등장을 제외한다면, 아직도 우리 정당정치는 지역주의적 행태와 관행에서 조금도 벗어나지 못하고 있다는 점이다. 그런 점에서 본다면, 16대 대선을 거치면서 한국의 지역주의정치는 변화의 계기를 맞고 있지만 그것이 더욱 진전될 것인지, 진전된다면 어느 정도 진전될 것인지 여부는 아직 불투명하다고 할 수 있다. 아마도 2004년에 도래할 17대 총선은 바로 그런 불투명성이 제거될 것인지 아니면 여전히 지속되거나 오히려 더욱 강화될 것인지 여부가 판가름되는 또 하나의 중요한 시험대가 될 것이다.

참 고 문 헌

김만흠, 「한국의 정치균열에 관한 연구, 지역균열의 정치 과정에 대한 구조적 접근」, 서울대학교 정치학과 박사학위논문, 1991.

노혜경 외, 『유쾌한 정치반란, 노사모』, 개마고원, 2002

민주화를 위한 전국교수협의회·전국교수노동조합, 『6·13 지방선거의 의미와 평가』,

민교협·교수노조 공동주최 정책토론회 자료집, 2002.6.19

박상훈, 「민주화 이전의 선거와 지역주의」, 고려대 아세아문제연구소, 『아세아연구』, 제43권 제2호, 2000.12.

박상훈, 「한국지역정당체제의 합리적 기초에 관한 연구: 합리적 선택이론을 통해서 본 민주화 이행기 유권자 투표행위 분석」, 고려대학교 정치외교학과 박사학위논문, 1999.

손호철, 「'수평적 정권교체', 한국정치의 대안인가」, 한국정치연구회 편, 『정치비평』, 아세아문화사, 창간호, 1996

정영태, 「변화를 감지한 세력만이 성공했다」, 민주노동당, 『이론과 실천』, 203호 1월호, 10~11쪽

정해구, 「4·11총선의 분석과 97대선 전망: 지역주의를 중심으로」, 한국정치연구회 편, 『정치비평』 아세아문화사, 창간호, 1996

정해구, 「지역주의정치의와 한국 민주주의」, 민주화운동기념사업회 편, 『기억과 전망』, 이후, 2002

정해구, 「한국정치의 민주화와 개혁의 실패」, 학술단체협의회 편, 『6월민주항쟁과 한국사회 10년』 II, 당대, 1997

조기숙, 『지역주의선거와 합리적 유권자』, 나남출판, 2000

참여사회연구소, 『한국사회 지각변동, 노무현 현상을 어떻게 볼 것인가?』, 참여사회연구소 주최 토론회 자료집, 2002.5.9

조현연, 「16대 대선 과정 및 결과 제대로 보기」, 『황해문화』, 새얼문화재단, 2003년 봄호

최장집, 『한국민주주의의 조건과 전망』, 나남출판, 1996

최장집, 『민주화 이후의 민주주의』, 후마니타스, 2002

최장집, 『한국민주주의의 이론』, 한길사, 1993

황태연, 「한국의 지역패권적 사회구조와 지역혁명의 논리」, 한국정치연구회 편, 『정치비평』 아세아문화사, 창간호, 1996

G. 사르토리, 어수영 옮김, 『현대정당론』, 동녘, 1995

2002 대선 교수네트워크, 『2002년 대통령선거 평가토론화 발표자료집』, 2002.12.23

『제16대 대통령선거 투표행태』, 한국갤럽, 2003

전자민주주의의 가능성과 한계

박동진 | 고려대 아세아문제연구소 연구교수

1. 서론

인터넷은 민주주의에 어떤 영향을 미칠 것인가? 인터넷은 정치 발전, 나아가 민주주의 발전에 기여할 수 있는가? 우리는 왜 민주주의의 발전을 논의하는데 있어서 인터넷에 주목하는가? 인터넷은 인간관계의 매개적 특성들이 통합적으로 기능할 수 있도록 하는 기술적 특징을 지닌 도구이다. 또한 인터넷은 단순한 도구가 아니라, 우리가 관계를 형성해 나가는 장(場)이다. 이것을 가리켜 사이버스페이스라고 한다. 이런 인터넷은 아무리 발전한다고 해도 자동적으로 민주주의의 발전을 가져다주지는 않는다. 따라서 우리는 인터넷이 민주주의를 발전시킬 수 있는 유의미하기 위한 조건이 무엇인지에 관해 질문을 던져야 한다. 그리고 우리는 그런 전자적 테크놀로지를 정치에 도입할 때 발생하는 많은 문제점들에 대한 발전적 대안을 모색하고, 민주주의의 발전에 의미가 있는 경험적 사실들을 제도화하기 위해 끊임없는 관찰과 반성을 수행해야 한다. 이런 것들이 전자민주주의라는 개념 속에 내재되어 있는 문제의식이다.

전자민주주의란 무엇인가? 두 가지 층위에서 이 용어를 설명할 수 있다. 하나는 전자적 테크놀로지, 즉 인터넷을 민주적 질서에 활용해 민주주의의 확대, 발전을 추구하는 민주주의의 새로운 기획이다. 다른 하나는 인터넷 시대, 좀더 넓게 말해서 정보사회에 적합하도록 민주적 패러다임을 전환시켜서, 기존의 민주적 절차뿐만 아니라 민주주의 이념과 권력의 문제 등을 포괄한 새로운 민주주의의 가능성을 제시하는 것을 의미한다. 전자는 좁은 의미의 전자민주주의를 가리키며, 통상 이를 이폴리틱스(e-politics)와 같은 범주에 놓으면서 참여민주주의를 통한 정치 발전과 민주주의의 발전을 강조하는 것이 일반적이다. 후자는 보다 진보적인 기획을 의미하는 것으로 기술적 조건으로서의 직접민주주의가 아닌, 사회적 조건으로서의 직접민주주의를 설명한다. 후자의 개념은 전자민주주의의 문제를 권력의 문제와 함께 다룬다는 점에서 장기적인 관점이며, 사회구성체론에 입각해 사회 변화를 설명하려는 시도이다. 그것은 근본적인 민주주의의 전환을 기획하는 전망이라고 할 수 있다.

여기서는 전자의 관점에 초점을 맞춰 논의를 전개할 것이다. 지금까지의 논의들이 후자의 관점에서 변화를 진단하는 당위론적 논거를 제시하는 것이었다면, 앞으로는 구체적인 정치 현실의 변화 속에서 인터넷이 변화시키고 창출하는 각각의 정치적 요소들의 상관관계를 밝히면서 그것을 개념화하고, 나아가 이를 통해 현실을 진단해야 한다.

인터넷은 사회의 모든 부문에서 참여와 결정의 방식을 변화시켰다. 회사에서의 일상적인 의견 수렴 중 상당 부분이 인터넷에 의존하며, 일상적인 결재 수단으로 인터넷이 사용된 것도 이미 오래 전 일이다. 부분적으로 현실의 공동체가 인터넷상의 사이버 공동체와 접맥되면서 공동체의 책임자와 인터넷상의 운영자 혹은 관리자가 일치되는 경향을 보이고, 나아가 이들을 선출하는 과정이 인터넷을 통해서 전개되며, 공동체의 의견 수렴과 여론 확산이 인터넷을 통해서 이뤄지는 양상을 보여왔다. 이것이 생활세계에서 변화하고 있는 민주적 절차들 가운데 일부인 것이다. 전자민주주의는 한편으로는 현실 사회의 변화를 추구하는 사회적 관계의 표현이지만, 다른 한편으로는 위의 예와 같이 민주적 방식과 관련해 사회의 모든 부분에서 발생하고 있는 변화들에 토대를 둔 민주주의의 발전 전망을 가리킨다. 다시 말해서 전자민주주의는 인터넷이라는 기술적 조건의 변화로 제기되는 것이 아니라, 인터넷이라는 기술적 변화를 사람들이 사회에서 채용함으로써 발생하는 변화가 정치적으로 반영되는 사회적 결과를 의미한다. 따라서 인터넷을 이용한 정치 과정 및 정치 활동을 의미하는 이폴리틱스는 정치 선진화 및 정치의 효율화를 추구하는 것으로서 전자민주주의의 과정적인 부분집합이라 할 수 있다. 여기서 중요한 관점 중 하나는 인터넷만의 세계를 고집해 인터넷의 효과를 과대 포장하는 낙관론에 빠지거나, 아니면 현실의 관계만을 고집해 인터넷의 효과를 폄하하는 비관론에 빠져서는 안 된다는 것이다. 다시 말해서, 사이버스페이스와 리얼스페이스의 상호작용성을 항상 염두에 두어야 한다. 이런 상호작용성 속에서 사이버스페이스는 현실이 될 수 있다.

따라서 전자민주주의에 접근하기 위한 세 가지 기본적인 관점을 고려해야 한다. 첫째 현실 정치를 부분적으로 인터넷으로 옮겨가고자 하는 경향이다. 둘째 인터넷을 이용해서 현실 정치의 효율성을 도모하고자 하는 경향이다. 셋째 현실 정치와는 전혀 상관없이 인터넷에서 새로운 세상을 만들고자 하는 경향이다.

첫 번째 경향은 현실 정치 중에서 인터넷을 통해서 수행할 수 있는 것과 그렇지 못한 것을 구분하고, 인터넷을 이용해서 수행할 수 있는 정치 과정을 정치 발전, 민주주의 발전을 위한 기본적인 조건을 창출하면서 구축하고자 하는 경향이다. 두 번째 경향은 인터넷을 이용해서 현실 정치를 바꾸려는 명백한 의도를 가지고 접근하는 시도이다. 이런 경향은 대체로 참여민주주의나 직접민주주의라는 논술을 동반하는데, 이는 여론의 정치 시대에 인터넷을 통해 여론을 형성하거나 어떤 강력한 집단적 힘을 보여

줌으로써 현실 정치를 제어하려는 일련의 시도들로 나타난다. 시민운동
등이 인터넷을 통해서 추구하는 정치적 행위가 이런 유형에 속한다고 할
수 있다. 시민운동은 인터넷을 활용함으로써 정치 참여의 폭을 확대하고
나아가 운동의 역동성에 활력을 불러일으키기도 한다. 그러나 시민운동
이외의 정치 집단 혹은 압력 집단이 이런 도구를 사용할 경우에는 폐해도
등장한다. 세 번째 경향은 매우 제한적으로 등장하고 있으면서도 매우 우
려해야 할 특징을 보이고 있다. 대표적인 예가, 사이버 정당 등과 같이
인터넷에서 사이버 국회를 구성하려는 일련의 시도들이다. 이는 사이버
국회에서 후보자로 입후보하고 이용자들의 투표를 통해 사이버 국회의원
을 선출해 인터넷이라는 가상 공간에서 국회를 만들려는 기획이다. 이런
기획의 문제는 우선 그런 노력이 공동체, 엄밀하게 말하면 사이버 공동체
에 기반하지 않고 무작정 기획되어 돌출적인 형태를 취한다는 점이고, 또
한 토대가 약하다보니 모든 행위가 회화화되거나 연예화되어 현실 정치보
다 더 못하거나 무능력한 정치의 모습을 보여주고 대안 부재의 패배감을
확산시키며, 그리고 무엇보다 많은 참여자를 유도하기 위해 엔터테인먼트
한 요소들이 첨가되어 정치를 오락(politainment=politics+entertainment)으
로 전락시키는 결과를 야기하기도 한다.

이 글에서 필자는 현실 정치를 인터넷으로 옮겨서 수행할 수 있는 가
능한 부분들에 대한 연구와 현실 정치의 발전을 위한 참여민주주의의 가
능성을 높이기 위한 인터넷의 활용이라는 두 가지 차원에 초점을 맞추고
자 한다.

2. 인터넷과 민주주의

오늘날 사람들이 전통적인 대의제 형식의 정부와 의회에 불신을 느끼고 있고, 자신과 정당이 분리되어 있는 상태에서 논의되는 '시민의 관여(civic engagement)'와 '참여'라는 낡은 형식이 마치 정치윤리적인 것처럼 난무하는 것에 환멸을 느끼고 있다는 점을 지적하는 것은 그리 새로운 논의가 아니다. 이와 같은 정당 정치의 폐해에 대해 진단하는 논리는 매우 다양하다. 퍼트남은 자발적 협의체의 구성원들이 오랫동안 서서히 파괴되어 왔으며, 사회적 자본을 축소시켜서 공통의 문제를 함께 해결하는 공동체의 능력이 약화되어왔다고 강조한다.[1] 달튼이나 와튼버그 등은 정당의 무기력화 현상을 다음과 같은 맥락으로 설명한다. 즉 정당은 시민과 국가를 연계하는 핵심 제도지만, 그 구성원들의 대부분은 이미 정당 내에서의 역할이 축소되어 버리거나, 파벌 정치로 인해 일반 대중과 분리되어 버렸다는 것이다.[2] 이에 대한 대안을 제시하는 논의도 다양한데, 노리스는 현대 민주주의의 위기를 진단하면서 비판적 시민의 출현을 강조한다. 그녀는 '민주주의 위기'가 광범위하게 확산되고 있는데, 그런 와중에서도 대중들은 대의제의 실제적 실행에 대해서는 낮게 평가하면서도, 관념으로서의 민주주의에 대해서는 높은 기대를 갖는 특성을 보인다고 진단하고, 이런 특징이 '비판적 시민'을 증가시키는 요인이라고 강조한다.[3] 반면에 인터넷의 직극적 도입에서 대안을 찾고자 하는 낙관론도 존재한다. 바버 같은 직접민주주의의 옹호자들로 인해 전자민주주의가 인터넷 시대의 정치 변

---

1) Robert D. Putnam, *Bowling Alone: The Collapse and Revival of American Community*, New York: simon & Schuster, 2000.

2) Russell J. Dalton and Martin P. Wattenberg(eds.), *Parties without Partisans: Political Change in Advanced Industrialized Democracies*, Oxford: Oxford Univ. Press, 2000.

3) Pippa Norris(ed.), *Critical Citizens: Global Support for Democratic Governance*, Oxford: Oxford Univ. Press, 1999.

화에 대한 대안으로 급부상하기도 한다. 바버는 국가(nation-state) 내에서의 거버넌스 형태들이 국민투표와 국민발안, 공동체 조직으로의 권력위임, 지역 문제를 해결하기 위한 지역 차원의 동원력 등을 보다 확대시키기 위해, 시민들이 협의하고 직접 결정하는 기회를 더 증대시킬 수 있도록 발전시켜나갈 것을 제안한다.[4]

사이버-낙천주의자들(cyber-optimist)은 디지털 기술이 이런 과정을 잠정적으로 보충해줄 수 있는 우리 시대의 가장 중요한 발전이라고 간주한다. 슈와츠, 라쉬, 에치오니 등은 인터넷을 통한 거의 무한한 정보의 활용으로 인해 일반 대중이 공적인 사안에 관해 보다 많은 지식을 습득하고, 이메일 및 온라인 대화방, 토론방을 통해 자신의 견해를 보다 분명하게 표현하며, 공동체의 사안을 둘러싸고 전개되는 동원화의 과정에서 보다 활기를 보일 수 있다고 강조한다.[5] 쌍방향 커뮤니케이션이라는 새로운 방식으로 인해, 인터넷은 시민과 매개조직을 강력하게 연결시키면서도 내용을 풍부하게 하는 기능을 수행할 수 있다. 여기서 말하는 매개조직에는 정당, 사회운동단체, 이익집단, 언론, 나아가 지역 및 국가의 공공기관 그리고 글로벌 거버넌스까지 포함될 수 있다. 인터넷은 정치 참여와 시민의 관여를 가로막는 몇몇 장애물들을 파괴시킴으로써 공공 생활에 대한 관련성을 확대시켜 나갈 수 있다. 이 장애물들로 인해 대다수의 개인과 집단들이 주류 정치에서 소외되어왔다. 인터넷은 이슈 캠페인에 관한 정보를 습득하고 공동체의 네트워크를 동원하는데 있어서, 또한 정책 문제를 둘러

4) Benjamin R. Barber, *Strong Democracy*, Berkeley, CA: Univ. of California press, 1984; Benjamin R. Barber, "Three Scenarios for the Future of Technology and Strong Democracy," *Political Science Quarterly* 113, 1999, pp.573~90; Dieter Fuchs & Max Kaase, "Electronic Democracy," Paper Presented at the International Political Science World Congress, Quebec, August 2000.

5) Edward Schwartz, *Netactivism How Citizens Use the Internet*, Sebastapol, CA: Songline Studies, 1996; Wayne Rash, Jr., *Politics on the Nets: Wiring the Political Process*, New York: Freeman, 1997; Amatai Etzioni, *The Spirit of Community*, New York: Crown, 1993.

싼 다양한 연합을 네트워크화 하는데 있어서, 나아가 대표를 선출하는 역할을 수행하는데 있어서 시민의 능력을 촉진시킬 수 있다. 인터넷으로 운영되는 게시판, 대화방, 공지사항, 이메일 등의 기능들은 이념을 교환하고 이슈를 토론하며 의제를 동원할 수 있는 새로운 공공 영역으로서의 지위를 부여받는다.6) 버찌에 의하면, 인터넷은 직접민주주의에 대한 기대를 촉진시키고 있다. 버찌가 예로 드는 것은 국민투표나 선거에서 전자투표를 활용할 수 있다는 점이다.7) 헤이규나 로더 같은 학자는 정부에 대한 시민의 요구 증대와 이로 인한 정부의 책임성 증대를 강조하면서, 그 예로 인터넷의 확산으로 도시의 이웃이나 공동체의 네트워크를 재활성화시키는 것이 정부의 책임으로 등장하고 있다고 강조한다.8) 이런 모든 방식을 통해, 인터넷은 정치 과정에서 배제된 국민들을 재접속시키며, 나아가 쇠약해지고 있는 시민의 정치적 활력을 부활시키고 있다.

반면, 사이버 회의주의자들(cyber-skeptics)은 디지털 기술의 실제적 활용이 민주적인 참여의 현존하는 방식을 변화시키는데 실패할 것이라고 주장한다. 특히 인터넷은 정치 및 사회적인 것에 대한 관심과 냉소 사이의 간극을 더욱 벌려놓을 것이라는 비관적 예언을 하기도 한다. 대표적인 학자는 마고리스와 레스닉인데, 이들은 인터넷이 민주주의를 부활시킬 것이라는 초기 희망은 미국의 경우를 보면 완전히 실패했다고 결론을 내린다. 이들은 현실의 거대 정당들, 전통적 이익집단들 그리고 공룡 같은 미디어

---

6) 나는 이것을 '민주적인 전자적 공론'으로 명명한 바 있다. 박동진, 「민주적인 전자적 공론영역의 가능성에 대한 이론적 접근: 하버마스, 톰슨, 포스터를 중심으로」, 한국정치학회 편, 『정보사회와 정치』, 오름, 2001 참조.

7) Ian Budge, *The New Challenge of Direct Democracy*, Oxford: Polity Press, 1996.

8) Barry N. Hague & Brian D. Loader, *Digital Democracy: Discourse and Decision-making in the Information Age*, London: Routledge, 1999, p.8; Roza Tsagarousianou, Damian Tambini & Cathy Bryan, *Cyberdemocracy*, London: Routledge, 1998; Lawrence K. Grossman, *The Electronic Republic: Reshaping Democracy in the Information Age*, New York: Penguin, 1995.

그룹들이 인터넷에서도 '일상의 정치'(politics as usual)를 양산해 내면서 가상 세계에서조차 지배력을 재획득한 미국의 경험에 근거해 인터넷의 정치적 실패를 강조한다.9)

3. 2002년 한국의 전자민주주의

(1) 인터넷과 정치

2002년의 한국은 전자민주주의와 어떤 연관을 맺고 있는가? 왜 우리는 지금 이 시점에서 우리 사회의 전자민주주의에 관심을 기울이고 있는가? 민주주의의 질은 선거나 정치 캠페인과 같은 정치 과정을 민주적인 것으로 정의하는데 있어서 유권자가 얼마나 실천적으로 관여하는가에 의해 좌우된다.10) 바로 2002년의 한국은 민주주의의 질을 평가하는 중요한 대규모 선거가 6개월 간격으로 예정되어 있는 정치의 장소이다. 또한 정당 민주화의 한 차원으로 해석될 수 있는 국민참여경선제가 민주당과 한나라당에서 실시됐다. 문제는 이들 제도가 인터넷과 무관하지 않게 전개됐다는 점이다. 이와 관련된 쟁점을 정리하면 다음과 같다.

첫째, 변화의 중심적 힘이 인터넷 혹은 인터넷 세대를 중심으로 작동될 수 있었다. 그것은 시민의 참여라는 새로운 제도의 개방 속으로 시민의 참여가 물밀듯이 밀려들어간 결과라 하겠다. 그리고 그것을 추동한 힘의 중심에 인터넷이 놓여 있었으며, 사람들은 이 도구를 통해 정치적 커뮤니

---

9) Michael Margolis and David Resnick, *Politics as Usual: The Cyberspace Revolution*, Thousand Oaks: Sage, 2000.

10) Bruce I. Buchanan, "Mediated Electoral Democracy: Campains, Incentives, and Reform," W. Lance Bennett and Robert M. Entman(ed.), *Mediated Politics: Communication in the Future of Democracy*, Cambridge: Cambridge Univ. Press, 2001, p.362.

케이션을 수행했다. 그 결과가 '변화'를 만들어낸 것이다.

둘째, 민주당의 경우는 처음부터 인터넷을 겨냥한 국민참여경선제의 실시가 두드러졌다. 우선 인터넷을 통해서도 참여 신청을 받았고, 또한 인터넷을 이용한 전자투표 방식도 도입했다. 터치스크린 방식의 단순 KIOSK형 전자투표가 아닌, 언제 어디서나 원하는 누구든 인증만 받으면 투표할 수 있는 인터넷 전자투표의 도입이 그것이다. 처음부터 인터넷과 인터넷 사용자인 젊은 층을 대상으로 유권자의 참여를 유발하기 위한 전략이었다. 인터넷이 절대적이지는 않지만, 정치 과정에서 매우 중요한 전략적 대상으로 자리매김했다는 것을 보여준 사례였다.

셋째, 인터넷 사용자들이 정치에 접근하는 방식에서 변화가 나타났다. 다름 아닌 사이버 정치인 팬클럽의 구성이다. 2000년 4·13 총선은 총선시민연대가 주도한 부정의 담론에 기초한 시민의 정치 관여 운동이었다. 그 운동은 인터넷을 활용하면서 시민운동에 대한 시민의 참여 방식의 새로운 전환과 전형을 보여줬다. 또한, 4·13 총선에서 중앙선거관리위원회는 후보자에 대한 납세, 국방, 전과 등의 기록을 인터넷을 통해 발표했다. 이 인터넷을 통한 발표는 그 기록을 선거 기간 내내 누구든지 쉽게 찾아볼 수 있었다는 점에서 의미를 갖는다. 그리고 2년 뒤인 2002년에 인터넷을 통한 시민의 정치적 관여 방식에 중대한 변화가 나타났다. 그 대표적인 예가 '노사모'라는 노무현 후보 사이버 팬클럽인데, 이것은 기존과는 달리 공식적으로 한 후보를 지지하는 사이버 공동체로 작동하고 있다는 점에서 중요하다. 이는 부정의 담론에 기초한 운동에서 긍정의 담론에 기초한 운동으로 전환한 것일 뿐만 아니라, 사이버 공동체의 정치적 관여를 통해 현실을 변화시킬 수 있다는 가능성을 전파시키는 전도사 역할을 했다는 점에서 의미가 있다. 물론 그 단체가 앞으로도 그런 적극적 운동을 전개할 것인지, 아니면 상대 후보에 대한 부정적 운동으로 전락할지는 두고 볼 일이지만, '나는 누구를 이런 이유에서 지지한다'고 선언할 수 있는 나만의 매체를 만들어갈 수 있는 가능성을 보여줬다는 점에서 의미가 있는 것이다.

넷째, 한국의 인터넷이 갖는 특성 중 사용자의 특성과 관련된 부문이다. 한국의 인터넷 사용자는 2002년 6월 현재 2,560만 명으로 전체 인구의 58%를 차지하는 매우 높은 수준에 이르렀다.[11] 아래의 표를 보면 전체 이용자 수가 나타내는 기본적인 의미들을 발견할 수 있다.

<표> 인터넷 이용자의 성별, 연령별 구분[12]

		인터넷 이용자	전체 인구 비율(%)
전 체		24,457,000	57
성별	남자	13,913,000	56.9
	여자	10,543,000	43.1
연령별	7~12	3,011,000	12.3
	13~19	4,629,000	18.9
	20~29	6,076,000	24.8
	30~39	5,609,000	22.9
	40~49	3,802,000	15.5
	50 이상	1,286,000	5.3

여기에서 중요한 것은 20대와 30대가 차지하는 비중이다. 전체 인터넷 이용자 중 20대와 30대는 47.7%로 가장 많은 비중을 차지하고 있다. 인터넷은 더 이상 10대의 전유물이 아니다. 물론 게임이나 오락의 측면에서 인터넷 이용률은 10대가 압도적일 수 있지만, 정보가 생산, 유통, 소비, 재생산되는 장으로서의 인터넷은 20대와 30대 그리고 부분적으로 40대의

---

11) 한국인터넷정보센터(http://stat.nic.or.kr/iuser.html)에서 발표한 2002년 6월 자료. 아래의 표는 한국전산원에서 제공하는 데이터이며, 2002년 6월 현재 새로운 업데이트 자료는 없다.
12) 한국전산원 통계 DB(http://stat.nca.or.kr/main03.html). 인터넷 이용자 수에 대한 조사 결과는 기관마다 다르다.

전유물일 수밖에 없다. 더구나 한국의 30대는 민주화운동의 중심 세대를 형성하고 있으며, 대부분 화이트칼라 계층에 속해 있다는 점에도 주목할 필요가 있다. 따라서 민주당의 대통령 후보가 애초 예상과 달리 뒤바뀌는 거대한 지각 변동이 일어난 것은 30대의 민주화운동 세대가 그 후속 세대인 20대, 그 참여 세대인 40대를 강력하게 견인했기 때문에 가능할 수 있었던 것인데, 이것이 우연의 일치로 인터넷 중심 세대와 동일한 맥락을 유지하고 있는 것이다. 다시 말해서, 인터넷의 중심 세대가 현실 정치 변화의 중심 세대와 결합하고 있다.

(2) 현 단계, 왜 전자민주주의인가?

일반적으로 인터넷은 세 가지 기능을 가지고 있다. 첫째 커뮤니케이션 기능이다. 우리는 인터넷으로 전개되는 커뮤니케이션을 가리켜 전자적 커뮤니케이션이라고 부르면서 기존의 면대면 커뮤니케이션이나 매개적 커뮤니케이션과는 전적으로 다른 기술적 기반 위에서 사람들 사이의 의사소통이 이뤄지고 있다고 설명한다. 인터넷은 대중적 커뮤니케이션의 한계를 훌쩍 뛰어넘어 버린 새로운 커뮤니케이션의 도구이자 장이다. 둘째 정보를 생산하고 교환하는 장으로서의 기능을 갖는다. 이 기능이 직접적으로 정보사회를 견인하는 인터넷의 기능이다. 물론 커뮤니케이션 자체가 정보를 생산하고 교환하는 과정이지만, 인터넷은 단순한 정보의 생산과 교환이 아니라 가치를 창출하는 정보의 생산과 교환, 재생산이라는 점에서 커뮤니케이션보다는 더 넓은 의미를 갖는다. 아래에서, 전자민주주의에서 이런 정보의 기능이 얼마나 중요한 의미를 갖는지 설명할 것이다. 셋째는 상거래 기능이다. 이 기능은 전자 상거래를 보면 알 수 있다. 각종 인터넷 쇼핑, 각종 P2P 방식의 거래, 인터넷에 기반한 기업의 ERP, 나아가 유료 DB를 통한 직접적인 정보의 상품화 현상들을 연상하면 이 기능을 쉽게 이해할 수 있다. 이 기능은 직접적으로 전자민주주의에 영향을 미치기 때문이 아니라, 우리의 생활과 삶, 그리고 경제 영역이 인터넷을 중심으로 재편되고 있으며 이것이 곧이어 정치 과정의 변화에 대한 욕구로 등장할 것이라는 점에서 주목해야 할 사회 변화의 현상들이다. 따라서 여기서는 앞의 두 기능을 중심으로 왜 전자민주주의가 오늘날 정치 변화의 중심 화두로 등장하는지를 분석하겠다.

우선 전자민주주의가 주목받는 이유는 커뮤니케이션 양식의 변화에서 찾을 수 있다. 즉 인터넷으로 인해 커뮤니케이션의 방식이 변화하고 있음을 주시해야 한다. 일대다(一對多) 방식에 의존해 온 산업 시대의 매스미디어와는 달리 인터넷은 다대다(多對多) 방식의 직접 커뮤니케이션이라는 새로운 의사전달의 지판을 형성했다. 혹자는 면대면 방식에 의존하는 직접적 커뮤니케이션의 시대, 인쇄물과 같은 매개체에 의존하는 매개적 커뮤니케이션의 시대, 그리고 인터넷과 같은 정보 매체에 의존하는 전자적 커뮤니케이션의 시대로 역사를 구분하면서 '정보양식'이라는 특성에 기초해서 세계의 역사를 다시 서술하려고 하기도 한다.[13] 중요한 것은 인터넷을 중심으로 한 전자적 커뮤니케이션이 우리에게 무슨 변화를 가져다줬냐는 점이다. 그것은 다름 아닌 직접 참여, 직접 결정의 가능성을 우리에게 열어준 것이다. 인터넷이 등장하기 전까지, 아니 그 이후로도 오랫동안 우리는 사회의 모든 커뮤니케이션적 행위를 매개적 관계를 통해서만 할 수 있었다. 그리고 그 응집적 대표 매체가 신문과 방송으로 표현됐다. 특히 정치에 대한 시민의 관여는 절대적으로 신문과 방송에 의존할 수밖에 없었다. 따라서 언론은 제4의 권력으로 불리면서 때로는 권력을 비판하고 견제하는 본래의 기능을 수행하지만, 때로는 스스로 권력 그 자체가 되어

---

13) 마크 포스터, 김성기 옮김, 『뉴미디어의 철학 *The Mode of Information: Poststructuralism and Social Context*』(서울: 민음사, 1994); John B. Thompson, *The Media and Modernity: A Social Theory of the Media*(Cambridge: Polity Press, 1995) 참조.

순수한 여론 수렴 및 확산의 범주를 벗어나기도 했다. 시민은 언론에 권력과 사회에 대한 비판적 기능을 논리적으로 위임함과 동시에 언론이 사회를 지배하는 새로운 억압적 현상을 창출했다. 그러나 언론이 더 이상 우리의 정치적, 사회적 관여를 대변해 줄 수 없는 상황에서 인터넷이라는 전자적 커뮤니케이션은 우리가 직접 관여할 수 있는 기술적, 사회적 가능성을 보여줬고, 그 속에서 우리는 그 가능성을 경험적으로 체득할 수 있었다. 이런 점이 변화의 동력으로 작용하고 있는 것이다.

오늘날 한국에서 전자민주주의가 주목받고 있는 이유는, 한편으로 이 전투구식 정쟁의 양상에서 벗어나지 못하는 대의제 정당 정치에 대한 불신과 오랜 민주화운동을 통해 획득한 민주화 이후의 정치 발전이 여전히 가시화되지 않고 있는 것에 대한 비판의 결과가 새로운 민주주의의 모델을 모색하는 현상과 연결되고 있기 때문이며, 다른 한편으로는 이런 정치의식의 변화와 함께 인터넷과 같은 정보통신기술이 사회적 확산되어 시민, 네티즌들이 사회적인 모든 것에 직접 참여하고 직접 결정할 수 있는 가능성을 발견하면서, 정치의 합법적 변화의 장인 선거가 이런 변화를 견인하고 있기 때문이다. 따라서 민주주의에 대한 열망과 인터넷의 새로운 가능성에 대한 발견이 전자민주주의에 주목하도록 만들고 있는 것이다.

전자민주주의가 주목받고 있는 이유를 논의할 때 커뮤니케이션 방식과 함께 중요하게 고려해야 하는 것은 '정보의 장'이라는 관점이다. 우리는 보통 인터넷을 통해서 성지인과 유권자가 대화하는 방식들로 게시판, 주제 토론방, 채팅, 이메일 등을 일상적으로 거론하고, 여기서 인터넷의 직접성, 쌍방향성을 추론하려고 한다. 그러나 실제로 이런 웹사이트상의 메뉴들이 유권자가 직접성과 쌍방향성을 체감할 수 있는 기술적 특성이라고 하기에는 매우 부족한 것이 사실이다. 매우 드문 성공적인 사례들의 이면에는 공통적으로 관리자라는 사람들의 실질적인 노력, 현실 공간에서의 훨씬 더 많은 시간과 지식을 필요로 하는 노력이 존재한다. 다른 한편으로 이폴리틱스를 주장하는 경우에는 여섯 가지를 거론한다. e-mailing, e-campaigning, e-fundraising, e-polling, e-voting, e-addressing이 그것이다. 이것은 선거운동에 인터넷을 활용하는 방식들이다. 사실 여기에서도 직접적으로 직접성이라는 것을 발견하기는 어렵다. 다만, 인터넷이 만들어낸 사이버스페이스라는 새로운 공간이 선거운동의 장으로 등장하고 있음을 보여주는 사례들이라고 우선 정의할 수 있을 것이다.[14]

인터넷을 통한 직접성, 쌍방향성 정치 참여라는 것은 무엇을 의미하는 것인가? 그 의미는 정보의 생산과 교환 그리고 재생산 과정이 전개되는 웹사이트에서 찾아야 한다. 지금까지 정치인과 유권자의 목소리는 언론이라는 특수한 매체를 통해 여과되어 전달되어왔다. 물론 특수한 상황에서는 정치인과 유권자가 직접 만나기도 하지만, 일상적인 정치적 언어행위와 그 행위를 소비하는 유권자 사이에는 언론이라는 여과기가 있었던 것이다. 이를 가리켜 일대다의 매개적 커뮤니케이션 과정이라 하며, 그런 시대를 매스커뮤니케이션 시대라고 정의해 왔다. 그런데 이제는 정치인이 웹사이트를 구축하고 여기에서 자신의 정치적 견해와 주장을 전개한다. 그리고 유권자 개인 혹은 집단이 특정 정치인에 대한 웹사이트를 구축해 정치적 정보를 서로 교환한다. 또한 그 정보가 순환되어 많은 사람들에게 영향을 미치고, 보다 더 발전된 형태로 전환되어 다시 유권자와 정치인에게 돌아온다. 사실 쉽게 포착되지 않는 정치의 새로운 흐름인데, 정치인과 유권자 사이의 정보를 둘러싼 이런 '흐름으로 구성된 변화'가 웹사이트 상에서 전개되고 있는 것이다.[15]

---

14) 자세한 내용은 박동진, 「인터넷을 통한 선거 및 의회제도 활성화방안」, 황주성 외 공저, 『인터넷의 정치, 사회적 파급효과 및 대응방안 연구』, 정보통신정책연구원 연구보고 01~02(2001년 2월) 참조.

15) 마뉴엘 카스텔은 인터넷에 의해 형성된 네트워크의 특징을 흐름으로 구성된 공간(space of flow)으로 설명하고 있다. Manuel Castells, *The Information Age: Economy, Society and Culture Vol. 1, The Rise of the Network Society*, Blackwell Publishers Ltd. 1997, pp.376~428 참조.

위와 같은 변화가 갖는 의미는 정치의 주체인 '나'가 직접 정보를 생산하고 발신하고 수신해 재생산의 과정을 반복할 수 있다는 점이다. 다시 말해, '나'라는 존재가 매개적 매체를 거치지 않고도 정치에 관한 담론을 생산하고 그것을 발신할 수 있다는 것이다. 이것은 유권자와 함께 정치인에게도 동일하게 적용된다. 이런 가능성을 열어준 것이 인터넷이다. 따라서 인터넷이 창출하는 직접적인 것과 쌍방향적인 것은 한편으로는 정치적인 주체적 존재로서의 '나'를 새로이 정립하는 계기를 의미하는 것이고, 다른 한편으로는 정치적 주체인 '나'가 '정치'에 직접적으로 관여할 수 있는 전자적 시민 관여의 새로운 패러다임이 형성되고 있는 것이며, 나아가서는 '나'와 '정치인'이 여과기적 매개체를 통하지 않고도 항상 일상적인 정치적 커뮤니케이션이 가능해졌다는 것을 의미한다.

산업사회, 대중사회에서 정치는 정치인이 하는 것이었고, 정치 정보의 독점적 운영은 특징적으로 언론의 몫이었다. 따라서 시민의 정치적 관여는 좋은 정치의 한 미덕 정도로 관념화됐고, 실제로는 실질적 권한 위임과 형식적 관여, 대리적 관여, 매개적 관여만이 있었을 뿐이다. 그러나 인터넷은 그런 한계를 무너뜨렸다. 관념적으로도 현실적으로도 참여와 관여를 가로막던 기술적 한계를 무너뜨린 것이다. 인터넷은 '나'와 '정치적 사안' 사이에 자리하던 기존의 매개체들이 작동하는 방식을 더 이상 합리적인 것으로 용인할 수 없도록 우리에게 자극을 준다. 여기에 인터넷 시대의 의미가 함축되어 있으며, 성보사회 혹은 지식정보사회의 의미가 내재되어 있는 것이다.

4. 전자민주주의의 조건

(1) 인터넷과 공공성의 문제

인터넷과 정치, 특히 민주주의를 분석할 때, 그 이론적 전제는 공공성 (publicness)의 창출에 놓여야 한다. 정치는 공적 영역이기 때문이다. 오늘날 한국의 정치 및 정치인은 공적 인간의 몰락으로 비유되기도 한다. 공적 인간의 몰락으로 파괴된 오늘날의 공공성은 매스미디어와 같은 매개된 커뮤니케이션에 의해 재창출되는 것처럼 보이지만, 사실 공적 인간의 몰락은 매스미디어에 의해 더욱 촉진됐다. 이제 많은 연구자나 사회의 발전을 요구하는 사람들은 공공성의 재창출을 인터넷에서 발견하고자 한다. 인터넷은 그 속성상 정보전달(정보의 생산과 소비) 기능과 커뮤니케이션 기능을 전제로 하는 도구이기 때문에, 인터넷에서 창출하고자 하는 공공성은 전자적 공론 영역이라는 공간에서 새롭게 발견 가능한 것이다. 따라서 전자적 공론 영역의 중심은 정보 시대의 시민운동이고, 그 운동은 정치에 대해 끊임없는 변화를 요구하는 새로운 도구를 인터넷에서 발견한다. 이런 정치적 운동은 참여민주주의의 전망에서 출발하는 것이다. 따라서 인터넷과 참여민주주의의 논의는 인터넷과 공공성의 문제를 바라보는 시각에서 출발해야 한다.

지금까지는 공공성을 가시성의 공간으로 개념화해왔다. 인터넷을 통한 전자적 커뮤니케이션은 현대 세계에서 가시성의 공간을 발견함으로써 공공성의 재창출 가능성을 발견할 수 있도록 해줬다. 인터넷을 기반으로 하는 전자적 커뮤니케이션은 전자적 공론 영역에서의 공공성의 재창출을 어떤 방향으로 진전시킬 것인가? 매개적 공론 영역에서의 새로운 공공성의 재창출은 인터넷의 출현과 더불어 새로운 개념화의 길로 접어들게 된다. 즉 면대면 접촉에 의거했던 고대 그리스의 공공성과 매스미디어에 의해 매개되는 현대 공공성을 구분하는 것처럼, 매개된 공공성은 공중의 지배 내에서 시각적 상징 교환의 과정을 통해 발생하는 사건과 행위들로 주조된다. 특히 현대 세계에서 공공성의 재창출은 비대화적(non-dialogical) 공공성에서 다시 새로운 유형의 대화적 공공성에 중점을 두고 있다. 실제 현대 세계의 매스미디어들은 개방성과 가시성을 중심으로 한 거대 미디어 산업들이 좌우하고 있으며, 공공성을 주조하는 기본 단위로서 개인 역시 자아 형성 과정부터 미디어를 통해 매개된다. 따라서 시공간을 가로지르고, 지속적인 재생산이 가능하며, 상징 형태의 조정을 담당하고 있는 인터넷과 같은 뉴미디어와의 복합적인 대화를 통해 공공성이 창출된다. 이런 매개된 공공성은 다음의 네 가지 특화된 공간에서 구체화된다.

첫째, 지역화되지 않은 공간이다. 특정한 지역성, 공간적 한계에 얽매이지 않는 공공성의 등장이다. 인터넷 역시 특정한 공유 공간에 의거해 공공성을 구축하고 있지 않다. 그러나 특정 인트라넷의 구축은 장소에 의거한 조직으로 발전될 수도 있다. 물론 이 공간이 상징 교환을 순환시키면서 핵심을 차지하는 보편 공간의 새로운 창출로 이어지지는 않는다. 현대 매스미디어들이 지구적 범위에서 잠재적으로 자신들의 영향력을 행사하고 있지만, 인터넷은 범지구적인 매개로 기능함과 동시에 인트라넷을 통한 지역화된 공간으로 기능한다.

둘째, 비대화적 공간에서 다시 대화적 공간으로의 전환이다. 라디오나 TV, 신문과 같은 미디어들에 의해 매개된 공공성은 대부분 비대화적이라는 특징을 갖는다. 왜냐하면, 공공성에 참여하는 사람 역시 매개된 가상적 상호작용(quasi-interaction)의 수준에서 행위하기 때문이다. 그러나 인터넷은 상징 형태를 교환함에 있어 대화적 공간으로 전환할 수 있는 계기들을 가능하게 해주고 있다.

셋째, 개방형 공간이다. 매개된 공공성은 창조적이며 상대적으로 통제할 수 없는 공간이다. 왜냐하면, 전적으로 고정된 내용들이 존재하지 않으며, 변화가 가능하기 때문이다. 따라서 가상적 공공성을 창출하는 인터넷은 매개된 공공성을 창출하는 매개된 커뮤니케이션보다도 더 강력한 개방형 공간을 연출하고 있다.

넷째, 현존하지 않는 생산자와 수용자의 다원성이다. 비대화적으로 매개된 공공성의 참여자들은 단지 정보의 수용자일 뿐이다. 그러나 인터넷의 출현은 개인들이 매개된 공공성에 참여할 수 있고, 지속적인 피드백을 할 수 있음을 의미한다. 따라서 인터넷은 현대 세계에서 매개된 공공성에 두 가지 중요한 수정을 가한다.

하나는 대화적 공간으로서 공공성의 등장이다. 인터넷의 네트워크적 특징과 리좀(rhizome)적 구조는 1:N의 관계가 아닌 N:N의 관계를 의미한다. 즉 미디어에 의한 독백이 아닌 N과 N의 대화적 상황 속에서 새로운 공공성의 창출을 발견하는 것이다. 다른 하나는 생산자와 수용자로서 기능하는 개인의 등장이다. 인터넷을 통해 정보를 수용하고, 다른 관점들과 조우하며, 이성적인 판단을 내릴 수 있는 개인의 등장을 엿볼 수 있다는 것이다. 따라서 우리는 인터넷의 등장이 매개된 공공성 개념의 풍부화와 비판적 계승에 기여한다는 주장을 전개할 수 있으며, 가치 판단의 주체로서 개인의 정체성을 대중사회에서의 '나'와는 달리 새롭게 발견할 수 있다.

인터넷으로 구성되는 새로운 전자적 공공성 개념은 일반화된 심의 과정을 통해 민주적인 의사결정의 정당성을 부여받는다. 이와 같은 방식으로 개인들은 비지역화된 공간에서 정보를 취합하고, 다른 관점들을 종합하며, 이성적인 판단을 내릴 수 있다는 것이다. 그러나 미디어의 독백에 강조점을 두어 대화적 상황을 가정해서는 안 된다. 인터넷을 통한다고 해서 무조건적인 낙관은 금물이다. 물론 인터넷이라는 대화적 상황을 통해 심의의 범위와 방법을 확장할 수 있다. 반면 실제의 모든 대화적 소통이 긍정적이지만은 않다. 즉 심의과정을 강화할 수 있는 인터넷 기술의 발견과 매개된 경험들의 심의에 대한 참여 기회 증진 그리고 반성적 개입들을 증진시킬 수 있기 위해서는 일련의 사회적 조건들을 필요로 한다. 물론 인터넷의 사용을 통해 원거리의 행위들에 대한 우리의 인식은 증대할 수 있고, 결과적으로 그와 같은 행위들을 이해할 수 있는 여지 역시 많아진다.

(2) 전자민주주의의 조건

지금까지 인터넷과 공공성의 문제를 다루면서 인터넷이 그 속성상 참여민주주의의 가능성을 열어주고 있다는 점을 논의했다. 그러나 그 논의는 사회적으로 복잡한 관계 속에서 발견한 가능성은 아니다. 그것은 인터넷이라는 도구적 특성만을 놓고 민주주의의 발전으로서 참여민주주의의 전망을 지니고 있음을 논의한 것이다. 이제 우리의 논의는 인터넷이 창출하는 사이버 공간과 우리가 발을 딛고 있는 현실 공간 사이의 상호작용을 토대로 보다 구체화되어야 한다. 다시 말해서 사이버스페이스가 아무리 발전하더라도 우리는 사이버스페이스 매트릭스와 같은 완전한 디지털 공간에서 완전하게 디지털화 된 '나'로 살아갈 수는 없다. 그것은 영화 '매트릭스'와 같은 공상일 뿐이다. 이런 일화가 있다. 그리스의 로두스 섬에서 올림픽이 열렸는데, 자기가 그곳에서 높이뛰기 세계 신기록을 세웠다고 주장하는 이가 있었다. 그 말을 들은 한 사람이 그 사람에게 말하기를 "여기가 로두스섬이네, 여기서 한번 뛰어보게(Hic Rhodos, Hic Saltus)"라고 했다. 이말은 사이버스페이스에서 내가 무엇을 했든 그것이 현실 공간에서의 작용성으로 기능하지 않으면 아무런 의미가 없다는 것을 의미한다. 반대의 경우도 성립한다. 현실 공간이 사이버 공간에 작용을 가하는 경우이다. 이는 한편으로는 현실 공간의 지배력이 사이버 공간을 식민화하려는 경향으로 나타나며, 다른 한편으로는 현실 공간의 집합적 관계 현상이 인터넷이라는 도구를 바탕으로 사이버 공간에서 거대한 변화의 담론을 형성하는 경향을 의미한다. 전자는 부정적 결과로 현실 공간의 소수의 억압적 권력을 강화시켜주는 힘으로 전락할 것이며, 후자는 긍정적 결과로 다시 현실 공간의 사회, 정치적 관계를 변화시키는 발전의 추동력으로 작동할 것이다. 인터넷에 대한 우리의 사고는 항상 현실 공간에 발을 딛고 있어야 한다. 이것이 인터넷과 참여민주주의의 출발 지점이다.

다음 조건은 현실의 문제의식이 현실 공간과 사이버 공간에서 동시에 담론으로 구성될 수 있어야 한다는 것이다. 담론이란 단순한 대화의 소재가 아니다. 담론은 사회적으로 구성되는 것이며, 그것은 그 사회의 시대적 문제의식이 응축되어 표현되는 행동의 지표를 의미한다. 반독재 투쟁의 시기에 그 행동의 지표로 등장한 담론이 '민주화'였던 것과 같은 의미이다. 결국 담론이란 현실 공간에서 전개되고 있는 모순, 왜곡된 현상들을 바로잡기 위해 사회 구성원들이 묵시적으로 합의한 구체적 행위 정향인 것이다. 그것은 끊임없는 대화적 관계 속에서 전개되며, 그 대화는 현실에 대한 '비판의식'에서 비롯된다. 지금까지 정치적 담론은 거대 언론에 의해서 주도되어 온 것이 사실이며, 이는 냉전 반공주의에 철저하게 봉사하는 협소한 이념적 스펙트럼 위에 기생해온 거대 언론이 민주주의의 적으로 드러나고 있는 원인이기도 하다.[16] 그러나 인터넷의 공공성은 거대 언론이 주도해 온 한국 민주주의의 담론을 재생산하는 장으로 기능할 수 있는 가능성을 보여주는 것이다. 한국의 전자민주주의가 가능하기 위해서는 인터넷이 새로운 담론의 생산, 유통, 재생산의 장으로 기능할 수 있어야 한다.

인터넷이라는 도구를 매개로 하지 않더라도 참여민주주의가 대두하기 위해서는 '왜 참여인가'라는 기본적인 문제의식에서 시작해야 한다. 왜 참여인가? 그 대답은 대의제에 대한 회고에서 찾아야 한다. 그것은 오늘날의 대의제가 과대 대표성의 경향을 보이고 있기 때문이다. 또한 소수의 일방향적인 언론에 의해 의사(quasi) 대표성을 보이고 있기 때문이다. 다시 말해

---

16) 최장집, 『민주화 이후의 민주주의』, 후마니타스, 2002.

서, 사회에서 '너 대 나'의 관계성은 복합적이며 다원적으로 확대되고 있는 반면, 대표성은 점점 소수의 영역으로 한정되는 경향을 보이고 있다. 즉 전자민주주의는 그 대당적 관계를 지금의 대의제가 지니고 있는 한계에서 발견한다. 다시 말해서 전자민주주의의 조건 중 또 다른 하나는 대의제 민주주의의 한계를 극복하는 과정에서 찾을 수 있는 것이다. 민주주의는 운동에 의해 발전한다. 그리고 민주주의의 자기 운동은 제도로 귀결하면서 발전한다. 그 제도는 정착됨과 동시에 또 다른 욕구와 갈등에 기반해 발전을 위한 자기 운동을 시작한다. 운동으로서의 민주주의와 제도로서의 민주주의는 연쇄적인 자기순환적 완결관계를 갖는다. 전자민주주의는 그런 과정에서 등장하는 운동으로서의 특성과 제도적 지향을 동시에 함축할 수 있어야 한다.

인터넷의 발달은 우리로 하여금 근대 대의제 민주주의가 내포한 대표성의 이질화 현상에 대해 근본적인 사고의 전환을 이룰 수 있는 단초를 제공해주고 있다. 시공간의 한계를 극복할 수 있다는 현실적인 결과를 보여줬고, 정보가 일방향적으로만 흐르지 않을 수 있다는 가능성을 현실로 드러내 줬다. 인터넷으로 인해 민주주의가 과대 대표되는 경향을 바로잡을 수 있다는 전망을 전자민주주의로 포착할 수 있는 것이다. 또한 일방향적인 매스미디어에 의해 우리의 참여가 의사 대표되는 것 역시 인터넷을 통한 쌍방향적 정보소통으로 극복할 수 있는 계기가 마련됐다는 것을 의미 깊게 성찰해야 한다. 최근에 전개되는 노무현 후보를 지지하는 사이버 팬클럽 사이트인 노사모(http://www.nosamo.org)[17]와 노사모에 대응해서 등

---

17) 노사모 외에도 KAIST 노사모(http://attractor.kaist.ac.kr), 노벗(http://nobut.org), 노무현홍보단 (http://www.freechal.com/ knowhowpr) 등의 자발적 지지 사이트가 등장하고 있으며, 이와 함께 사이트가 아닌 사이버 커뮤니티도 등장했는데, 그 중 대표적인 것이 안티노무현(http://cafe. daum.net/antiknowhow), 바보노무현(http://cafe.daum.net/supportno), 노무현대통령(http://cafe.daum .net/presidentno) 등이다. 이는 자발적으로 특정 정치인을 지지하는 적극적인(positive) 정치 행위로 기존 현실 공간에서 작동하던 기존의 사조직과는 전혀 다른 의미를 지닌다.

장한 이회창을 지지하는 사이트인 창사랑(http://www. changsarang.com) 그리고 안티조선(http://www.urimodu.com) 운동이나 오마이뉴스(http://www. ohmynews.com)와 같은 인터넷을 통해 전개되는 새로운 시도, 시민운동단체의 인터넷 웹사이트 등은 우리들을 더 이상 매스미디어에 의한 정보의 소비자로 국한시킬 수 없다. 정보사회에서 우리는 정보의 생산자로 그 위상이 이미 전환되어 있음을 인식해야 한다. 특히 시민운동단체나 개인이 공공의 목적을 위해 웹사이트를 만들고 이메일 서비스를 하는 것은 단순히 시대의 흐름에 부응하는 정보 서비스를 의미하는 것이 아님을 성찰해야 한다. 그것은 시대의 흐름에 역행하는 현실 공간의 구질서를 타파하는 적극적 행위이다. 그것은 또 다른 참여이며, 민주주의인 것이다. 인터넷으로 인해 확대되는 대표성의 유형을 '내가 직접' 참여하는 것으로 국한해서는 안 된다. 또 다른 사회적 대표성을 통해 정치적 대표성을 제약할 수 있는 방법 역시 참여의 새로운 유형이다. 우리는 이미 그런 경향들을 시민운동단체들을 통해 경험하고 있다. 즉 참여는 내가 직접 정치 과정에 참여하는 방식이 있고, 정치적 대표에 '나'의 권한을 위임함으로써 정치적 대표성이 형성됐듯이, 사회적 대표에 나의 권한을 위임함으로써 사회적 대표성을 형성하고 이를 통해 정치적 대표성을 견제하고, 나아가 집합적 형태의 정치참여를 추구하는 방식이 있을 수 있다. 어떤 경우에서도 우리는 참여라는 행위를 해야 한다. 그리고 전자와 후자는 기계적으로 분리될 수 없다. 그것은 참여라는 같은 행위 속에서 전개되는 변화의 시작이다. 전자민주주의가 전망으로 제시하는 직접민주주의 역시 정치적 대표성의 최소화를 상징적으로 표현한 것이다.

또 다른 조건은 인터넷을 통해 가능한 모든 대안들을 드러내고 토론하고 실험하고 재구성하는 것이다. 민주주의에서의 '참여'는 구체적으로 가능성이 입증됐을 때 현실로 드러나는 행위이다. 인터넷은 무한한 가능성을 가지고 있지만, 그중 어느 하나도 제도화되거나 현실과의 연결 통로로 구축되거나 하지 못한 것이 현실이다. 정부는 중요 정책을 결정할 때, 여전히 소수의 전문가들을 중심으로 비공개적으로 자문을 받는다. 그 과정은 여전히 우리에게 투명하게 공개되지 않고 있다. 정보공개법은 존재하지만, 특정 사안에 대해서는 공개하지 않는다. 그리고 그 특정 사안에는 공개하고 싶지 않은 모든 것이 포함된다. 제도 없이는 참여가 보장되지 못하며, 참여의 제도적 보장 없이 민주주의는 발전할 수 없다. 또한 제도가 있다고 하더라도 형식적이거나 제약된 형태의 제도라고 한다면, 참여는 명목상의 참여이며, 아무런 변화를 느끼지 못하는 참여가 된다. 결국 인터넷을 도입할지라도 바뀌는 것은 아무 것도 없게 된다. 이런 현실이 반복적으로 나타날 때, 인터넷과 참여민주주의는 또 다른 좌절로 정치 발전의 희망 없는 미래의 연속이 될 것이다. 이런 현상까지 전자민주주의에 포함시킬 수는 없는 것이다. 우리가 지금 전자민주주의를 논의하는 것은 민주주의의 새로운 모델, 즉 발전을 위한 모델로서 그 대안을 모색하는 것이기 때문이다. 그것이 결정적으로 퇴보적 현상만을 보여준다면, 우리는 '안티' 전자민주주의를 위한 민주주의 운동을 전개해야 할 것이다.

인터넷으로 참여가 가능한 대안들은 어떤 것이 있을까? 그 대안들은 도발적인 사고일지라도 제안해야 하며, 비판을 받더라도 토론에 붙일 수 있어야 한다. 그것은 새롭게 등장한 도구를 활용한 새로운 정치적 방식에 관한 토론이자 실험이기 때문에 본질적으로 미래를 대비한 논의의 첫 출발섬을 형성한다. 지금은 과감한 제안과 사려 깊은 토론의 연쇄가 진행되어야 한다. 하나의 예를 들어보자. 정부가 IMT-2000 사업자를 선정할 때, 동기식과 비동기식 방식의 장단점을 전문가들의 견해로 모두 공개하고, 이를 토대로 시민들이 인터넷으로 투표를 해 결정할 수 있을 것이다. IMT-2000은 결국 통신소비자가 사용하는 것인 만큼 이제 더 이상 주어진 기술에 순응적인 소비자로서가 아니라, 소비자가 원하는 기술을 선택할 수 있는 소비자 주권을 회복하는 것이다. 그것은 인터넷이라는 시공을 초월하는 기술적 특성을 바탕으로 함과 동시에 지식정보사회의 구성원으로서 지식정보화된 '나'의 주체를 회복하는 길이기도 하다. 물론 전자투표 시스템에서 비밀투표, 다수결의 문제, 선거 결과의 왜곡, 매표의 문제 등이 무수하게 거론될 것이다. 그 모든 것이 토론의 대상이며, 토론을 통해 해결할 수 있는 것들이다. 유권자 개개인의 투표 행위만을 놓고 그 행위를 보면 유권자는 매우 비합리적 양태를 보이는 것처럼 드러난다. 지역에 기반해서 투표를 하거나, 금품을 받고 투표를 하는 등의 사례들이다. 그러나 집단적 결과를 놓고 보면 유권자들의 투표 행위는 합리적으로 나타난다. 그렇기 때문에 우리는 현실 공간에서 지금까지의 선거 결과들에 대해서 대부분 인정하고 있는 것이다.

2002년 민주당과 한나라당에서는 대통령 후보를 위한 경선과정에서 전자민주주의의 기술적 특성 중 두 가지 테크놀로지가 실험됐다. 하나는 Kiosk 방식의 전자투표이며, 다른 하나는 인터넷 전자투표이다. Kiosk 방식의 전자투표는 기존의 붓뚜껑을 이용해 종이에 기표하는 대신, 터치스크린에서 단계별로 컴퓨터가 안내하는 대로 원하는 후보를 선택하면 된다. 기존의 방식에 전자적 방식을 도입한 것으로 집계 결과가 정확하고 신속하다는 점에서 효율성을 보여준다. 이 방식은 민주당과 한나라당에서 모두 도입해 사용했다. 문제는 인터넷 전자투표이다. 사실 Kiosk 방식의 전자투표는 다른 나라에서도 수차례 실시됐던 기술이며, 그 기술로 투표를 한다고 해서 전자민주주의의 특성을 체험할 수 있는 것은 아니다. 반면, 인터넷 전자투표 시스템은 언제, 어디서나, 유권자라면 원하는 누구든지 투표를 할 수 있다는 장점을 지니고 있다. 제한적이지만 민주당의 경우에는 이것을 도입해서 실시했다. 10일간의 투표 기간 동안 4만여 명이 투표에 참여했다. 인터넷 전자투표라는 특성, 한국의 인터넷 사용자 수를 감안하면, 민주당의 실험은 양적으로는 실패를 보였지만, 그것이 준(準)공적 영역에서 결과에 영향을 미칠 수 있는 최소한의 범주 내에서 도입됐다는 점을 감안한다면, 민주주의의 급속한 확산을 야기할 수 있는 새로운 실험이라 할 수 있다.

인터넷의 확산은 대부분의 국가들로 하여금 전자 정부로의 전환을 강요하고 있다. 그리고 한국의 행정부 역시 전자 정부를 강력하게 추진하고 있다. 문제는 전자 정부가 단순한 온라인 행정 서비스 체계를 갖추는 것이 아니라는 점이다. 전자 정부는 '정부'에 대한 새로운 개념을 정립하는 계기이다. 여기에서 시민은 더 이상 행정 서비스의 소비자가 아니다. 시민은 정부를 구성하고 정부의 정책을 결정하며, 정부를 직접 감시, 견제하는 '주체'이다. 그렇기 때문에 전자 정부에는 그 초기부터 시민의 참여가 열려 있어야 한다. 시민 없는 전자 정부가 추진되는 것을 방치해서는 안 된다. 그것 역시 참여에서 시작해서 참여로 그 결실을 맺어야 한다. 이것이 인터넷과 참여민주주의가 사회 발전의 전망이라는 첫 걸음을 보여주는 주체적 행위인 것이다.

마찬가지로 국회의원들이 결정하는 주요 법안도 인터넷 전자투표를 통해 결정할 수 있다는 사실에서 출발할 필요가 있다. 결정 이전에 논의가 필요하다면, 일정한 과정을 거쳐 논의에 참여할 수 있도록 그 길을 열어야 한다. 직접 참여가 정보의 홍수, 참여의 홍수로 결정을 지연한다면, 시민이 정치 영역을 견제할 수 있도록 시민사회단체에 그 권한을 위임해 시민사회단체를 통한 참여를 확대하는 것도 가능할 것이다. 시민사회단체는 다양한 방식으로 시민의 의견을 수렴하고, 이에 기반해 선문성을 갖춘 사안에 대한 논의를 전개해 나갈 수 있을 것이다. 물론 정당은 시민의 의견을 수렴해 정치에 반영하는 창구 역할을 하고 있다. 그러나 정당 역시 과대 대표된 정치인들에 의해 그 고유의 기능을 공적 형태로 유지하지 못하는 대표의 과잉 상태를 보이고 있다. 정당이나 정치인이 과대 대표되지 않는다면, 참여는 자연스럽고 일상적인 것으로 유지될 수 있다.

또한 대표를 선출하는 방식에 있어서도 인터넷에 기반한 새로운 제도를 고민해볼 필요가 있다. 각종 선거운동 방식을 인터넷으로 제한했을 때 나타나는 효과와 문제점들이 논의되어야 한다. 국회에서 다루는 모든 사안들이 공개적으로 논의될 수 있는 제도적 장치 역시 인터넷을 기반으로 마련될 수 있는지 가능한 방식들을 찾아보고 요구해야 한다. 국회에서의 정당간 합의가 그 어떤 경우에도 비공개적으로 밀실에서 전개된다면 무효임을 주장할 수 있는 데서부터 출발해 정치의 투명성을 인터넷으로 보장받을 수 있는 제도적 장치들이 제기되어야 한다. 이것은 단순히 제도 자체를 바꾸거나 만드는 작업일 수 없다. 이것은 시민들이 정치에 대해 갖고 있던 기존의 고정관념을 타파하고 정치 발전의 새로운 전망을 요구하는, 인터넷 시대의 참여민주주의적 발상의 전환을 의미하는 것이다. 나아가 이런 참여의 폭넓은 행위는 구질서를 타파하고 새로운 질서를 세우는 전환의 계기를 의미하는 것이다.

마지막 조건은 정보 생산자로서 의제 설정의 권한과 그에 상응하는 인터넷 시대의 시민적 책임성을 확대하고, 이를 기반으로 시민권 개념을 확장시키며, 시민사회에서 지적·도덕적 지도력을 회복해 참여의 정당성을 확보하는 것이다. 인터넷을 사용하는 사람들은 단순한 정보 소비자로 전락될 수 없다. 적어도 지식정보사회라고 할 때, 그 의미는 지식정보를 생산하는 다수의 사람들로 구성된 사회를 의미해야 한다. 소수의 독점적인 사회 구성원에 의해서 생산되고 전유되는 지식과 정보는 절대 양방향성을 지닐 수 없다. 그것은 인터넷의 원리와 배치되는 사회 질서를 의미한다. 정보를 생산한다는 것은 '나'의 웹사이트가 미디어로 기능함을 의미한다. 나아가 그것은 시민사회단체들의 웹사이트가 미디어로서 기능함을 의미한다. 그것은 매스미디어와는 속성이 다르다. 그래서 우리는 그것을 뉴미디어라 부른다. 기존의 매스미디어라는 패러다임을 전환시키는 뉴미디어인 것이다. 이를 통해 우리는 보다 폭넓은 참여를 할 수 있어야 한다. '나' 혹은 사회적 대표로서의 시민단체가 모든 정치적 의제들을 설정하고 사회적 토론을 주도하면서 변화를 추동해낼 수 있는 담론을 생산해야 한다. 그리고 그런 담론에 대한 시민적 책임성을 '참여'라는 개념으로 확대시켜야 한다. 그 책임성의 확장은 정보사회에서 시민이 사회와 정치의 영역에서 지적·도덕적 지도력을 회복하는 계기이기에 보다 중요한 의미를 지닌다. 그것이 중요한 이유는 역설적으로 지금의 지배적인 구세력이 이미 사회적, 정치적으로 지적·도덕적 지도력을 상실했기 때문이다. 지금과 같은 전환의 시대는 공적 인간의 몰락을 바로 잡기 위한 대안으로서 시민권의 확장을 필요로 하며, 그것은 참여라는 적극적 행위와 민주주의라는 제도적, 이념적 전망 속에서 확립되어야 한다.

5. 결론

민주주의는 아무런 노력 없이 자연스럽게 우리에게 다가오는 것이 아니다. 그것은 사회를 유지하기 위한 기준을 설정하는 것이며, 그 속에서 발생하는 권력의 질서를 형성하는 것이기 때문이다. 천사들만의 세계에서는 천사들이 타락하지 않도록 하기 위해 민주주의가 필요하며, 악마들의 세계에서는 악마들이 날뛰지 않도록 하기 위해 민주주의가 필요한 것이다. 운동과 제도, 길등과 조화가 민주주의의 순환적 담론이기 때문이다. 지금이 태초의 세계라면 그것을 처음부터 기획하면서 좋은 사회를 만들기 위한 민주주의를 숙고했겠지만, 우리의 지금은 과거의 유산으로서 지금이며, 따라서 우리가 지금 한편으로는 향유하고 있고, 다른 한편으로는 고통받고 있는 민주주의는 이미 운동의 결과로 제도화된 주어진 것이다. 그러나 그것은 고정적인 진리를 의미하는 것이 아니다. 민주주의는 만들어 가는 것이다. 현실은 변화해야만 미래를 전망할 수 있다. 그 변화는 운동의 추동력으로 도출하는 것이다. 80년 후반과 90년 초반 우리는 민주화운동이라는 추동력에 의해 지금의 민주주의를 확보할 수 있었다. 그리고 지금의 변화 역시 운동의 동력을 필요로 한다. 그 동력은, 현실의 미래 발전을 위해 오늘의 현실을 비판적으로 바라보고 그것을 실현시키려는 사회적, 정치적 참여에서 발견할 수 있다. 그 저변에 인터넷이 놓여 있는 것이다.

인터넷은 전자적 커뮤니케이션의 도구적 의미에서 우리에게 새로움을 실현시킬 수 있는 가능성을 제기해 주고 있다. 또한 인터넷은 정보의 생산과 유통 그리고 소비를 실현하는 장이라는 의미에서 경제적, 정치적, 사회적 패러다임의 전환 가능성을 보여주고 있다. 그리고 우리는 이런 기반 위에서 '나'를 찾고 있다. '나'라는 존재는 역시 사회적 관계 속에서 발견할 수 있어야 한다. 관계를 갖는다는 것은 사회 속에 참여한다는 의미이다. 내가 정보를 생산하는 이상 나는 사회적 참여자이다. 정보 생산자로서의 '나'를 현실화시키는 것이 인터넷 시대, 정보 시대의 전자민주주의의 출발점이다.

인터넷이 중요하지만 엄밀한 의미에서의 인터넷은 참여민주주의를 위한 정치적, 제도적 도구에 불과하다. 어쩌면 전자민주주의는 참여민주주의 그 이상을 실현시킬 수 있는 기획이 아닐 수도 있다. 분명한 것은 인터넷이 우리에게 가능성이라는 계기를 기술적으로 줬다는 점이다. 이것을 둘러싸고 전개되는 사회적 관계들은 사이버 공간을 위한 사이버 공간의 관계가 아니다. 그것은 현실 공간을 위한 현실 공간의 관계이다. 인터넷이 창출하는 사이버 공간의 관계성은 현실 공간과의 상호작용에 의해서만 의미를 지닐 수 있는 것이다. 전자민주주의가 현실의 문제이지 인터넷만의 문제가 아님을 분명하게 하는 데서 인터넷과 전자민주주의에 대한 사고와 실천은 출발해야 한다. 인터넷은 현실의 민주주의 발전을 위해 '우리가' 채용할 수 있는 기술적 계기, 그렇지만 너무나도 큰 전환의 가능성을 보여주고 있는 기술적 계기들 중 하나일 뿐이다.

'진보정당'과 새로운 정치 지형의 가능성

이광일 | 한국정치연구회 연구위원, 정치학

1. 모든 것은 변한다

세상의 모든 것은 변한다. 마치 변하지 않는 것처럼 보여도 시간은 모든 것을 낡게 만든다. 한국의 정치 구조 또한 마찬가지이다. 해방 이후 다양한 이념과 정책을 지향했던 합법, 비합법 정당들은 한국 전쟁을 경과하면서 그 존재를 보장받기 위해 오직 하나의 방향으로 움직여야 했다. 냉전 반공의 지표가 그것이다. 이에서 조금이라도 이탈하면 그것은 외부의 적을 이롭게 하는 적대 행위로 간주됐고 그 순간 존재 자체가 불투명하게 됐다. 이승만 정권 시기 권력에 의해 기획됐던 진보당 사건은 이미 너무도 익숙한 역사적 사례이다. 이른바 '적과 동지를 구분하는 것'이 정치의 핵심이었던 이 시기에 이념, 정책의 다양성을 이야기하는 것 자체가 허용될 수 없었다. 따라서 '자유민주주의'가 수없이 이야기됐지만, 거기에 상응하는 온전한 정당 국가의 모습은 볼 수 없었다. 오직 반공을 앞세운 보수 독점의 정당 체계만이 존재했던 것이다.[1]

---

[1] 한국 전쟁 이후 이승만 정권 시기에는 급진적인 운동과 이론들이 와해되거나 잠복된 상황에서 래스키(H. J. Laski) 류의 다원주의에 근거한 논의가 주요한 감시의 대상이었다는 진술은 당시의 상황을 핵심적으로 지적하고 있다. 「한국의 정치학자: 윤근식」, 『정치비평』, 2002년 후반기

그렇지만 지금 진보정당의 존재를 부정하는 시대착오적 발상은 외견상 찾아보기 어렵다. 진보정당을 포함한 새로운 정당들은 제도의 높은 진입 장벽으로 어려움을 겪고 있으나, 과거처럼 자신의 존재 자체를 담보로 하는 위험을 감수하지 않아도 된다. 물론 이것이 진보정당을 포함한 새로운 정당의 출현에 대해 법적인 영역을 포함해 유형, 무형의 억압과 배제가 현존하고 있는 사실을 부정하는 것은 아니다.

다만 이 지점에서 주목하고자 하는 것은 그 변화의 근본 원인이 무엇인가라는 문제이다. 시간은 외견상 모든 것을 낡게 하지만, 그 내용이 어떤 방향으로 나아갈지는 인간들이 구성하는 사회관계들에 의해 규정받는다. 조봉암의 죽임과 같은 사건이 오늘 되풀이되리라 생각할 수 없는 까닭은 과거와 달리 사회관계가 변화됐기 때문이다. 즉 지금은 "그렇소, 나는 사회주의자요"라고 말할 수도 있는데, 그것이 가능한 것은 어느 한 개인의 결단과 소신 때문이라기보다 그 동안 저항과 투쟁을 경과하며 제고된 사회관계들의 민주적 재구성 때문이다.[2]

따라서 한국에서 새로운 정당의 등장도 기본적으로 이런 사회관계의 변화를 그 기초로 할 수밖에 없다. 정당 체계의 변화 근거는 단지 시간이 흐른다는 것 때문에, 즉 세대가 바뀐다는 것 때문에 이뤄지는 것은 아니다. 내용적으로 그것은 사회관계의 민주적, 수평적 재구성을 필수적으로 요구하는데, 무엇보다 한국 사회에서 그 핵심은 완고하게 위계화된 냉전 반공 체제라는 그물망의 내적 균열 및 재구성을 의미한다. 이런 측면에서 보면, 진보정당의 출현이 정치 지형의 변화를 가속화시키는 측면이 있지만, 그에 앞서 주목해야 할 것은 세력관계의 편재를 포함한 정치 지형 등 사회관

참조.

[2] 이런 맥락에서 '반공규율사회'(anti-communist regimented society)라는 개념도 사회관계들의 재구성, 이른바 시민사회의 성장, 국가의 성격과 위상의 변화 등에 따라 그 내용과 형식을 달리할 수밖에 없다는 점에 주목할 필요가 있다. 반공규율사회라는 개념에 대해서는 조희연, 『한국의 국가, 민주주의, 정치변동』, 당대, 1998, 8쪽.

계의 변화가 새로운 정당의 출현을 위한 토대라는 점이다. 물론 이때 정치는 제도정치만을 의미하는 것은 아니며 기본적으로 계급, 계층 등으로 분열된 사회 내에 잠복되어 있거나 구체화된 모순 등을 해소, 극복하고자 하는 조직적이고 목적의식적인 행위를 뜻한다.

2. 한국 정당 체계의 특징

진보정당의 존재와 그에 따른 정치구조의 변화를 살피기에 앞서 한국의 정당들 및 그 구조에 각인된 특징에 주목할 필요가 있다. 이에 관해서는 많은 논의가 있지만, 기본적으로 다음과 같은 몇 가지 특징으로 대별해 볼 수 있다.

첫째, 지금까지 한국 정당 체계는 보수 독점의 구조를 유지하고 있다. 여기에서 보수 독점의 구조라고 하는 것은 운동의 정치를 포함한 광의의 차원에서가 아니라 제도정치의 특성을 이야기하는 것이다. 물론 제도정치에서 보수정당의 지배력은 사회관계의 재구성에 따라 변화해 온 것이 사실이지만, 여전히 지배적인 영향력을 행사하고 있다. 이런 특성은 기본적으로 해방 이후 새로운 사회건설을 둘러싸고 전개된 상이한 사회정치 세력들 간의 부쟁과 그 귀결인 한국 전쟁을 경과하면서 구조화된 것이다. 물론 이런 구조는 고정되어 있지 않으며 점진적으로 균열을 보이고 있는데, 이것이 진보정당의 입지 강화로 바로 나아갈지는 단언할 수 없다.

그 이유 가운데 근본적인 것은 진보정치 세력의 정치적 영향력이 아직 미약하기 때문이지만, 다른 한편 민주주의에 대한 결속력의 측면에서 자유주의 정치 세력 또한 여전히 취약하기 때문이다. 16대 대선 과정에서 민주당이 '반평화 냉전 세력의 집권,' 즉 한나라당의 집권을 저지하기 위해 후보단일화를 주장하면서도, 그 파트너가 국민통합21이었다는 점은 그 결과야 어찌됐든 자유주의 정치 세력의 자립이 얼마나 어려운가를 반증하는 예라 할 수 있다. 다른 한편 급진정당인 사회당의 '반조선노동당'이라는 모토 또한 이런 상황을 반증해 주는 또 다른 예라 할 수 있다. 이 모토는 한편으로 북한이 '진정한 의미에서 사회주의 국가'가 아니라는 비판을 담고 있지만, 다른 한편 한국 사회에서 분단 구조가 정치 행위자들에게 미치는 구속력을 엿볼 수 있게 해주는 대목이다.

둘째, 정당의 발생이라는 측면에서 보면, 기성 보수정당 모두가 외생 정당이다. 한국의 정당들은 대중의 자발적인 참여에 기초를 두기보다 국가권력에 의해 위로부터 만들어진 외삽 정당이라고 할 수 있다. 이승만 정권 시기 자유당은 말할 것도 없고, 그 경쟁자였던 한민당 또한 권력에서 배제된 소수의 지배 엘리트들이 조직한 정당이었다. 61년 5·16 쿠데타와 80년 5·17 쿠데타를 통해 권력을 잡은 군부가 자신들의 집권을 유지하기 위해 만든 정당들, 즉 민주공화당과 민주정의당 또한 전형적인 외생 정당이었다.

그런데 더 중요한 문제는 이에 저항한 야당 또한 이에서 자유롭지 못하다는 점에 있다. 여기에는 국가권력 기구들에 의해 급조된 야당들, 즉 5공화국 시절의 민한당과 국민당만이 아니라 이른바 민주화 투쟁을 해온 야당 또한 포함된다. 이른바 70년대 민주화 운동에 동참한 야당들 또한 소수의 대중적 명망가와 그를 추종하는 정치 엘리트들의 정당이었지, 대중의 참여에 기초한 정당은 아니었다. 이들에게 대중은 단지 선거 때, 지지를 호소해 한 표를 얻기 위한 대상이었지 정당 정치의 주체가 아니었다.[3] 즉 이 조직들은 명망가 정당이었다. 이런 측면에서 볼 때, 보수정치 세력은 물론 80년대 이후 그 모습을 드러낸 진보정치 세력도 대중과의 상호교감

---

3) 윤근식, 「한국 정당의 조직사회학」, 『한국 정당정치론』, 나남, 1995, 211~221쪽.

을 이루지 못해 왔다고 할 수 있다. 물론 정치적 시민권을 획득하지 못했던 진보정치 세력들은 대중의 접촉 및 참여 자체가 국가권력의 억압으로 인해 차단되어 왔다는 점에서 기성 보수정당들과는 상이한 처지에 있었다.

셋째, 지역주의를 그 존립 기반으로 한다는 점이다. 지역주의에 근거한 정당 구조 및 정당 체계는 현재 한국 정치의 가장 핵심적인 특징이 되고 있다.[4] 과거에는 극우반공적인 도그마가 상대 정당을 공격하기 위한 효과적인 수단으로 이용되어 왔다고 한다면, 현재는 지역주의가 경쟁 상대를 배제하거나 고립시키는 가장 유효한 정치적 기제로 이용되고 있다. 이른바 87년 6월 항쟁 이후 3당 합당에 의한 반호남 구도의 조성, 혹은 지역 패권에 대항한 이른바 '지역등권론,' 그리고 그것의 정치적 표현인 김대중과 김종필의 연합(이른바 DJP 연합)은 그 전형이라 할 수 있다. 하지만 지역주의는 그에 대한 규범적 판단 여부를 떠나 대중 동원을 위한 단순한 이데올로기의 차원이 아닌 '합리적 선택'의 측면을 지니고 있는데, 이것은 지역주의가 직장에서의 승진, 혼인 등 일상의 사회관계에 내재되어 있는 미시 권력 구조를 거대 권력과 연계시키는 기제로 작동하고 있다는 점에서 그렇다.

하지만 이런 특징을 지니는 정당 구조와 체계는 의미 있는 변화의 기미를 보이지 않고 있다. '차별받는 호남'의 정치적 상징이었던 김대중(DJ)의 집권과 '국민의 정부' 5년에도 불구하고 지역주의의 농도는 결코 엷어지지 않고 있다. 물론 이런 폐해를 극복하기 위한 방안들은 계속 제안되고 있다. 그 제안은 크게 정당 구조의 민주화와 정당 체계의 변화로 대별해볼 수 있다. 특히 전자와 관련해서는 보스 중심의 당 운영 구조 타파, 당 총재의 공천권 제한과 당원에 의한 공직 후보자의 선출, 진성 당원에 의한 당 운영, 지구당의 축소 내지 폐지와 같은 방안 등이 거론되고 있다.[5] 2002

---

4) 김만흠, 『한국 정치의 재인식』, 풀빛, 1997, 제2부; 박상훈, 「한국 지역정당 체제의 합리적 기초에 관한 연구」, 고려대 박사학위논문, 1999 참조.

년 대통령 선거 과정에서 나타난 민주당의 국민경선제 도입 등은 화석화된 당내 구조를 원외의 대중적 힘을 매개로 해소시키고자 한 과도기적 시도라고 할 수 있다.

그렇지만 주목해야 할 것은 여전히 당 총재가 강력한 지배력을 지니고 있다는 점이다. 외견상 이것은 당의 결정이 어느 특정인의 의지에 의해 좌우되는 것으로 보이게 하지만, 이런 1인 지배 구조가 가능한 이유는 그 엘리트의 능력에 의해서라기보다 당 내부관계가 그와 같은 지배의 재생산을 보장하고 있기 때문이다. 즉 당 내외의 비민주적, 관료주의적 관계들이 그것을 떠받치고 있는 것이다. 따라서 당 총재 등에 의한 정당의 사유화가 불합리하다는 것은 알지만, 그것을 공식적으로 문제시하는 것은 정치인 개인의 생명을 내걸어야 하는 것이기 때문에 확실한 승산이 보이지 않는 경우, 이를 실행하는 것은 거의 불가능하다. 반대로 이것은 의원 개인의 기득권이 위협받을 경우, 언제라도 자신이 속한 정당을 떠날 수 있음을 의미한다. 하지만 여기에서 놓치지 말아야 할 것은 이와 같은 상황이 재생산되는 이유가 개인의 지적, 도덕적 파탄 때문만이 아니라, 기본적으로 보수 독점의 균질한 정당 체계에 근거한 수혜-지지관계 때문이라는 것이다.

따라서 이런 구조와 관계를 간과한 대안 모색은 해소 내지 극복 대상들이 노정한 것과 동일한 한계를 되풀이하는 역설을 재생산한다. 즉 정치를 사회관계의 맥락에서 포착하기보다 특정한 능력과 자질을 소유한 개인을 중심으로 보게 되면 그 대안 역시 인물 중심으로 갈 수밖에 없는 것이다. 과거 김대중에 대한 '비판적 지지'는 그 대표 사례이다. 16대 대선 과정에서 노무현이 후보로 선출된 이후 DJ를 추종하던 민주당의 당권파들 가운데 핵심인사들의 주장이 그 이념, 정책 등에서 자민련, 한나라당 등과

---

5) 김용복, 「2002년 대선과 정당 구조의 변화」, 『경제와 사회』 56호, 2002년 겨울 참조.

다르지 않음이 확인됐는데, 바로 이와 같은 현상은 기본적으로 보수 독점의 정당 체계와 인물 중심의 정당 지배 구조에 그 뿌리를 두고 있다.

이런 맥락에서 위계화된 사회관계들의 이완과 수평적 관계로의 이동, 노동자(특히 비정규직, 외국인 노동자) 등 사회적 약자의 이해를 대변하고자 하는 새로운 정당의 위상 제고 및 영향력 확대는 '대표성의 빈곤'에 시달리는 기존 보수 독점의 정당 체계에서 야기되는 폐해를 극복하는 지름길이다. 나아가 이들 정당들의 당내 민주주의에 대한 결속은 기존 정당들의 비민주적이고 관료적인 조직 운영을 자극하고 개선할 수 있는 토양이 될 수 있다. 민주노동당 등이 실시하고 있는 아래로부터의 공직 후보 선출, 진성 당원의 당비에 의한 당 활동 유지 등은 그 대표적인 예이다.[6]

3. 반다원적 정당 체계, 진보정치 빈곤의 원인

한국 사회가 '다원적 정당국가인가'라는 질문은 정당 정치의 특징을 구조적으로 집약하는 화두이다. 이런 차원에서 보면 그 동안 한국 사회는 '정당 정치 없는 정당 국가,' '정당 정치 없는 자유민주주의'라는 역설의 상황을 재생산시켜왔다. 그리고 그 핵심은 진보정치의 빈곤이다.

일반적으로 다원적 정당 체계와 조응되는 정부 구성 방식으로 이야기되는 것이 내각제인데, 이를 둘러싼 논의를 살펴보면, 이런 반다원성은 쉽게 확인된다. 내각제를 주장하는 쪽은 그것이 대통령제가 지닌 승자 독식의 폐해와 지역주의의 해소 내지 극복을 위한 유일한 제도적 방책이라

---

6) 오마이뉴스와의 인터뷰에서 국민개혁정당의 한 핵심 관계자는 정강과 정책은 민주당의 것을, 정당의 조직과 문화는 민주노동당의 것을 모델로 하겠다고 말했는데, 이것은 정당 내부의 민주화와 관련해 진보정당이 중요한 계기를 제공하고 있음을 반증해주는 예이다. 『오마이뉴스』, 2002년 8월 28일 참조.

고 말을 한다. 이에 반대하는 기존의 보수 정치 세력들은 한편으로 지역주의의 가장 큰 수혜자이기도 한데, 이들은 그것이 국론 분열과 정국 불안을 가져온다고 주장하며 반대한다.

그렇지만 이들은 내각제를 둘러싼 정부 구성 방식이 정작 민주주의의 기본 문제, 아니 그 범위를 좁혀 정당 정치의 존립 문제와 밀접히 연결되어 있다는 것을 애써 외면한다. 내각제의 실시는 다원적 정당의 존재와 재생산을 전제로 하기 때문에 시민사회의 구성에 대응한 대표성의 비대칭성을 완화시킬 수 있는 제도 개혁을 필요로 한다. 특히, 한국 사회와 같이 수십 년 동안 보수 독점의 정치가 지속되어온 경우, 이런 제도의 변화는 기본 전제이다. 즉 다원적 정당 체계의 존립을 구현할 비례대표제의 도입, 진입 장벽을 완화시키기 위한 선거법 개정, 정치자금법의 개정 등 제도적 변화를 요구한다.

그런데 문제는 내각제에 대한 가부 이전에 기존 정치 세력들은 이런 제도 개혁을 진지하게 고민하지 않는다는 것이다. 오히려 내각제를 주장하는 정치 세력조차 그것을 위해 필수적으로 요구되는 정당명부 비례대표제 등 선거법, 정치자금법, 정당법 등 정치관련법의 민주적 개정에 반대하는 역설적 행태를 보여주고 있다. 이에 반대하는 세력들도 이런 제도의 개혁, 혹은 새로운 제도의 도입을 핵심 쟁점으로 삼기보다 기존의 지역주의 정치 구조가 주는 이해 득실에 따라 그 입장을 달리하는 것이 일반적이다. 원론적으로 다원적 정당 체계에 반대할 이유가 없는 자유주의 정치 세력들조차도 기존의 대통령제는 오랜 동안의 민주주의 투쟁을 통해 쟁취한 것이기 때문에 국민의 의사를 확인해 보아야 한다는 낡은 수사를 되풀이 할 뿐이다. 하지만 이들은 지금 자신들이 그 민주주의 운동의 대상이 되고 있다는 점을 외면하거나 잊고 있다.[7]

---

[7] 기존의 보수정치 세력들이 민주주의의 걸림돌이라는 인식은 이미 2000년 총선시민연대의 낙천낙선운동을 통해 대중적으로 공유된 바 있다. 물론 이것이 총선연대 등 시민운동의 활동

다원적, 합리적 경쟁을 위해 요구되는 최소한의 조건을 마련하는 것조차 외면하는 이런 발상 및 태도는 왜 진보정치가 빈곤한가를 단적으로 보여 준다. 외견상 이들은 정당 정치 자체를 부정하는 것은 아니지만, 그렇다고 그것을 실현시키기 위해 노력을 기울이는 것도 아니다. 진보 세력의 사회정치적 시민권을 박탈당해온 보수 독점의 정치는 사회관계의 변화로 인해 완화되고 있는 것은 사실이지만, 여전히 정당 정치의 전제인 양심과 사상의 자유, 표현 및 결사의 자유가 침해되고 있는 상황은 한국 사회가 '정당 정치 없는 정당 국가'임을 보여주는 핵심 증거이다. 그리고 이런 구조는 보수정치 세력들의 방조와 조장으로 재생산되고 있다. 따라서 '정당 정치 없는 정당 국가'라는 모순의 극복은 그것에 가장 심대하게 노출되어 있는 진보적이고 민주적인 정치 세력들에 의해 극복될 수밖에 없는데, 이것이 민주화 이행과 그것의 공고화를 이야기하고 있는 오늘 우리가 직면하고 있는 정당 정치의 현주소이다.

그렇다면 이제 이런 맥락 위에서 '왜 진보 진영은 정치세력화에 실패했는가'라는 질문을 재검토해 볼 필요가 있다. 이것은 한편으로 진보 진영의 '정치세력화 실패' 원인을 재고하기 위한 것이기도 하지만, 다른 한편 기존의 정치 구조가 바뀌지 않는 한, 현재의 정당 정치가 드러내고 있는 폐해들 또한 극복될 수 없다는 발상을 반영하는 것이다. 여기에는 정당 체계의 변화가 담보될 때만이 정당의 내적인 민주화 또한 의미 있는 진전을 이룰 것이라는 문제의식이 담겨 있다.

논의에 앞서 짚고 넘어가야 할 사안이 있는데, 그것은 진보정당의 건설과 관련, '정치세력화의 실패'라는 표현, 또는 이와 유사한 표현이 그동

내용 및 방식의 한계를 부정하는 것은 아니다. 낙선운동의 경과에 대해서는 박원순, 「유권자 혁명, 그 드라마 93일: 2000년 낙선운동 시종기」, 『한국의 시민운동: 프로크루스테스의 침대』, 당대, 2002. 시민운동의 한계와 과제에 대해서는 이광일, 「민주화 이행과 시민운동의 진로」, 『시민과 세계』(창간호, 2002) 참조.

안 숙고 없이 사용되어 왔다는 점이다. 여기에서 실패의 기준은 기존 제도 정치로의 진입, 특히 의회 진입 여부이다. 물론 근대 이후 정치의 본령인 것처럼 되어버린 제도정치가 가치 판단 여부와 무관하게 중요한 위상을 차지하고 있다는 것은 부정될 수 없다. 하지만 정치, 특히 근대 정치의 핵심인 민주주의의 목적이 '지배자와 피지배자의 동일성'을 실현하는 것 이라는 점에 동의한다면, 그것의 실현을 위한 방식 또한 매우 다양하다는 것 또한 부정될 수 없다. 제도화된 기제가 아무리 중요하다고 해도 그것이 민주주의의 목적 자체와 대체될 수 없으며 그 중요성에도 불구하고 민주 주의의 실현을 위한 여러 기제들 가운데 하나일 뿐이다. 이런 의미에서 보면, 이른바 시민사회에서 다양하게 이뤄지는 자기 표현 및 결정의 방식 들이야말로 민주주의를 실현하기 위한 중요한 기제라는 점에 주목할 필요 가 있다. 그것은 직접민주주의에 더욱 가깝다는 점에서 오히려 질적으로 더욱 보듬어야 할 중요한 기제이다. 기본적으로 이런 발상은 정치를 엘리 트간의 경쟁으로 보고 '주권자'의 역할을 단지 후보 가운데 특정인을 선택 하는 것으로 제한하고자 하는 보수적 발상을 거부하는 것이다. 이런 차원 에서 볼 때, '정치세력화에 실패했다'라는 평가는 단지 하나의 관점을 대 변할 뿐이며 거기에는 이데올로기적 혐의가 강하게 스며들어 있다.[8] 이런 맥락에서 보면, 진보 진영의 '정치세력화'는 이미 제도와 비제도 영역에 걸쳐 이뤄져 왔으며 단지 제도 내 진입 여부, 특히 총선거를 통한 원내 진출이 의미 있는 성과를 내지 못했다고 보는 것이 더 적실할 것이다.

이제 한국에서 진보정치 세력들의 제도 진입을 막고 있는 장애들, 조 건들에 대해 살펴보자. 역사적으로 그 장애 요인들에 대한 방점은 구조적 인 차원에서 법, 제도적인 차원으로 전이해가고 있다. 기본적으로 이것은 사회관계의 변화를 반영하는 것으로, 이미 언급했듯이 '반공규율화된 사

---

8) 대표적으로 최장집, 「한국 노동자계급의 정치세력화 문제 1987~1992」, 『한국 민주주의의 이론』, 한길사, 1993 참조.

회'라는 규정도 고정되어 있는 것이 아니라 계급, 계층 구조 그리고 그것의 정치적 편성, 의식의 성장 등 변화에 따라 달라진다. 이에 따라 '적과 동지의 구분'을 정치의 핵심으로 삼는, 따라서 다원적 정당 정치를 부정하는 사회정치 세력들의 영향력도 경향적으로 약화되어 왔으며, 이에 대응해 87년 7~8월 노동자 대투쟁 이후 진보정치 세력의 제도정치 진입 시도가 강화되어온 것은 자연스러운 현상이 아닐 수 없다.

하지만 한국 자본주의의 성숙도 제고, 사회 계급, 계층의 분화에 따른 노동자계급의 증대 그리고 이들의 이해를 대변하고자 한 급진정치 세력의 등장 자체가 성공적인 제도 내 진입으로 바로 이어지지 않았다. 그 결과 그 실패 원인에 대한 구명 작업도 구조적인 조건에서 행위 주체의 전략적 선택의 문제로 자연스럽게 이동됐다. 특히 87년 6월 항쟁 이후 진전된 정치적 개방과 냉전의 해체라는 국내외의 상황은 이런 흐름을 더욱 자극했다. 물론 '변화된 구조적 조건들'의 제약성은 여전히 거부되지 않았지만, 그 변화된 조건으로 인해 행위 주체들, 특히 진보정치 세력들의 '전략적 선택'의 여지가 넓어졌다는 발상은 더욱 강화됐다. 그 결과 제도정치로의 진입 실패의 책임은 대중운동에 헤게모니를 지니고 있던 노동운동 세력 내부의 최대 강령주의에게로 집중됐다. 그 가운데 대표적인 논지는 최대 강령주의자들이 개방된 정치적 공간을 이용하지 못하고 오히려 운동의 급진성과 투쟁의 과격성을 제고시킴으로써 결국 대중의 이탈을 촉진시키고 운동의 위기를 가져왔다는 것이다.[9] 나아가 이것이 더 많은 민주주의로의 진전을 막았다는 것이다.

그렇지만 이것은 6월 항쟁 이후 재구성된 정치지형에 대한 과도한 낙관 혹은 그 핵심 내용을 무시하는 것이었다.[10] 우선 6.29 선언 이후 정치

---

9) 최장집, 위의 글; 송호근, 「정치 민주화와 노동운동」, 『열린 시장, 닫힌 정치』, 나남, 1994 참조
10) 90년 전후 전국노동조합협의회(전노협)의 결성 과정에서 제기된 이른바 '노동운동 위기론'에 동의했던 대부분의 논의들이 이런 입장을 지니고 있었다. 이에 대한 반론은 노중기, 『국가의

지형은 최소 민주주의에 집착한 보수자유주의 정치 세력이 군부와 타협함으로써 그 틀이 형성됐다. 이것은 반독재 투쟁에서 비타협적으로 투쟁해온 진보적, 급진적인 세력들을 '보수 협약'에서 배제하는 과정이었다. 즉 군부와 보수자유주의 정치 세력은 대통령 직선제라는 정부 구성 방식에 합의하면서 진보적인, 특히 급진적인 세력들의 사회정치적 시민권을 실질적으로 부정했다. 6월 항쟁 이후 80년대 후반기 및 90년대 초반기에 노동자 대중투쟁이 격화되고 각종 비합법 정치 조직 사건이 빈발했던 것은 이를 상징적으로 보여준다.11)

이런 과정은 한국의 보수정치 세력들 및 정당들이 왜 현재와 같은 비합리적인 모습을 지닐 수밖에 없는지를 잘 보여준다. 즉 기존의 보수정당들은 권력에서 배제된 사람들이 만든 조직이었기 때문에 집권 세력인 군부와 그 기본 발상에서 커다란 차이가 없었으며, 특히 냉전 분단 체제라는 구조적 요인은 이들의 편차를 최소화하는데 기여했다. 물론 이것이 이들 사이에 정책의 차이가 있음을 부정하는 것은 아니다. 어쨌든 이들은 민주주의의 확장과 관련된 중요한 정치적 국면에서, 특히 민중운동, 급진정치 세력들이 그 활동의 폭을 넓혀가고자 하는 경우, 이를 배제, 고립시키는 전략을 구사해 왔다. 개헌 투쟁이 한창이던 86년 5.3 인천 투쟁 이후 자유주의 정치 세력이 보여줬던 모습, 그리고 6.29 선언 이후 3당 합당, DJP 연합 등의 정치적 행보는 그 대표 사례이다.12)

따라서 한국에서 민주주의가 지체된 것은 진보, 혹은 급진정치 세력들의 최대 강령주의적인 전략 때문만이 아니라 상대적이지만 제도 내에서

노동통제 전략에 관한 연구 1987~1992』, 서울대 사회학과 박사학위논문, 1995 참조.

11) 이광일, 「한국의 민주주의와 진보정치운동: 민주적 실천과 역사적 '희생'」, 『국가폭력, 민주주의 투쟁, 그리고 희생』, 함께 읽는 책, 2001 참조.

12) 이 과정에 대해서는 조현연, 『한국 정치 변동의 동학과 민중운동: 1980~1997』, 한국외국어대학교 정외과 박사학위논문, 1997 참조.

풍부한 자유를 누렸던 보수정치 세력들의 조합주의적 집권 전략 때문이라고 할 수 있다.[13] 즉 자유주의 정치 세력의 조합주의가 민주주의 진전에 더욱 커다란 장애였다. 지금 민주주의가 이른바 '지체된 민주주의(creeping democracy)'라는 비판에 처해 있지만, 그나마 이 정도 수준을 유지할 수 있는 것은 노동자 대중운동 및 노동자 정치운동의 저항, 투쟁 때문이라 해도 과언이 아니다.[14]

사정이 이러함에도 불구하고 진보정치의 빈곤에 주목하는 논의들은 여전히 제도, 혹은 그 속의 행위자의 문제에 과도하게 집착하고 있다. 특히 자본주의에 대한 현실적 대안이 제시되지 않는 상황은 그것에 대한 규범적 판단과 무관하게 국가를 포위, 해체하고자 하는 제도 밖의 운동들에 대한 관심을 현저히 약화시키고, 제도정치로의 진입을 중요한 목표로 설정하게 만들면서 자연히 제도 개폐 문제로 관심을 급속히 이동시키고 있다. 한 연구는 한국에서 사회당이 존재하지 못하는 요인으로 양당제 정당 체계의 조기 정착, 대통령제, 보통선거권의 조기부여 등 제도적 요인에 더해 지역주의 정치 체제 등을 지적하고 있다.[15] 이런 논의들은 매우 귀중하지만, 제도 자체가 사회관계들에 의해 주조된 경계에서 홀연히 벗어날 수 없다는 것에 대해 너무 쉽게 반응하는 경향이 있다. 하나의 예로 분단 체제를 이야기하면 또 그 얘기냐는 식이다. 물론 제도 자체를 구조적 요인들로 환원시킬 필요는 없지만, 그것이 곧 거기에 채워지고 각인된 사회관

---

13) 조합주의는 그람시적 의미에서의 헤게모니와 반대되는 의미이며, 이것은 정치적으로 자유 주의 정치 세력의 허약성을 반영하는 일종의 변형주의(transformismo)로 나타나는데, 그 핵심 은 정치적 통합 내지 포용이기보다 전후 한국 사회를 관통해왔던 이른바 '배제의 정치'이다.

14) 이런 발상을 표현한 대표적 논의는 Rueschemeyer, E. Stephens, and J. Stephens, *Capitalist Development and Democracy*, Polity, 1992 참조. 루시마이어와 스티븐스 부부는 역사적으로 민주주 의에 가장 우호적인 세력은 노동계급인 반면, 부르주아지는 민주주의의 당연한 담지자일 수 없고 그에 대한 결속력 또한 높지 않으며 상황에 따라 부동하는 세력임을 논증하고 있다.

15) 강명세, 「한국에는 왜 사회당이 존재하지 못하는가」, 고대 아세아문제연구소, 2001 참조.

계들의 모순과 적대, 억압과 저항 등을 간과해도 된다는 것을 의미하는 것은 아니다. 바로 이런 맥락에서 진보정치의 역사적 궤적을 더듬는 것은 그 빈곤의 원인을 이해하기 위해 필수적으로 요구되는 부분이다.

4. 진보정치의 궤적, 자립과 연대를 향한 긴 터널

지금까지 전개된 진보정치의 궤적은, 첫째 과거 민주화 운동에서 진보운동이 자치한 위상, 둘째 진보 진영의 연대 문제라는 프리즘을 통해 살펴볼 수 있다. 전자가 자유주의 정치세력과의 관계에 주목하는 것이라면, 후자는 진보진영 내부의 관계에 주목하는 것이다.

먼저, 자유주의 정치 세력에서의 자립 문제는 87년 이후 지속적으로 제기되어 온 것으로 과거에는 김대중에 대한 '비판적 지지'로, 2002 대선 과정에서는 민주당 노무현에 대한 '지지' 여부로 나타난 바 있다. 이런 논리들은 70년대 이후 '재야 운동'이라 불리는 반독재 민주화 운동에서 자유주의 정치 세력이 행사했던 지배적 영향력의 산물이다. 70년대에 진보 세력은 대중적 지지 기반과 영향력을 지니지 못했던 관계로 이들이 주도하는 반독재 운동의 후미에서 응집력 없이 분산되어 존재했다.

그렇지만 이런 상황은 80년 광주 민중항쟁을 거치면서 변화되기 시작했다. 군부와의 타협으로 귀결된 자유주의적 대안의 무기력함이 인식되고 맑스주의에 뿌리를 두고 있는 다양한 비판과학이 수용되면서, 특히 이 과정이 학생운동 활동가들의 노동 현장으로의 이전과 맞물려 진행됨으로써 급진운동의 출현이 가속화됐다. 이렇게 해 70년대 이후 민주화운동에서 독점적 지배력을 누렸던 자유주의 정치 세력의 지위는 균열을 일으키게 됐다. 하지만 이것이 자유주의 정치 세력들과 급진정치 세력들의 위상을 전도시키는 것은 아니었다. 군부독재 타도에 동의하는 세력들이 반독재 전선으로 결집되어 있었으나 대중에 대한 정치적 지배력은 여전히 자유주의 정치 세력들에게 있었다. 6월 항쟁을 이끈 <민주헌법 쟁취를 위한 국민운동본부>는 말할 것도 없고 민중운동의 연합체였던 <민주통일민중운동연합> 내에서도 자유주의 정치 세력들과 친화력을 지니고 있던 명망가들은 상당한 영향력을 지니고 있었는데, 이들은 정치적으로 70년대 재야운동의 연장선에 있었던 '민중지향적인 비판적 자유주의 세력'의 범주 안에 존재했다.16) 물론 투쟁의 차원에서 보면, 민중운동은 전투적, 비타협으로 저항했지만, 이들이 내건 슬로건은 노동 3권 등 근대 자유주의적인 권리 목록이 주를 형성했고 이것은 비판적 자유주의 세력이 수용할 수 있는 요구였다. 즉 이념적 지향에서 이들은 단일하지 않았고 자신들의 독자적인 정치적 요구를 들고 나아갈 만큼 역량을 지니고 있지도 못했다.

그런데 문제는 '자유주의 정치 세력'이 보수우익의 영향력을 약화시키고 '더 많은 민주주의'를 실현하기 위한 '민주 블록'에 일관되게 참여하지 않았다는 점이다. 이들은 86년 개헌 국면에서 보이듯 대통령 직선제 요구가 부분적으로 수용되는 경우, 민중운동과 거리를 두었고 이런 의미에서 민중운동의 비타협적 투쟁을 자신들의 이해를 관철시키는데 십분 활용했다. 이 같은 행보는 90년 3당 합당, 97년 DJP 연합 등으로 이어졌고 이것은 민주주의의 확대, 심화를 차단하는 장애가 됐다. 물론 이것은 자유주의 보수야당이 펼친 정치 활동의 주 목적이 권력에서의 배제 혹은 소외를 만회하기 위한 것이었다는 점에서 보면 이해될 수 있다.

하지만 자유주의 정치 세력들은 여기에서 멈추지 않았다. 이들은 민주주의의 지체된 책임을 급진 민중운동에 돌리는 한편, 그와 같은 상황을

---

16) 특히 국민운동본부에 관해서는 윤상철, 『1980년대 한국의 민주화 이행 과정』, 서울대 출판부, 1997, 142~158쪽 참조. 이런 성격과 구성은 민통련이 내부의 급진운동 조직들의 반대에도 불구하고 '비판적 지지'로 나아가는 것을 가능케 했다.

다시 '민주연합론'의 근거로 제시했다. 이런 이율배반의 정치 행태는 이념, 조직의 수준에서 이들로부터 자립하고자 한 '진보정치 세력'의 분화를 자극했다. 87년 이후 제기된 '민주연합론,' '비판적 지지론'은 바로 이런 맥락 위에 있으며, 이것은 자유주의 정치 세력들이 옹호하고 추진해야 할 목록 중 하나인 '다원적 정당 정치로의 발전'을 거부하는 것으로 민주주의에 대한 자유주의 정치세력의 취약한 결속력을 확인시켜 주는 것이었다.

2002년 노무현을 중심으로 하는 자유주의 정치 세력 또한 이런 이율배반에서 완전히 벗어나지 못했다. 과거 김대중에 대한 '비판적 지지'는 진보정치 세력이 조직화되지 못한 취약한 상황에서 박정희 정권의 '수출주도형 산업 정책'과 '적대적 대북 정책'에 대응해 제시한 '대중경제론'과 '4대국 보장에 의한 평화통일론'에 대한 대중적 지지의 표현이었다. 그리고 이것은 IMF 위기로 인해 김대중이 신자유주의로 경도될 때까지 지속됐다.

하지만 결국 이들의 집권은 과거 지배 블록의 핵심이었던 군부 등 보수우익의 도움을 받아 이뤄졌다. 이런 맥락에서 노무현의 등장은 무엇보다 자유주의 정치 세력의 '독자적 집권'을 제기했다는 점에서 관심의 대상이 됐다. 노무현은 기존의 '신민주연합론'을 제시하며 김대중, 김영삼을 추종하는 사회정치 세력의 결합을 통해 독자적으로 집권하고자 했다. 하지만 3당 합당과 DJP 연합을 거치면서 상도동계와 동교동계로 대표되는 이들 자유주의 정치 세력은 이미 보수화됐다. 이들의 갈등은 집권을 위한 정치적 경쟁의 과정에서 증폭된 지역주의, 그 과정에서 깊게 각인된 개인적 불신 등으로 메울 수 없는 것이 되어 있었다. 그렇지만 이런 시도는 매우 중요한 의미를 지니고 있었는데, 진보정치 세력의 성장이라는 현실 속에서, 자유주의 정치 세력들이 자신들에게 걸맞지 않는 '진보'라는 정치적 과잉 대표성을 정리하고 '개혁'이라는 본연의 '사상의 거처'로 돌아가고자 했다는 점에서 그러하다.[17]

물론 이런 시도는 중요한 전제를 충족시켜야 되는데, 그것은 이들 세력이 '다원적 정당 정치'로의 발전을 저해하는 기존의 법, 제도들—— 여전히 진보정치 세력을 내부의 적으로 간주하는 국가보안법, 정당 득표에 따른 정치 자금의 분배, 정당명부 비례대표제 등 군소 정당의 의회 내 진출을 막고 있는 진입 장벽의 완화, 기회 균등을 보장하는 방향으로의 선거법 개정 등—— 에 대한 개혁 의지를 구체화할 수 있는가의 문제에 달려 있다. 이것은 과거 '파시스트 정치동맹의 후예들'과의 합종연횡 가능성을 자신들의 '집권 프로젝트'에서 배제하는 것을 포함한다. 하지만 애초 국민통합 21 정몽준과의 연대는 이런 가능성을 부정하는 것이었고, 비록 정몽준의 지지 철회라는 해프닝을 통해 외견상 단독 집권의 꿈을 이루었으나 이런 변화를 구체화시킬 수 있을지 여부를 판단하기에는 아직 불투명하다.

역설적으로 이 지점에서 놓치지 말아야 할 것은 그동안 진보정치 세력이 '민주연합론,' '비판적 지지론'에 규정당하면서도 독자적인 이념과 조직 건설의 목표를 구체화시키며 그들의 영향에서 자립한 반면, 지금 집권에 성공한 자유주의 정치 세력들 또한 진정한 의미에서 정치적 자립을 이루지 못하고 있다는 점이다. 이런 맥락에서 한국의 진보정치 세력은 자유주의 정치 세력과 타협한 영국이나 아나코-생디칼리즘으로 나간 라틴 유럽보다는 독일의 역사적 경험과 유사한 경로를 밟아 왔다고 볼 수 있다.[18] 어쨌든 지금까지 자유주의 정치 세력들은 보수우익과 연대하며 자

---

17) 이광일. 「신민주연합론의 정치적 지위와 의미: 자유주의 정치 세력의 자기 자리 찾기와 진보 정치」, 『이론과 실천』 6월, 2002 참조.

18) 이런 결과는 세계 자본주의 체제에서 차지하는 위상과 산업화의 단계, 자유주의 정치 세력의 개혁성, 정치적 자유의 수용 정도, 노동계급 내의 노동운동의 주도 세력 등의 요인에 따라 달라질 수 있다. 특히 자유주의 개혁의 한계에 대한 인식, 정치적 억압의 정도는 급진노동운동의 출현과 결속을 촉진시키는 측면이 있다. 이에 대해서는 윤근식, 『정치학』, 대왕사, 1976, 264~99쪽; Gregory M. Luebbert, *Liberalism, Fascism and Social Democracy*, New York: Oxford Univ. Press, 1991, pp.1~187; 『프랑스 노동운동과 사회주의』, 느티나무, 1989, 283~39쪽 참조.

신들의 집권을 위한 전략 게임을 계속해왔다. 다만 그 가운데 상대적으로 개혁적인 세력들은 표가 된다는 전제 아래 진보정치 세력의 지지를 받고자 했다. 하지만 민주노동당 등 진보정치 세력의 존재가 대중에게 각인된 현재의 상황은 자유주의 정치 세력의 진보정치 세력들에 대한 직간접적인 영향력을 현저히 감소시키고 있다. 오히려 2002 대통령 선거 과정에서 '노무현 흔들기'로 나타난 민주당의 내분과 이합집산은 그 동안 보수독점의 정치구조가 주는 당근에 길들여진 자유주의 정치 세력의 '자기자리 찾아가기'가 얼마나 어려운가를 보여주는 예라 하겠다.

다른 한편 진보정치의 역사는 자유주의 정치 세력의 영향력뿐만 아니라 진보정치 세력들간에 '의미 있는 연대'의 부재가 진보정치 빈곤의 원인임을 보여주고 있다. 자유주의 정치세력의 영향력이 경향적으로 약화되는 것과 비례해 그 내부의 연대는 더욱 중요한 문제로 부각되지 않을 수 없다. 민중당 이후 지금까지 진보 진영은 하나로 통합해 선거에 임한 적이 없으며 실질적으로 의미 있는 시도 또한 없었다. 이번 2002 대선을 앞두고 '노동자의 힘'(이하 노힘)이 제안한 노동·민중운동(진보 진영)의 전국공동투쟁본부 및 공동대선본부 건설 제안과 그것을 구체화시키기 위한 예비 논의에 주목했던 것도 바로 이런 '연대의 빈곤' 때문이다.

이번에 핵심 쟁점이 된 사안은 공투본과 공선본의 관계, 후보 선출 방식과 후보의 지위 문제 등이었다. 물론 이 문제들은 분리되어 있지 않다. 이 제안이 함축하고 있는 내용을 좀 더 구체적으로 살펴보면, 먼저 공투본 안에 공선본을 둠으로써 공투본이 공선본에 대해 규정력을 갖도록 했다는 점이다. 이것은 과거 논쟁의 연장에서 보면, 제도 내 정당의 위상을 '전술적 단위'로 위치지우려는 발상이 반영된 것으로 볼 수도 있다. 이런 발상은 경선에서 선출된 후보를 특정 정파의 후보가 아닌 공투본의 후보로, 또한 대선만이 아니라 그 과정에서 투쟁을 조직하고 그것에 책임져야 하는 후보로 규정하고 있는 것에도 투영되어 있다. 다음으로 계급 대중에 의한 경선의 전제로 민주노총의 민주노동당에 대한 정치적 지지 방침의 철회 내지 의미 있는 변화를 요구했다. 이 제안의 내용이 외견상 과거의 요구 목록과 크게 다르지 않다는 점, 제안의 주 대상이 제도 내 진보정당들, 특히 민주노동당이라는 점에서 의미 있는 성과를 도출할 수 있을지 여부는 불투명했다.

그렇지만 민주노동당, 사회진보연대 등이 '노힘'의 안을 받아들임으로써 새로운 국면에 접어들게 됐다. 이런 상황은 민주노동당, '노힘,' 민주노총, 사회진보연대 그리고 민족화해자주통일협의회(이하 자통협) 등이 참가한 4~5차 예비 모임에서 공투본의 명칭, 위상과 역할, 투쟁 과제, 범위와 체계 그리고 선거대책기구에 대한 대강의 합의에 도달함으로써 일보전진했다.[19] 대선을 앞둔 민주노동당은 진보 진영 내에서 더 많은 지지 기반을 구축하고자 했고, 이것은 지난 6.13 지자체 선거에서 기대 이상의 성과를 거두며 제고된 민주노동당의 정치적 자신감의 표현이었다. 그리고 이런 변화는 민주노동당이 여타 급진적 정치 세력에게 '제도에 안주하는 정치 세력'이라는 비판을 받아왔다는 점을 고려할 때 의미 있는 변화로 해석됐다. 다른 한편 공투본과 공선본의 제안자인 '노힘' 또한 민주노동당의 '의회주의 전략'에 대한 기존 비판이 실질적 비판으로 전화되지 못했던 점, 그 비판이 성과 없는 공론으로 끝나지 않기 위해서는 실천적 조직의 힘이 담보되어야 한다는 점을 강조하며 연대를 위한 예비 모임에 적극 결합했다.[20]

---

19) 주요 공동 투쟁의 과제는 노동법 개악 저지, 공공 부문 사유화 저지 및 노동 기본권 쟁취 투쟁, 쌀개방 저지 및 WTO 반대 투쟁, 반미반전 및 6·15 공동선언 관철 투쟁, 노동권 및 생활권 등 민중 생존권 쟁취 투쟁, 국가보안법 철폐 투쟁 및 양심수 석방 등 민주주의 투쟁으로 구성되어 있다. 「공투본 건설을 위한 5차 예비모임 결과」, www.pwc.or.kr, 2002년 10월 19일 참조.

20) 「우리의 제안과 공투본을 둘러싼 모든 의혹에 답한다」, www.pwc.or.kr, 2002년 10월 18일. 그렇지만 '노힘'의 이런 자성이 현실 속에서 구체화되고 있는지는 여전히 불투명하다.

그렇지만 이런 변화에도 불구하고 해소되어야 할 장애들이 남아 있었는데, 민주노동당을 지지하는 민주노총의 정치 방침의 철회 여부, 특히 단일 후보의 법적 등록 방식을 둘러싸고 벌어진 각 정치 세력들간의 이견이 그것이었다. 결국 후자의 문제를 둘러싸고 나타난 이견을 좁히지 못한 채, 공투본, 공선본 논의는 6차 예비 모임을 마지막으로 결렬됐다.21)

하지만 그 실패의 기저에는 보다 근원적인 문제들에 대한 이견이 존재하고 있었다. 무엇보다 진보정치의 핵심은 자본의 헤게모니 아래 근대 사회가 국가와 (시민)사회로 형태 분리되는 것에 대응해 보수정치 세력들이 재생산시켜 놓은 '제도정치와 비제도정치'의 이원화된 경계를 허무는 것에 있다. 따라서 제도 안팎에서 벌어지는 다양한 정치 형태를 인정하는 것은 연대를 위한 기본적인 출발점일 수밖에 없다. 물론 이것이 '제도'와 '비제도' 양자의 기계적 등가성을 이야기하는 것은 아니다. 양자의 관계는 사회관계들의 재구성에 따라 변화될 수 있다. 제도(화)는 다양한 사회정치 세력들의 이해와 요구를 포섭해 그 예측 가능성을 높여주는 측면이 있지만, 다른 한편 끊임없이 배제의 영역을 만들어 낸다는 점에서 극복의 대상이기도 하다. 따라서 수평적 사회관계들의 실현을 모색하는 진보정치 세력들에게 배제의 영역은 가장 중요한 정치적 관심 영역이 아닐 수 없다. 신자유주의 글로벌 자본주의 시대에 전면화된 비정규직 노동자, 이주노동자 문제 등에 관심을 집중하는 것도 바로 이와 같은 이유 때문이다.

다음으로 이런 맥락에서, 진보정치 세력들의 연대는 제도, 비제도에 걸쳐 다양한 내용과 형식을 띨 수밖에 없다. 그렇지만 놓치지 말아야 할 것은 대중투쟁의 결과물인 기존 제도의 화석화, 관료화를 제어하고 그것의 확장을 위해서도 비제도 영역에 산재되어 있는 다양한 모순과 적대, 저항과 요구들에 진보의 생명선을 접목해 놓는 것이 필수적이라는 것이

---

21) 「공투본의 운명을 민주노동당의 결단에만 맡겨서는 안된다」, www.pwc.or.kr, 2002년 10월 28일 참조

다.[22] 이것은 한편으로 대중과의 교호 통로를 효과적으로 구축하지 못함으로써 운동의 자족성, 관료화를 과잉 심화시켰던 과거 80년대에 뿌리를 두고 있는 급진정치 운동의 한계에 대한 교정이며, 다른 한편 제도의 효과에 매몰되는 경향에 대한 재고를 의미한다.

과거 80년대 이후 진보정치 운동들은 이론 혹은 전략전술의 차이를 조직의 분리와 직접적으로 동일시함으로써 87년 이후 투쟁 공간을 확대시켜 나가며 대규모화된 대중운동의 양상과 달리 스스로의 운동을 서클주의, 분파주의에 제한시키는 경향을 드러냈다.[23] 결국 이런 양상은 이들의 통일된 지도력 구성을 어렵게 하고 그에 대한 노동대중의 공신력을 훼손시켰으며 결국 이것은 대중적 기반의 빈곤을 조장했다. 진보 진영의 연대와 관련, 과거처럼 제도 정당의 한계에 대한 과잉 비판, 혹은 제도 밖의 급진정치에 대한 '근본주의, 경제주의'라는 비판 등은 문제를 해결하는 효과적인 방식일 수 없다.

바로 이렇기 때문에 '제도와 비제도의 경계를 끊임없이 허물어야 하는 진보정치의 입장'에서 보면, 이번 연대를 위한 예비 모임의 결렬은 중요한 교훈을 함축하고 있다. 특히 제도 내에 이미 인적, 물적 기반을 구축하고 있는 민주노동당의 역할이 중요했는데, 민주노동당은 연대의 문제를 진보정치 세력들과 소통하고 대중적 저변을 확대시키는 장으로 인식해야 했다.[24] 헤게모니는 특정한 세력을 배제함으로써 획득되는 것이 아니라, 단

---

22) 이와 달리 노이만은 정당이 근대 정치 및 민주주의의 생명선이라는 발상을 제기했는데, 이에 대해서는 S. Neumann(ed.), *Modern Political Parties*, U. of Chicago Press, 1956 참조. 그렇지만 한국과 같이 정당 체계의 비대칭성이 구조화됨으로써 사회적 의제를 정치적 의제로 전화시킬 수 없는 분절된, 반다원적 정당 체계에서는 오히려 '비제도 영역'에서 제기되는 다양한 '운동의 정치'에 여전히 중요한 위상이 부과된다.

23) 이광일, 「민주화 이행, 80년대 '급진노동운동'의 위상 그리고 헤게모니」, 『진보평론』 9호, 2001, 292~293쪽.

24) 고민택, 「공투본의 운명은 이제 민주노동당에 달려 있다」(www.pwc.or.kr) 참조.

기적 이해의 포기와 중장기적 이해의 관철이라는 원칙을 지킬 때 구축될 수 있다. 이 과정은 대선 이후 민주노동당이 여타 진보정치 세력들과 연대해 그 정치적 영향력을 확대할 수 있는 고리를 만들고 '더 의미 있는 정치 세력'으로 존재하기 위해 필수적으로 요구되는 부분이었다. 이런 측면에서 후보 등록 문제와 관련해, 정당보조금 지원 여부라는 현실적인 문제가 달려 있기는 했지만, 민주노동당이 이 문제를 주도적으로 해결하지 못한 것은 아쉬운 일이 아닐 수 없다. 다른 한편 과거와 비교해 유연한 태도를 보인 '노힘' 또한 마찬가지이다. 만일 이번 대선을 노동자, 민중투쟁의 조직적 결집의 계기로 인식했다면, 대선 후보의 법적 등록 문제와 같은 것은 오히려 부차적이었다.[25] 이 문제는 '제도와 비제도의 경계'를 허무는 것에 일차적 관심을 두는 진보정치에 종속되어야 할 사안이었지, 그것이 연대를 거두어들일 정도의 문제는 아니었다고 본다. 대중의 정치적 이해를 진정으로 대변하는 세력이 누구인가라는 문제는 실천 과정에서 증명했어야 할 문제이다. 만일 이번 연대가 성사됐다면, 16대 대선을 계기로 진보정치 세력들의 연대의 질은 더 제고될 수 있었을 뿐만 아니라 신자유주의 아래에서 경향적으로 배제되어온 노동자, 민중의 정치적 요구 또한 제도와 비제도의 영역 모두에서 다양하게 표현될 수 있었을 것이다.

지금까지 진보정치 세력의 궤적을 자립과 연대라는 두 범주를 통해 살펴보았다. 한편으로 '민주연합론' 혹은 '비판적 지지론' 등을 매개로 관철되어 왔던 자유주의 정치 세력들의 영향력은 약화되고 있으며, 2002년 대선이 마무리된 지금 진보정치 세력의 이념, 조직상의 독자성을 부정하는 논의는 거의 보이지 않는다. 다른 한편 진보정치 세력들의 연대를 위한

---

25) 민주노동당의 입장을 보면, 후보는 대선 공투본의 후보로 추대하며 후보의 법적 등록 방식은 후보 선출 후 공투본 내의 민주적 의사수렴 과정을 거쳐 결정하되 그 방식에 관해서는 추후 논의한다는 것이었고, '노힘'의 경우 후보는 대선 공투본의 후보로 추대하며 후보의 법적 등록 방식은 무소속 또는 '페이퍼 정당(이후 통합진보정당 건설을 전제하지 않는)'의 후보로 한다(어떤 경우에도 민주노동당 등 기존 조직의 명칭을 사용할 수 없다)는 것이었다.

시도 또한 비록 결실은 맺지 못했지만, 이번 '노힘'의 제안을 계기로 진행된 일련의 논의에서 보이듯 과거와는 사뭇 다른 성찰적 반성의 모습이 보인다.

그런데 이 문제들은 16대 대선 과정에서 나타난 한국노총의 민주사회당 창당과 민주노동당과의 통합 제기에서 엿볼 수 있듯 소멸된 것이 아니라, 향후 진보정치 세력 내부의 관계 변화를 매개로 우회해 표출될 가능성을 배제할 수 없다. 물론 이것이 어떠한 방식으로 전개될지는 불투명하다. 이미 한국노총을 지지 기반으로 하는 민주사회당은 민주노동당과의 합당을 공공연히 밝히고 있다. 이와 같은 발상은 무엇보다 민주노동당의 최대 주주인 민주노총이 취할 정치적 행보와 맞물려 있다. 물론 민주노총 내에도 87년 7~8월 투쟁 이후 이른바 '제2노총'의 건설을 둘러싸고 제기된 '한국노총 민주화론'의 연장에서 여전히 양대 노총의 통합 문제를 보는 논의들이 없는 것은 아니다.26)

그렇지만 한편으로 한국노총의 역사에 각인되어 아직 가시지 않은 '어용성의 그림자,' 현재 이 조직의 성격과 목표 지향성, 보수정치 세력들과의 친밀성 등을 고려할 때,27) 다른 한편 한국노총과 긴장을 유지하며 성장해 온 민주노총의 성격과 위상 등을 고려할 때, 이 시나리오는 실현가능성이 크지 않은 것으로 보인다. 사정이 이러하지만 이 문제가 진보 진영 내에서 충분한 논의를 통해 해소 내지 극복되지 않고 통합 논의가 진전된다면,

---

26) 원영수, 「한국노총 자기 발로 설 수 있나」, 『진보평론』 13호, 2002, 115~118쪽. 전직 민주노총 관련 지도 인사들이 결성한 '개혁과 통합을 위한 노동연대'의 노무현 지지도 이런 역사적 맥락에서 이해해 볼 수 있다. 『노동일보』(2002년 9월 29일) 참조.

27) 민주사회당의 '비판적 지지'에 대한 우려에도 불구하고 대선 기간 중 한국노총 산하 16개 산별 연맹 대표자들이 한나라당을 지지하는 상황이 발생한 것은 한국노총의 산하 연맹에 대한 지도력 빈곤과 더불어 그 기저에 각인되어 있는 보수성을 다시 한번 확인해주는 것이었다. 민주사회당의 공식 입장은 「노총정치방침 수립에 즈음한 민주사회당의 입장」(2002년 12월 3일), 「노총 산하 16개 산별위원장의 한나라당 후보 지지 선언에 즈음한 민사당 대변인 성명」(2002년 12월 11일) 참조.

그 결과는 진보정치 세력들의 연대를 촉진시키기보다 민주노총, 민주노동당 등의 '우경화'에 따른 진보 진영의 재구성을 자극하는 계기가 될 가능성이 크다. 그리고 이것은 곧 자유주의 정치 세력의 또 다른 영향력 행사의 계기가 될 수도 있다. 물론 이런 가능성은 단지 민주노동당과 민주사회당의 논의만을 통해 이뤄지지는 않을 것인데, 특히 새로 등장할 노무현 정권의 정책, 신자유주의 글로벌자본주의에 의해 강제되는 노동운동의 실천적 과제와 관련, 한국노총이 어떠한 입장과 태도를 취하느냐에 따라 그 실현 양상은 달라질 것이다.

5. 변화, 진보정당과 '정치의 전복'

한국 정당 정치의 문제는 정당 내부의 민주화를 필요로 하지만, 더욱 중요한 것은 정당 체계의 변화이고 그 핵심은 새로운 이념과 정강 정책을 지닌 영향력 있는 진보정당의 존재이다. 따라서 민주노동당 등 현존하는 진보정당의 위상 제고는 기존의 한국 정당 정치가 지니고 있는 문제를 해소, 극복할 수 있는 중요한 계기가 될 것이며 이것은 지난 2002년 지방자치 선거와 16대 대선을 경과하면서 이미 다음과 같이 현실화되고 있다.

첫째, 보수 중심의 정치 구조의 균열을 심화시키는 계기가 되고 있다. 87년 대선에서 백기완 후보 선거대책본부(백선본)가 조직된 이래 진보 진영은 단속적으로 선거에 참여해 왔지만, 대중적 기반이 매우 취약했던 관계로 그 성과는 빈약했고 오히려 이런 결과는 정치적으로 진보 진영을 분열시키는 계기로 작용했다. 그렇지만 현재 민주노동당 등 진보정치 세력들은 제도 내, 혹은 제도 밖에 일정한 대중적 지지 기반을 지니고 있다는 점에서 과거의 소규모 서클 수준의 정치 조직과는 다르다. 특히 진보정당들은 노동자, 서민의 이해를 대변하는 정당으로 자신의 정체성을 분명하게 설정함으로써 보수 세력이 지배하고 있는 기존 정치 구조의 재구성을 촉진시키고 있다.

둘째, '지배자와 피지배자의 동일성'이라는 민주주의의 원리를 보다 구체화시키는 중요한 계기가 되고 있다. 현재 정당 체계가 지니고 있는 대표성의 빈곤을 선거라는 기제를 통해 해소하고자 하는 것은 분명 한계를 지니고 있지만, 제도 밖의 다양한 정치운동 및 대중운동들과 더욱 밀접히 결합될 수 있다면, 이런 한계는 최소화되면서 그 효과는 배가될 것이다.

셋째, 이념, 정책 중심의 정치가 정착되는 중요한 계기가 되고 있다. 보수 독점의 정당 체계가 지역주의, 나아가 당내 민주주의를 훼손시키고 있는 것이 오늘의 현실이다. 이들은 이런 폐해를 지양하기 위한 방안으로 정부 주요직의 지역 안배 등 '지역등권'을 실현하기 위한 조치 등을 제시하고 있다. 하지만 이런 방안은 기존의 지역 구도 등을 전제로 하는 것이라는 점에서 진정한 해결책이라고 보기 어렵다. 민주노동당 등 진보정당은 진성 당원에 의한 당 운영, 공직자 후보의 아래로부터의 선출, 금권 선거의 배격 등을 실천함으로써 계급적 기반과 정책을 지니고 있는 진보적이고 민주적인 정당에 의해 인물, 지연과 학연에 의한 정치 등이 극복될 수밖에 없다는 점을 확인시켜 주고 있다.

넷째, 진보정당의 의미 있는 성장과 발전은, 현재 다양하게 진행되는 운동의 정치들과 교류하면서 신자유주의 글로벌 자본주의시대에 관철되는 자본의 정치에 대항, 일국적 수준을 넘어서는 국제 연대의 정치를 위한 기초가 될 수 있다.[28] 물론 신자유주의시대 국제 연대의 형태는 진보적 조직들 사이의 인적·물적 교류, 정보의 공유, 공동 투쟁의 조직 등 다양하

---

28) 이에 대한 개괄적 흐름에 관해서는 이창근, 「신자유주의 세계화와 국제사회운동 세력의 대응 전략 논쟁」, 『NGO 가이드』, 한겨레신문사, 2001; 제이 마저, 「노동운동의 신국제주의」, 『NGO의 시대』, 창작과 비평사, 2002 참조.

다. 그렇지만, 그 자본의 지구화 각 국민국가 내에 각인시킨 합법, 비합법 이주자들, 특히 이주노동자들의 인간적, 사회적 권리의 보장 및 증진을 위한 다양한 방식의 대응과 연대라 할 수 있는데, 이 지점에서 진보정당은 많은 역할을 수행할 수 있다.

이번 대선은 진보 진영이 독자적인 정치적 행보에 장애가 되어온 '비판적 지지론'과 같은 자유주의 정치 세력의 영향에서 벗어나는 계기가 됐다. 비록 국민통합 21 정몽준의 노무현 지지 철회로 득표 면에서는 손실을 입었지만, 새로운 대안 정당으로서의 가능성을 대중에게 각인시키는 적지 않은 성과를 거두었다. 이것은 내용적으로 지난 30년간 대중적 영향력을 행사해 왔던 '대중경제론'이 97년 외환 위기를 경과하며 신자유주의에 자리를 내주고, '햇볕 정책'에 의해 적대적 남북관계가 화해, 교류 단계에 접어들면서 일정하게 약화된 상황을 반영하는 것이다. 이런 맥락에서 향후 진보정치의 향방은 신자유주의 글로벌 자본주의에 규정되면서 그 내부의 정치적 입장, 정책적 차이, 그리고 조직의 발전 방향을 둘러싼 논쟁과 실천을 매개로 표현될 가능성이 크다. 어쨌든 이번 대선을 통해 제도 내 민주노동당 등은 단순한 제3의 정당이 아니라 대안 정당으로서의 가능성을 국민들에게 보여줌으로써 새로운 정치 지형 조성의 주체가 될 기반을 마련하게 됐다. 그리고 이런 변화는 2004년 총선거를 통해 더욱 구체적으로 드러날 것이다.

여기에서 향후 기존 정치 지형의 변화와 새로운 정치 지형의 조성과 관련, 두 가지 문제를 지적할 필요가 있다. 그 하나는 제도의 문제로 정당 명부 비례대표제의 도입이 그것이다. 지난 2002년 6·13 지자체 선거에서 민주노동당의 약진을 통해 확인할 수 있었듯이 이 제도는 진보정당은 물론 새로운 정치 세력의 제도 내 진입 가능성을 현저히 높여줄 것이다. 물론 어떤 내용과 형식으로 이 제도를 도입할 것인가에 대해서는 편차가 있을 수 있는데, 지역을 단위로 한 권역별 비례대표제가 아니라면, 이 제도의 도입을 통해 진보정당의 의회 진출은 더욱 촉진될 것이고, 이것은 기존의 지역주의에 근거한 보수 중심의 정당 체계를 해체시키고 '다원적 정당 체계'로의 이행을 가능하게 하는 결정적 기제가 될 가능성이 크다.[29] 이미 지적한 대로 이 제도는 향후 본격적으로 제기될 내각제의 도입 등 정부 구성 방식의 개편과 관련해서도 중요한 함의를 지니지만, 더욱 중요한 것은 그 동안 군부와의 타협을 통해 진보정치 세력의 제도 내 진입을 막는데 일조한 자유주의 정치 세력의 탈조합주의 정치를 기대해 볼 수 있는 시금석이라는 것이다.

다음으로 제도의 문제를 넘어서는 더 본질적인 것으로, 이것은 진보정치 세력의 독자성 유지 그 자체가 아니라 헤게모니의 확보를 위해 요구되는 정치의 내용 및 형식과 관련된 문제이다. 그리고 그 핵심에는 진보 진영의 연대라는 문제가 자리잡고 있다. 민주노동당, 노힘, 사회당, 사회진보연대, 그리고 자통협 등이 정치적 입장, 활동 양식, 그리고 대안에 있어 편차를 보이고 있는 것은 사실이지만, 공동 연대 투쟁을 통한 견고한 대중적 기반을 구축할 때만이 신자유주의가 지배하는 국면의 제도 안팎에서 자신의 역할을 수행하며 생존해 나아갈 수 있으리란 사실은 더 이상의 설명이 필요 없다.

기존 지배적인 사회관계가 쳐놓은 경계와 그 내용을 받아들이고 그 속에만 머문다면, 거기에서는 이 세상의 그 무엇도 변화시킬 수 없으며 진보정치 또한 없다. 세상의 모든 것이 변한다는 것을 입증하기 위해서

---

29) 전국을 단위로 한 독일식 비례대표제 도입이 최상이며, 이와 관련해 비례대표 의석을 어느 정도로 할 것인가 하는 문제도 중요한 쟁점이다. 16대 대선 결과 이후 선거법 개정과 관련해 중대선거구제가 논의의 중심 사안이 되고 있는데, 정당명부 비례대표제의 전향적인 도입을 전제로 하지 않는 이런 논의는 지역주의에서 자유롭지 못한 기존 보수 독점의 정당 정치를 유지하는 방향으로 나아갈 가능성이 크다. 이에 대해서는 민주노동당이 주최한 『바람직한 정치개혁의 방향: 정당명부 비례대표제인가, 중대선거구제인가』(2003년 1월 8일) 토론회 자료집 참조.

무엇보다 필요한 것은 '제도정치와 비제도정치'의 경계를 허무는 다양한 논리와 실천 기획이며 이것이 곧 진보정치가 추구해야 하는 '정치의 전복'이다.

'바람의 정치'와 위기의 정당 체계
: 2002년 한국의 정치 변동 분석

정상호 | 한양대학교 제3섹터연구소 연구교수

1. '바람의 정치'의 가능성과 한계

2002년 한국 정치의 변동을 가장 잘 요약할 수 있는 하나의 단어는 '바람'이다. 3월 8일 남녘 끝 제주도에서 민주당의 국민참여경선제를 기폭제로 발생한 노무현 바람은 3개월 동안 전국을 휩쓸면서 한나라당 이회창 후보의 대세론을 일거에 무너뜨렸다. 이어 월드컵 열기를 바탕으로 등장한 무소속 정몽준 의원의 바람은 9월 이후 대선 구도를 1강 2중의 새로운 구도로 재편해 놓았다. 2002년 대선 막판에는, 50대 젊은 후보들이 연출한 후보단일화 바람이 대선 결과를 좌우힐 결정적 변수로 떠오르기도 했다

  혹자는 한국의 대통령선거에서 후보간 지지율의 급락과 급증은 어떤 면에서는 보편적 현상이라고 반론을 제기할 것이다. 그러나 1987년 이래의 대통령선거에서 지지율의 추이는 지역주의가 투표 형태를 좌우해왔기 때문에 의외로 안정적 양상을 보여왔다. 1987년 13대 대선에서의 최종 득표율은 노태우 36.6%, 김영삼 28.0%, 김대중 27.0%이었는데, 이는 양김 통합에 의한 후보단일화의 가능성이 사라진 후보 등록 시점 이후 대개의

여론조사와 대체로 일치하는 결과였다.[1] 1992년의 14대 총선은 국민당의 정주영 후보가 주요한 변수로 작용했지만 호남 지역을 정치적으로 고립시킨 3당 통합 이후의 선거라 여당인 김영삼 후보의 일방적 승리가 예측됐고 실제 결과도 역시 그렇게 나타났다.[2] 1987년 민주화 이후 가장 큰 지지율의 변동을 보였던 선거는 지난 1997년의 15대 대선이다. 이회창은 신한국당 후보로 선출될 당시(97.7.21)에는 51.4%의 압도적 지지율을 얻었지만 병역 비리가 쟁점이 되고 이인제가 국민신당 후보로 출마한 10월 25일에 이르러서는 지지도가 21.2%로 추락했다. 그렇지만 15대 대선 내내 특정 후보와 정당에 대한 갑작스런 기대와 지지의 폭증이 있었던 것은 아니었다. 이회창 후보의 지지도의 급락은 국민들 사이에 광범위한 공분을 불러일으켰던 자녀들의 병역 비리에 기인한 것이었지 상대 후보의 바람에 의한 것은 아니었다. 오히려 김대중 후보의 지지도는 DJP 연합, 국민신당 창당, YS 탈당 등 정치적 사건과 상관없이 일관되게 31~38%를 유지했다. 요약하자면, 대선 과정에서 나타난 바람의 정치는 카리스마적 리더십을 강력하게 발휘하면서 지역주의적 패권정당 체계가 지배적이었던 3김 시대에는 찾아볼 수 없었던 새로운 정치 현상이라는 것이다.[3]

---

1) 『중앙일보』는 부설 여론조사기관인 SVP를 통해 선거 일주일 전인 12월 8일 최종 여론조사를 실시했는데 최종 개표 결과와 자체 조사 결과간의 오차가 노태우 후보 +1.3%, 김영삼 후보 +1.4%, 김대중 후보 −3.4%, 김종필 후보 −1.3% 포인트였다고 한다. 한편 이에 훨씬 앞서 별도로 8월 8일~11일 1천5백 명의 유권자를 대상으로 실시한 면접조사의 경우는 노태우 35.6%, 김대중 28.1%, 김영삼 25.1%, 김종필 11.1%로 나타나 2위와 3위의 순위는 변동이 있지만 최종 결과와 근접한 양상을 보이고 있다. 『중앙일보』, 1987년 12월 19일.

2) 14대 대선에서 김영삼은 유효 투표의 41%, 김대중은 33.2%, 정주영은 16.3%를 획득했다. 여론조사 공표 시한을 5일 앞두고 시행된 한 조사에서 당선 가능성 항목에서 김영삼은 43.9%로 김대중과 20% 이상의 격차를 벌리면서 1위를 차지했다. 「가장 좋아하는 후보」 항목에서 김영삼은 21.8%, 김대중은 16.3%를 기록했다. 『중앙일보』, 1992년 11월 16일.

3) 노무현의 바람은 1971년 대선 과정에서 나타난 김대중 바람과 여러 모로 유사하다. 이에 대한 비교 논문은 정상호, 「'대세론'을 겪은 '대안론' 바람: 1971년 김대중과 2002년 노무현」, http://www.ohmynews.com/no.67512 참조.

노무현과 정몽준은 매우 이질적인 정치 경험과 배경, 작지 않은 이념과 정책의 차이를 갖고 있다. 그럼에도 이 두 정치인을 중심으로 불어닥친 바람은 한국 정치의 발전 가능성과 본질적인 한계 모두를 잘 보여주고 있다. 민주당의 대통령 후보 선출과정에서 일기 시작한 노무현 바람은 새 정치의 가능성을 열어 줬다. 무엇보다도 한국 정치사에서 처음으로 도입된 국민참여경선제는 당원의 범위를 뛰어 넘어 유권자와 정치인이 결합할 수 있는 열린 공간을 제공해 줬다. 대통령 후보가 권력자 자신에 의해, 아니면 당내 주류세력의 일방적 결정에 의해 이뤄졌던 지금까지의 구태에 비춰 당원의 의사를 반영한 국민참여경선제는 정치에 대한 일반 국민의 높은 관심을 촉발했다. 노무현 바람의 전위세력인 노사모 또한 정치 참여의 진일보한 새로운 방식으로 평가할 수 있다. 하향적 동원조직이 아닌 자발성에 기반한 상향적 시민조직으로서, 그리고 온라인(on-line) 방식을 통해 저렴한 비용이지만 대단히 효율적으로 자신의 지지 기반을 확대한 노사모의 실험은 참여민주주의라는 관점에서 한 단계 진전을 가져왔다고 평가할 수 있다.

정몽준 바람의 적극적 의미는 두 가지에서 찾아볼 수 있다. 첫째는 1987년 민주적 개방 이래 지역주의적 동원 전략을 구사하지 않고도 대중적으로 부각된 드문 사례라는 점이다. 둘째는 정몽준 바람을 가져온 주요 지지 기반이 20~30대의 젊은 유권자라는 점이다.

그러나 한편으로 바람의 정치는 가능성과 동시에 큰 문제점을 안고 있음을 보여줬다. 무엇보다도 큰 문제는 민주당 밖의 바람이 당내의 역학 구도와 결합되지 못함으로써 일부 세력에 의한 경선 불복 행위를 가져왔다는 점이다. 그것이 당내 문제만이 아닌 이유는, 합법적 절차에 따라 결정된 결과에 대한 경쟁세력의 불복 행위는 민주주의의 중대한 침해이기 때문이다. 결국 바람의 소진을 가져온 민주당 내분 사태는 게임 규칙의 정착이라는 민주주의의 공고화[4]가 여전히 한국 사회가 도달해야 할 중대한 과제임을 여실히 보여줬다.

   바람의 정치가 안고 있는 또 다른 중대한 문제는 대중의 기대와 바람
이 정당을 우회해 특정 인물과 결합할 경우에는 정치 발전의 동인으로
제도화되기 어렵다는 점이다. 노무현과 정몽준의 중대한 차이에도 불구하
고 그들이 가져온 바람은 정책과 정당을 매개로 만들어진 것이 아니라는
근본적 한계를 안고 있다. 이번 대선 과정에서 유독 바람이 많이 분 이유
는, 후보를 지지하되 후보가 속한 정당을 지지하지 않는 지지 계층의 분리
(특히 20~30대)에서 찾아볼 수 있다.[5]

   이런 이유에서 우리가 목격하고 경험한 '바람의 정치'에 대한 분석은
한국 정치의 가능성과 한계를 가장 잘 드러내주는 소재라고 생각된다. 이
제 그런 바람을 가져온 원인들은 무엇이며, 두 바람의 공통점과 차이점은
어떤 것이고, 그것들이 한국의 정치 체계와 민주주의에 미치는 함의는 무
엇인지를 살펴본다.

2. 바람의 정치의 기원

(1) 바람의 동력 : 세대 변수의 등장

---

4) 학자마다 약간의 차이는 있지만 "민주주의의 공고화(consolidation)는 모든 주요 행위자들이
   권력을 획득하는 데 민주적 과정 이외의 방법은 없다고 생각하며, 어떤 제도나 집단도 민주적
   으로 선출된 정책결정자들에 대해 거부권을 주장하지 않는 수준에 이른 것"을 뜻한다는 린쯔
   (Juan Linz, 1990)의 개념이 가장 대표적 개념 규정이다. 한편 쉐보르스키(Adam Przeworski)는
   공고화를 '민주주의가 장내의 유일한 게임이 된 상태'라고 규정한다.

5) 경선이 한창이었던 4월 18일 TNS 설문조사에 의하면 노무현 후보와 이회창 후보의 지지도
   격차는 16%에 달했지만 정당 지지도에 있어서는 오히려 한나라당이 민주당에 4.5% 앞서는
   기이한 현상이 나타났다. 경선이 막바지에 이르렀던 4월 27일 한국갤럽 조사 역시 두 후보의
   지지도 격차는 여전히 10% 이상을 유지하고 있지만 정당 지지도에 있어서는 한나라당이 근
   소하게나마(2.4%) 앞서고 있음을 보여줬다. 『문화일보』, 2002년 4월 19일.

2002년 한국 정치에 활력과 불안정성을 불어넣은 1차적 변수는 세대이다. 아래의 표에서 알 수 있듯이 노무현과 정몽준의 급부상은 20~30대의 강력한 지지와 지지의 철회에 의해 만들어지고 소멸하는 공통된 양상을 보이고 있다.

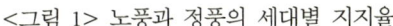

<그림 1> 노풍과 정풍의 세대별 지지율

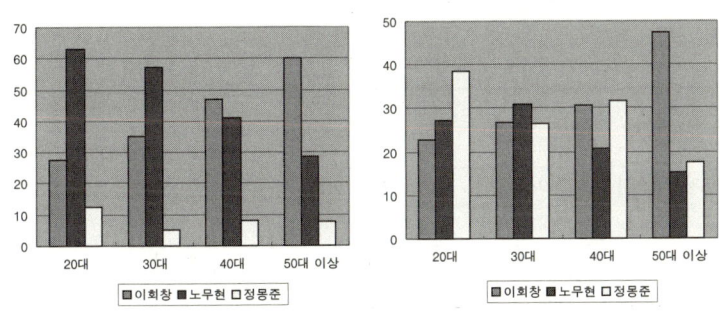

* 자료: 좌측은 『중앙일보』(5월 26일), 우측은 『문화일보』(9월 25일) 참조

이런 주장에 대해 50대를 전후로 한 표의 분리 현상, 즉 20~30대의 야당 지지 경향과 50대 이후의 여당 지지 경향은 우리에게만 나타나는 특수한 현상이 아닌 선거사의 보편적 현상이라고 반론을 제기할 수 있다. 서구 민주주의 국가에서도 연령은 선거의 주요 변수로서 관심을 끌어왔다. 예를 들면 나이가 들면서 점차 보수적인 정당으로 기울어지는 생애주기 효과(life-cycle effect)나 연령 효과(ageing effect)가 그것이다. 대표적인 사례로 미국의 경우 최초 선거권을 부여받는 18세에서 29세까지의 최연소층에서 상대적으로 진보적인 민주당에 대한 지지가 강한 경향이 지속되고 있다.6) 이와 유사한 것으로는 세대 효과(generation effect)라는 개념이 있다. 세대 효과란 동일한 역사적 사건을 경험한 세대는 다른 세대와 구분되는

---

6) 박찬욱(1997), p.60.

독특한 가치와 정체성을 갖는다는 것이다. 물론 본문에서 주목하는 것은 연령에 따라 보수화 경향이 짙어지는 연령 효과가 아니라 집단적 경험이 독특한 정치 형태로 표출되는 세대 효과이다.[7]

　한국의 경우에도 그런 경향을 확인할 수 있다. 아래의 표는 50대 이상의 두드러진 여당 지지 경향이 김대중 정부 이전까지 반복되어 왔음을 보여준다.

<표 1> 역대 대선에서의 세대별 지지율 추이(단위 %)

		20대	30대	40대	50대 이상
87년 대선	노태우	27.6	34.3	38.8	53.3
	김영삼	28.6	26.3	23.2	18
	김대중	27.6	23.9	26.3	21
92년 대선	김영삼	35.1	43.4	51.9	63.9
	김대중	32.8	32.3	33	23.9
97년 대선	김대중	34.8	29	24.1	32.7
	이회창	20	23.4	23.6	43.7

* 자료: 87년과 92년 자료는 이갑윤·문용직, 「투표 행태의 변화와 정당제 변동, 1987~1996」, http://www.assembly.re.kr/html/94-95leek.htm; 97년 자료는 R&R, 「15대 정치 현안에 대한 유권자 성향 분석」, 1997년 12월 13일.

　그렇지만 한국의 역대 대통령 선거과정에서 그 누구도 노무현 후보나 정몽준 후보만큼 20~30대의 압도적 지지를 받아보지는 못했다. 물론 과거의 선거에서 젊은 세대의 지지가 야당의 특정 후보에 집중되지 않았던 일차적 원인은 지역주의였다. 1987년 대선에서는 민주화세력을 대변했던 양김의 분열로, 1992년과 1997년 선거에서는 지역주의의 기승으로 20~30대의 표의 응집력이 차단됐다. 한편, 20~30대의 정당 선호가 야당에 집중되어 왔다는 가설이 한국의 경우 일반적 예상보다 높지 않은 것이라는

7) 세대의 정치적 효과와 관련된 개념 정의에 대해서는 Anderson(1985), p.134 참조.

주장은 주목할만하다. 정진민(1993)의 연구에 따르면, 신세대들은 강력한 야당 성향을 갖고 있다고 생각되어 왔지만 이들의 반집권당 경향은 야당에 대한 지지로 이어지기보다는 다른 급진적 대안의 모색이나 집단적 기권으로 나타나는 것이 보다 일반적 경향이라는 것이다.

이와 같은 특정 세대의 특정 후보 지지 경향은 1987년 지역주의의 심화 이래 볼 수 없었던 새로운 정치 현상이라 할 수 있다. 그동안 한국의 사회 균열은 이념, 계층, 민족, 지역으로 구성되어 왔으며, 70년대 이후 유권자들의 투표 행위를 결정한 가장 강력한 정치 균열은 항상 지역주의였기 때문이다. 세대라는 변수는 민주화나 사회운동의 영역에서는 유효한 개념이었지만 선거나 정치 영역에서는 늘 부차적이거나 종속적인 변수로 작용해왔다.

2002년의 한국 정치를 볼 때 주목해야 하는 새로운 현상은 세대가 지역, 계급, 성, 교육 수준 등과 같은 다른 사회적 요인들과 마찬가지로 유권자의 투표 행태를 설명하는 중요한 변수로 부상하고 있다는 것이다

(2) 노무현 바람과 정치 세대[8]

노무현 바람은 "청년 시절에 80년 광주항쟁과 87년 6월 항쟁에 참여하거나 경험한 민주화 세대"에 의해 선도됐다고 할 수 있다.[9] 주지하듯이 민주

---

8) 정치 세대에 대한 정의는 린탈라(Rintala)의 정의가 가장 빈번이 이용되는데, 그에 의하면 정치 세대란 의식과 세계관이 만들어지는 형성기에 동일한 역사적 경험을 하고 그것에 기초해 다른 세대와 뚜렷이 구분될 수 있는 정치관을 갖고 있는 연령 집단(age cohort)을 말한다.

9) 사회과학의 용어로서 '30대이며, 80년대에 대학 생활을 경험했고, 60년대에 출생한 세대'라는 386세대의 동어반복적 정의는 부적절한 것으로 재고될 필요가 있다고 생각한다. 왜냐하면, 물리적 연령에 의거한 386세대라는 표현은 개념으로서 너무 제한된 유효 기간을 갖고 있기 때문이다. 이런 정의에 따른다면 386세대라는 용어는 10년을 주기로 새로운 명명식(486, 586 등등)을 거쳐야 하거나 궁극적으로는 소멸되어질 운명에 있다. 개념상의 혼란을 막고 세대간 비교연구를 위해서 386세대라는 용어는 다른 세대적 표현과 마찬가지로 사건사적 개념, 예를 들자면 광주항쟁 세대나 80세대 등으로 바꿀 필요가 있다.

화 세대는 군사독재 정권 시기를 통해 반독재 민주화운동이 하나의 주류 문화로 자리잡았던 대학생활을 경험했기 때문에 다른 세대에 비해 강한 사회 비판 의식과 현실 참여 의지를 갖고 있다.[10] 또 그런 시대 상황에서 추구했던 민주주의와 민족주의적 신념은 이들로 하여금 집단적 도덕 의식과 공동체 정신을 갖도록 만들었다.[11]

그렇지만 보수적 민주화와 엘리트 지배의 독점 정당 체제는 높은 정치 의식과 참여 의욕을 갖고 있던 민주화 세대들을 정치적으로 통합해 내지 못했다. 1987년 이후 한국의 민주화는 지배 블록에 의해 주도된 '위로부터의 개혁' 혹은 엘리트들끼리의 '협약에 의한 민주화'의 양상으로 전개됐다. 따라서 개혁 성향의 젊은 세대들의 비판 의식과 개혁 정신[12]을 전면적

---

10) 한국의 민주화 세대의 성장 경로는 서구 사회에 반핵·반전의 평화운동, 여성운동, 환경운동 등 신사회운동의 다양한 이슈들을 제공했고 제도정치의 경직된 틀을 변화시키는 실질적 기반으로 작용했던 프랑스 68세대와 유사하다. 68세대는 드골의 총선 승리 이후 비합법적 권력 투쟁의 한계를 인식하고 '삶을 변화시키자'(changer la vie)라는 구호 아래 '사회문화적 자기 실현'의 다양한 영역에 관심을 두었다. 생활 및 거주 공동체 운동, 대안적 탁아운동, 비판적 소비운동, 특히 제2의 여성운동을 통해 학교, 교회, 가족 등 일상과 밀접한 생활 영역의 개혁에 중점을 두었다. 한국의 386세대와 68세대에 대한 비교 분석은 정상호(2002b) 참조.

11) 혹자는 이들의 발빠른 변신과 속류화를 비난했고 4·19나 6·3세대의 전철을 밟을 '과잉상징화된 또 하나의 정치 세대'로 간주했지만, 오히려 이들 가운데 눈에 띄지 않았던 더 많은 다수는 삶의 터전을 중심으로 비판적 시민으로 성장해갔다. 사실 386세대론에 대해 '다른 세대에게 소외 의식을 갖게 하는 또 하나의 선민주의'라든가 '변절 가능성이 큰 권력 추구 세대'라는 등의 비판은 다수를 무시한 소수 명망가 중심, 소위 총학생회장 중심의 386세대에 대한 이해이다. 물론 이들이 한국 사회의 발전에 기여할 수 있다는 판단은 그들의 친개혁적 성향 때문이 아니라 그들이 체험한 역사적 경험의 진보성에 근거한다.

12) 민주화 세대가 선택했던 대안 중 주목할만한 것은 그들의 사회적 진출이 정당이나 제도화된 정치가 아니라 시민사회운동에 집중됐다는 점이다. 한국의 경우 정치적 진출은 사민당과 녹색당이라는 제도화된 통로가 있던 6·8 세대의 집단적 정치 진출과는 달리 부차적이었으며, 명망가 중심의 개인적 참여 형태를 띠었다. 오히려 다수의 선택은 시민운동, 특히 지역·노동·문화운동 등 3대 부문에 집중되는 양상을 보이고 있다. 이를 뒷받침할 간접적 근거는 민주화 세대들의 사회적 진출이 이뤄진 1980년대와 90년대에 시민단체의 77.5%가 설립됐다는 점이다. 보다 중요한 두 번째 근거는 시민단체의 실질적 활동을 담당하고 있는 실무자들

으로 수용하기보다는 속도 면에서 꽤나 더뎠고, 폭과 깊이에 있어 매우 불완전한 양상으로 전개됐다. 민간 정부의 출범 이후에도 정치 체제는 이들의 기대를 충족시키지 못했고, 보수독점의 기존 정당 체계는 그들의 요구를 수용하는데 분명한 한계와 무능력을 보여왔다.

50년만의 수평적 정권교체를 이룩했다고 자랑하는 김대중 정부에서 유독 정치는 개혁의 무풍지대였다. IMF 극복, 남북관계의 도약, 인권과 복지의 진전, 지식정보화의 발전 등 의미 있는 개혁 조치가 시도됐고 나름대로의 성과도 나타났다. 유독 정치 개혁이 시도조차 되지 못했던 이유를 집권당은 여소야대와 완강한 야당 등 상황적 요인 탓으로 돌렸지만 보다 본질적 원인은 DJ의 정치 패턴이 3김 정치의 낡은 틀을 벗어나지 못했다는데 있었다.

노무현 현상은 이런 정치권 전반의 '신뢰의 위기'를 자양분으로 했다. 여야관계는 헌정사상 가장 대립적 양상을 보였으며, 정당·선거·국회 등 정치 관련 개혁 입법은 임기 말인 지금까지 지체되어왔고, 불과 몇 달 전까지만 해도 제왕적 대통령과 1인 보스 총재가 지배하는 정당 구조가 비판의 초점이 됐다. 대통령의 친인척과 권력 실세 주변에서 연이어 발생한 각종 게이트, 인사 정책의 실패, 각 정당의 지역주의 전략은 정치 개혁의 당위성과 시급함을 확산시키는 체험적 소재로 작용했다.

더욱이 민주화 세대의 개혁적 요구와 이해를 실현해 줄 수 있는 신뢰할만한 진보정당의 성장과 실험이 좌절되어 왔다는 점이 강조되어야 한다. 무엇보다도 권력의 분산보다는 권력의 집중을 특성으로 하는 대통령제와 소선구제의 제도적 특성이 진보정당의 정치적 진입을 가로막아왔다.

의 연령별, 학력별 구성이다. 시민운동이 386세대들의 중요한 거점이란 사실은 활동의 근간을 이루고 있는 실무자들의 연령이 1960년(80학번) 이후가 전체의 45.1%를 차지하고 있는 데서 간접적으로 드러나고 있다. 이에 대해서는 「민간단체 각종 통계 자료」, http://www.kngo. net/gkboard/content 참조

승자독식의 원리를 반영하는 이런 선거 제도는 정치적 신념에 따른 소신 투표보다는 사표 방지 심리에 따른 가능성 투표나 차선 투표를 유도해왔다.

사회 개혁에의 요구와 바람, 참여 의지는 있지만 이를 정치적으로 대변하고 실현할 수 있는 제도화된 통로나 매개체가 어디에도 부재했다는 것이 2002년 한국 정치의 현실이었다. 그러나 바로 이점이 역설적으로 노무현 바람이 몰아 닥친 배경이 됐다고 할 수 있다. 여기에서 노사모는 '기존 정당의 상대적으로 개혁적인 정치인과 개혁적인 지지세력의 연결'이 어떻게 가능했는지를 보여준다. 민주화 세대가 3김 정치를 넘어 보다 합리적이고 보다 민주적인 사회 건설을 주도할 개혁적 정치인을 필요로 했던 것 이상으로 당내 기반이 가장 취약했던 노무현은 그런 한계를 메워 줄 사회세력과 조직이 절실했다. 정리하자면, 노사모와 노무현의 만남은 낙후된 정당 체제에서 현실 정치인과 지지세력의 상호보완과 결합이라는 의미를 갖는 것이다.

민주화 세대가 노무현의 핵심 기반이었다는 사실은 두 가지를 함의한다. 하나는 정몽준 바람과 달리 노무현 바람이 지지자들의 열성적 참여가 수반됐던 이유를 말해준다. 다른 하나는 이 세대가 노무현의 지지도의 급락과 급등 속에서 가장 안정적지지 경향을 보여주고 있다는 점이다. 즉, 노무현 바람에는 형태는 다르지만 민주화운동의 정신, 정서, 방식이 스며들어 있었다고 할 수 있다.

(3) 정몽준 바람과 문화 세대

세대를 처음으로 체계적으로 다룬 칼 만하임(1959)은 타 세대와 구분되는 고유한 시대정신과 사회적 집단성을 기준으로 세대간의 단층과 연속성을 규명했다. 그의 논지를 빌리자면 한국의 20대는 전전 세대의 산업화나 전후 세대의 민주화와 같은 자신들만의 고유한 시대정신을 확립하지는 않았다고 할 수 있다. 그리고 그들을 한 범주로 묶을 수 있는 것은 단일한 역사적 경험이나 정치 의식이라기보다는 문화적 정체성이라고 할 수 있다. 한국의 세대 문제를 이해하기 위해서는 잉글하트(Inglehart, 1990)의 연구가 유용한데, 그에 따르면 세대간 물질주의와 탈물질주의 척도상의 격차가 가장 높은 곳이 한국이라고 한다. 탈산업화 세대는 빈부 문제나 계급 갈등과 같은 산업화 시대의 가치보다는 성, 환경, 소비 등 탈물질적 가치에 관심을 둔다는 것이다.

한국의 20대는 민주화와 산업화의 결과로 정치적 자유와 물질적 풍요를 동시에 향유한 최초의 세대이다. 그들은 날 때부터 우리 민족에 내재한다고 귀에 못이 박히게 들어왔던 한(恨)의 유전자를 갖고 있지 않았다. 그들은 일본에 대한 열등감과 세계 일류 국가에 진입해야 한다는 강박관념(catch-up strategy)에서 자유로운 제1세대이다. 물론 이들의 자신감의 근원은 물질적 토대에 기초하고 있다. 이들은 이전 세대의 정신을 위축시켰던 세 가지 광기, 즉 국민국가 형성기의 전쟁, 산업화 시기의 빈곤, 민주화 시대의 독재에서 자유로운 첫 세대이다.

이들은 공동체적 집단주의보다는 자유주의와 개인주의를, 규율과 위계보다는 수평적 네트워크를, 정치보다는 문화를, 논리보다는 감성을 선호한다. 노사모가 80년대 민주화운동의 유산을 계승한 30대의 정치적 광장이었다면, 붉은 악마는 자신의 감정과 욕구를 적극적으로 표현하는데 익숙한 20대들의 경쾌한 네트워크였다.

월드컵은 후기 산업 사회의 탈정치화된 20대와 현대 정치에서 상징과 이미지의 중요성을 간파했던 정몽준 후보를 은밀하게 결합시킨 매개물이었다. 출마 선언 이전부터 정책과 비전이 없는 이미지 정치인이라고 비난받았지만 정몽준의 지지도는 정확히 한국의 월드컵 성적에 비례해 올라갔다. 월드컵이 열리기 전인 5월 22일의 갤럽 조사에서 정몽준은 8.9%의 지지도를 얻는데 그쳤지만 한국의 4강이 확정된 7월 10일의 갤럽 조사에서는 후보 선언을 하지 않은 상태였음에도 불구하고 21.9%로 지지도가 두 배 이상 급증했다.

그의 대선 후보로서의 부각 과정은 이미지 정치의 전형을 보여주고 있다.[13] 그의 이미지 정치는 두 가지 요소로 구성되어 있다. 하나는 공익광고 전략이다. 그는 항상 정치적 이슈, 정책, 비전에 대한 독자적 견해와 대안을 제시함으로써 자신에 대한 정치적 상품성을 제고하는 직접적 홍보 기법보다는 갈등과 파벌을 벗어난 국제 지도자와 경제인으로서의 공인 이미지를 부각하는데 집중해왔다. 많은 국민들이 정몽준을 4선의 중진의 원보다는 축구협회회장, FIFA 부회장, 월드컵조직위원회 공동위원장으로 기억하는 것도 이런 공익광고 전략에 기인한다. 2000년 총선에서는 불성실한 의정 활동으로 낙선운동 대상자 명단에 수록됐지만 월드컵 유치와 FIFA 활동에 매진함으로써 국내 정치 문제를 초월한 국제 인사의 이미지를 확산시켜 나갔다. 정몽준(2001)의 저서에 추상적 개념인 공적 봉사(public service)만 있을 뿐이지 경쟁과 정당이 누락되어 있는 것은 바로 이 때문이다.[14]

다른 하나는 거리의 정치(the politics of distance)이다. 정몽준은 김대중 정부에서는 민주당 입당을, 이회창에게는 한나라당 입당을 권유받았지만 3김 정치나 지역주의적 정당 체계와 적절한 거리(不可近不可遠)를 유지하고자 무소속 잔류를 고집했다. 특정 정당과 당파에서 자유로운 정치인이라는 그의 이미지는 정치 불신의 시대에 큰 자산이 됐다. 이런 공익광고 전략과 거리의 정치에 의해 그는 항상 차기 주자군의 '이미지 평가'에서 가장 거부감이 적은 정치인으로 꼽히게 됐다.[15]

---

13) 이미지 정치의 개념과 미국 선거에서의 활용에 대해서는 Deluca(1999) 참조.

14) 이미지의 정치를 구사해온 그가 정치인의 가장 큰 자질과 덕목으로 대중과 호흡할 수 있는 감성을 꼽고 있는 것은 자연스런 일이다.

정몽준 바람은 붉은 악마들이 연출한 거리의 축제와 그가 구사해왔던 거리의 정치가 만남으로써 가능해 졌다. 그것은 또한 문화 세대인 20대의 감성과 정몽준이 은밀하게 가꿔온 이미지 정치의 결합이었다. 고도의 정치 과정인 대통령 선거과정에서 그 둘을 연결하는 접점과 고리가 탈정치였다는 것은 역설적이다.

3. 바람의 정치의 발전 과정: 지역주의와 민족 문제

2002년 10월 현재 유권자 비율에 있어 전체 유권자의 23.5%를 차지하는 20대와 25.5%를 차지하는 30대가 바람의 주역이었다면 바람에 담긴 그들의 공통된 '바람'은 무엇일까?

필자가 보기에 정치에 대한 이들의 가장 큰 기대와 요구는 3김 정치와 지역주의의 청산이었다.[16] 바로 그렇기 때문에 80년대 민주화운동의 상징인 김근태가 아니라 지역주의의 희생양인 노무현이, 정치 개혁을 내걸고 탈당했지만 근본적으로 TK 지역의 한계를 벗어날 수 없었던 박근혜가 아니라 지역 정치인 이미지를 극복한 정몽준이 바람의 주역이 될 수 있었다.

3김 정치의 핵심은 영호남의 지역 갈등, 동교동과 상도동이 상징하는 피벌 정치, 양김에 익한 제왕적 리더십이다. 노무현은 민주당 경선과정에 나선 유력 후보 가운데 호남, 동교동, DJ와 가장 거리가 먼 후보였다. 정몽준은 비록 지역구가 울산이었지만 영남을 대표하는 정치인도 아니었고 YS의 계보도 아니었다.

---

15) 『시사저널』 제683호, 2002년 11월 28일.

16) 물론 국민적 요구이기도 한 이런 시대적 과제에 대해 20~30대가 가장 적극적일 수 있었던 원인은 이들 세대가 가장 개혁적이기 때문이 아니라 그런 낡은 구조의 이해관계에서 상대적으로 자유롭기 때문이다.

노무현과 정몽준이 공통적으로 유력 후보들 가운데 3김 정치와 지역주의에서 비교적 자유로운 지위에 있었다는 것은 분명하지만 그에 대응하는 방식은 정반대였다. 노무현은 기본적으로 3김 정치와 지역주의에 맞서 싸우는 위험 감수 전략을 구사했다. 재선 가능성이 보장된 YS의 3당 합당 참여를 거부하고 꼬마 민주당을 선택했으며 당선 가능성이 큰 서울 종로를 포기하고 적지인 부산에서 출마해 패배를 자초했다. DJ의 오랜 측근 세력인 동교동 구파는 경선과정에서 이인제를 지원했고, 경선 이후에는 범동교동계로 알려진 중도개혁포럼(정균환 회장)이 반노 세력의 선봉이 됐다. 반면에 정몽준은 앞서 설명한 대로 철저하게 위험 회피 전략을 채택했다.

둘째, 20대와 30대의 정치적 성향이 두 후보에 대한 강력한 지지로 전환된 지점은 민족 문제였다. 남북관계나 대미관계는 분단 상황의 한반도에서 후보간, 정당간 대립과 차이가 가장 큰 영역이다. 2002년에 벌어진 몇 가지 사건은 민족 문제를 보다 첨예한 이슈로 만들어 놓았다. 하나는 적대적이고 공세적인 대북 정책을 선호하는 부시 정권의 등장이다. 2002년 1월 29일 부시가 연두교서에서 이라크와 더불어 북한을 '악의 축'으로 규정하고 "미국은 위험이 다가올 때까지 기다리고 있지는 않을 것"이라는 강경한 입장을 밝히면서 민족 문제와 한미관계를 둘러싼 격렬한 논쟁 구도가 형성됐다.[17] 다른 하나는 한미관계를 악화시켰던 일련의 사건들이 발생했다는 점이다. 솔트레이크 동계올림픽에서의 오노 사건, F15 구매 문제, 미군 장갑차 여중생 사망 사건 등이 연이어 발생하면서 『인터내셔널 헤럴드 트리뷴(IHT)』지는 한국에서의 반미 감정이 전례 없을 정도로 격화

---

17) 더욱이 부시 행정부의 대북 강경 노선이 연두교서 발표 열흘 전에 미국을 방문한 한나라당 이회창 총재와의 사전 협의와 조율을 거친 것이며, 이회창 총재가 방미시 "한반도에서의 전쟁 가능성이 미국에서의 테러 가능성보다 높다"고 주장했다는 언론의 보도가 이어지면서, 미국과 북한의 국제적 대립이 햇볕 정책을 둘러싼 한나라당과 민주당의 첨예한 정치적 대립으로 전환됐다.

되고 있다고 보도했다.

민족 문제는 정치 세대인 30대와 문화 세대인 20대가 공감하고 교류할 수 있는 중요한 정책 영역이었다. 이들은 다른 세대에 비해 국가보안법 폐지에 보다 전향적인 입장을 피력했고,[18] 김대중 정부의 햇볕 정책에 보다 적극적인 지지를 표명했으며, 부시의 악의 축 발언에 보다 예민하게 분노했다(<그림2>참조).

<그림 2> 악의 축 발언에 대한 세대별 반응

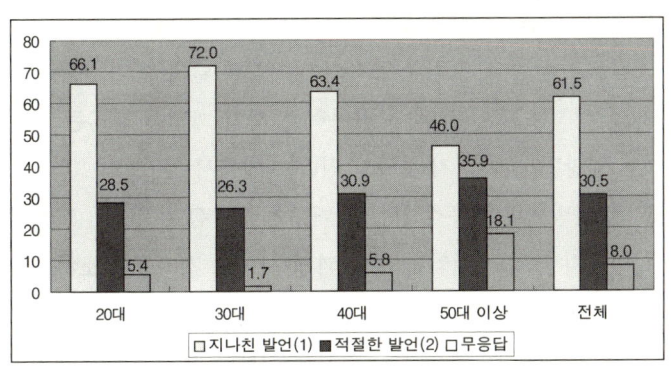

출처: 「부시 대통령 발언 평가」, 한국갤럽, 2002년 2월 7일. http://panel.gallup.co.kr/svcdb

경험과 정책 면에서 노무현과 정몽준의 본질적인 차이에 비춰 볼 때 남북관계와 대북 성책은 두 징딩 긴의 언니를 논의할 수 있는 거의 유일하 근거이다. 노무현 후보의 정책자료집(『미래를 향한 희망과 도전』)에 나타 난 대북 정책과 통일 정책은 본질적으로 김대중 정부의 햇볕 정책을 고스 란히 계승하고 있다. 선친의 유지를 받들든, 아니면 중장기적 투자이든

---

18) 국가보안법 존폐 여부를 묻는 질문에 50대 이상은 67.8%가 반대했고, 40대에서는 55.3%가 반대했다. 예상 밖으로 20대에서도 60.2%가 반대한다고 밝혔지만 30대에서는 49.6%가 반대 한다고 밝혔다. 30대는 대북 지원에 대해서도 '아무 조건 없이 지원해야 한다'는 응답 비율이 가장 높았다. 조선일보·한국조사연구회·한국갤럽, 「국민의식조사」, 2002년 5월 3일.

의도야 어떻든 간에 정몽준 후보의 대북 정책 역시 김대중 정부의 햇볕 정책 맥락에서 크게 벗어나지 않는 것이다. 정몽준 후보의 대북 정책은 한나라당보다는 민주당에 더 가까운 유일한 정책 영역이라 할 수 있다.

4. 한국 민주주의 위기의 근원: 정당 실패

바람의 정치는 거리를 장으로 하는 운동의 정치와 달리 합법적인 선거를 주요 공간으로 삼는다. 그러나 공간의 상이함과 달리 그 둘 모두는 제도화된 현대의 정치 과정이 보다 드라마틱한 정치 과정을 바라는 '시민들의 지속적인 열망'을 담아내지 못하고 있다는 데에서 기인한다. 졸버그(1972)에 따르면, 광범위한 대중적 참여와 기대의 폭발을 수행하는 환희의 순간들은 시민들의 열망과 제약적 정치 과정 사이의 긴장을 해소하는 역사적 진보의 과정이다.

그러나 2002년 바람의 정치는 역사적 진보나 정치 발전의 계기로 작용하기보다는 일과성 변동이나 한바탕 소극으로 귀착될 가능성이 적지 않다. 무엇보다 바람의 정치의 근본적 한계는 한국 정당 정치의 근본적 개혁을 가져올 동력으로 승화되지 못하고 있기 때문이다. 시민사회에 견고한 뿌리를 내린 정당의 존재가 없다면 대중의 지지는 정책이나 제도로 연결되지 못한 채 특정 인물에 대한 변덕스런 인기로 머무를 수밖에 없다. 모든 팬클럽의 운명 주기가 스타의 흥망성쇠에 종속되는 것처럼 정당을 우회해 만난 젊은 세대와 젊은 후보와의 결합은 근본적 불안정성을 내재한다. 이런 이유 때문에 민주주의를 연구하는 이들은 정당의 발전을 민주적 이행과 공고화의 결정적 변수로 강조한다. 화이트헤드는 민주적 공고화를 정치 체제가 사회에 뿌리내리는 과정으로 정의했는데, 이 과정에서 사회 갈등을 합리적으로 제도화할 정당의 중심적 역할을 강조하고 있다. 발렌주엘라 (Valenzuela, 1992:87) 역시 민주화 이후 활성화된 사회적 요구와 갈등을 조정하고 중재할 수 있는 새 질서 수립의 결정적 요소로 정당을 주목한다.

최장집(2002)은 한국 민주주의의 보수적 기원과 민주화 이후 한국 사회가 맞고 있는 위기의 근원을 냉전반공 체제에 기인한 협소한 대표 체계라는 구조적 요인에서 발견했다. 그에 따르면 이념이나 계급적인 시민사회의 다양한 이해를 반영하지 않는 보수독점적 사회 질서와 엘리트 정당 체제가 오늘 한국 민주주의가 안고 있는 본질적 문제라는 것이다.

2002년 한국의 바람의 정치는 정당 실패(party failure)의 원인이자 결과이다. 정당 실패의 느슨한 정의는 "기존 정당이 그들에 대한 국민의 요구와 기대를 충족시키지 못함으로써 국민들이 가지는 기존 정당에 대한 강한 불만과 정치 일반에 대한 높은 불신감 때문에 정당에 대한 지지의 강도가 약해지고 지지자의 수가 급격히 감소하는 양상"(Dalton, Flannagen & Beck, 1984)을 의미한다.[19]

우리는 여기에서 제2차 대전을 경과하면서 사라졌던 부르주아 정당들에 대한 키르하이머의 분석을 상기할 필요가 있다. 그에 따르면 소멸된 정당들은 두 가지 유형으로 구분 가능한데, 하나는 두 차례 세계 대전을 통해 성숙한 노동자 대중정당을 공식적인 정치 체계로 통합시키는데 실패한 경우이고, 보다 중요한 다른 하나는 부르주아 정당이 전근대적인 개별 대표정당 체계에서 통합정당 단계로 발전하는데 실패한 경우이다.[20] 키르

---

19) 보다 엄격한 입장은 "선거 경쟁에서 그 정당이 사라지고 이를 대체할 후속 정당으로 어떠한 유산도 남겨 놓지 않았을 때"로 규정한다. Rose & Mackie(1988). 정당 실패와 정당 쇠퇴에 대한 이론적 논의는 권순미(2001) 참조.
20) 뉴먼의 개념화에 따르면, 한정된 정치 공간과 제한된 참여를 특징으로 하는 개별 의원들의 정당(party of individual representation)이다. 여기에서 당원들의 활동은 투표에 한정되며, 정당 조직은 선거 이외의 기간에는 휴면 상태이다. 그런 정당의 주된 기능은 뽑히기만 하면 절대적 권한을 누리면서 자신들의 이익에만 관심을 갖는 대표의 선출이다.

하이머(Kirchheimer, 1990)는 종전 이후 탈이데올로기적 경향 속에서 국민통합의 방편으로 등장한 정당 체계를 포괄정당(catch-all-party)으로 규정했는데, 이런 추세와 경향을 따라잡지 못하고 소멸된 정당의 공통점으로 너무 지역적으로 한정된 정당, 거칠고 제한된 이데올로기적 주장을 편 정당, 이행기에 있는 집단(피난민)이나 특정 직업의 범주에 편중된 정당을 꼽고 있다.

한편, 사민주의 연구가인 안데르센(Anderson, 1985: pp.132~139)은 정당의 소멸 원인에는 여러 가지가 있지만 유권자로 편입된 새로운 세대를 동원하는 데 실패한 정당의 무능력이 중요한 변수라고 지적했다. 그에 의하면 정당에 있어 세대 변수가 중요한 이유는, 정당에 대한 초기 충성심은 쉽게 변하지 않고 유권자의 장기적인 투표 패턴으로 안정화되는 경향이 있기 때문이라는 것이다.

국민참여경선제에서 드러났듯이 2002년 바람은 정당 개혁을 통한 정치 발전이라는 한국 정치사의 중요한 과제를 해결할 수 있는 단초를 제공하는 것이었다. 뉴먼이나 키르하이머의 논의를 빌리자면, 전근대적 개별 대표정당에서 근대적 통합정당으로 전화할 수 있는 잠재력을 안고 있었던 것이다. 특히, 이번 바람의 내용이 체제가 수용하기 어려운 급진적 주장이 아니라 정당의 민주화, 현대화, 전국화라는 근대적 정당의 보편적 원리의 수용에 대한 요구였다는 점에서 더욱 그러하다. 서구의 현대 정당들은 공동체에서 저항을 피할 수 있는 이슈를 공략해 정치 혁신의 기반을 마련했다. 파편화된 소수 이익을 초월한 국가적 목표는 특정 부문에 한정됐던 호소를 확장시키려는 정당에게 최상의 전망을 제공하기 때문이다(Rokkan, 1966).

2002년 한국의 정당들은 지역주의에 근간한 3김 정치의 청산이라는 보편적 정치 이슈가 아래로부터 광범위하게 제기됐음에도 불구하고 분열과 음모의 정치만을 반복함으로써 호기를 놓치고 말았다. 새로운 바람을 에너지로 전환시킬 수 있는 현대화된 정당의 부재 속에서 낡은 정치가 지속되고 있는 것이 2002년 한국 정치의 소묘였다.

5. 결론: 전망과 제언

바람의 정치는 새로운 것과 낡은 것이 교차하는 한국 정치의 단면을 축약한다. 토니 블레어의 바람은 영국 노동당의 재집권으로, 슈뢰더의 바람은 독일에서 사민당과 녹생당의 적-녹 동맹의 승리로, 룰라의 바람은 브라질 노동당의 역사적 집권으로 귀결됐다. 왜냐하면, 블레어의 열광적 옹호자들은 대개 노동당의 전통적 지지자들이었으며, 슈뢰더나 피셔의 지지자들 역시 독일의 사민당과 녹색당의 적극적 지지 기반이었기 때문이다. 그러나 한국에서의 바람은 정당의 발전과 무관하게 정치인의 인기 부침으로 마감되고 있다. 우리가 한 번도 가져보지 못한, 그래서 더더욱 필요한 것은 대중의 관심과 애정을 한 몸에 받는 바람의 정치인이 아니다. 그것은 유권자들의 지지에 공적 책무를 느끼고, 당원의 자율적 결정과 자발적 참여에 의해 운영되며, 토론과 상호작용에 의해 끊임없이 대안과 정체성을 강화하는 제법 그럴듯한 정당이다.

현대적 민주정당의 부재가 오늘날 한국 정치의 위기의 근원이라면 세대 정치의 등장은 희망의 조짐이다. 왜냐하면, 세대 정치는 냉전반공 체제와 지역주의의 구조가 이완되는 틈새에서 형성되어 그 파열구를 확대시키고 있기 때문이다. 당분간 한국 정치는 세대 정치의 틀 속에서 과도기적 전환 과정을 경유할 가능성이 있다. 세대는 보수와 진보, 냉전과 탈냉전, 민족 문제가 가장 첨예한 대립과 충돌을 일으키는 접점으로 자리잡고 있기 때문이다.[21] 분단과 지역주의의 약화 속에서 세대 정치를 경유해 이념과 계급에 기반한 정당 체계로 발전하는 시나리오를 상정해 볼 수 있다.

한국 정치의 발전을 위해서는 2002년 대선에서 바람을 가져온 젊은 세대의 기대와 요구를 정치 개혁의 중요한 자원으로 활용하는 것이 필요하다. 유권자의 절반이 넘는 30대 정치 세대와 20대 문화 세대를 함께 수용할 수 있는 개방적 정당 체계가 요구되며, 그 현실적 출발점은 기존 정당들의 합리성을 근본적으로 제고하는 작업이다. 그리고 이 과제는 지지 기반과 주력을 교체하는 정당의 내부 개혁에서 비롯되어야 한다. 실질적 집권당인 한나라당은 보다 합리적인 보수 세력이 중심이 되어 영남 정치를 청산해야 한다. 재집권이 아니라 생존을 위해서라도 민주당은 보다 개혁적인 중도 세력이 중추가 되어 동교동 중심의 호남 정치를 혁신해내야 한다. 노무현 바람이 이런 가능성과 잠재력을 보여준 신선한 바람이라면, 정의의 관점이 아니라 상황 논리에 의해 결정된 후보단일화 바람은 노무현의 후보 확정이나 대선 결과와 상관없이 정당 정치의 발전에는 적지 않은 후유증을 남길 황사 바람이 될 전망이다. 이런 문제점을 극복하면서 '바람'의 정치를 '지양'하고 '제도화된 개혁정당'의 정치를 실현하는 것은 대선 이후 한국 정치가 갖고 있는 핵심적인 과제라고 하겠다.

참 고 문 헌

강원택, 2002, 「G이펙트가 지역성 누른다: 정치학자가 보는 2002 대선」, 『신동아』 8월.

권순미, 2002, 『일본 사회당 실패에 관한 연구』, 고려대학교 정치외교학과 박사학위논문.

---

21) 물론 세대 정치는 근본적인 불안정성을 안고 있다. 왜냐면 세대적 정체성은 계급, 지역, 민족, 인종, 언어와 달리 강력한 응집력을 갖고 있지 못하며 본질적으로 과도기적인 것이기 때문이다.

민주당대통령후보 정책자문단, 2002, 『미래를 향한 희망과 도전』 10월.

박찬욱, 1997, 「한국인의 투표 성향」, 『계간 사상』 여름호.

정몽준, 2001, 『일본에 말한다』, 김영사.

정상호, 2002a, 「노사모에 대한 정치사회학적 분석」, 『유쾌한 정치 반란, 노사모』, 개마고원.

_____, 2002b, 「'대세론'을 꺾은 '대안론' 바람: 1971년 김대중과 2002년 노무현」, http://www.ohmynews.com/no.67512.

정진민, 1993, 「한국 사회의 세대 문제와 선거」, 이남영 편, 『한국의 선거 I』, 나남.

최장집, 2002, 『민주화 이후의 민주주의: 한국 민주주의의 보수적 기원과 위기』, 후마니타스

Anderson, Gosta Esping, 1985, Politics against Markets: The Social Democratic Road to Power, Princeton, Princeton University Press.

Deluca, Michael, Kevin, 1999, Image politics: the new rhetoric of environmental activism, London, The Guilford Press.

Inglehart, Ronald, 1990, Culture Shift in Advanced Industrialized Society, Princeton, Princeton University Press.

Kirchheimer, Otto, 1990, "The Catch-all Party," Peter Mair ed., The West European Party System, Oxford Univ Press.

Linz, Juan, 1990, "Transition to Democracy," Washington Quarterly, no. 3.

Neumann, Sigmund, 1990, "The Party of Democratic Integration," Peter Mair ed., The West European Party System, Oxford Univ Press.

Rintala, Morvin, 1968, "Political Generations," International Encyclopedia of the Social Science VI, pp.92~96.

Rokkan, Stein, 1966, "Electoral Mobilization, Party Competition, and National Integration," Joseph Lapalombara and Myron Weiner(eds), Political Parties and Political Development, Princeton, Princeton University Press.

ValenZuela, Samuel, 1992, "Democratic Consolidation in Post-Transitional Settings," S. Mainwaring and G. O'Donnell(eds), Issues in Democratic Consolidation, University of Notre Dame Press.

Zolberg, Aristide, 1972, "Moment of Madness," Politics and Society, Vol. 2, No. 2. Winter.

제 4 부

2002년 대선 이후의 한국민주주의

2002년 대선과 한국의 민주주의[1]

손호철 | 서강대 정치외교학 교수

1. 여는 글

몇 년 전 미국에서 유행했던 책 중에 *What If*, *Virtual History*와 같은 '가상 역사 서적'들이 있다.[2] 사회 현상에는 너무도 많은 변수가 개입해 예측이 불가능하다는 카오스 이론과 나비 이론, 그리고 그 이론적 근원으로 우연 성과 사건성을 강조하는 신철학의 흐름에 기초한 이 책들은 중요한 역사 적 사건에서 우연적 요소들이 다르게 작동했으면 세계사는 어떻게 전개됐 을까 하는 가상 역사를 흥미진진하게 서술하고 있다.

정말 말 그대로 파란만장했던 2002년 16대 대선을 바라보면서 문득 떠오른 것은 바로 이 책들이다. 각종 게이트에 따른 정권 재창출의 위기 타파를 위해 도입한 국민경선제를 시작으로 롤러코스트를 타고 반전과 반전을 거듭한 이번 선거는 사회 현상에는 너무도 많은 변수가 개입해

---

1) 이 글은 서울대학교 한국정치연구소(소장 김세균)가 주최한 심포지엄 <16대 대선의 선거 과정과 의의>(2003년 1월 18일)에 발제한 「16대 대선과 한국 사회의 발전 진로」를 수정한 것이다.

2) Robert Cowley ed., *What If?*, New York: Berkley Books, 1999; Niall Ferguson ed, *Virtual History*, New York: Basic Books, 1997.

예측이 불가능하다는 카오스 이론과 나비 이론 등의 타당성[3]을 다시 한번 실감하게 해줬기 때문이다. 예를 들어, 이번 대선이 사실상 "죽은 효순·미선이 산 조선일보를 잡은 선거였다"는 사실과 관련해, 미국이 효순·미선 중학생 사망 사건에 대한 재판을 대선 이후로 미뤄 촛불 시위와 같은 대규모 시위가 없었다면, 또 후보단일화 협상에서 여론조사 방식이 정몽준 의원에게 유리하게 타결됐다면, 정몽준 의원이 막판 지지 철회를 하지 않았다면, 선거 결과가 어찌됐을까 하고 생각해보면 아찔하다. 이 같은 이유 때문에 후보단일화 압력 속에서 '노무현 일병 구하기'에 앞장섰던 개혁국민신당의 유시민은 이번 선거를 사람이 아니라 하늘이 선거 결과를 결정한 '신권 선거'라는 해석을 내놓기도 했다.

그 '하늘의 뜻 덕분'인지 민주당의 노무현 후보의 극적인 승리로 막을 내린 이번 대선은 21세기의 첫 대통령을 뽑는 선거일 뿐 아니라 포스트 3김 시대의 대통령을 뽑는 선거라는 점에서 그 역사적 의미가 크며 그만큼 비상한 관심을 끌어왔다. 그리고 그 과정과 결과 역시 이 같은 기대에 걸맞게 극적인 내용을 보여줌으로써 이번 대선은 21세기 한국 정치가 나아갈 큰 방향을 시사해주는 '중대 선거'(critical election)가 되고 말았다. 이 글은 이런 역사적 사실과 관련해, 이번 대선의 특징과 의미를 선거 과정과 선거 결과를 중심으로 살펴보고, 이에 기초해 한국 사회의 발전 방향을 살펴보는 데 그 목적이 있다.

---

3) 이는 1997년 대선의 경우도 대선 직전에 터져나온 IMF 위기와 같은 돌발 변수들이 잘 보여준 바 있다. 이에 대해서는 손호철, 「'97년 대선과 한국 정치의 과제」, 『신자유주의 시대의 한국 정치』, 푸른숲, 1999 참조

2. 선거 과정

이번 선거가 선거 과정상에 보여준 특징은 캠페인 방식에서부터 선거의 쟁점과 같은 내용 문제까지 다양하다. 이 중 특징적인 것들을 지적하자면 다음과 같다.

가. 이념적 3정립 구도의 선거

이번 선거는 쟁점과 내용면에서 한나라당의 '부패정권 심판론'과 민주당 노무현 후보의 '낡은 정치 청산론'이 가장 핵심적인 쟁점이 된 선거였다. 그러나 그 심층을 들여다보면 보다 근본적인 특징을 지니고 있다. 그것은 민주노동당이 지난 지자체 선거에서 8%대를 기록해 제3당으로 급부상한 여세를 몰아 주요 후보 텔레비전 토론에 참여함으로써 조봉암이 출마했던 56년 선거 이후 처음으로 진보정당 후보가 대선의 주요 주체로 참여한 선거였다는 사실이다.

그 결과 대선은 한나라당으로 상징되는 '수구적 보수,' '냉전적 보수,' '수구적 신자유주의' 세력 대 노무현과 민주당으로 상징되는 '개혁적 보수,' '개혁적 자유주의,' '개혁적 신자유주의' 세력 대 진보세력이라는 이념적 3정립 대결 구도[4]의 모습을 띠게 됐다. 물론 92년 대선의 정주영 후보, 97년 대선의 이인제 후보 등 과거에도 3자 대결 구도가 있었다. 그러나 92년, 97년의 3자 구도가 보수 세력 내의 정파적 대결 구도였다면 이번 대선은 이와는 다른 양상을 띠게 됐다는 결정적인 차이가 있다. 이밖에 이념적 측면과 관련해 또 하나 주목할만한 현상은 사회당이 사회주의를 기치로 내걸고 사회주의 후보를 냄으로써 한국 사회에 팽배해 있던 사회

---

4) 이 표현은 정대화, 「16대 대선의 특징과 결정 요인」, 교수 7단체 주최 2002년 대선 평가토론회 발제문(2002년 12월 23일)에서 인용.

주의에 대한 터부를 깼다는 것이다.

그러나 민주노동당의 주류 정치에의 정치적 시민권 획득이 빛만 있었던 것은 아니다. 우선 사회당은 텔레비전 토론 등에서 철저히 배제됐다. 또 민주노동당은 선거 과정에서 말로는 신자유주의 반대를 주장하면서도 실질적으로 제시하는 정책들은 그렇지 못했고, 그동안 계속 지적되어온 문제지만 민중정당이라는 당의 입장과 달리 국민정당, 그리고 진보정당이 아니라 단순한 '선명 야당'을 지향한 느낌을 줬다.5) 그 결과 민주노동당 내에서도 정책 대결이라는 것이 "시민운동 수준의 아젠다"에 머물렀고 어느 정도 여론의 주목을 받고 의제화에 성공한 부유세, 무상교육, 무상의료 문제도 사회를 총체적으로 바꿀 프로그램의 일부로 제시하지는 못했다는 비판이 제기되고 있다.6) 또 대선 막판에 정몽준 의원의 노무현 지지 철회로 민주노동당 선거 과정이 노무현에게로 대폭 이동한 것도 민주노동당의 우경적 전략에 의해 유권자들은 말할 것도 없이 당원들에게도 두 후보간의 질적 차이와 차별성을 인식시키는 데 실패했기 때문이라는 비판이 제기되고 있다.7) 다시 말해 두 후보간에 존재하는 것이 질적 차이보다는 개혁성의 정도의 차이라는 양적 차이일 뿐이라고 생각하도록 만들었다는 것이다.

한마디로 민주노동당이 주류 정치에서 정치적 시민권을 획득했지만, 이는 동시에 진보 진영의 일부 세력(민주노동당)의 '포섭' 및 '체제 내화'와 다른 일부의 배제(사회당 등)라는 이중적 과정 속에서 이루어진 것이라는 사실도 동시에 주목해야 한다.

---

5) 채만수, 「2002 대선의 승자와 패자」, 『현장에서 미래를』(83호, 2003년 1월), 16쪽. 채만수는 이 같은 분석에 기초해 지난 대선에서 노동자계급은 패배했고 이 같은 패배에 기여한 것 중의 하나가 바로 민주노동당의 선전이라고 주장하고 있다.

6) 정윤광, 「당 대선 투쟁은 과연 승리했는가」, 『이론과 실천』(2003년 1월), 78~79쪽.

7) 장석준, 「2002 대선 이후 우리가 직시해야 할 것들」, 『이론과 실천』(2003년 1월), 198~199쪽.

나. 공투본·공선본, 노동해방실천단의 실패

이번 대선에서 주목받을 만한 것은 노동자의 힘이 제안했던 공투본(전국 공동투쟁본부),공선본(공동선거대책본부)과 노동해방실천단이다. 이 제안은 단순한 진보후보 단일화를 넘어서 그동안 분열됐던 진보 진영을 하나로 묶어 공동으로 선거 투쟁에 나서는 한편, 2002년 봄 발전노조 파업 이후 유실됐던 반신자유주의 전선을 강화해 이번 대선을 김대중 정부가 추진해온 신자유주의 정책에 대한 심판의 장으로 만들려고 했던 중요한 시도였다.[8] 다시 말해, 이는 선거 때만 되면 민주노동당이 상징하는 '진보 진영의 우파'가 선거주의에 매몰되고, '좌파'는 선거주의를 비판하면서 '공허한' 대중투쟁 강화론만 반복했던 양극 구도를 넘어설 수 있는 새로운 실험으로 의미가 크다.[9] 그러나 그 시도는 여러 요인들로 인해 도중에 무산됨으로써 차라리 처음부터 안 하는 것만도 못한 최악의 시나리오로 치닫고 말았다. 그리고 "우파의 역사는 단결의 역사, 좌파의 역사는 분열의 역사"라는 말도 있다지만, 이는 노무현 후보와 정몽준 의원의 후보단일화와 좋은 대조를 이루며 우리에게 아프게 다가온다.

잘 알려져 있듯이 공투본 안을 통해 이번 대선을 반신자유주의 투쟁으로 몰고 가는데 실패한 것은 사회당이 이 안에 반대해 불참하고, 당초 공투본 안을 냈던 노동자의 힘이 단일화된 범진보후보가 어떤 당의 기치 아래 출마할 것인가 하는 문제를 둘러싼 이견 등을 이유로 스스로 공투본 참여를 철회했기 때문이다.[10] 그러나 보다 근본적으로는 좌파의 정치적, 조직

---

8) 이에 대해서는 고민택, 「2002 대선과 좌파의 진로」, 『문화과학』(32호, 2002년 겨울), 269~271쪽.

9) 물론 이 안에 대해 노동자의 힘 내부에서도 반대 의견이 강했던 것은 사실이고 그같은 입장에 섰던 사람들은 이 안이 "부르주아 정치의 룰에 따라서 대선 과정에 적극적으로 참여하는 것을 예정"하고 "개량주의 노선으로 비판해 온 특정 후보 지지운동으로 귀결될 수밖에 없도록 예정된" 것이며, 따라서 "그 좌절을 통해 스스로 자신의 정치적 정체성에 혼란을 야기하고, 그것을 훼손"시킨 장본인이라는 부정적 평가를 제기하고 있다(채만수, 위의 글, 23쪽).

10) 이에 대해서는 공투본–실천단 전술 평가를 위한 모임, <공투본–실천단 전술 평가와 이후

적 역량의 한계가 문제였고 이번 사태는 그 같은 한계를 만천하에 입증해 보여준 결과가 되고 말았다. 그리고 공투본 안의 철회는 좌파 진영 내의 책임 논쟁과 허탈감을 가져다줬고, 그 결과 대선 정국은 "김대중 정권 5년 동안 투쟁해온 신자유주의 반대 전선이 사실상 유실된 채 진행"되고 말았다.[11] (물론 민중연대가 주도한 노동자대회, 그리고 10만 명 이상이 상경 투쟁을 벌인 농민대회와 같은 반신자유주의 대중투쟁이 진행된 것은 사실 이지만 이는 미약하기 짝이 없는 일이었다).

민주노동당 역시 공투본 안을 수용했다고는 하지만, 초기에 범진보 진영의 단일 후보를 민중 진영의 대중적인 예비 선거를 통해 선출함으로써 민중 진영의 대중들을 정치적으로 조직화해내고 바람을 일으킬 수 있는 기회를 가질 수 있었는데도 불구하고, 이 같은 범추, 나아가 당내 경선마저도 무산되고 말았다.[12] 이 역시 민주당의 국민경선제 바람과 비교해 반성해야 할 부분이다.

이와 관련, 한 가지 지적하고 넘어갈 것은 이번 대선에서 진보 진영은 자유주의자들에 비해 그 기반이 얼마나 취약하고, 그 열정과 성의 모든 면에서 얼마나 뒤떨어지는지를 보여줬다는 점에서 뼈아픈 반성이 필요하다는 사실이다. 그 전까지 민주노동당은 당비를 내는 2만7천여 명의 진성 당원을 가진, 진성 당원을 기준으로 할 경우 국내 최대의 정당임을 자랑했다. 그러나 진보 진영이 몇 년을 죽을 고생을 하며 간신히 이만한 당원을 모았다면, 노사모는 별로 힘들지 않고 8만여 명의 회원을 모았고 '노무현 일병 구하기'를 위해 급조된 개혁국민정당까지도 한두 달 사이에 7만 명 대의 당원을 모을 수 있었다. 게다가 노사모 등 노무현 지지자들은 희망돼지라는 소액모금 방식을 통해 70억 원 이상을 모았다. 또 선거 전날 보여

정치적, 조직적 과제 수립을 위한 토론회>, 2002년 12월 13일.

11) 고민택, 위의 글, 267쪽.

12) 이에 대한 비판은 정윤광, 위의 글, 72~75쪽.

준 이들의 '노일병 구하기'는 입장을 떠나 눈물겹기까지 하다. 한마디로, 열정 면에서도 진보 진영이 노사모에 패배한 것 같다(나아가 매우 중요한 사실인데, 1980~90년대의 경우 자유주의자들이 여러 투쟁에서 더 치열하게 싸우고 고생을 한 좌파에 대해 컴플렉스나 죄의식 같은 것을 가지고 있었다면, 이 신세대 자유주의들은 좌파와 진보 세력에 대해 이 같은 것이 전혀 없고 오히려 정정당당하다). 물론 좌파의 경우 선거에 모든 것을 거는 부르주아 세력과 달리 좌파는 선거가 중요하지 않기 때문에 노사모처럼 열심히 안 했다고 변명할지도 모른다. 그러나 문제는 그렇다면 노사모가 선거운동을 열심히 한 만큼 좌파가 대중투쟁이라도 열심히 했는가 하는 것이다.

다. 탈돈 선거, 탈동원 선거와 참여민주주의

이번 대선의 중요한 특징 중의 하나는 그동안 수조 원이 들어가는 것으로 이야기 되어온 대선의 돈 문제가 어느 정도 해결됐다는 사실이다. 물론 대선시민연대의 대선자금 실사조사에 따르면 아직도 대선자금의 관리에 문제가 많고 과연 각 정당이 대선자금과 관련해 선거법, 정치자금법을 준수했는가도 의문이다.[13] 또 한나라당의 공식적인 모금 행사에 주요 재벌들이 1백억 원 이상의 후원금을 내기도 했다. 그러나 과거의 관행에 비춰보면 이번 대선은 전체적으로 보아 돈 선거가 상당히 극복됐다고 볼 수 있다. 또 노무현 진영의 희망돼지 운동 등 일반 유권자들의 소액 지지에 기초한 정치자금 마련 실험이 큰 성공을 거둔 것은 주목할만한 일이다.

한국 선거의 병폐를 거론할 때 돈 선거와 짝을 이루는 동원 선거의 문제도 상당히 해결됐다고 할 수 있다. 이는 대규모 옥외 집회를 금지시키

---

13) 대선유권자연대에 신고한 것에 따르면 민주당은 298억 원, 한나라당은 253억 원을 사용한 것으로 나타난다.

고 미디어 선거를 활성화시키는 방향으로 선거 제도가 바뀐 데다가, 민주
당의 경우 노무현 후보를 둘러싼 당내 내분으로 동원이 사실상 불가능했
고 한나라당의 경우도 거대 조직을 동원하려면 엄청난 돈이 들어간다는
점과 관련해 정치자금 면에서 동원 선거가 쉽지 않았기 때문이다.[14] 동원
선거의 쇠퇴와 관련된 것으로, 다양한 형태의 '참여민주의'[15]의 실험도
나타났다. 우선 국민경선제 실험이다. 김대중 정부의 각종 게이트 사건에
따른 정권 재창출의 위기에 대한 타개책으로 민주당이 도입한 국민경선제
는 그동안 3김에 의해 사당화됐던 정당을 다시 국민들과 당원들에게 돌려
주는 새로운 실험으로 주목을 받았다. 이와 관련, 다만 두가지는 짚고 넘어
갈 필요가 있다.

　국민경선제는 국민 참여의 실험으로 의미가 크지만, 한국 정치의 문제
인 사당 정치의 핵심은 각 당의 대통령 후보가 반민주적으로 선출되어온
것이 아니다. 최소한 1987년 민주화 이후에는 각 당의 대통령 후보가 정도
의 차이는 있지만 그래도 상향적으로 선출되지만, 문제는 이처럼 선출된
대통령 후보와 당 총재들이 국회의원 후보 등을 하향식으로 밀실공천해온
것이라는 사실이다. 따라서 대선 후보의 국민경선제의 의미를 지나치게
과대평가해서는 안 되며, 그 의미는 오히려 2004년 각 당의 국회의원들이
어떠한 방식으로 선출될 것인가에 달려 있다. 또 다른 문제는 민주당의
국민경선제의 구체적인 내막은 알 수 없으나 민주당 내의 후보단일화 논
쟁과 관련해, 국민경선을 총지휘했던 김영배 의원이 국민경선을 "국민 사

---

14) 한 정당 관계자의 경우 지난 대선의 투표율이 상대적으로 낮은 것은 동원 선거가 이뤄지지
　않았다는 증거라고 주목하고 있다.
15) 물론 참여민주주의는 일종의 직접민주주의적 기제들을 통해 현대 대의민주주의의 한계를
　넘어서려는 보다 적극적인 노력으로(Carole Pateman, *Participation and Democratic Theory*, Cambridge:
　Cambridge University Press, 1970 등 참조), 아래에 소개할 국민경선제와 노사모가 과연 현대
　대의민주주의를 넘어서는 것인가는 논쟁적일 수 있다. 이와 관련해, 여기서는 참여민주주의
　를 그런 분석적 개념이라기보다는 서술적 의미로 사용했다.

기극"으로 폄하한데다가 국민경선에 의해 뽑힌 후보가 후보단일화 압력이 시달리다가 정몽준 의원과의 후보단일화 안을 수용함으로써 그 의미가 반감했다는 사실이다.

참여민주주의의 실험으로 주목할 또 다른 것은 노사모와 같은 자원봉사 지지모임의 등장이다. 온라인 동우회로 출발해 8만 명 이상의 회원을 거느린 거대한 조직으로 발전한 노사모는 동원 선거를 대치할 새로운 자원봉사 지지모임의 선구자로서 그 의미가 클 뿐만 아니라 인터넷 시대에 있어서 온라인과 오프라인을 결합시킨 새로운 참여 모형으로서 주목할 필요가 있다.

라. 미디어 선거, 인터넷선거

동원 선거가 줄어들면서 미디어 선거가 완전히 자리잡은 것도 이번 선거의 중요한 특징이다. 물론 미디어 선거는 이번 대선만의 특징이 아니고 꾸준히 진행되어온 추세이다. 그러나 이번 대선의 경우 대규모 대중연설회 등이 사라지면서 확실하게 가장 중심적인 선거운동 방식으로 자리를 잡았다. 또 미디어 선거의 중심축 중의 하나인 대선 후보 텔레비전 토론에 지난 지방선거에서의 선전을 무기로 민주노동당이 참여함으로써 진보정당이 미디어 선거에서 시민권을 확보한 것도 이번 대선의 중요한 특징이다.

미디어 선거와 관련해, 주목할 현상은 이번 선거가 정보화 시대의 새로운 미디어라고 할 수 있는 인터넷의 역할이 엄청나게 급상승한 인터넷 선거였다는 사실이다. 인터넷 선거는 여러 양상을 띄고 나타났다. 우선 '오마이 뉴스,' 그리고 '프레시안'과 같은 인터넷 신문의 영향력이 급부상이다. '조중동'으로 표현되는 주류 언론에서 인터넷과 네티즌으로 "2002년 12월 19일 대한민국의 언론 권력이 교체됐다"는 일부의 주장16)은 다소 과장된 것이기는 하지만 이 같은 인터넷 신문의 부상을 잘 표현해주고 있다. 상대적으로 진보적 색깔을 가진 이 인터넷 신문들은 특히 20, 30대의 네티즌을 대상으로 단순한 대안적 정보의 원천을 넘어서 새로운 정치사회화(political socialization) 내지 의식화의 주체와 담론 설정의 장으로 기능하며 보수 언론의 영향력을 상쇄시켰다. 이밖에 노사모, 창사랑 등 다양한 온라인상의 후보 지지모임, 국민경선에 의해 선출된 노무현 후보 흔들기에 분노해 생겨난 인터넷 정당인 개혁국민정당 등도 모두 인터넷이 없었으면 불가능했던 새로운 현상들이다.[17]

마. 탈냉전 선거, 탈네거티브 선거

이번 선거는 선거 과정 면에서 탈돈 선거, 탈동원 선거 외에도 두 개의 다른 탈선거의 특징을 갖고 있다. 그것은 탈냉전 선거, 부분적으로는 탈네거티브 선거이다.

우선 이번 대선은 북풍이 전혀 효력을 발휘하지 못한, 진정한 의미의 첫 탈냉전 선거라고 할 수 있다. 물론 1997년 대선 당시에도 북풍이 효력을 발휘하지 못한 것은 사실이다. 그러나 당시의 경우 IMF 경제 위기라는 국난이 있어 북한 변수가 있다해도 부차적일 수밖에 없었다면, 이번 대선의 경우 대선 막판에 북한 핵 문제라는 핵태풍급 북한 변수가 터져 나왔지만 별로 위력을 발휘하지 못했다는 점에서 그 차이가 크다.

뿐만 아니라 이번 대선은 그동안 기승을 부려온 네거티브 캠페인이 힘을 쓰지 못한 선거였다. 물론 선거 초반의 경우 이회창 후보의 아들 병역

---

16) 오연호, 「언론 권력 교체되다: 인터넷과 네티즌이 조중동을 이겼다」, 『오마이 뉴스』, 2002년 12월 19일.

17) 특히 노무현 진영과 지지자들은 이 같은 인터넷에서 발군의 실력을 발휘했고, 민주노동당은 노무현 팀에게 "TV에서 이기고 인터넷에서 졌다"고 자평한다. 이상현, 「미디어 선거: 권력은 TV와 인터넷에서 나왔다」, 『이론과 실천』(2003년 1월), 224쪽.

비리 문제가 주요한 쟁점이 됐고 한나라당도 선거 막판까지 국정원 도청 문제 등 네거티브 캠페인을 편 것은 사실이다. 그러나 노후보 팀이 낡은 정치 청산을 중심 선거 전략으로 내세우고 이에 기초해 네거티브 캠페인 전략 중단을 선언하고 나섰고, 이 같은 전략이 좋은 반응을 얻고 국정원 도청 문제 등 네거티브 캠페인이 별 성과를 거두지 못하면서 한나라당도 선거 막판에는 네거티브 전략을 포기해야 했다.

바. 사실상의 '결선 투표제'의 도입

1987년 민주화 이후의 대선은 양김의 분열을 시발로 해서 모두 다자 대결의 양상을 띄어 왔다. 그 결과 당선자가 투표의 과반수 이상의 지지를 확보하지 못하는 상태를 야기해왔고 동시에 제3의 후보가 승패를 좌우하는 변수로 작용해왔다. 이와 관련, 일각에서는 국민 다수의 지지를 받는 대통령을 만들어내기 위해 결선 투표제를 도입해야 한다는 주장이 심심치 않게 제기되어 왔으나 실현되지 못했었다.[18]

　　이번 대선의 경우 두 후보가 후보단일화를 하지 않을 경우 패배할 수밖에 없다는 위기 의식에 기초해 노무현 후보와 정몽준 국민통합 21후보가 여론조사라는 유례없는 방식으로 후보단일화를 함으로써 사실상 결선 투표제를 도입한 것과 같은 효과를 가져다줬다. 그러나 동시에 이는 노무현 정권, 나아가 노무현을 지지한 개혁적 자유주의의 허약성과 이중성을 보여주는 노무현 정권의 아킬레스건 내지 원죄이기도 하다.[19] 노무현 후보는 노풍이 꺼진 상태에서 정몽준 후보와의 후보단일화를 요구하는 당내 주류 세력의 압박에 대해 정후보와는 정체성 등이 너무도 달라 후보단일

---

18) 그러나 김대중 대통령이 당선된 97년 이전의 경우 이 같은 결선 투표제는 DJ의 지지자들에게서 수적 소수인 호남과 김대중의 집권을 영원히 원천적으로 불가능하게 만드는 다수의 횡포라는 비판을 받아 공개적으로 논의할 수 없었다.

19) 이에 대해서는 손호철, 「후보단일화와 진보정당」, 『문화연대』, 2002년 12월 1일.

화는 있을 수 없다고 반박해왔다. 그러나 어느날 갑자기 말을 바꾸어 후보 단일화를 수용했다. 게다가 후보단일화 여론조사에서 승리한 뒤에도 공동 유세 지원을 미끼로 사실상의 공동 정부 구성을 요구해온 정후보의 요구 를 상당부분 들어줬다. 한마디로 승리를 위해 원칙을 버리고 재벌과의 동 침을 선택한 것이다. 다시 말해, 정후보가 고맙게도(?) 대선 전날 지지 철회 를 해줬기에 망정이지 안 그랬다면 우리는 지금쯤 민주당과 재벌 간의 공동 정권을 목도하고 있을 것이다.

이와 관련, 심각한 문제는 노무현을 비롯한 현실 정치 세력은 그렇다 고 치더라도, 자유주의 지식인들이 보여준 무신념과 이념적 허구성이 다.[20] 즉 이들은 민주당 내 주류 세력이 정몽준 후보와 단일화할 것을 요 구하자, "정몽준은 평화 세력도, 민주 세력도, 개혁 세력도 아니고" 정의원 의 국민통합 21은 "한나라당보다 훨씬 수구적인 패거리"이자 "정몽준에 의한, 정몽준을 위한, 정몽준의 사당일 뿐"이므로, 냉전수구 세력인 이회 창의 집권을 막기 위해 정몽준 의원과 단일화를 하라는 것은 "황당민국의 한판 개그"라고 비판했다.[21] 백 번 만 번 지당한 이야기이다. 그러나 문제 는 노무현 후보가 후보단일화를 받아들이자 언제 후보단일화론을 비판했 느냐는 듯이 이 문제에 대해 침묵하고 계속 노무현을 지지하고 나섰다는 점이다.

사. 거리의 정치: 촛불 시위

마지막으로, 그러나 가장 중요한 것으로, 효순·미선 두 여중생 사망 추모 촛불 시위가 보여주듯이 1987년 6월 항쟁 이후 사라졌던 일반대중 수준에 서의 '거리의 정치'가 복원된 것이다.

---

20) 이에 대해서는 민주노동당, 「한국 자유주의자들의 파탄난 도덕률」, 『진보정치』 115호, 2002 년 12월 23일~12월 31일, 12쪽.
21) 최상천, 「정몽준당 21」, 『한겨레』, 2002년 11월 9일.

이 촛불 시위는 위에서 지적한 국민경선제, 노사모와 같은 참여민주주의의 흐름과도 구별되는 진일보한 것으로서 주목할 필요가 있다. 즉 국민경선제와 노사모도 참여민주주의의 한 형태지만 기본적으로 선거를 전제로 선거 참여의 한 방식이었다면, 이번 촛불 시위는 단순한 선거 참여를 넘어서 주요한 정치적 의제를 스스로 만들어 제도정치권 밖의 거리로 끌고 나와 투쟁한 직접민주주의 투쟁이었다는 점에서 그 의미가 더욱 크다. 특히 이 같은 대중투쟁은 위에서 지적한 인터넷 혁명과 관련해 한 네티즌의 제의에 의해 네티즌들에 퍼져 나가 온라인과 오프라인을 연결하며 엄청난 규모로 확산됐다는 점에서 새로운 사회운동의 모형을 보여줬다.

사실 반미 투쟁은 80년대 이후 한국 민중운동의 다수파를 형성해온 소위 NL 진영이 그동안 모든 운동 역량을 투입해 노력해왔지만 대중적 의제화와 대중동원이라는 면에서 그렇게 성공적이지 못했던 것이었다. 그러나 한 네티즌이 제안한 대중운동이 이처럼 대중적 지지를 받고 광범위하게 확산되어간 것은 로자 룩셈브르크가 일찍이 주목한 잠재되어 있는 대중의 역동성22)을 확인해주는 동시에, 이 같은 대중적 역동성을 운동 속에 잡아내지 못한 민중운동의 무능력을 근본적으로 반성하게 한다. 나아가 민중운동이 어떻게 하면 이 같은 대중적 역동성을 포착해 동력화해 나갈 것인가를 고민하도록 해준다. 특히 인터넷 시대에 민중운동이 어떻게 대응할 것인가를 고민하게 만들어주고 있다.

---

22) Rosa Luxemburg, "From *Mass Strike, Party, and Trade Unions*," in *Selected Political Writings of Rosa Luxemburg*, New York: Monthly Review, 1971.

3. 선거 결과

채만수 한노정연 부소장은 노무현의 당선에 대한 무비판적인 용비어찬가를 읊조리는 일부 진보학자, 그리고 이번 대선을 통해 "전투에서는 졌지만 전쟁에서는 승리했다"고 자부하는 민주노동당에 대해, 보다 근본적인 노동자계급적 입장에서 이번 대선의 진정한 승자는 노무현도 민주노동당도 아니고 독점자본이며, 패자는 이회창이 아니라 노동자계급이라고 비판하고 있다.[23] 이번 대선을 통해 국내외 독점자본의 헤게모니가 강화됐으면 됐지 약화되지는 않았을 것이라는 점에서 맞는 이야기이다.[24]

그러나 추상화 수준을 낮춰 정치 현장의 수준,[25] 즉 다양한 자본 분파 등과 관련된 정치적 정파의 수준에서 보자면 이야기는 달라진다. 위에서 지적한 이념적 3정립이라는 것이 바로 이 수준의 문제로서, 이 수준에서 보자면 이번 선거의 결과는 개혁적 신자유주의 세력이 수구적 신자유주의 세력을 누르고 승리한 것이다. 그리고 이와 관련해, 채 부소장도 "보다 더 보수적이고 사대적이고 냉전 추구적인 이회창 대신에 그래도 조금은 자유주의적이고 덜 사대적이고자 하며 가능한 한 남북 간에 평화와 협력을 추구하고자 하는 노무현이 당선된 것에 대한 긍정적 의미"를 인정한 바 있다.[26] 이 두 수준, 즉 근본적인 토대와 국가권력의 수준 그리고 정치 현장의 수준 중 한 수준만 절대화해 분석할 경우 문제가 많다. 전자에만 초점을 맞출 경우 본질주의에 빠지게 되고, 후자만 절대화해 노무현 승리

---

23) 채만수, 위의 글, 21쪽.

24) 이 같은 분석 수준에서 이야기하자면 PT 당의 룰라가 대통령으로 선출된 최근 브라질 선거에서의 승자도 국내외 독점자본이다.

25) 이에 대해서는 Nicos Poulantzas, *Political Power and Social Classes*, London: Verso, 1978. 이를 정리하고 한국 정치 분석에 적용한 것은 손호철, 「한국 국가 성격의 재조명」, 『이론』 7호, 1993년 가을.

26) 채만수, 위의 글, 16쪽.

의 의미를 장밋빛 일색으로 그리는 것도 문제가 많다. 따라서 이번 대선은 독점자본, 신자유주의의 승리이며, 노무현 현상을 통해 김영삼 정권과 김대중 정권의 부패 스캔들로 위기에 처했던 자유주의 세력, 그간의 신자유주의 정책에 따른 사회적 양극화로 민심에서 외면받았던 개혁적 신자유주의 세력이 노무현 현상을 통해 국민의 심판을 피해 가고 기사회생한 것은 애석한 일이지만, 동시에 이들이 그래도 수구적 신자유주의 세력보다는 낮다는 점에서 이들이 승리한 것은 그나마 다행이라고 할 수 있다.

노무현 승리가 다행인 또 다른 이유는, 미국의 2000년 대선에서 부시가 승리한 후에 민주당이 녹색당을 공격한 것처럼, 노무현 후보가 패배했을 경우 민주노동당 때문에 노무현이 패배했다는 비판을 노사모 등 노무현 지지자들에게서 두고두고 받았을 것인데 노무현의 승리로 이 같은 사태를 피할 수 있게 됐기 때문이다. 이 같은 대 전제 아래서 이번 대선의 결과에서 나타난 몇 가지 중요한 의미들을 살펴보고자 한다.

가. 민주노동당의 약진과 사회당의 참패

이번 대선 결과에서 나타난 진보 진영의 성적표는 한 마디로 민주노동당의 선전과 사회당의 참패로 요약될 수 있다. 물론 이는 이미 그동안 나타나온 두 정당간의 힘의 차이에다가 민주노동당의 TV 토론 참여로 상징되는 '포섭과 배제의 동학'이 결합한 결과이다. 그러나 사회당은 이번 총선에 출마한 6개 후보 중에서 꼴찌를 함으로써 공투본 참여를 거부하고 독자 노선을 걸어온 그동안의 노선에 대해 심각한 자기 반성을 요구받고 있다.

한편 민주노동당은 TV 토론 덕으로 각종 여론조사에서 5~7%의 지지율을 기록했고, 정몽준 의원의 노무현 후보 지지 철회 조치에 따른 민주노동당 지지자들의 노후보로의 표 쏠림 현상으로 예상 지지율에는 못 미쳤지만(이 점에서 정몽준 의원은 지지 철회를 통해 역시 재벌답게 노동과 민중 진영에 타격을 입힌 셈이다),[27] 1백만 표에 가까운 95만7천148표로 3.9%의 득표를 함으로써 진보정당의 가능성을 보여줬다. 참고적으로 민주노동당은 지방선거 직후 대선 득표 목표를 150만~300만 표로 잡았다가 범추 등이 무산되고 바람이 일지 않으면서 목표를 1백만 표로 낮춘 바 있다.

이 같은 득표율은 권영길 후보가 국민승리 21후보로 출마했던 97년 (1.2%)에 비해 세 배이상 높아진 것이지만 동시에 지난 여름의 지방선거 득표율(8.9%)에 비해서는 절반이하로 낮아진 것이다. 이는 지방선거에서의 높은 득표율이 지방선거라는 독특한 특성, 그리고 정당명부식 비례대표제라는 제도적 특성에 기인하는 바가 크다는 것을 간접적으로 보여주고 있다. 또 그동안 진보정당의 성장에 가장 큰 장애로 작용해온 지역주의가 오히려 지방자치 선거에서는 긍정적으로 작동했지만(지역주의 때문에 영남의 반한나라당 유권자의 경우 민주당을 찍을 수 없어 민주노동당을 선호하고, 호남의 반민주당 유권자는 그렇다고 한나라당을 찍을 수 없어 민주노동당을 지지하는 식으로),[28] 대선이라는 선거의 성격과 관련해서는 다시 장애로 작동하고 말았다. 이는 지난 여름 지방선거에서 10%대의 지지를 보여줘 울산 다음에 전국적으로 가장 높은 지지율을 보여줬던 호남 지역에서 이번 대선에서는 전국적으로 가장 낮은 1%대의 지지밖에 반지 못한 것이 잘 보여주고 있다. 그나마 자위를 한다면 저항과 민주의 도시라는 이름이 무색하게 지난 97년 대선에서 진보 후보에게 전국적으로 가장 낮은 0.2%의 지지율을 보냈던 광주와 전남이 이번 대선에서는

27) 정몽준 촌극에 의해 민주노동당 지지자 중 노무현 후보에 투표한 사람은 트래킹 조사에 따르면 10만 명 정도 되는 것으로 나타나고 있으나 실제는 훨씬 클 것이라는 것이 전문가들의 분석이다(『한겨레』, 2002년 12월 21일). 민주노동당측은 민주당의 내부 분석이라며 40만 명 정도가 이탈한 것으로 보고 있다(「토론: 이재영 민주노동당 정책국장」, 교수 7단체, <2002년 대통령선거 평가토론회>, 2002년 12월 23일).
28) 손호철, 「강시는 죽었는가: 6·13 지방선거와 민중운동」, 『진보평론』, 2002년 가을 참조.

감격스럽게도(?) 무려 5배나 높아진, 무려(?) 1.0~1.1%라는 지지율을 보여
준 것이다(<표 1> 참조).

<표 1> 민주노동당의 득표율 비교

	1997년 대선	2002년 지방선거	2002년 대선
서울	1.1	6.1	3.3
인천	1.6	6.3	5.0
경기	1.4	5.8	4.4
강원	1.0	8.6	5.1
대전	1.2	7.5	4.4
충남	1.0	4.5	5.5
충북	1.3	7.3	5.8
광주	0.2	14.9	1.0
전남	0.2	15.0	1.1
전북	0.4	12.8	1.4
대구	1.2	5.2	3.3
경북	1.4	4.5	4.4
울산	6.1	28.7	11.5
부산	1.2	10.7	3.1
경남	1.7	9.0	5.0
제주	1.4	10.6	3.2
계	1.2	8.1	3.9

자료: 선거관리위원회. ** 1997년은 국민승리 21.

나. 개혁 세력의 단독 집권?

전체적인 대선 결과의 이야기로 돌아가자면, 이번 대선에서 그동안 정당
정치의 밖에서 활동해온 정몽준 의원이 바람을 일으켰었다는 사실, 나아
가 김대중 정부의 엄청난 부패 스캔들 등에도 불구하고 '부패정권 심판'을
내세운 한나라당을 '낡은 정치 청산'을 내건 노무현후보가 누르고 승리한

것은 정치개혁에 대한 국민적 요구가 생각보다 컸음을 보여줬다. 이 점에서 이번 대선은 정치적 수준에서 박정희 시대, 개발 연대가 종식하고 진정한 자유주의 세력이 정치적으로 한국 정치에 자리잡았음을 의미하는 선거였다. 즉 3김은 사실상 박정희 시대의 개발 독재에 대항하던 반사적 대립물이었다는 점에서 이번 대선은 단순한 3김 정치의 청산을 넘어서 박정희 시대의 청산을 의미하며, 진정한 의미의 서구식 부르주아 민주주의 세력이 정치권(노무현)과 일반 유권자(노사모 등) 수준에서 자리잡고 있음을 보여주는 선거였다. 다시 말해 3김은 밖으로는 민주 투사(자유주의자)였지만 사당 정치(봉건적)에 의존해 왔다는 점에서 '봉건적 자유주의자'였다면 이제 그 시대는 끝난 것이다.

그러나 3당 통합과 DJP에 의해 집권했던 김영삼, 김대중 정권과 달리 이번 대선은 개혁 세력이 단독으로 집권에 승리한 선거였고,[29] 거기에 민주노동당의 지지표까지 더하면 우리 사회의 개혁, 진보 세력이 다수파임을 보여준 선거였다는 식의 주장[30]은 지나친 낙관론적인 해석이다. 물론 정의원의 지지 철회에도 불구하고 노무현 후보가 이겼으니 단독 집권 아니냐고 말할지 모르지만 이는 억지다. 왜냐 하면 정의원과의 후보단일화가 없었으면 이번 대선은 패배했을 것이고(선거 후 실시한 여론조사 결과 이번 대선에서 지지 후보 결정에 가장 영향을 끼친 사건으로는 후보단일화가 19.9%로 1위를 차지한 것으로 나타나고 있다),[31] 정의원의 '고맙기 짝이 없는' 지지 철회가 아니었다면 지금쯤 국민통합 21의 김행 대변인이나 김민새(김민석) 의원이 인수위의 대변인을 하고 있을 것이고, 인수위의 국정 방향 수립에 국민통합 21과의 조율로 애를 먹고 있을 것이기 때문이다. 즉 정의원의 지지 철회로 결과적으로는 공동 정권의 부담을 덜었다고

29) 「토론: 김기식 참여연대 사무처장」, 교수 7단체, 위의 토론회.
30) 「토론: 유시민 개혁국민정당 대표」, MBC 100분 토론.
31) 『중앙일보』, 2003년 1월 17일.

는 하지만, 이를 단독 집권으로 과장해서도 안 된다. 그리고 위에서 지적한 바 있듯이, 선거 과정에서 노무현 대통령이 정몽준 의원과는 정체성 등이 너무 달라 결코 단일화를 할 수 없다는 자신의 말을 뒤집고 원칙을 버리면서까지 재벌과의 후보단일화를 수락했고 재벌과의 공동 정권이라는 짐을 선택했었다는 역사적 사실을 잊어서도 안 된다.

다. 세대 혁명?

이번 대선 결과가 보여주는 중요한 특징 중의 하나는 세대 혁명이다. 20~30대를 중심으로 한 2030세대는 선거 결과에서만이 아니라 선거 과정에 있어서도 노사모가 촉발시킨 노풍, 정몽준 의원의 정풍, 촛불 시위 등 선거의 중요한 대목 대목에서 결정적인 역할을 수행했다. 그리고 여러 매체가 지적하고 있듯이 투표 결과에 있어서도 2030세대와 50대 이상의 세대는 투표 행태에 있어서 엄청난 차이를 보여줌으로써 세대라는 변수가 한국 정치에 중요한 변수로 부상하고 있음을 보여줬다. 그러나 문제는 과거에는 세대 변수가 없었느냐는 것이다. 이를 살펴보기 위해 97년의 연령별 투표 행태와 이번 투표를 비교해볼 필요가 있다.

　　<표 2>가 보여주듯이 세대 혁명에도 불구하고 20~30대가 이회창 후보에 던진 표는 1997년 대선에 비해 32%에서 34.6%로 조금이지만 늘어났지 줄어들지 않았다. 문제는 97년에 비해 20~30대에게 이후보가 얻은 표는 근소하게 늘어난 반면, 97년 당시 이인제 후보에게 갔던 20%대의 20~30대 표의 절대 다수가 노무현 후보에게 간 것이다. 그 결과 97년 당시에 6~9%대에 불과했던 김대중 후보와 이회창 후보간의 20~30대 표의 득표율 차이가 이번에 노무현 후보와 이후보 사이에서 25%대로 높아진 것이다. 또 주목할 것은 1997년 당시 젊은 후보로 3김 정치 청산을 주장하고 나섰던 이인제 의원이 50대 이상에서는 9%대의 지지를 받는데 그친 반면

20~30대에서는 20%대의 지지를 얻었다는 사실이다. 이는 세대 혁명이 이미 97년 대선에서 시작됐다는 것이고, 다만 그 당시는 20~30대의 지지가 이인제 후보를 중심으로 3파전 구도 속에 주목을 받지 못했다면, 이번에는 양자 구도에 의해 양극화되면서 명확해진 것이라고 할 수 있다. 그 결과로 특정 후보에 대한 세대별 지지율의 차이를 환산한 세대 균열 지수 (GCI, Generational Cleavage Index)는 1997년의 9.7%에서 23.9%로 높아져 세대 균열이 커지고 있는 것으로 나타났다. 그러나 이 세대 균열 지수는 지역 균열 지수(아래 참조)에는 아직도 비교가 되지 않을 정도로 낮아 세대 균열이 지역 균열만큼 심각한 것은 아님을 보여주고 있다.

<표 2> 세대 균열 지수(GCI) 비교

	1997				2002		
	이회창	김대중	이인제	평균	이회창	노무현	평균
20~30대 (a)	32%	39.6%	21.8%		34.6%	59.2%	
50대이상 (b)	43.2%	45.5%	9.7%		60.7%	37.5%	
GCI(a-b 또는 b-a)	11.2%	5.9%	12.1%	9.7%	26.1%	21.7%	23.9%

자료: 1997년-한국선거연구회, 『1997년 대통령 선거 여론조사』(1997), 2002년-MBC-KRC 출구조사 결과

세대 혁명에 관한 또 다른 쟁점은 그 함의이다. 이에 대한 주된 해석은 20~30대가 상대적으로 진보적이고 이들이 우리 사회의 다수를 차지하면서 노무현 후보의 승리 등 개혁적 흐름을 주도하고 있다는 것이다. 이에 대해 전반적으로 동의하면서도 지나친 낙관론적 해석에는 반대한다. 또 20~30대 간의 관계 등에 대해 보다 심도 있게 생각해볼 필요가 있다. 우선 20~30대의 진보성을 과대평가해서는 안 된다고 생각한다. 이는 정몽준

의원이 출마를 선언해 정풍이 불기 시작하고 후보단일화를 하기 이전까지의 시기에 실시한 여론조사에서 20~30대에게 가장 인기를 많았던 정치인이 노무현이 아니라 정몽준 의원이었다는 점이 잘 보여주고 있다. 즉 20대~30대에게 재벌은 별 거부 반응이 없는 것이다(<표 3>, <표 4> 참조).

<표 3> 후보단일화 이전 20~30대 지지 후보 여론조사 결과

문) 아래 중 누가 대통령이 되는 것이 조금이라도 더 좋다고 생각하십니까

	사례수	이회창	노무현	권영길	정몽준	이한동	없음/모름/무응답
20대	248	20.9%	23.7%	2.4%	35.6%	0.6%	16.9%
30대	266	25.4%	21.7%	5.3%	34.1%	0%	13.4%

자료: 한국갤럽 2002년 10월 19일

<표 4>

문) 노무현 씨와 정몽준 씨 중 누구로 단일화하는 것이 더 좋다고 생각하십니까

	사례수	노무현	정몽준	모름/무응답
20대	75	43.4%	51.4%	5.2%
30대	80	28.6%	55.0%	16.4%

자료: 한국갤럽 2002년 10월 19일

이를 다른 각도에서 바라보면, 20~30대의 상대적 진보성은 특정 분야에 국한된 '반쪽 진보성'인 것이다. 구체적으로 선거 직후 실시한 한 여론조사에 따르면,[32] 20대는 50~60대에 비해 경제, 복지 등의 문제에서는 차이가 없고, 북핵과 냉전, 미국 문제에 대해서만 차이가 있는 것으로 나타나고 있다. 예를 들어 국가보안법 폐지에 대해 50대 이상은 32%만 지지한 반면 20대의 경우 62.8%가 지지했고 북한에 대해 핵개발과 상관없이 지원

---

32) 『중앙일보』, 2003년 1월 17일.

을 해야 한다는 입장이 20대는 62.2%로 50대 이상의 43.2%보다 크게 높았다. 이를 보면, 20~30대가 문화적 자유주의를 지지하지만 경제적으로는 보수주의를 특징으로 하는 클린턴 류의 신민주당 노선, 또는 경제 복지에서는 차이가 별로 없고 평화반핵 문제에서만 자민당과 차이가 있었던 전후 일본 진보 세력과 유사한 것이 아닌가 하는 생각을 갖게 한다.

20대와 30대간의 관계도 중요한 문제이다. 이에 대한 일반적인 통념에 따르면, 세대(generation)는 단순히 누가 나이가 많은가 하는 연령의 문제가 아니라 동시대적 경험 등에 기초한 것으로, 68세대 이후 나타난 여피 세대가 더 보수적이듯이 젊다고 진보적인 것은 아니며, 우리나라의 경우 80년대 민주화 운동을 경험한 386세대(30대)가 탈정치화된 이후의 20대보다 진보적이라는 것이다. 그러나 이번 대선과 관련된 자료를 꼼꼼히 살펴보면 그렇지 않다. 우선 대선 후 실시한 여론조사에 따르면 20대가 30대 보다 진보적인 것으로 나타났다. 즉 자기자신의 정치적 성향에 대한 자기 평가는 30대가 20대 보다 약간 진보적인 것으로 나타나고 있지만, 다양한 정책적 이슈에 대한 입장에 기초한 객관적 평가에 의하면 20대가 더 진보적인 것으로 나타나고 있다.[33]

위의 <표 3>, <표 4>에서 본 지지 후보를 보더라도 추세는 마찬가지다. 즉 20대가 더 노무현 지지 경향이라면 30대가 더 정몽준 지지 경향을 보이며, 20대가 30대 보다 상대적으로 진보적인 것으로 나타나고 있다. 다만 진보 후보라고 할 수 있는 민주노동당 후보에 대한 지지율은 30대가 20대 보다 높은 것으로 나타나고 있다. 이는 해석상의 어려움을 야기하지만, 하나의 가설로 생각해 볼 수 있는 것은 세대로서 386의 30대가 20대보다는 진보적이지만 386의 경우도 일종의 노령화 효과에 의해 보수화되어 결과적으로는 20대가 더 진보적인 성향을 가지고 있으며, 다만 소수 적극적

---

33) 이에 대해서는 강원택, 「16대 대선과 세대」, 서울대 한국정치연구소 주최 심포지엄 <16대 대선과 선거 과정의 의의>, 2003년 1월 28일 참조.

진보 세력의 경우 386의 30대가 20대보다 많은 것이 아닌가 하는 가설이다.

또 민주화를 위한 전국교수협의회 등 교수 7단체가 교수 네트워크를 결성해 대학생들의 선거 참여 운동을 벌이고, 대학교 내에 부재자 투표소를 설치하는 등 대대적인 투표 참여 운동을 벌였음에도 불구하고 20대 투표율이 40%대를 기록하고 역대 선거에 비해 평균 투표율과의 격차가 더 벌어진 것은 우려할만한 현상이다.

라. 탈지역주의?

이번 대선의 중요한 관심사 중의 하나는 지역주의가 약화됐느냐는 것이다. 이에 대해 약화되고 있다고 보는 것은 너무 이른 낙관론이다.[34] 많은 논평들은 지역주의가 약화되고 있다는 증거로 노당선자가 97년 대선의 김대중 대통령보다 영남 지역에서 높은 득표를 한 사실을 들고 있다. 즉 97년의 13.2%에서 25.5%로 12.3% 득표율이 높아졌다는 것이다. 특히 경남의 경우 97년 13.4%에서 30.1%로 비약적인 성장을 했다. 그러나 주목할 것은 이회창 후보 역시 영남에서 97년보다 득표율이 높아졌다는 사실이다. 즉 97년의 58.1%에서 69.1%로 11%나 지지율이 높아졌다. 특히 노무현 후보의 고향인 부산, 경남에서도 지지율이 97년의 52.9%에서 65.7%로 12.8%나 높아졌다. 이는 노당선자가 영남에서 97년의 김대중 대통령보다 많은 득표를 한 것이 지역주의가 약화되어서가 아니라 단순히 97년의 삼

---

34) 그 대표적인 예는 정영태, 「변화를 감지한 세력만이 성공했다」, 『이론과 실천』, 2003년 1월, 11~13쪽. 정교수는 선거 한달 전에 실시한 여론조사를 토대로 거주지가 아니라 출신지를 기준으로 볼 때 지역주의적으로 투표하겠다고 답한 사람이 오히려 줄었다는 것을 그 논거로 제시하고 있다. 그러나 이는 상당수가 응답을 하지 않은 것을 고려하지 않은 것으로 잘못이다. 그리고 1997년 이후 영남 지역에 호남 출신 인구나 호남 지역의 영남 출신 인구의 대대적인 변화가 생기지 않았다면, 1997년의 지역주의적 투표 행태와 2002년 투표 행태를 비교하는 데 있어서 부정확한 출신 지역에 대한 응답에 의존하지 않더라도, 거주지 기준으로 살펴보는 것만으로 지역주의의 약화 여부를 판단할 수 있다.

파전이 이파전으로 변했기 때문일 가능성이 크다는 것을 보여준다. 즉 제3 후보였던 이인제 후보에게 갔던 표가 노무현과 이회창에게 갈라져 간 것이다. 그 결과로 민주당 후보로 영남 후보가 출마하고 영남 지역에서 민주당 후보의 득표율이 97년보다 10%이상 높아졌음에도 불구하고, 민주당 후보와 한나라당 후보와의 격차는 97년의 44.9%에서 43.6%로 불과 1.3% 줄어드는데 그쳤다(<표 5> 참조).

<표 5> 1997, 2002년 대선 지역별 득표 비교

		97년 대선(A)			2002년 대선(B)			B−A		
		김대중	이회창	차	노무현	이회창	차			
전체		10,326,275 (39.7%)	9,935,718 (38.1%)	390,557 (+1.6%)	12,014,277 (48.9%)	11,443,297 (46.6%)	570,980 (+2.3%)	1,688,002	1,507,579	180,423 (+0.7%)
서울		2,627,308 (44.3%)	2,394,309 (40.4%)	232,999 (+3.9%)	2,792,957 (51.3%)	2,447,376 (45.0%)	345,581 (+6.3%)	165,649	53,067	112,582 (+2.4%)
경기 인천		2,279,416 (38.6%)	2,082,668 (35.2%)	196,748 (+3.4%)	3,041,959 (50.1%)	2,667396 (44.0%)	374,563 (+6.1%)	762,543	584,728	177,815 (+2.7%)
강원		197,438 (23.3%)	358,921 (42.4%)	161,483 (−21.1%)	316,722 (41.5%)	400,405 (52.5%)	83,683 (−11%)	119,284	41,484	77,800 (+10%)
제주		111,009 (40.8%)	100,103 (35.9%)	10,906 (+4.9%)	148,423 (56.1%)	105,744 (41.0%)	42,679 (+15.1%)	37,414	5641	31,773 (+10.2%)
영남	경남 부산 울산	583031 (13.4%)	2,294,875 (52.9%)	1,711,844 (−39.5%)	1,201,172 (30.1%)	2,665,575 (65.7%)	1,464,403 (−35.6%)	618,141	370,700	247,441 (+3.9%)
	경북 대구	376,979 (12.9%)	1,918,967 (65.7%)	1,541,988 (−52.8%)	552,103 (20.2%)	2,058,610 (75.1%)	1,506,507 (−54.9%)	175,124	139,643	35,481 (−2.1%)
	계	960,010 (13.2%)	4,213,842 (58.1%)	3,253,832 (−44.9%)	1,753,275 (25.5%)	4,724,185 (69.1%)	2,970,910 (−43.6%)	793,265	510,343	282,922 (+1.3%)
호남 광주		3,064,842 (92.9%)	107,942 (3.3%)	2,956,900 (+89.6%)	2,751,741 (92.3%)	145,277 (5.07%)	2,606,464 (+87.2%)	313,101	37,335	350,436 (−2.4%)
충청		1,086,252 (43.1%)	677,933 (26.9%)	408,319 (+16.2%)	1,209,200 (51.8%)	952,914 (40.9%)	256,286 (+10.9%)	122,948	274,981	152033 (−5.3%)

자료: 선거관리위원회 자료에서 재구성

지역주의적 투표 행태의 변화 여부를 보다 체계적으로 살펴보기 위해 지역 균열 지수의 변화 추세를 살펴봐도 결과는 마찬가지다. 지역 균열 지수(Regional Cleavage Index, RCI)는 자신들의 지지 지역에서 얻은 득표율과 상대 후보의 지지 지역에서 얻은 득표율간의 격차를 기준으로 산출했는데, 이 지수는 97년의 67.2%에서 이번 대선에는 65.4%로 큰 변화가 없고 1.8% 낮아지는데 그쳤다(<표 6> 참조).

<표 6> 지역 균열 지수(RCI) 변화 추이

1997년 대선(A)			2002년 대선(B)			B−A
김대중	이회창	평균(RCI)	노무현	이회창	평균(RCI)	
79.7%	54.8%	67.2%	66.8%	64.0%	65.4%	−1.8%

* 지역 균열 지수 산출 방식은 김대중, 노무현은 '호남 지역 득표율−영남 지역 득표율'이고, 이회창은 '영남 지역 득표율−호남 지역 득표율'이며, 전체 지역 균열 지수는 이 둘을 평균한 것이다.

이번에도 90%대의 지지율을 보여준 호남의 지역주의[35] 문제를 간단히 집고 넘어갈 필요가 있다. 한편으로는, 호남의 집중표가 노후보의 당선에 기여한 것은 다행이다. 특히 노후보가 호남뿐만이 아니라 영, 호남이 아닌 중립 지역의 경우 강원[36]을 제외하곤 수도권과 충청, 제주 등 모든 지역에서 승리한 점을 고려하면 노후보에 대한 전국적 지지를 호남이 지켜준 것이라는 점에서 그러하다. 다시 말해, 호남의 몰표가 아니었다면

---

35) 이와 관련, 호남의 지역주의적 투표율이 영남보다 높다고 비판하는 것은 잘못이다. 왜냐하면 영남, 특히 경남의 경우 호남 출신이 많이 살고 있어(인구의 10% 정도) 이 같은 호남 출신의 영남 거주자들을 뺀 순수한 영남인의 지역주의적 투표율은 실제보다 훨씬 높기 때문이다.

36) 강원의 경우도 이회창 후보의 우위가 97년의 21%에서 이번에는 11%로 10% 가량 줄어들었다. 특히 휴전선 접경 지역의 경우 노무현 후보가 이회창 후보를 앞질렀는데, 이는 햇볕 정책에 따른 부동산 가격 상승 등에 따라 이들 지역 주민들이 탈냉전의 지지 세력이 되고 있기 때문인 것으로 분석되고 있다(정영태, 위의 글, 18~20쪽).

전국적으로 고르게 승리한 노후보가 영남의 인구적 우세에 의해 패배하는 결과가 생겨났을 것인데 이를 호남의 90%대의 지지가 막아준 것이다.

그러나 그렇다고 해서, 또 호남이 호남 출신이 아니라 영남 출신을 찍은 것이라고 해서, 그것이 지역주의가 아니라는 주장은 잘못된 것이다. 그 같은 논리라면 영남 출신이 아니라 충청 출신인 이회창 후보를 찍은 97년과 이번 대선의 영남도 지역주의가 아니라는 이야기이다. 다시 말해, 97년과 2002년의 영남의 투표 행태, 그리고 이번 대선의 호남의 투표 행태는 모두 자기 지역 출신이 아닌 후보를 지지했지만 그렇다고 지역주의가 아닌 것이 아니라, 자기 지역 출신을 지지했던, "우리가 남이가" 류의 과거의 '정서적 지역주의'에서 누가 상대 지역 후보를 떨어뜨릴 경쟁력이 있는가 하는 전략적 계산에 기초한 '전략적 지역주의'로 더욱 발전한 것이다.[37] 또 여론조사에서 호남의 선두 주자가 시기와 정세에 따라 이인제에서 노무현, 정몽준, 그리고 다시 노무현으로 변해왔다는 것은 호남의 노무현 지지가 (노무현 후보로 상징되는) 개혁성에 대한 지지라기보다는 반창 정서에 기인한 것임을 보여준다고 해석해야 옳다. 뿐만 아니라 문제는 선거라는 것이 일회성 게임이 아니라 반복 게임이기 때문에 영남의 지역주의가 다음 선거에서 강화되어 나타나지 않을까 하는 우려가 생긴다. 그리고 그렇게 될 경우 생겨나는 폐해는 호남표가 노무현을 당선시켜 한국 정치에 기여한 몫보다 훨씬 심각하게 큰 것이다. 다만 두 가지 점에서는 노무현 정부에서 지역주의가 약화되지 않을까 하는 기대를 갖게 한다.

우선 노당선자가 부산 출신으로 최소한 부산, 경남의 경우 노무현 진영에 대한 지지가 늘어나지 않을까 하는 기대이다. 둘째는 젊은 20~30대

---

37) 이 같은 전략적 지역주의는 이인제에게 표를 분산시켜 1997년 대선에서 패배했다는 영남의 엉뚱한 '자성'에 의해 생겨나 2000년 총선에서 영남 지역에서의 민주당의 참패와 한나라당의 압승으로 나타난 바 있다. 이에 대해서는 손호철, 「이인제 망령이 발목잡힌 신자유주의: 2002년 대선의 의미」, 『진보평론』, 2000년 여름.

에 거는 기대이다. 즉 선거 후 실시한 여론조사에 따르면, 영남 지역도 20~30대들의 경우 이번 대선에서 노무현 후보에게 상당한 표를 던져 탈지역주의적인 투표를 한 것으로 나타나고 있다(<표 7> 참조). 특히 20대의 경우 46.4%가 노무현 후보를 찍었다고 답해, 이회창 후보(45.2%)보다 많은 사람이 노무현 후보를 찍은 것으로 나타나고 있다.

<표 7> 영남 지역 20~30대 투표 실태

		노무현	이회창	권영길
20대	대구경북	45.5%(15)	48.5%(16)	6.1%(2)
	부산울산경남	47.1%(24)	43.1%(22)	9.8%(5)
	계	46.4%(39)	45.2%(38)	8.3%(7)
30대	대구경북	36.1%(13)	58.3%(21)	5.6%(2)
	부산울산경남	37.7%(20)	49.1%(26)	13.2%(7)
	계	37.1%(33)	52.8%(47)	10.1%(9)

자료: 한국사회과학데이터센터, 『2002년 대통령 선거 후 여론조사』, 2003.

4. 16대 대선과 한국 사회의 발전 진로

그람시는 일찍이 사회과학적 분석에서 가장 중요한 것 중의 하나는 유기적인 것과 정세적인 것을 구별하는 것이라고 지적한 바 있다.[38] 이를 이번 대선에 적용시켜볼 때, 후보단일화의 효과, '바보' 노무현으로 표현되는 노후보의 개인적 매력과 이회창 후보의 아들 문제와 같은 개인적 약점, 한나라당의 전술적 오류, 여중생 사망 사건 등 우발적인 요인들과 우리 사회의 발전 진로를 유추하게 해주는 유기적 요인들을 구별해내야 한다.

---

38) Antonio Gramsci, *Selections from Prison Notebooks*, New York: International Publishers, 1978, p.178.

이번 대선에서 나타난 유기적 요인 중 가장 두드러진 것은 인구학적 변화, 특히 80년대 민주화 이후 세대의 성장과 관련된 인구학적 변화와 그에 따른 탈냉전적, 탈권위주의적 사고의 부상이다. 이에 따라 이제 중도 우파적인 개혁적 자유주의, 개혁적 신자유주의 세력이 우리 사회의 주류 내지 중심 세력으로 자리잡고, 수구적 보수 세력이 점점 그 힘이 약화되고, 사회민주주의적인 진보 세력(중도좌파)이 서서히 힘을 얻어가는 형국을 띠는 이념적 3정립 구도를 발전시켜나갈 것이다.

그러나 노무현 당선자와 2030세대로 대변되는 개혁적 자유주의라는 것이 김대중 정부가 추진해온 신자유주의 노선에서 크게 벗어나는 것은 아니라는 점에서,[39] 현재 진행되고 있는 신자유주의적 흐름에는 커다란 변화를 기대하기 어렵다.[40] 사실 이 점에 있어서는 한나라당으로 상징되는 수구적 보수 세력도 큰 차이가 없다. 다만 인수위에서 나타났듯이, 김대중 정부가 무비판적으로 추진하던 공기업의 민영화, 정확히 표현해 사유화를 선별적으로 추진하겠다는 입장을 밝히고 있고 복지 프로그램에 대해서도 보다 적극적인 입장을 밝히고 있기는 하다. 그러나 이것이 얼마나 현실화될 수 있을지는 미지수이다. 또 정반대로, 이미 비정규직 노동자의 비율이 56%대에 이르고 있는 등 비정규직 문제가 심각한 수준에 이르고 있음에도 불구하고, 한국의 노동시장이 아직도 경직되어 있으므로 해고를 더 자유롭게 할 수 있도록 만들어야 한다고 주장하고 있고, 동북아 중심

---

39) 노무현 당선자의 경우 민주당 경선 초기에 사회적 시장경제론에 기초해 유럽형 모형을 선호한다고 밝히다가 갑자기 미국식 모형을 추구하겠다는 방향으로 입장을 바꿨다.

40) 이에 대해 진보 진영 내에도 이견이 존재하는 것은 사실이다. 즉 최형익은 노무현 정권의 성격을 신자유주의가 아니라 자유민주주의 개혁 분파의 이념적 좌선회에 기초한 유럽식의 '제3의 길' 노선이라고 보고 있는 반면, 고민택은 노무현 정권의 성격을 확실한 신자유주의 정권이라고 보고 있다. 최형익, 「16대 대선과 이데올로기: 분석과 전망」, 서울대학교 한국정치연구소 개최 심포지엄 <16대 대선의 선거 과정과 의의> 발표 논문; 고민택, 「노무현 정권을 말한다」, 『현장에서 미래를』 83호, 2003년 1월.

국가를 최고의 국정 과제로 삼고 이를 위한 경제특구법 제정 등 다양한 신자유주의적 조치들을 도입할 예정이어서 어느 면에서는 김대중 정부보다도 더 신자유주의적으로 나갈 가능성도 크다. 결국 큰 틀의 신자유주의적 흐름은 계속 유지되면서, 재벌개혁 등 개혁 프로그램을 통해 신자유주의라는 글로벌 스탠다드에 맞춰 한국 자본주의의 (자본주의적) 합리성을 제고시키는 방향으로 나아갈 것이다.

정치에 있어서도 사당 정치, 측근 정치, 부정부패 등으로 특징지워지는 3김 정치, 이념적 편협성에 기초한 냉전 정치가 청산되고 근대적 자유주의 정치가 이제 본격적으로 자리잡아 가면서 젊은 층을 중심으로 탈근대적, 탈정치화가 동시에 진행될 것으로 보인다. 그러나 3김 정치의 한 축을 이뤄온 지역주의 문제의 경우 그리 낙관적으로 이야기하기는 아직 이르다. 이는 노무현 정권이 앞으로 어떻게 정치를 펴나가느냐에, 이와 관련해 2004년 총선이 어떠한 방향으로 진행되느냐에 크게 달려 있다. 다만 노무현 당선자가 부산 출신이라는 점과 관련해, 지역주의가 해체되지는 않더라도 변형이 되어 지역 구도가 87년 민주화 이전과 마찬가지로 호남+경남 대 경북의 대결 양상으로 변화해갈 가능성이 적지 않다.

이밖에 신자유주의적 개혁은 궁극적으로 우리 사회의 사회적 균열을 심화시킬 수밖에 없다는 점에서 한편으로는 민주노동당으로 대표되는 진보정당의 성장을, 다른 한편으로는 다양한 대중적 저항을 야기할 수밖에 없다. 결국 앞으로 한국 정치는 위에서 이야기한 이념적 3분 구도에 따른 세 개의 길(수구적 길, 자유주의적 길, 진보적 길) 간의 갈등, 지역 균열 구도, 세대 균열 등이 교차하면서, 이들간의 힘의 관계와 전략적 선택에 의해 구체적으로 결정되어 나갈 것이다. 그리고 민중 진영은 본격적인 개혁 정부, 자유주의 아래에서 시민단체들의 지지를 받아 수행해나갈 자유주의적 개혁 드라이브의 헤게모니에 대항해 반신자유주의 투쟁을 중심으로 민중투쟁을 전개해가야 하는 참으로 어려운 과제를 안고 있다.

민주화 이행과 한국 사회운동

김상곤 | 교수노조 사무총장

1. 머리말

한국의 사회운동[1]은 시민운동, 노동운동, 민중운동 할 것 없이 우리 사회의 민주, 진보, 희망을 키워 왔고, 그 활동성과 투쟁성 면에서 국내외적으로 높이 평가받고 있으며, 그 성과 또한 괄목할만한 정도이다. 이는 진보적인 이념과 헌신적인 실천 활동가, 적극적인 전략전술가들의 합작과 연대의 결과이다. 우리 사회는 87년 6월 항쟁과 7~9월 노동자 대투쟁, 즉 민주화 대투쟁을 거치면서 사회운동이 급속도로 분화 발전됐으며, 특히 사회주의권 붕괴 이후에는 종래의 사회운동 개념이 해체되어 그 스펙트럼과 다양성이 확장됐다.

이 글에서는 87년 민주화 대투쟁을 계기로 한국의 사회운동이 발전해 온 과정을 분석하고 앞으로의 발전 방향을 정권의 교체를 앞둔 지점에서

---

[1] 이 글에서 사회운동은 시민운동과 민중운동을 포괄하는 표현으로 삼는다. 시민운동은 시민사회운동, 비정부운동, 신사회운동 등을 통칭하지만, 여기에서는 정치·사회·경제적인 일반민주주의 그 이상을 지향하는 진보적 시민운동을 주요 범주로 한다. 민중운동은 노동운동, 농민운동, 빈민운동 등 대중적 계급운동과 전선운동, 계급적 지식인 운동 등을 통칭하는데, 여기에서는 계급 해방을 지향하는 운동을 포괄하는 범주로 한다.

전망해 보고자 한다. 87년의 대투쟁은 우리 현대사에서 중요한 계기적 성격을 갖고 있다. 6월 항쟁은 시민이 역사의 주체로 나서서 정치사회적인 문제의 해결자를 자임한 투쟁이며 7~9월 노동자 대투쟁은 노동자들이 자주적으로 단결해서 민주적인 현장을 확보하고 노동조건을 주체적으로 바꾸어내고자 들불처럼 일어난 항쟁이었다.

이렇게 시민 진영과 노동 진영이 자율적으로 기치를 내걸고 사회와 현장의 민주화를 쟁취하기 위해 일어설 수 있었던 것은, 크게는 해방 이후 지배권력과 총자본의 억압과 착취에서 비롯되지만 가깝게는 쿠데타와 광주 학살로 권력을 탈취해 정통성을 결여한 전두환 정권의 폭압과 정경유착적인 수탈에 그 원인을 둘 수 있다. 그리고 투쟁적 운동성은 5·18 광주민중항쟁으로 이어진 역사적인 저항과 해방 정신의 맥이 이어진 것이다.

따라서 쿠데타와 내란으로 한국 현대사를 다시 한번 무참하게 짓밟았던 신군부 정권의 등장 시기부터 살펴보는 것이 87년 이후 사회운동의 정세와 실체를 총체적으로 파악할 수 있는 길이다. 지금까지 여러 학자들과 활동가들이 1980년 이후의 정세와 사회운동에 관해 많은 연구와 분석을 한 바 있다. 여기에서는 기존의 과학적인 성과들을 기반으로 사회운동의 중요한 배경 정세인 정치권력 및 자본 운동의 성격과 사회운동의 특성을 대응시켜 구체적으로 사회운동의 발전 과정을 규명하고자 한다. 이런 분석의 연장선 위에서 앞으로의 사회운동을 전망하고 바람직한 방향으로 수립하기 위한 대안을 시론적으로 제시하고자 한다.

2. 민주화 이행과 정세의 흐름

한국의 정치사회는 민중들의 처절한 항쟁과 시민들의 끈질긴 저항으로 민주화를 서서히 이행해왔다. 여기에서는 몇 가지 기준으로 시기를 구분

하고자 한다. 먼저 권력의 성격에 따라 군부 권위주의적인 신군부 집권기
(Ⅰ)와 카리스마적 권위주의적인 문민 세력의 집권기(Ⅱ)로 대별하고, 이
각 시기 내에서도 정권에 따라 정세와 존재조건의 차이가 있기 때문에
더욱 세분해서(Ⅰ-1, Ⅰ-2, Ⅱ-1, Ⅱ-2) 살펴보고자 한다. 그리고 노무현 정권
은 Ⅱ기와는 다른 성격(Ⅲ)을 가질 수도 있지만 Ⅱ기의 연장(Ⅱ-3)에 불과
할 가능성도 있다고 본다. 그래서 대별하면 두 시기나 세 시기로 나눌 수
있지만, 구체적인 접근으로 세분해 다섯 시기로 나누어서도 파악해보고자
한다.

(1) 군부 권위주의기

Ⅰ-1기는 12·12와 5·17쿠데타로 권력을 탈취한 전두환 정권기이며, 박정
희 유신 정권의 성격을 그대로 이어받아 극우주의적인 이념 아래 파시즘
적 권위주의 철권 통치를 감행한 시기이다. 그러나 이 정권은 학생운동
세력을 중심으로 한 민주화 운동 세력의 목숨을 건 투쟁과 박종철 열사
고문치사 사건, 4·13 호헌 조치에 대한 범국민적인 저항에 부딪치게 된다.

<표 1> 정치 정세와 노무현 정권의 성격

	신군부 권위주의		카리스마적 권위주의		(?)
	Ⅰ-1	Ⅰ-2	Ⅱ-1	Ⅱ-2	Ⅲ(Ⅱ-3)
정권	전두환 정권	노태우 정권	김영삼 정권	김대중 정권	노무현 정권
이념	극우 보수주의	우편향 보수주의	우편향 신자유주의	민족적 신자유주의	개혁적 신자유주의 (합리적 신자유주의)
권력 장악 계기	12.12쿠데타 5·18내란	6·29선언	3당 합당	DJP 연합	노사모와 단일화 효과
권력 성격	(신)군부 권위주의 (군부 파시즘)	좌동	카리스마적 민간 권위주의	좌동	시민적 민주주의 (시민적 권위주의)
대립점 (민주화 이행 정도)	(신)군부 반민주 대 민주	좌동	반민주 대 민주 (절차적 민주주의)	수구 대 개혁 (의사 개혁주의)	진보 대 보수 (반개혁 대 개혁)

이 시기는 사회경제적으로 제2차 오일쇼크의 여파가 크게 미쳐 중복과잉투자 문제가 부각되고 마이너스 성장으로 시작됐다. 중복과잉투자해소를 비롯한 산업구조 개편이 정책적으로 이뤄지고 경제개방과 정부의 개입축소 등의 경영자율화가 정책으로 입안됐다. 초기의 철권통치 후에 사회문화적 유화정책이 추진됐으나 노동자, 농민 등 기층민중에 대한 탄압은 80년의 노동법개악과 국가보안법체제 강화로 악랄하게 진행됐다. 국제적으로는 대처정권의 규제완화, 복지축소, 민영화 등의 신자유주의적 정책과 레이건 정권의 공급 중시의 레이건노믹스를 중심으로 한 신자유주의적 경제정책이 새로운 이데올로기로 도입되기 시작했다.

87년 민주화 대투쟁을 6·29선언으로 국면전환해 집권한 Ⅰ-2기 노태우정권은 파시즘적 통치와 극우성에서 전두환 정권보다는 약간은 탄력적이었지만 속성에서는 비슷했다. 하지만 여소야대 국회의 취약성을 극복하기위해 90년 3당합당을 했으며 민중들의 거대한 조직적인 저항에 직면했다.

80년대의 전두환 정권에 이은 노태우 정권에 대한 비판을 민교협의 창립 3주년 성명은(1990. 7. 20) 다음과 같이 표현하고 있다.

현 정권은 6·29선언이라는 기만적 수단을 이용해 전두환 정권을 승계한 후 89년 초부터 공안정국 조성, 기층민중의 생존권 요구 투쟁을 비롯한 민족민주운동의 탄압, 악법개폐 및 각종 민주화조치 약속의 파기, 독점재벌과 유착 심화, 전략적인 북방정책 강행, 제국주의적인 미국, 일본과 결탁심화, 보수정치권과 반동적 결속, 정보정치의 고도화 등 장기집권을 위한 일련의 기도를 감행해왔다.

현 정권의 이런 반민중적 반민주적 작태는 위대한 민중시대가 되어야 할 90년대에 들어서면서 오히려 심화되어 나타나고 있다. 이에 우리는 현 정권의 비정을 다음과 같이 국민에게 고발하며 그 퇴진을 강력히 요구한다.

첫째, 현 정권은 정통성을 결여하고 있다. 노 정권은 12·12 및 5·17 쿠데타에 그 태동근거를 두고 있다.

둘째, 현 정권은 기본적인 도덕성과 신뢰성을 상실한지 이미 오래이다.

셋째, 현 정권은 파쇼성과 예속성을 기반으로 장기집권을 기도하고 있다.

넷째, 현 정권은 오직 독점자본에 물적 기반을 둔 반민중적 정권이다.

다섯째, 현 정권은 교육의 민주화를 정면으로 부정하면서 교육을 정권과 반민주적 체제유지의 수단으로 삼고 있다.

사회경제적으로는 국제화 기치 아래 개방화가 가속되고 3저 호황의 해소로 경제침체로 전환되는 상황에서 신자유주의적 경제정책이 입안되어 공기업 민영화정책을 수립해 착수했다. 지방자치제가 시작됐지만 자치권 위양은 미약했으며 국민대중과의 약속과는 달리 신경영전략을 보편화하고 유연화 전략을 기조로 한 신노사관계정책을 실시한다. 사회문화적으로도 규제와 빗장을 부분적으로 풀어 시장적인 유연화를 도입한다. 국제적으로는 89년 독일통일, 90년 구소련의 붕괴 등으로 사회주의권이 붕괴되고 미국중심의 세계지배체제가 강화되며 지역별 경제블럭이 곳곳에서 추진됐다.

<표 2> 사회경제적 정세와 국제 환경의 전개 과정

	군부 권위주의		카리스마적 권위주의		(?)
	I-1	I-2	II-1	II-2	III(II-3)
사회경제적 정세	경제개방 산업구조개편 경영자율화 사회문화적 유화정책 노동법 개악 국가보안법 체제	신자유주의 정책 입안 공기업민영화계획 개방화 가속 국제화 지방자치제 신노사관계 정책수립 신경영전략 보편화 사회문화적 유연화	신자유주의정책 본격화. 세계화,지구화 WTO체제. 민영화 본격기획과 부분집행. 쌀 수입개방 신노사관계 강화 유연화 정책화 문화개방 미완의 민주화 프로젝트	IMF 체제 4대부문 구조조정 전면적 민영화 20:80 사회 노사정 위원회 유연화의 법제화 남북협력, 여성부 신자유주의적 개혁 프로젝트	신자유주의적 개혁 조절 프로젝트
국제 정세	신자유주의 대두 대처리즘 레이거노믹스	사회주의 붕괴 미국 중심의 세계지배체제	자본의 신자유주의적 전면 공세	동아시아 경제위기 미국의 패권적 제국주의 팽창	미국의 패권주의 폭발 세계경제의 불안정성 증대 북한의 위기와 한반도 불안

(2) 카리스마적 권위주의기와 노무현 정권기

II-1기인 김영삼 정권은 90년 3당 합당과 이면 합의에 의해 군부파시즘과의 야합으로 생성됐다. 하지만 이 정권은 초기에 군부개혁, 정치개혁 등으로 사정정국을 형성해 국민적인 민주화 기대를 받은 바 있다. 금융실명제 도입, 전교조해직교사 복직 등 의미 있는 조치들을 시도했지만 기득권세력의 장벽과 정경유착의 병폐를 극복하지 못하고 카리스마적 민간 권위주의 권력으로서 기득권세력과 자본 중심의 우편향 신자유주의 정책을 펼쳤다. 선거공약과는 달리 쌀 개방과 교육문화적 개방을 담은 우루과이라운

드에 협정하고 WTO 체제의 출범과 함께 세계화 지구화를 외치며 노동자 농민 등 기층민중의 생존권운동을 억압했다. 신자유주의 정책을 본격화했으며 공기업 전체에 대한 민영화방침을 정하고 부분적으로 집행했다. 지식인과 국민의 저항으로 5·18특별법을 만들고 5·6공 청산을 할 수밖에 없었다. 신노사관계를 추진하고 노동법과 안기부법을 개악했으나 노동자, 시민의 대규모적인 저항에 부딪쳐 후퇴하는 수모를 당했다. 김영삼정권의 민주화프로젝트는 태생적 한계, 자식을 비롯한 권력 내부의 부패, 신공안정국 조성, 개혁의 후퇴 등으로 최소한도의 이행조차 힘든 상황이었다. 이 시기에는 국내외적으로 초국적 자본의 신자유주의적인 전면 공세가 이뤄지고 미국과 국제금융기관들의 계획적인 통제가 강화됐던 시기이다. 김영삼정부는 결국 금융위기로 인한 IMF통제체제로 직행했다.

DJP연합을 계기 삼아 집권한 II-2기 김대중정권은 이전 정권보다는 약하지만 역시 태생적 한계를 안고 출범했다. 하지만 IMF체제라는 긴박성 때문에 초기에 국민적인 동원능력과 지도력은 상당한 수준이었으며 이것을 동원해 신자유주의적 정책을 전면적으로 실시했다. 하지만 재벌개혁 같은 경우 재벌과 대기업들의 반발과 로비로 곧바로 회귀하는 한계를 드러냈는데 결국 중상층 이하를 대상으로 착취와 수탈을 강화하는 '개혁'으로 귀결됐다. 집권초기 노벨평화상을 수상하고 남북화해와 협력을 중심으로 하는 햇볕정책으로 김정일 국방위원장과의 정상회담을 이룩하고서 민족자존적인 대북정책을 펼친 부분은 평가할 만하다. 하지만 초국적자본에의 경제 예속, 국제자본구조에의 편입화, 공기업체제 붕괴, 고용구조의 황폐화, 모든 서비스 분야의 개방과 자립기반 파괴 등은 결국은 여소야대 국회와 함께 정권의 집행력을 최악으로 만들었다. 여기에다 각종 게이트, 두 아들의 부정비리 연루 등은 DJ의 카리스마적 권위를 무참하게 깨뜨리고 정권퇴진 압력까지 받게 했다.

사회경제적으로는 IMF체제 이래 4대부문 구조조정을 시장지상주의적으로 실시하고 공기업의 전면적 민영화 기획 아래 알짜공기업들을 국내외에 매각했다. 노사정위원회 제도를 신설해 신자유주의 효율성 개혁의 도구로 삼고 정리해고 등 유연화 전략요소들을 법제화했다. 이 결과 60%정도의 비정규직(노동부 56.6%)을 양산했고 20 : 80의 부익부 빈익빈 사회를 만들었다. 국제적으로는 일본, 한국, 북한 등 동아시아 국가들이 경기침체나 경제위기를 맞고 불안을 겪고 있는 가운데 미국의 제국주의적 팽창정책은 더욱 강화되어 왔다.

김대중 정권 때부터 아니 한국 현대사에 국내외적으로 산적한 이슈들을 받아 안고 출발하는 노무현 정권은 그 성격과 관련해서 Ⅲ기로 구분될 수 있을지 Ⅱ-3기에 머무를지는 아직은 속단할 수 없다. 하지만 노무현 정권의 생산과정과 선거공약 그리고 대통령직 인수위원회의 포괄적인 지향성 등으로부터 기대한다면 적어도 김대중 정권과는 구별되는 Ⅲ기로 차별화될 가능성이 높다고 하겠다.

노 정권은 신자유주의적인 정책기조를 버리지는 않을 것 같다. 하지만 일방적인 신자유주의적 정책의 병폐를 조절하고 개혁적인 특성을 가미시킬 수 있을 것 같다. 하지만 지금 표방하는 개혁이 이전 정권들처럼 후퇴한다면 단순히 병폐만 조절하는 합리적 신자유주의적 수준에 머물 것 같다. 노사모와 시민적 지지를 기반으로 한 노 정권은 시민적 민주주의적 권력 성격을 가질 수 있다고 보나 이 또한 탈색될 경우에는 시민적 권위주의적 권력수준에 머물 것으로 본다. 민주화 이행과 관련한 대립구도는 개혁여부 수준을 뛰어넘어 실질적 민주주의를 견인해 나갈 수 있는 진보 대 보수 담론의 실천적인 일반화가 이룩될 토양이 마련될 수 있을 것도 같다. 하지만 이는 진보적 사회운동의 주체적인 역량에 보다 크게 달려 있는 부분이다.

노 정권은 사회경제적으로 신자유주의적 개혁과 조절 프로젝트를 수행할 것으로 보이며 국제적인 정세는 권력에게나 사회운동 진영에게나 그렇게 호의적이지는 않을 것 같다. 이라크와의 열전을 시작으로 미국의 패권주의가 폭발할 것이며 이로 인해 북한의 위기가 고조되고 한반도 평화가 위협받을 것이다. 세계체제가 당분간은 더욱더 미국중심으로 강화될 것이며 세계경제의 불안정성과 불가측성이 증대될 것이다.

3. 사회운동의 민주적 발전 과정과 특징

한국의 사회운동은 정세 변화와 사회경제적 발전 과정에서 많은 성장과 발전을 거듭해 왔다. 한국 사회는 근대적인 모순과 갈등을 내포하고 있을 뿐만 아니라 파행적인 근대화와 산업화로 인해 전근대적인 잔재도 상당히 중첩되어 있다[2]. 따라서 사회구성 자체도 다분히 중층적인 특성을 갖고 있다. 이런 우리 사회는 정세 흐름에서 살펴보았듯이 정치사회적인 전근대성을 다분히 보유하고 정치권력과 자본은 이 점을 해소해 나가기는 커녕 오히려 활용해 권력과 자본의 재생산에 악용해 오고 있다. 권력은 파시즘화, 권위주의화하고 자본은 독점화, 천민화, 정실화해왔다. 중첩되어 있는 모든 모순과 갈등의 극복은 온전히 민중과 시민의 몫으로 되어왔으며 국민대중은 이 몫을 수행하기 위해 피와 땀으로 뒤범벅된 희생, 헌신, 봉사를 자율적이고 주체적으로 감수했다. 그리하여 우리 사회는 90년대를 지나면서 투명성과 절차적 합리성을 높이고 있다. 그러나 아직도 우리가 가야할 길은 멀고도 멀다. 하지만 모든 인간이 자연과 함께 평등하게 잘 살 수 있는 사회를 우리 손으로 건설하는 과정이 희망과 기대의 길이라고

---

2) 이런 중첩성으로 인해 사회에 만연하는 현상은 천민자본주의, 정실자본주의, 파시즘, 권위주의, 보스주의, 남성중심주의, 집단주의, 배타주의, 연고주의, 지역주의, 학연주의, 정실주의 등이라 할 수 있으며 이런 현상들이 사회의 민주적 발전을 발목잡고 사회운동의 역동성도 저해하고 있다.

믿는 실천가들이 모두 함께 하는 한 그 길은 그렇게 멀지만은 않을 것도 같다.

　먼저 사회운동의 발전과정을 구분짓기 위해 민주주의의 발전단계를 논의해 보고자 한다. 전통적으로 역사발전과 민주주의를 대응시키는 방식이 있지만 여기에서는 이데올로기의 발전개념을 바탕에 두고 민주주의의 실천적 발전과정을 절차적 민주주의——내용적 민주주의——실질적 민주주의의 민주화 3단계로 규정하고자 한다. 1단계는 3권 분립과 주권재민 사상이 절차적으로 보장되는 민주주의를 말하고, 내용적 민주주의는 3단계로 나아가는 전향적 수준의 민주주의 즉 절차수준만이 아니라 자유와 평등의 내용적 담보가 이뤄지는 민주주의를 의미한다. 3단계는 무소외, 무차별, 무속박, 무억압, 무격차, 무결핍이 삶 속에서 관철되는 높은 차원의 실질적 민주주의를 지칭한다. 1단계가 최소 요구 강령의 수준이라 한다면 3단계는 최대 강령에 접근하는 수준이며 이 후 노동해방, 빈민해방, 계급해방, 인간해방의 본질적인 수준으로 차원을 달리 할 수 있을 것이다. 이 민주화 단계를 사회운동 발전과 대비시키면 민주화 1단계에서는 사회운동이 권력과 자본의 억압에서 벗어나 견제와 균형자로 역할하는 단계이며, 2단계는 사회운동이 사회경제적 발전의 중심 동력이 되는 단계일 것이다. 3단계는 사회운동이 사회와 구조적 실질적 통일체가 되는 단계로서 모순과 갈등을 극복하는 해방운동으로 일체화하는 차원으로 나아가는 단계일 것이다. 이런 분류방법으로 볼 때 Ⅰ-1, Ⅰ-2기는 민주화시험(역량축적)단계라고 할 수 있으며, Ⅱ-1, Ⅱ-2, Ⅲ(Ⅱ-3)기는 민주화 1단계에 해당된다고 볼 수 있다.

<표3> 시민·민중운동의 거시적 발전 과정

	민주화 준비 단계		민주화 1단계		
	I-1	I-2	II-1	II-2	III(II-3)
시민운동	새로운 시민운동의 태동 (저항적시민운동)	시민사회의 조직화 (저항적시민운동)	시민운동의 분화 다양화 (저항·개혁적 시민운동)	시민운동의 개혁드라이브 (저항·개혁적 시민운동)	시민운동의 개혁 이니셔티브
민중운동	대중적 민주화운동의 조직화 (변혁적 반파시즘 운동)	계급적 대중조직의 건설 (변혁적 반파시즘 운동)	민중운동조직의 재편 (민주적 기본권 생존권 쟁취운동)	민중운동의 정치세력화 실험 (민주적 기본권 생존권쟁취운동)	민중운동의 정치세력화 착근
운동전체	민중·시민운동의 분화 모색기	민중·시민운동의 조직적 분립기 (사안별 부분적 연대)	민중·시민운동의 이념적 차별화기 (사안별 통합적 연대)	민중·시민운동의 연대 조직화기 (정책단위의 통합적 연대실험)	시민·민중운동의 정치세력화 (진보적 정당운동의 차별화)

(1) 민주화 준비(역량 축적) 단계

이 단계는 I-1과 I-2기를 포괄하고 있으며 사회운동 특히 민중운동 진영이 군부파시즘적 총자본의 지배에 전면적으로 저항하던 시기이다. 12.12 구데타로 권력기반을 구축한 신군부의 정권찬탈 작전인 5.18내란에 대한 광주민중항쟁이 이 준비단계의 포문을 열었으며 이후 대학생들의 정치사회적 변혁운동이 가열차게 전개됐다. 노동자들의 노동법 개정투쟁, 농민들의 농산물 가격 보장투쟁, 도시빈민들의 생존권투쟁, 해직기자들의 복직과 언론개혁운동, 교수와 지식인들의 정치사회적 민주화운동, 교사들의 교육운동 등이 정권을 압박하고 퇴진을 요구했다. 한편 여성주의 활동가들은 남녀불평등문제가 사회의 반민주적 구조와 맞물려 있다는 인식

아래 당시까지의 보수적 여성운동과는 다른 새로운 진보적 여성운동의
지평을 열기 시작했다. 누적된 모순과 축적된 민주화 역량이 결합해 박종
철 고문치사 사건과 4·13 호헌 조치에 대해 종교인, 교수, 사회운동가들이
저항의 흐름을 만들고 민통련과 국민운동본부가 투쟁의 중심을 이뤄 6·29
선언을 이끌어 내게 됐다.

　Ⅰ-2기를 지배한 노태우 정권은 수립되자마자 Ⅰ-1기 즉 전두환 정권
에 대한 심판을 사회운동에게서 강력하게 요구받고 청문회란 절차를 통해
전두환 정권에 대한 1차적인 심판을 하고 권력장악과정의 부당성, 폭력성,
반란성을 낮은 수준에서나마 공식화하게 됐다.

　6월항쟁에 이어 노동자들의 주체적인 현장투쟁이 노동자대투쟁으로
모아지고 이것이 현장민주화투쟁과 민주노조건설투쟁으로 이어져 한국
민주노동조합운동의 토대를 구축하게 된다. 남성중심의 대사업장에서 흐
름을 주도한 민주노조운동은 최초의 민주노조 연맹체인 전노협을 출범시
키고 권력(3당합당)과 자본(자본가 단체의 연합)을 긴장시키며 이후 민중
운동의 중심에 서게 된다. 87년의 6월항쟁과 노동자대투쟁은 우리사회의
총체적인 대항세력의 조직적 결집을 활성화했으며 이로 인해 분야별 시민
운동단체와 부문별 대중단체의 건설이 잇달았다.

　이 시기에는 한총련 대학생들과 통일운동가들이 본격적인 저항적 통
일운동을 범민족대회로 모으면서 펼치기 시작하고 변호사, 의사, 약사, 치
과의사, 연구진 등의 중간층이 사회운동의 분야별 역할을 담지하고 나서
며 새로운 종합적 시민운동체인 경실련이 활동을 시작한다. 이후 시민운
동은 6월항쟁과 구사회주의권 붕괴로 우리사회의 전면에 나서기 시작하
며 전통적인 사회운동의 역할을 분담하는 한편 새로운 사회운동의 영역을
개척해 담당했으며 이는 서구에서 90년대에 들어와서 시민운동이 재활성
화되는 것과 일면 궤를 같이 했다고 볼 수 있다.

　전선운동의 새로운 결집체인 전민련이 89년에 출범하고 90년 보수대

연합 분쇄와 민중생존권 쟁취를 위해 계급대중조직의 전선체인 국민연합이 90년에 결성되어 정파와 대상이 다른 전선체가 양립하게 됐다. 이후이 양 전선체는 전국연합으로 통합되어 반파시즘공안정국분쇄투쟁과 생존권 쟁취투쟁을 선도했다.

이 준비단계의 민중운동의 성격은 변혁적 반파시즘운동이라 할 수 있으며 전기(Ⅰ-1)는 대중적민주화운동의 조직화기, 후기(Ⅰ-2)는 계급적 대중조직의 건설기라고 할 수 있다. 시민운동의 성격은 저항적 시민운동이라 할 수 있으며 전기(Ⅰ-1)는 새로운 시민운동의 태동기, 후기(Ⅰ-2)는 시민사회의 조직화기라고 할 수 있다. 사회운동 전체로는 민중운동과 시민운동의 분화가 탐색되고 조직적으로 분립되는 기간이라고 보아야 하며양 운동진영이 사안별로 부분적 연대를 아주 낮은 수준에서 모색한 시기이기도 하다.

이 시기에는 5·16쿠데타 이후 최초로 진보세력의 선거참여운동이 시작됐다. 즉 독자후보전술과 진보정당운동이 그것이다. 87년 13대 대통령선거에 독자후보론을 주장하던 그룹이 백기완씨를 후보로 내세워 선거투쟁을 전개했으며 이후 사회운동 일부세력이 88년 총선 때 한겨레당과 민중의 당을 결성하고 이후 한겨레당으로 통합해 총선에 참여했으며 90년에는 민중당을 결성해 92년 총선에 참가했다. 이 시기의 독자후보추대와 진보정당 운동은 실패했으며 그 정신은 부분적으로 이어졌지만 운동체 자체는 포말화했다. 특히 민중당의 핵심간부들이 뒤에 집권 신한국당에 포섭되어 보수정당의 전위당원화하자 진보정당운동의 정체성 위기가 초래된것은 주목해야 할 대목이다.

<표 4> 사회운동의 시기별 주요 이슈

민주화 준비단계		민주화 1단계		
Ⅰ-1	Ⅰ-2	Ⅱ-1	Ⅱ-2	Ⅲ(Ⅱ-3)
반군부파시즘 운동	반군부파시즘 운동	반신자유주의 운동	반초국적자본 반지구화 실천 운동	반전한미평등 쟁취운동
직선제 개헌 운동	악법철폐 운동	반세계화 운동	반민영화	평화통일 한반도
생존권 쟁취 운동	생존권 쟁취 운동	과거청산 운동	공공성쟁취 운동	비전제시 운동
	신사회 운동	생존권 쟁취 운동	반전평화 운동	신자유주의적
	지방자치제 확보운동	악법개폐 운동	노동권생활권 쟁취 운동	개혁 조절 운동
		인권보호 운동	악법개폐 운동	공공성제고
		환경보존 운동	진보적 인권운동	공익화쟁취운동
		여성주의 운동	환경개선 운동	정치참여와
		언론개혁 운동	정치적 시민운동	세력화 운동
		온전한	여성권익확보 운동	생활권쟁취 운동
		지방자치 운동	지방분권자치 운동	공공적참여제도
			언론개혁대안 운동	쟁취운동
				지속가능사회발전
				확보운동
				생명인간존중운동
				여성권익확보운동
				언론컨셉트
				전환 운동
				지방분권 자치운동

(2) 민주화 1단계

3당합당과 이면합의를 통해 14대 대통령 선거에서 이겨 권력을 장악한 김영삼 정권(Ⅱ-1)은 사정정국과 신경제 100일 계획으로 출발했으며 개혁의 청사진도 제시했다. 부정부패청산과 민주적 개혁을 표방하고 군부개혁, 금융개혁, 신경제개혁 등을 추진했으나 개혁의 이념과 지향성부터 사회운동의 그것과 차이를 드러냈다. 초기에는 사회운동일반이 상당한 밀월기간을 가졌지만 김영삼 정권의 태생적 한계와 신자유주의적 신경제개혁의 반노동자성이 이 밀월을 깨뜨리게 됐다. 신경제, 신노사관계에는 반신자유주의 운동이, 세계화와 우루과이 라운드협정체결에는 반세계화운동과 농업농민 살리기 운동이 전개됐다. 과거청산과 악법개폐를 요구하는 국민적 사회운동의 목소리가 드높았지만 지배집단은 오히려 이승만 영웅화 작업과 박정희 되살리기 사업을 획책했다. 기층민중들의 생존권 쟁취운동이 새로운 각도에서 더욱 치열해졌으며 전노협, 대공장노조회의, 사무직노조 연대회의 등이 총단결해 출범시킨 민주노총이 전체 사회운동의 전위로서 자기역할을 담지하게 됐다. 진보적 종합시민운동단체인 참여연대가 창립되어 민중운동과의 연대의 고리 역할을 담당하기 시작했으며 진보적 인권운동, 전향적 환경운동, 본격적인 여성주의운동, 언론개혁운동, 통일운동, 지방자치운동이 전개되면서 진보적인 시민운동이 총체적인 양상으로 확산됐따. II-1기에서는 광주민중항쟁에 대한 사법적인 판단을 검찰을 통해 묵살하려다가 5·18학살자처벌특별법제정범국민비상대책위원회(95)로 결집된 시민, 민중, 지식인 단체를 비롯한 국민의 분노에 찬 요구에 굴복해 5.18특별법을 제정해 신군부를 단죄했으며, 노동법과 안기부법을 96년 연말에 날치기 통과했다가 기층민중과 국민들의 분노로 일단 철회하는 상황도 있었다. 아무튼 이 시기의 사회운동은 사안별로 통합적으로 연대투쟁을 벌여 일정한 성과를 공유했다.

　이어서 50년만의 정권교체라는 슬로건 아래 등장한 국민의 정부(II-2)는 IMF지배체제를 이겨나간다는 명분 아래 신자유주의적인 경제개혁을 전면적으로 실시하고 민영화, 규제완화, 유연화 정책을 본격적으로 시행함으로써 고용의 비정규직화, 공공성의 축소, 분배의 악화 등을 초래해 상대적 박탈감을 증폭시켰다. 국민에게 약속했던 재벌개혁, 언론개혁 등은 미완에 그치고 대신 과거청산과 남북관계 면에서는 어느 정도의 진전을 이루었다. 사회운동단체들은 연대해서 '고용실업대책과 재벌개혁 및 IMF 대응을 위한 범국민운동본부'와 '민중생존권쟁취 사회개혁 및 IMF반대 범국민운동본부'를 잇달아 결성해 저항운동을 강하게 했다.

이 IMF반대 범국민운동 이후에는 민중운동과 시민운동이 각각 별도로 연합체를 만들어가게 된다. 민중운동은 신자유주의와 지구화 반대를 위한 전선체를 만들어 가게 되는데 신자유주의반대민중생존권쟁취 민중대회 위원회를 거쳐 민족자주민주주의민중생존권쟁취 전국민중연대(준)을 결성하고 이제 본조직 건설로 나아가고 있다. 시민운동은 일부가 김대중 정권에 대한 새로운 비판적지지 입장을 가지기도 했고 보수적 시민운동과 진보적 시민운동의 층위 분화가 본격화했으며 총선시민연대운동과 대선 유권자연대운동으로 정치적 시민운동을 지평을 열기도 했다. 시민운동은 높아진 위상과 확대된 역량을 총화하기 위해 시민사회단체연대회의를 결성해 시민운동의 종합 세력화를 꾀하고 있다.

김대중 정권 후기에 들어와서 사회운동은 연대와 공유작업을 한 차원 높이게 된다. 2001년 민주노총 총파업에 대한 탄압과 단병호위원장의 구속에 반대해 288개 단체가 공동으로 시국선언을 발표하고 9.11테러이후에는 700개 단체가 반전평화 시국선언을 했으며 이를 계기로 사회단체 정책협의회가 주요 시민, 민중단체들의 참여로 가동됐다. 2002년 발전, 철도, 가스 노조의 연대파업과 '연대와 성찰:사회포럼2002'를 계기로 시민단체와 민중단체 간 정부의 구조조정과 (신자유주의적)개혁에 대한 입장차이에 관해 접근토론을 시작하고 특히 공공부문의 발전과 공공성 문제를 주요 이슈로 해 '공공부문의 사회적 합의를 위한 정책협의회'를 주요 시민, 민중단체들 15개가 모여 구성하고 실질적인 정책협의를 진행하고 있다.

한편 II-2기에서는 평화통일운동이 반체제내화해 폭넓게 펼쳐졌으며 6·15정상회담 이후 통일운동단체들은 6·15남북공동선언실현과 한반도 평화를 위한 통일연대를 만들어 반전평화통일연대운동을 펴고 있다. 통일운동은 관변신설단체인 민족화해협력범국민협의회에서 민족화해자주통일협의회, 범민련 등까지 그 스펙트럼이 더욱 넓어지고 있다.

Ⅱ-2기의 2002년은 전체 운동환경에 큰 변화를 예고하는 몇 가지 조짐을 보였다. 월드컵 기간 동안의 '붉은악마'로 상징되는 청년학생들의 새로운 집단적이고 자율적인 참여문화, 노무현 정권을 창출하는 밑거름 역할을 한 새로운 정치선거운동의 전형을 세운 '노사모' 운동, 그리고 심미선, 신효순 양을 애도하고 미국의 공식사과와 소파재개정을 위해 11월 30일부터 연일 열리는 '촛불시위' 운동 등은 2003년부터의 사회운동에 새로운 활력을 불어넣어 변화와 발전을 촉구할 수 있는 동력이 될 수 있다고 본다.

Ⅱ-2기까지의 민주화 1단계과정을 사회운동 시각에서 종합해보면 민중운동의 성격은 민주적 기본권, 생존권 쟁취운동이었으며 Ⅱ-1기가 민중운동조직의 재편기였다면 Ⅱ-2기는 민중운동의 정치세력화 실험기였다. 시민운동의 성격은 저항·개혁적 시민운동이었으며 Ⅱ-1기가 시민운동의 분화다양화기였다면 Ⅱ-2기는 시민운동의 개혁드라이브기였다고 본다. 사회운동 전체적으로는 Ⅱ-1기가 시민, 민중운동의 이념적 차별화기였으며 Ⅱ-2기는 시민, 민중운동의 연대 조직화기였다고 할 수 있겠다. Ⅱ-1기가 사안별 통합적 연대기였다면 Ⅱ-2기는 정책단위의 통합적 연대 실험기라고도 할 수 있다.

진보적 정당운동도 다양화하고 일정한 성과를 이룩했다. 15대 대선을 위해서 민주와 진보를 위한 국민승리21이 만들어지고 그 실패를 극복하고 민주노동당으로 재창당되어 16대 총선에 임했으며, 16대 대선에서는 권영길 대선후보를 다시 내세워 진보정당의 실체를 국민에게 알리는데 상당한 성과를 거두었다. 진보정당 자체도 이념에 따라 나뉘어 청년진보당을 개명한 사회당의 정당운동이나 녹색혁명을 내용으로 하는 녹색당의 정당운동도 시작이기는 하지만 진보정당운동의 활성화를 가져올 수 있는 가능성을 보여줬다.

(3) 민주화 1단계로서의 2003년 이후

노무현 정권은 '국민이 대통령'이라는 슬로건과 국민참여정부라는 개념으로 인수위원회를 운영하면서 시민단체와의 연대와 민중운동단체의 협력을 바라고 있다. 지난 1월 17일 참여연대, 민변, 문화연대 등 14개의 주요 시민단체들은 정치개혁을 위한 시민사회단체연대(정치개혁연대)를 결성하고 여야정당에 정치개혁 추진을 위한 범국민협의회를 제안해 각 정당의 개혁파들에게서 긍정적인 반응을 얻은 상태이다. 이것은 주요 시민단체들이 본격적으로 직접적인 정치개혁시민운동을 펴고 나아가서 정치세력화 구상까지 이어갈 수 있는 가능성을 제시하고 있다고 본다. 아무튼 노무현 정권은 시민운동을 정치 파트너로 삼을 수 있는 가능성을 갖고 있다고도 볼 수 있다.

이런 가능성을 안고 시작되는 Ⅲ(Ⅱ-3)기는 미국의 패권주의 폭발과 한반도 위기 상황에 대처하고 신자유주의적 개혁을 조절하고 사회 제 부문의 참여를 통한 절차적 민주주의의 종합적인 제도화를 추진할 것으로 보이지만 기득권 세력과 총자본의 장벽과 반발을 넘어설 수 있는 의지와 정책수단을 가질지는 아직은 미지수이다. 이에 대해 사회운동은 반전평화 한미불평등 해소 쟁취투쟁과 한반도 평화통일 비전제시운동을 필두로 해 공공성 제고 공익화 운동, 생활권 쟁취운동, 공공적 참여제도 쟁취운동을 전개해야 함은 물론 지속가능한 사회발전 확보 운동, 생명인간 존중 운동, 여성권익 확보 운동, 언론컨셉트전환운동, 지방분권 자치 운동 등을 아울러 체계적으로 펼쳐 나가야 할 것으로 본다.

Ⅲ(Ⅱ-3)기에는 민중운동은 정치세력화의 확고한 뿌리를 내리고 한 차원 높은 진보운동을 펼쳐야 할 것이며, 시민운동은 개혁이니셔티브를 쥐고 우리 사회의 절차적 민주주의를 온전하게 이루고 자연과 함께 삶의 토대를 마련하도록 해야 할 것이다. 사회운동 전체로는 시민·민중운동의

정치세력화가 가일층 진전되고 진보적 정당운동의 분화와 차별화가 진전
될 수 있다고 본다.

<표 5> 사회운동의 성장과 연대운동

	Ⅰ-1	Ⅰ-2	Ⅱ-1	Ⅱ-2
주요운동단체	민주언론운동협의회(84) 공해문제연구소(82) 여성민우회(87) 여성운동단체연합(87) 전국교사협의회(87) 민주화를 위한 전국교수협의회(87) 전국대학생대표자협의회	민주사회를 위한 변호사모임(88) 공해추방운동연합(88) 전국강사협의회(88) 경제정의실천 시민연합(89) 전국교사노동조합(89) 전국노동조합 협의회(90) 전국농민운동연합(90) 전국빈민연합(90) 학술단체협의회(88) 한총련,인의협,건약 범민족연합(91)	참여연대(94) 환경운동연합(93) 녹색연합 민주노총(95) 6월사랑방 민족화해 자통협(94) 인권운동사랑방(93)	교수노동조합(01) 공무원노동조합(02) 사회진보연대(00) 노동자의힘(01) 민화협(98) 지방분권국민운동(02) 문화연대(99) 민주언론운동 시민연합(98) 함께하는시민행동(99) 전국불완전노동 철폐연대(02)
전선운동 및 연합운동	민족민주통일운동연합(85) 국민운동본부(87)	전국민족민주운동연합(89) 민자당1당독재 분쇄와 민중생존권쟁취를 위한 국민연합(90) 민주주의민족통일 전국연합(92)	5·18학살자처벌 특별법제정 범국민 비상대책위원회(95) 노동법안기부법 개악철회와 민주수호를위한 범국민대책위원회(96) 한국시민단체 협의회	IMF대응범국민 운동본부(98) IMF반대범국민 운동본부(99) 민중대회위원회(00) 전국민중연대(준)(01) 시민사회단체 연대회의(01) 통일연대(01) 공공부문 정책협의회(02) 정치개혁연대(03.1.17)
진보정당운동	백기완 대통령후보 선거대책본부(87)	한겨레당(88) 민중의당(88) 민중당(90)	민주와진보를위한 국민승리21(97)	민주노동당(99) 청년진보당(99) 사회당(01) 녹색당(02)

그런데 II-2기에 본격적으로 실험되기 시작했던 민중운동과 시민운동의 통합적인 연대를 통한 사회운동의 승화가 민주화 1단계를 마무리하는 데 필수적이다. II-1기에서는 사안별로 통합적 사회운동연대가 이뤄졌지만 II-2기에서 정책적 통합적 사회운동의 실험적 연대가 이뤄진 바 있는데 사회전반적인 균형잡힌 민주화를 이루기 위해서는 총체적이고 유기적인 통합적 사회운동이 펼쳐져 우리 사회의 제 부문과 영역을 유기적으로 연계시켜 총체적으로 민주화를 이룩해 나가야 한다.

4. 새로운 통합지향적 사회운동의 재구성과 정치세력화를 위해

(1) 21세기 사회운동의 핵심 과제와 영역별 과제

21세기 사회운동의 핵심과제는 먼저 민중운동은 민중운동대로 독자성을 유지하며 독자적 과제를 설정하고 시민운동은 상대적으로 자율성을 유지하며 영역, 접근방법 면에서 상대성을 가지면서 이 두 운동이 사회전반에 걸친 민주적 구조개혁을 지향하는 공동투쟁의 영역을 발전시키고 공동목표(강령), 실천방안, 실천행동을 공유하는 것이라고 본다. 그러면서 포괄적 다층적 민주주의 전선을 확보하고 사회 전반의 진보적 헤게모니 형성을 위한 전술을 공동으로 구사할 수 있어야 한다.

민중운동은 신자유주의 반대(반제·반정부)운동을 통해 자연발생적 대응체제의 진화와 발전을 꾀하고 나아가 자본공세와 전쟁위기에 대한 공세적 전환의 한계를 극복하고 수세적 구조조정 반대론을 뛰어넘는 반신자유주의 전략을 모색해나가야 한다. 조합주의와 분산적 정파대립을 극복함으로써 힘의 분산을 막고 유연성 제고와 사회적 컨센선스 확보로 새로운 민주주의적 이슈에 대한 대응체제를 구축해야 한다. 사회적 헤게모니 전략을 구사해 시민운동과의 전략적 소통을 도모함으로써 고립을 극복하고 역량을 배가해야 한다. 마지막으로 각 정파의 독자성을 유지하면서도 공동블럭을 형성해 분산된 정치세력화를 극복해 나가야 한다.

우리사회의 민주적 구조개혁에 시민일반, 여성, 환경, 언론 등의 부문에서 개혁적 시민운동이 자리잡는 것이 아주 중요하다. 시민운동은 신자유주의적 개혁과 공공지향의 개혁을 명백하게 구별해 시민운동적 개혁의 종합적 지향을 명확히 할 필요가 있다. 언론활동 중심보다 대중활동의 과제를 보다 폭넓게 수행해 대중성의 한계를 보완하는 노력과 사회발전에 대한 전략적 비전을 수립하는 활동으로 나아가야 한다. 그러기 위해서는 민중운동과의 공유와 연대가 필요하고 정치사회적 객관성 확보를 위해 일정한 조건을 마련하면서 정치적 독립의 조건을 확보해 나가야 한다고 본다.

(2) 새로운 통합지향의 사회운동의 재구성과 정치세력화

앞에서 체계적으로 살펴보았듯이 현재의 객관적 상황이나 주체적 과제면에서 한국의 민중운동과 시민운동은 각자의 운동정체성의 문제와 일상적 운동지향의 차이를 인정하면서도 이 차이를 전체운동발전의 원동력으로 활용해 역동적 통합지향적 성격을 강화해 나가야 하는 상황이며 객관적으로 통합을 지향하는 것도 가능하다고 본다.

통합지향의 객관적인 가능성은 첫째 민중운동과 시민운동은 민주화운동을 거쳐 발전했으며 공유되는 지점을 갖고 있다. 둘째는 서구의 집단이기주의적 운동과는 달리 우리의 노동운동을 비롯한 민중운동은 공공적 저항운동의 성격을 강하게 갖고 있기 때문에 두 운동간에 상대적으로 약한 대치성을 가지고 있다. 셋째로 한국의 시민운동은 민주화운동과정에서 생성 발전했으며 시민운동은 종합성과 전국·정치 중심주의적인 특징을 갖고 있다. 넷째는 한국의 정치경제와 사회구조의 특수성에서 오는 면이다. 점진적 개혁성과 누중의 한계→ 직접적 세력관계에 의해 좌우되는 개혁성과의 존재방식→ 시민, 환경, 여성 등 개혁운동영역의 분화와 성층화. 마지막으로 신자유주의 진전의 급진성에서 찾을 수 있다. 사회적 폐해가 일시에 거의 모든 계층에 전면화함으로써 민중운동과 시민운동의 판단 차이가 협소해져 공동대응의 가능성이 증대된다는 점이다.

다층적 운동구조에서 통합지향적 사회운동을 그림으로 제시하면 다음과 같다.

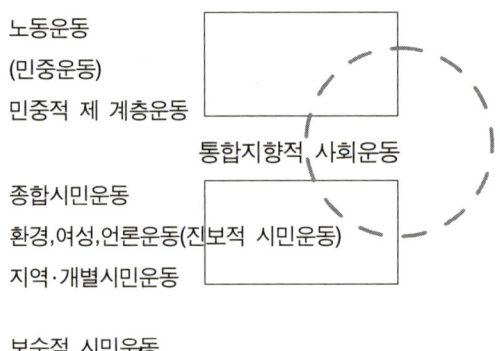

노동운동
(민중운동)
민중적 제 계층운동

통합지향적 사회운동

종합시민운동
환경,여성,언론운동(진보적 시민운동)
지역·개별시민운동

보수적 시민운동

이런 통합지향적 사회운동구조를 만들기 위해서는 우선은 구속력 강화보다는 민주성, 개혁성, 공공성을 지향하는 공동목표를 형성하고자 노력해야 하며 운동단체들간에 상층부의 이해 심화와 저변 합의의 확대에 기초한 전술적인 공동목표를 구조적 민주개혁의 징검다리로서 '일반민주주의 개혁'으로 설정하는 것이 필요하다고 본다.

공동목표의 설정과 통합지향적 사회운동구조 수립을 위해서는 두 운동간의 원활한 의사소통채널이 구조화되어야 한다. 이런 의사소통구조를 통해 운동내외의 정세를 공유하고 문제인식의 기본틀을 서로 이해하고 공동목표의 범위를 점진적으로 확대하며 관련영역별 논의를 교차해 수행해 나가면서 통합을 지향해야 한다.

　통합지향적 사회운동구조를 만들면서 진보적 사회운동의 포괄적인 정치세력화 방침에 대해서도 진지하게 고민해 들어가야 한다. 최근 운동의 분화 속에서 일정한 성과와 더불어 진보진영 내부의 정치세력화가 커다란 왜곡현상에 봉착하고 있는데 특히 개별·분산화된 정치화 방식이 문제가 되고 있다. 이런 정치세력화 문제는 자칫 잘못하면 진보적 사회운동 전반의 정치적 비전의 혼란으로 이어질 수 있으며 정치적 조건 변화를 사회운동에 조직적으로 유리하게 재배치할 수 없는 한계가 될 수 있다. 우리 사회의 민주적 재편을 지향하는 사회운동은 독자적인 포괄적 정치세력화 방침에 대해서도 미래지향적으로 고민해 들어가야 한다고 본다.

참 고 문 헌

교수7단체(2002), 2002년 대통령 선거 평가 토론회 자료집, 2002 대선 교수네트워크.

김상곤(2001), 권력재편기의 민중운동과 시민운동: 개혁과 연대의 과제, 동향과 전망 2001년 가을, 한국사회과학연구소.

김상곤(2002), 새로운 세기 한국사회운동의 발전조건과 과제, 연대와 성찰 : 사회포럼 2002.

김상곤(2002), 공공부문 파업과 한국의 노사관계, 사회경제 포럼 19호, 한국사회경제학회.

노기연(2002), 신자유주의 세계화반대투쟁의 현황과 과제: 노기연 창립 11주년 기념토론회자료집.

민교협(1997), 월보 모음집.

민주노총(2002), 김대중 정부 5년 평가: 신자유주의 정책, 노동자에게 무엇을 남겼나?, 정책보고서 2002-11.

(사)참여사회연구소, 민주사회정책연구원(2001), 전환기의 한국사회, NGO의 역할은 무엇인가?, 공동심포지엄 자료집.

기타 주요 시민, 민중단체 홈페이지.

87년 이후 민주 개혁의 부침과
현 단계 시민사회운동의 과제
—— 참여정부의 성립을 계기로

조희연 | 성공회대 사회과학부 겸 NGO대학원 교수

1. 제2민주화 단계의 제2기 정부로서의 노무현 정부

2002년 대선은 97년 김대중 정부 성립이 열었던 '제2민주화 단계'가 연속되느냐, 아니면 역전되느냐의 전환점이었다. 주지하듯이 한국 사회는 87년 6월 민주항쟁을 계기로 권위주의 정권에서 민주주의 체제로의 이행을 시작했다. 필자는 87년 6월 민주항쟁 이후 민주주의 이행 과정을 제1민주화 단계와 제2민주화 단계로 나눌 수 있다고 본다. 제1민주화 단계는 제1기에 해당하는 민선 군부 정부로서의 노태우 정부 시기(1988~1992년)와 제2기로서 구 여당 정권을 계승하는 민선 민간 정부 시대였던 김영삼 정부 시기(1993~1997)로 구성된다. 제2민주화 단계는 야당 정권 시대를 연 김대중 정부에서 시작되며, 노무현 정부는 제2단계 민주화 운동의 2기인 셈이다.

61년 5·16 군사 쿠데타 이후 27년간 한국에는 군부 권위주의 정권이 존재했다. 이 정권은 전체주의화된 독재 체제로 운영됐으며, 학살, 고문,

억압 등 국가폭력이 전면화된 체제였다. 이 군부 권위주의 정권이 70년대 후반부터 아래로부터의 민중적 저항을 전면적으로 받게 됐으며, 87년 6월에 정점에 이른 민주항쟁에 의해 비로소 극복되면서 한국 사회는 민주주의 체제로 이행하는 국면으로 진입한다.

87년 6월 항쟁 시기까지는 민주화의 두가지 길이 각축하고 있었다. 첫째는 '위로부터의 보수적 민주화'의 길이며, 둘째는 '아래로부터의 급진적 민주화'의 길이었다. 전자는 타협적 이행의 길이며 후자는 혁명적 이행의 길이라고 할 수 있다. 주지하듯이 87년 6월 민주항쟁은 60~70년대를 관통하면서 전개되어온 반독재 민주화 투쟁의 정점을 상징한다. 학생뿐만 아니라 중간층 샐러리맨 등 서민이 1백만 명이 운집하는 대투쟁이었던 6월 민주항쟁은 군부 권위주의 정권의 퇴진 위기를 결정적으로 조성했다. 그러나 이 항쟁은 군부 권위주의 세력이 위기 극복의 방편으로 취한 형식적인 민주화 조치, 즉 6·29 선언을 수용하는 방식으로 중단됨으로써, 대통령 직선제의 공간만을 확보했을 뿐 군부 권위주의 정권의 퇴진을 성취하지는 못했다. 이후 87년 12월에 열린 대통령 선거에서 반독재 민주화 운동의 지도자인 김대중과 김영삼 후보가 분열함으로서 군부 출신의 노태우 후보가 당선한다. 이는 탈권위주의화의 과정이 '아래로부터의 급진적 민주화'의 길이 아니라 '위로부터의 보수적 민주화'의 길을 따라서 전개되는 것을 의미했다. 이것을 필자는 6월 민주항쟁의 '이중성'이라고 표현한다.[1] 군부 정권 시대를 마감하고 민주주의 시대로 이행하게 만들었다는 점에서 성공이라고 할 수 있지만, 구정권의 철저한 퇴진을 성취하지 못하고 중단됨으로써 구세력에 의한 구체제의 변형적 재생산이 이뤄지게 됐다는 점에서 실패라고 규정될 수 있다는 것이다.

'위로부터의 보수적 민주화'의 경로는, 구 군부 권위주의 세력이 주도

---

1) 조희연, 2001, 「'종합적 시민운동'의 구조적 성격과 변화 전망에 대한 연구: '참여연대'를 중심으로」, 유팔무·김정훈 편, 2001, 『시민사회와 시민운동』(2), 한울, 236~7쪽.

하는 '선거 혁명'을 통해 군부 권위주의 정권이 재집권에 성공함으로써 '민선 군부 정권'의 형태로 출발한다. 이 민선 군부 정권은 90년 3당 합당을 통해 반독재 민주화 운동 진영의 온건 야당을 포섭한 새로운 집권당을 구축해 재집권하는 방식으로 나아간다. 6·29 선언을 통해 6월 항쟁의 국민적 열기를 무력화시키고 저항 세력의 분열을 이용해 군부 정권의 재집권에 성공한 것이 노태우 정부라고 한다면, 90년 3당 합당을 통해 일부 타협적인 야당 세력을 끌어들여 군부 세력과 타협적 야당 세력의 연합 정권을 성공적으로 구축한 것이 김영삼 정부라고 할 수 있다. 이런 과정은 구 집권당의 '변형주의'[2]적 재편을 통해 지배의 위기를 극복하면서 지배를 재생산하는 과정이라고 할 수 있다.

이런 위로부터의 보수적 민주화의 경로에서 김대중 정부, 즉 국민정부의 수립은 일정한 반전(反轉)의 의미를 갖는다. 노태우 정부와 김영삼 정부가 집권 세력의 '변형'을 통해 구체제의 재생산을 성공적으로 지속시킨 경우라고 한다면, 국민정부의 성립은——그것이 자민련과의 연합에 의한 것이기는 하지만——구 집권 세력의 단절이자 반독재 야당 세력의 독자적 집권이 이뤄진 것을 의미한다.[3] 즉 지배 세력의 변형에 의해 구 지배 체제가 유지되던 상황에서 반독재 야당이 주도하는——비록 소수파 정권이기는 하지만——야당 정권이 성립하게 되는 것이다. 이런 의미에서 87년 민주주의 이행의 제2단계로 규정될 수 있다. 김대중 정부의 성립에는 1997년 경제 위기와 IMF 신탁통치 체제로의 이행이라고 하는 조건이 중요하게 작용했다. 이는 구 집권 세력의 '통치 능력'의 한계를 극단적으로 노정시킴으로써, 보수적 지향의 국민들마저도 위기 탈출을 위한 새로운 리

---

2) 변형주의는 지배의 재조직화 혹은 혁신의 과정에서 저항 운동의 개인적·집단적 분파를 지배 블록으로 흡수해 지배의 새로운 정당성을 구축하는 것을 의미한다. Gramsci, A., *Selections from the Prison Notebooks*, London: Lawrence and Wishart, 1971, p.58. 이 변형주의 개념으로 한국을 설명한 글로서는 최장집, 「변형주의와 한국의 민주주의」, 『사회비평』 13호, 1995 참조.

3) 조희연, 『한국의 국가·민주주의·정치 변동』, 당대, 1998, 3장.

더쉽을 선호할 수밖에 없는 상황을 조성했기 때문이다.

그러나 이런 반전은 87년 이후 '위로부터의 보수적 민주화'가 부여하는 거시적 한계 내에 존재하게 된다. 이런 거시적 한계는 김대중 정부가 자민련이라고 하는 구 지배 블럭의 주변적 정파와 연합해야 하는 불가피성으로 나타난다. 한편에서는 야당 정부라는 점에서 전향성(前向性)을 가지고 있으나, 다른 한편에서는 구세력과의 절연에 기초하기보다는 그와 연합해 성공한 정권이라는 점에서 '태생적 이중성'을 지니게 된다. 특별히 김대중 정부의 수립은 '위로부터의 보수적 민주화'의 경로가 근본적으로 전환되지 않은 상태에서 '하위' 수준의 반전(反轉)으로 성립한 것이고, 또한 야당 세력의 단독 집권이기보다는 구 지배 블럭의 주변파와의 연합에 의한 것이기 때문에 김대중 정부의 개혁은 복합적인 성격을 지닌 채로 진행된다.

아래 표에서 보는 바와 같이 민주주의 이행이 본격화하는 87년 이후의 정부들은 여러 측면에서 차이를 갖는다. 노태우 정부는 사실 군부 세력이 지배 블럭의 헤게모니 분파로서 존재한다는 점에서 군부 정권을 계승하고 있지만 민선 군부 정부라고 하는 차별성을 갖는다. 김영삼 정부는 과거의 군부 정부과 구별되는 민간 정부의 등장을 의미하며, 김대중 정부는 과거 정부와 달리 50년만의 야당 정부로서의 성격을 갖는다. 비교정치학적인 측면에서 이야기하는 '민주 정부'라는 말은 김영삼 정부 시기 이후에 적용하는 데 크게 문제가 없을 것이다.

노무현 정부는 김대중 정부와 연속성과 차별성을 동시에 갖는다. 무엇보다도 87년부터 김대중 정부 시기까지는 지역주의 정치가 지배적인 시기로 규정한다면 포스트–지역주의 정치 시대의 개막을 의미한다. 만일 김영삼 대통령과 김대중 대통령이 과거 권위주의 정권 시대 상징적인 반독재 야당 지도자들이었다는 점에서 양김 시대를 구분해서 본다면, 노무현 정부는 포스트–양김 시대의 의미를 갖는다. 이 시기를 최장집 교수가 표현한 바와 같이 '민주화 이후의 민주주의'[4] 단계로 표현할 수도 있겠다. 김대중 정부와 노무현 정부의 차별성과 연속성에 대해서는 다양한 견해가 가능할 것이다.[5] 구조적 관점에서 볼 때, 김대중 정부의 출범은 50년 동안의 여당 장기 집권 시대에서 야당 정부 시대로의 변화를 의미하고 노무현 정부의 시기는 그 2기의 성격을 갖는다.

<표 1> 1987년 이후 민주주의 이행기의 정부들의 성격

정부	박정희(1961~1980)와 전두환(1980~1987)	노태우 (1988~1992)	김영삼(문민정부) (1993~1997)	김대중(국민정부) (1998~2002)	노무현(참여정부) (2003~현재)
시기	권위주의	민주주의 이행기			
	권위주의	1단계 민주화		2단계 민주화	
		1기	2기	1기	2기
성격	비 선거· 쿠데타 정권	민선 정부			
	군부 정권	민선·민간 정권			
	여당 장기 집권			야당 정권	2번째 '야당' 정권
	권위주의적 기득권 질서	양김 시대(양김식 기득권 질서)			포스트 양김 시대

---

4) 최장집, 『민주화 이후의 민주주의: 한국 민주주의의 보수적 기원과 위기』, 후마니타스, 2002.

5) 시기 구분과 관련해서는, 김대중 정부와 노무현 정부를 구분하는 방법과 87년부터 김영삼 정부까지와 김대중 정부 이후를 구분하는 방법이 있을 수 있다. 필자는 대선 평가 토론회에서 김대중 정부와 노무현 정부의 차별성을 강조하는 의미에서, 87년부터 김대중 정부 시기까지 는 1기 민주화 단계로 표현하고, 노무현 정부의 출범을 2기 민주화 단계의 시작으로 표현한 바 있다(조희연, 「'제2기 민주화' 단계의 구조적 의미와 개혁 담론의 방향」, 2002 대선 교수 네트워크·민교협·학단협 외, 『2002 대선 평가 토론회』, 2002년 12월 23일). 그러나 구조적 측 면에서 파악하는 것이 더욱 올바른 분석법이라는 견지에서, 이 글에서는 노무현 정부를 제2민 주화 단계의 2기로 설정했다. 민주주의 이행에 대한 분석으로는 손호철, 『현대 한국 정치: 이론과 역사 1945~2003』, 사회평론사, 2003; 최장집, 『한국민주주의의 조건과 전망』, 나남, 1996; 임현진·송호근 편, 『전환의 정치, 전환의 한국 사회』, 나남, 1995 참조

2. 1987년 이후 민주주의 이행 과정에서의 민주개혁의 경로

(1) '민주주의 회복'을 위한 투쟁에서 '민주개혁'을 위한 투쟁기로

2002년 대선은 87년 이후 '제1기 민주화' 단계를 거쳐 '제2기 민주화' 단계가 지속될 것이냐, 다시금 구 집권 세력(변형된 집권 세력)으로의 역전이냐의 선택의 시기였다고 생각된다. 그런 점에서 2002년 대선은 제2기 민주화 단계의 진보냐 퇴보냐, 새 정부 시대의 '시대 정신'과 변화 방향을 둘러싼 각축의 시기였다고 할 수 있다. 여기에는 보수적 발전의 길과 진보적 발전의 길이 각축하고 있었다. 결과적인 측면에서 볼 때, 진보적 발전의 길이 지배적인 경로가 됐다고 할 수 있는데, 여기서 진보적 발전이라고 했을 때 그것은 이회창 정부의 성립이 아니라 노무현 정부의 성립과 민주노동당의 약진으로 상징되는 상황을 의미한다.

이번 대선 국면에서 국민들의 요구는 이중적인 지향을 보이고 있었다. 제2민주화 단계의 민주정부(김대중 정부)는 과거의 권위주의 질서와 유산을 청산하는데 많은 성과를 냈음에도 불구하고, 다른 한편에서 과거의 권위주의 정권과 동일하게 지역주의 및 부패, 제왕적 총재 및 제왕적 대통령의 모습을 보였다. 국민들은 이런 부정적 측면이 과거 권위주의 정권에게만 한정된 현상일 것이라고 기대했다. 그러나 최초의 민선 민간정부인 김영삼 정부에서도 아들이 구속되는 사건에서 드러나듯이 과거 권위주의 정권의 부패성이 극복되지 않는 것으로 보였다. 더구나 50년만의 야당 정부라고 하는 김대중 정부마저도 두 아들의 구속을 포함한 각종 부패 사건에서 자유롭지 못하다는 것을 체험하면서, 국민들은 양김 시대의 부정적 측면에 대한 높은 비판의식을 가지게 됐다. 그래서 국민들은 김대중 정부가 끝나는 2002년의 시점에서, 한편에서는 제2민주화 단계의 민주정부에 대한 광범한 비판과 불신을 보이면서, 다른 한편에서는 제2기 민주화 단계의 성찰적 전환과 더욱 높은 단계의 민주적 개혁을 요구하고 있었다. 이것은 87년 무렵 과거의 권위주의 정권에 대한 저항이 일면적으로 구 권위주의 정권의 타파와 민주정부의 수립을 지향하고 있었던 것과는 다르게, 김대중 식 민주정부와 더 나아가 김영삼 식 민주정부에 대한 비판과 포스트 양김 시대의 새로운 정치사회적 질서에 대한 요구가 이중적으로 표출되고 있었음을 의미한다. 구 집권당을 계승하는 보수정당인 한나라당은 전자에 편승하고 증폭시키는 방식으로(예컨대 2002년 6월 지자체 선거에서의 '부패 정권 청산론') 지자체 선거의 승리와 대선에서의 높은 '당선 가능성'을 향유할 수 있었다. 반면에 노무현 후보는 후자의 지향과 그 이미지를 창출하는 방식으로 '당선'을 향유하게 됐고, 권영길 후보는 후자에 대한 진보적 대안으로서 약진할 수 있었다('구정치 청산과 새정치 실현론').

돌이켜 보면 각 시기마다 우리 사회를 관통하는 '시대 정신'이 있었다. 60년대부터 87년에 이르는 시기에 우리 사회의 지배블럭은 근대화와 성장이라는 지배담론으로 자신을 정당화했다. 이에 대응해 시민사회운동진영은 민주주의 혹은 '민주주의의 회복'을 핵심적인 저항담론으로 설정하고 투쟁해왔다. 민주주의 회복이라는 이런 저항 담론은 70년대 후반을 거치면서 국민적인 시대 정신이 되어갔다. 87년 6월 민주항쟁을 통해서 군부 권위주의 정권이 퇴진하고 6·29 선언을 통해 지배 블럭이 '민주주의의 회복'이라는 시대 정신을 대세로 수용하면서, 이제 민주주의는 단순히 저항 세력의 요구사항에서 국가적·국민적 과제가 됐다. 여기서 시대 정신은 자연스럽게 '민주개혁' 혹은 개혁으로 변화한다. 정부와 정당 및 사회운동 모두에게, 형식적·절차적 민주주의가 회복된 조건을 전제로 해 구 권위주의 체제에서의 왜곡성을 극복하는 과제가 공유된다. 그 결과 87년 이후 모든 정부들은 민주개혁을 추진하거나 추진한다고 표방하게 됐으며, 그 민주개혁이 위기에 처하게 되면 민주개혁의 일보 전진과 후퇴라는 선택에 직면하는 방식으로 진행되어 왔다.

87년 이후 이행의 과정을 사회운동의 관점에서 보다 구체적으로 보자. 한국 사회의 민주주의 이행 과정은 시대 정신에 따라 아래의 그림에서 보는 바와 같이 87년 이전과 이후의 시기를 구분해 볼 수 있다. 87년 이전 시기는 군부 권위주의 체제에서 시민사회운동들이 전투적·급진적 반독재 민주화 운동을 하던 시기라고 할 수 있다. 권위주의 체제는 일종의 '국가 조합주의'적 방식으로 시민사회를 통제하고 포섭하려고 시도했다고 할 수 있는데, 이에 대응해 시민사회의 다양한 운동들은 반독재라는 시대적 과제를 중심으로 연합해 급진적이고 전투적으로 저항했다. 초기에 권위주의 체제에 순응하던 시민사회는 점차 '저항적 활성화'를 경험하게 됐다고 할 수 있다. 이 시기의 '시대 정신'은 '민주주의의 회복'이라 할 수 있었고, 그래서 이 시기의 시민사회운동은 '민주주의 회복'이라는 과제를 중심으로 집중적인 활동을 했다고도 할 수 있다.6)

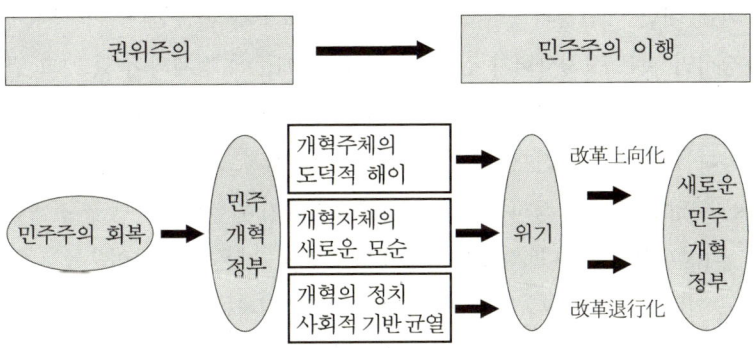

---

6) 돌이켜 보면, 60년대에 민중들은 개발 독재에 대한 사회운동의 투쟁에 대해서 "민주주의가 밥 먹여주냐"는 식의 인식을 했으나, 70년대를 거치면서 "우리가 밥만 먹고 사는가"라는 식으로 민주주의에 대한 태도를 변화시켰다고 할 수 있다. 개발의 수혜가 70~80년대 민중에게는 주어진 것(given)으로 인식되면서 나타나는 현상이기도 하지만, 민주주의가 하나의 시대 정신으로 변화해감을 보여주는 것이다.

87년 이후 시기는, 87년 6월 민주항쟁을 통해서 권위주의 체제가 퇴진하고 민주주의로의 이행 과정에 돌입해 민주개혁이 시대 정신이 되는 시기이다. 민주적 절차, 특히 직선(直選)에 의해 선출된 '민주정부'가 구 군부 권위주의 체제의 민주적 개혁을 시도하는 단계라고 할 수 있다. 변형 군부 정부라고 할 수 있는 노태우 정부를 과도기로 설정할 때, 민주개혁은 김영삼 정부(문민정부) 이후에 본격화된다고 할 수 있다. 이 민주개혁 국면은 구체제의 민주개혁을 둘러싼 국가와 시민사회의 각축 시기라고 할 수 있다. 이 시기에는 NGO 혹은 시민운동을 포함하는 시민사회운동이 민주개혁을 철저화하기 위해 아래로부터 다양한 운동들을 전개한다. 이 시기는 과거 권위주의 체제에서 고착화되고 왜곡된 '구 정치사회'(정부와 정당 등)와 반독재 민주화운동을 통해서 저항적으로 활성화되면서 변화해온 '새로운 시민사회' 간에 괴리가 크게 나타나고 그래서 이런 '정치사회와 시민사회의 괴리'(이것을 필자는 '정치 지체'라고 표현한다) 때문에 정치사회에 대한 국민들의 광범한 불신과 개혁 요구가 분출한다. 이 시기에 특징적인 것은 정치사회가 권위주의의 유산 때문에 정체되어 있고 그 결과 시민사회운동이 민주개혁의 의제들을 설정하고 정책화해 정치사회를 압박하는 형국으로 전개된다는 점이다. 이를 배경으로 해, 시민사회운동들은 다양한 형태로 정치사회의 개혁을 촉진하기 위한 개혁운동을 전개했다. 의정감시운동이나 2000년 총선에서 주목을 받은 낙천낙선운동 같은 것도 이런 예에 속한다고 할 수 있다. 이것을 필자는 '정치 지체'(political lag)의 상황 속에서 나타나는 NGO의 '대의의 대행(代行)'이라고 표현한다.[7] 정치사회의 '위임'받은 대의기관들——국회나 정당 등——이 수행해야 할 역할을 오히려 시민단체와 같은 시민사회 기구들이 대리 수행하게 된다는 것을 의미한다. 민주개혁은 이런 시민사회운동의 강력한 압력

---

7) 조희연, 「민주주의이행과 제도정치, 민중정치, 시민정치」, 『경제와 사회』, 2002년 여름.

활동에 따라 촉진되고 전진했다.

(2) 민주개혁의 위기와 민주개혁의 상향화(上向化)

그런데 김영삼 정부에서 김대중 정부로의 이행, 김대중 정부에서 노무현 정부로의 이행 과정을 보면, 민주개혁과정은 "위기→ 위기를 둘러싼 투쟁 → 민주개혁의 상향화"의 방향으로 진행되어 왔다. 이른바 '민주정부'에 의해 민주개혁이라는 화두로 구 체제를 개혁하기 위한 실험이 일정하게 진척됐고, 그에 따른 성과──군부개혁, 정치개혁, 금융실명제, 재벌개혁, 과거청산 등──도 내게 되지만, 여러 가지 구조적·주체적 요인이 결합되면서 개혁의 한계 지점에 도달하게 된다. 개혁의 한계 지점에서 더 진전하든지, 중단하든지 혹은 후퇴하든지 하는 기로에 서게 되는데, 87년 이후의 과정에서 두 번의 위기 국면(김영삼 정부 말기, 김대중 정부 말기. 여기에 노태우 정부 말기를 포함하면 세 번의 위기 국면) 모두에서 민주개혁의 진전이라고 하는 방향으로 변화했다는 것이다. 각각의 민주개혁 위기 국면에서는 언제나 민주개혁이라는 시대 정신이 퇴색해버리는 방식으로 나타난다.

그렇다면 왜 민주개혁이라는 시대 정신이 실종되고 개혁정부의 위기가 초래됐는가? 여기에는 다음과 같은 세 가지 이유를 들 수 있다. 첫째, 민주개혁을 주도하는 이른바 '민주정부' 개혁수도 세력의 '도딕직 해이'를 들 수 있다. 김영삼 정부와 김대중 정부를 거치면서, 민주개혁의 주도 세력 (민주 세력이라고 표현할 수 있다)이 구체제와 많은 특성을 공유하고 있다는 점이 극명하게 드러났던 것이다. 부패의 관행·행태·문화나 이른바 '제왕적' 총재직과 같은 정당 내부의 권위주의적 양상 등이 드러나면서 민주정부에 대한 국민적 지지가 추락하게 됐다. 민주 세력이 주도한다고 하는 문민정부와 국민정부가 똑같이 대통령 아들들의 구속으로 막을 내린 것이 이를 상징한다. 구 권위주의 체제에 대한 민주주의 세력의 투쟁 이슈가 이제 집권 민주 세력의 통치 속에서 극복되지 않고 연속되기 때문에 국민적 불신이 증폭됐던 것이다.

둘째, 민주개혁의 위기는 이른바 민주개혁이 가져오는 새로운 모순과 그에 대한 저항을 통해서였다. 민주정부는 한편에서 구 권위주의 체제의 개혁을 실행했지만, 다른 한편에서는 이른바 '신자유주의'적 정책을 견지함으로써 새로운 사회경제적 모순을 만들어내게 됐고, 이에 대한 저항이 생겨나게 된 것이다. 민주정부들은 정치적 측면에서 정당성을 갖고 있었고 권위주의적 유산을 척결하는데 일정한 성과를 냈음에도 불구하고, 발전주의적 패러다임 자체를 극복하지 못하고 새로운 성장 패러다임으로서 국제 경쟁력 강화나 세계화 정책을 강력하게 추진함으로써 신자유주의적 경향성을 강력하게 드러냈다. 그 결과 문민정부와 국민정부에서 개혁이 진행됐음'에도 불구하고,' 아니 '그 개혁을 통해서' 역설적으로 비정규직 노동자가 60%에 이르고 과거보다 소득 불평등이 더욱 확대된 이른바 '20 대 80 사회'가 출현하게 된 것이다.[8] 과거 권위주의 정부 보다 오히려 새로운 민주정부가 더욱 강력하게 이른바 '신자유주의' 정책을 추구하는 역설적 상황이 나타났던 것이다.

셋째, 이런 문제점이 노정되면서 민주개혁을 추진한다고 하는 민주정부의 정치적 기반이 붕괴됐다. 대체로 민주개혁 정부는 개혁 자체에 저항하는 보수적 세력과 개혁의 급진적 시행을 주장하는 급진적 세력의 중간에 놓이게 되는데, 초기에는 민주개혁을 추진하는 강력한 개혁드라이브를 통해 보수적·급진개혁적 입장을 통합하는 방식으로 정치적 기반을 유지

---

8) 필자는 민주화와 민주 정부에 의한 민주 개혁은 정치사회적 자유화의 '축복'을 가져왔을지 모르지만 경제적 자유화의 '재앙'을 몰고 왔다고 표현한다. 조희연, 『시민과 세계』 2호, 당대, 2002. 이런 현상에 대해서, 민주진보 진영의 급진파는 문민정부와 국민정부가 형식적 민주 개혁을 반대 급부로 해 친자본적인 정책을 구사하고 있다는 비판을 행하게 된다.

한다. 개혁에 반대하는 보수적 세력도 개혁의 대의 자체에 저항할 수 없고 급진개혁적 세력들도 강력한 대결 노선을 채택할 수 없기 때문에, 민주정부의 정치적 안정성이 유지되면서 일정한 개혁을 추진할 수 있었다. 그러나 두 번째와 같은 개혁 주체 세력들의 수뢰 사건 등이 터지면서 개혁정부의 도덕적 정당성이 의문시되고 그 결과 그 정치적 기반이 약화된다. 이 과정에서 급진개혁적 세력은 개혁의 한계성을 비판하고 위의 세 번째에서 이야기하는 바와 같이 개혁 자체의 부작용——예컨대 신자유주의적 정책의 파괴적 결과 등——을 강력하게 비판했다. 개혁에 반대하는 보수적 세력들의 경우 도덕적 정당성이 없기 때문에, 초기에는 개혁정부에 대한 대결의 전면에 서지 못했다. 그러나 도덕적 정당성을 갖는 급진개혁적 세력들이 개혁의 한계성을 비판하는 과정에서 대결의 정치적 공간이 확장되고 또한 부패 사건 등을 통해 개혁정부의 도덕성이 약화되면서, 후기에는 보수적 세력들도 전면적으로 민주정부에 저항하게 된다. 이런 경로를 거쳐서 민주개혁을 추진하는 민주개혁 정부는 정치적 위기에 직면했다. '개혁 과잉'을 주장하는 보수적 세력과 '개혁 과소' 혹은 개혁의 모순을 비판하는 급진개혁 세력의 '협공' 속에서 개혁정부는 위기에 직면하게 된다. 문민정부와 국민정부 모두 말기에는, 과거 보수 세력의 개혁 자체에 대한 저항과 도덕적 추락으로 인한 국민적 신뢰 상실, 신자유주의적 정책의 결과로 인한 급진개혁 세력의 저항도 동시에 받는 형국이 된 것이다. 보수 세력은 민주개혁이라는 화두에 보수적으로 저항하고, 진보 세력은 민주개혁의 불철저성과 신자유주의적 성격 때문에 저항하고, 일반국민은 민주정부의 부패로 지지를 철회함으로써, 민주정부의 정치적 기반이 붕괴하게 되는 것이다.

문민정부 말기의 위기와 국민정부 말기의 위기도 이런 유사한 경로를 밟았다. 87년 군부 권위주의 정권의 위기 국면에서도 그랬던 것처럼, 한 체제의 위기는 진보적 방향으로 나아가기도 하고 보수퇴행적 방향으로 나아갈 수도 있을 것이다. 50년대 이후 한국 최초의 민선 민간정부인 김영삼 정부의 위기 국면과, 최초의 야당 정부인 김대중 정부의 위기 국면에서도 이런 상반되는 발전 방향을 내포한 위기 상황이 조성됐다. 한국 민주주의 이행의 모범적 성격은 두차례 모두 진보적 발전의 방향으로 귀결됐다는 점에서 찾을 수 있을 것이다. 즉 최초의 민선 민간정부인 김영삼 정부는 최초의 야당 정부인 김대중 정부의 출범으로 이어졌고, 김대중 정부의 위기는 구 집권당으로의 회귀가 아니라 노무현 정부의 출범으로 이어졌다.

2. 2002년 대선과 이른바 '세대 혁명'의 의미

이상과 같은 서술에 기초해 볼 때, 2002년 국민정부의 말기 국면 역시 개혁정부의 위기 국면이었다고 생각된다. 이런 위기에 대응해, 2002년 국면에는 두가지의 경향성이 공존하고 있었다. 먼저 앞서 지적한 바와 같이, 이 국면이 이른바 '민주정부'——문민정부와 국민정부——의 파탄 위에서 조성된 국면이었기 때문에, 한편에서는 양김 식의 민주정부에 대한 광범한 비판과 불신이 존재하고 있었으며, 다른 한편에서는 그것을 뛰어넘어 새로운 정치 질서를 바라는 열망이 공존하고 있었다. 전자에 기초해서 보면 2002년 대선 국면은 '신보수화'의 국면이라고 이해할 수 있으며, 후자에 기초해서 보면 '신진보화'의 국면이라고 할 수 있다. 2002년 정권교체 국면에서는 바로 이런 신보수화와 그것을 저지하고자 하는 시도 혹은 포괄적인 의미에서 '신진보화'가 각축했다고 할 수 있다.

이런 신보수화 국면이 신보수당 정권 시대로 이어진다면 한국에서도 일정기간 '신보수주의' 시대가 열릴 가능성도 있었다고 생각된다. 예컨대 이회창 집권 시대가 열린다면 박정희, 전두환으로 이어져 오는 구집권세력의 '변형'된 재집권 시대가 열리는 셈이다. 실제 2002년 6월 지자체 선거에서 한나라당이 압승한 이후, 이런 신보수화의 경향이 강력하게 존재했다. 서구 사회의 경우를 보면, 2차 대전 이후 사회민주당의 집권 시기를 통해 복지국가로 진입하는 진보적 사이클을 경과하다가 80년 이후 미국의 레이건 및 영국의 대처로 상징되는 신보수당 정권 시대로 이행했다. 이와 유사하게, 한국에서도 구보수당 정권 시대에서 '민주세력' 집권기——문 민정부와 국민정부——를 거친 후 새로운 보수당 정부 시기로 이행했을 수도 있었을 것이다. 물론 이 경우 한국 사회에서 구보수당 정권이 극우 반공주의적이고 파쇼적이며 '천민적인 방식으로' 친재벌적이었다고 한다면, 신보수당은 과거의 본질적 성격을 계승하면서도 외형적으로 '합리화된 신보수당'의 성격과 이미지를 가질 것이다.[9] 구독재적 집권당——민주 정부 시대에 야당이 된—— 은 '민주'정부의 실정에 기대고 지역주의를 적극적인 방어 기제로 활용해 스스로의 분열을 예방하면서, 야당 후보인 이회창 총재가 개인적으로 상징하는 '대쪽 이미지'와 '청렴' 이미지를 통해 구집권당과는 구별되는 정당으로서의 '이미지'를 구축했고(그 이미지의 실체성에 대한 문제는 '야당 탄압'이라는 방식으로 방어하면서), 대선을 통해서 신보수당 시대를 '쟁취'하고자 했다.

반면에 2002년은 동시에 신진보화의 가능성을 내장한 국면이었다. 이 것은 앞서 지적한 민주개혁의 파탄 속에서——그러나 구정권 시대로 돌아가지 않고—— 새로운 정치사회 질서를 바라는 요구가 강력하게 존재했다는 것을 의미한다. 노무현 후보와 권영길 후보가 바로 이런 요구를 일정하게 상징화했다.

---

9) 2002년 11월 10일 MBC 여론조사에서 이회창, 노무현, 정몽준 후보 중에서 정치 개혁과 부패 청산을 가장 잘 할 것으로 보이는 후보로서 이회창 후보가 1위를 차지한 것으로 나타난 것이나(이회창 후보 29.8%, 노무현 후보 23%, 정몽준 후보 13%), 2002년 6·13 지자체 선거에서 한나라당이 '부패 정권 청산'을 구호로 내걸어 국민적 호응을 받은 것은 이런 역설적인 '변신'의 모습을 말해주고 있다.

2002년 대선 국면이 신진보화의 가능성을 지닌 국면이라고 하는 것은 다음과 같은 몇 가지 점에서였다. 첫째, 민주당 내 국민경선 과정에서 당내 기반이 거의 없고 기득권 체제의 반항아적 성격을 가진 노무현 후보가 당내 최대 계파(동교동계)가 미는 보수적인 이인제 후보를 압도했다는 것을 들 수 있다. 노무현 후보는 제도정치 세력 내부에서도 기성 세력과 상대적으로 거리가 있는 반(反)기성 세력적 의미를 갖고 있었다. 노무현 후보는 심지어 안티조선에도 참여한 바 있다. 양김 씨가 대통령이 되기 전에 이미 중앙권력 및 지방권력의 많은 집단의 '지지'를 받는 과정에서 정치적·경제적 카르텔을 구성하고 있었다는 점을 고려한다면, 노무현은 이런 기성 카르텔에서 일정 정도 자유로웠다. 둘째 노무현 후보가 카르텔화된 기성 세력들의 연합에서 이탈했고 '국민경선'이라는 제도를 통해 당선됨으로써 당내의 보수적 구조에서 자유로운 방식으로 대선 후보가 됐다는 점이다. 셋째, 2002년의 국면은 과거 대선의 경쟁 구도와 달리 진보정당의 약진 가능성을 내장했다는 것이다. 양김 씨는 기본적으로 기성 정당간의 경쟁의 도전에만 직면하고 있었으나, 노무현 후보는 진보정당의 도전에 직면하면서, 즉 진보정당의 압력에 의해 개혁의 진보화가 강제되는 조건 속에 놓이게 된 것이다. 2002년 6·13 지자체 선거에서 민주노동당이 정당 지지에서 8.1%를 득표했고, '한국전쟁 이후 최초의' 사회주의 정당을 표방하는 사회당의 도전이 있었다. 즉 노동정치 혹은 진보정치가 본격적으로 제도정치 영역에 진입할 수 있는 가능성을 지닌 채로 전개된 국면이었다는 것이다. 넷째, 이른바 문민정부와 국민정부의 '신자유주의'적 정책의 부작용 때문에 문민정부나 국민정부와 같이 개방화 및 민영화 일변도의 정책에서 벗어나, 그런 개방화와 민영화의 부작용들에 대해서 보완하거나 대응하지 않으면 않되는 상황에서 대선이 치뤄지게 됐다는 것이다.

노무현 후보의 당선과 권영길 후보의 약진은 바로 위기에 직면한 김대중 정부의 개혁의 '신보수화'가 아니라 '신진보화'를 상징하는 사건이었다고 생각된다.

　그렇다면 어떻게 이런 신진보화의 가능성이 현실화됐는가? 특히 노무현 정부의 성립은 어떻게 가능했는가? 여기에는 많은 요인들이 복합적으로 작용했다. 여러 요인들 중 이른바 '세대 혁명'[10]이라고 명명되는 요인도 중요하게 작용했는데, 여기서는 이 요인을 중심으로 분석을 해보고자 한다. 대선 결과에 대한 많은 분석에서 드러난 것처럼, 20·30대의 적극적인 투표 참여와 개혁적 투표가 대선 결과에 큰 영향을 미쳤다. 특히 노사모(노무현을 사랑하는 사람들의 모임)와 같은 자발적인 '지지'를 통한 새로운 정치참여 운동, 20·30대의 인터넷을 통한 표출된 네트 행동주의 등이 어우러지면서 이런 결과가 나타나게 됐다. '기성 정치가 죽인 사람을 인터넷이 살려'내는 기이한 '새로운 시민적 역동성'이 이번 대선의 중요한 선거 동력이었다. 물론 이 때의 시민적 역동성의 선두에는 인터넷으로 무장한 20·30대가 있었다. 특히 80년대의 정치 혁명을 경험한 386 세대가 선도적인 역할을 하고 여기에 월드컵 세대라고 하는 20대의 인터넷 세대가 결합해 과거와는 다른 새로운 정치참여 운동을 전개했던 것이다.[11] 이런

---

10) 이번 대선의 가장 큰 특징은 세대간 투표의 양극화라고 할 수 있다. 이번 선거는 분명 20, 30대의 기성 세대에 대한 선거 혁명의 성격을 띄고 있다. 이런 현상은 양김 시대의 정치에서 포스트 양김 시대의 정치로 이행하는 과도기적 현상이라고 할 수 있다. 이 세대 혁명은 분명 긍정적인 현상이다. 즉 젊은 세대들이 과거의 권위주의 정치 및 지역주의 정치, 반공주의 정치에서 독립해 그것에 대해 자유롭게 되는 것을 의미한다. 젊은 세대부터 구정치에서 해방되어가고 있음을 보여주고 있다. 20·30대가 기존의 권위주의 정권, 그 후속으로 생겨난 굴절된 지역주의 정치 현실 속에서 침묵하고 묵종해야만 했다. 그러나 이번 선거에서 바로 이런 젊은 세대들이 과거 80년대를 공유한 세대들과 함께 모반을 행한 것이라고 할 수 있다. 그런데 이런 세대 혁명은 이미지 정치의 성격을 띤다. 후보의 이미지와 캐릭터가 사이버와 오프라인 참여와 동원의 주된 동력이 된다. 후보의 역경스런 역정, 원칙적 자세 등에서 우러나는 이미지의 선호가 중요한 지지의 원인이 된다. 물론 이런 이미지의 정치는 모든 현대적 정치의 특징이기도 하다. 그러나 우리의 경우에는 정책 선거·이념 경쟁 선거가 정착되지 않고, 또한 계급계층적 투표 행태를 경험하지 못한 상태에서 나타나는 과도기적 성격과 한계를 갖는다고 할 수 있다.

점에서 김호기 교수가 지적한 대로, "20, 30대가 주도한 선거 혁명이고 이는 386세대와 신세대의 합작품이다. 정보사회의 도래와 세계화의 확대에 따라 권위주의와 집단주의를 거부하고 자유주의와 개인주의를 선호하는 경향을 가진 세대가 우리 사회 전면에 등장했고 노무현 후보는 이를 탄 것이다"라고 표현할 수도 있겠다.[12] 돌이켜 보면, 노무현이 국민경선제를 통해 부상한 후 조선일보 등 보수언론을 비롯해 다양한 보수적 공세가 전개됐고 이는 노무현 돌풍의 실종으로 나타났다. 조선일보로 상징되는 보수언론 및 보수적 회귀를 바라는 집단에 대항해, 20·30대의 인터넷 소통 세대, 노사모로 상징되는 집단적인 신행동주의의 역동성이 노무현 바람을 살려내는 '숨바꼭질 식' 전변(轉變)을 지속시켰다고 할 것이다.

이런 2002년 대선의 동학이 의미하는 바는 자못 크다고 생각된다. 첫째, 시민사회의 역동성이——2000년 4월 총선에서와 같은 낙천낙선운동

---

11) 권위주의 정권 시절에 '광장'은 억압에 대항해 반독재의 정치적 열망이 분출하는 공간이었다. 월드컵은 4강뿐만 아니라 새로운 젊은 세대들이 모이는 광장을 회복시켜 줬다. 이 광장은 사이버 광장으로 존재하기도 하고 계기에 따라 오프라인의 광장으로 나타나기도 한다. 월드컵 응원시 시청 앞 광장이 그렇고, 광화문 촛불 시위의 광장이 그렇다. 물론 월드컵 세대와 젊은 세대의 정치적 지향이 단일한 것으로 볼 수는 없다. 월드컵 세대는 정치적 지향에 있어서는 다양성을 띨 수 있다. 그런데 이런 월드컵 세대가 이번 대선에서 개혁적인 정치적 지향으로 나타났다는 점에서 특징이 있다. 필자는 월드컵은 월드컵 4강 진출 과정에서 자신의 잠재력과 자긍심을 회복하는 과정이었다고 본다. 국가주의나 민족주의라는 비판이 있지만, 이는 내재하는 성격이기는 하나 부차적인 것이었다고 생각된다. 민족적·집단적 자긍심 같은 것을 느끼는 과정이었고 과거의 콤플렉스에서 해방되는 과정이었다. 밀실을 찾아들어 숨을 죽이며 선진 열강에 대한 후진국의 콤플렉스를 가슴 깊이 담아 갖고 있을 수밖에 없던 상태에서 긍지의 광장으로 나오는 과정이었다고 생각된다. 이런 점에서 자학적 민족주의에서 자애적·자긍적 민족주의로의 전환이 내재되어 있다고 생각한다. 단지 이렇게 새롭게 표출된 자긍적 민족주의, 집단 의식이 어떤 정치적 지향으로 표출될 것인가 하는 것은 상황과 조건에 따라 달라지게 되는데, 이번 대선에서 표출된 젊은 세대의 선거 혁명은 바로 이렇게 새롭게 집단적 정체성과 자긍심을 회복한 20대 젊은 층과 80년대 정치 혁명을 경험한 386세대가 결합함으로써 개혁적인 정치적 지향으로 나타나는 하나의 사례라고 생각된다.

12) 『중앙일보』, 2002년 12월 20일.

을 넘어── 노사모나 20·30대 행동주의와 같이 정치개혁을 위한 보다 직접적인 근거리의 개입 전략으로 표출됐다는 것이다. 대표적으로 노사모와 같은 운동 형태들은 과거 시민운동의 '정치적 중립성'의 틀을 벗어나는 개입 전략이라고 할 수 있다. 어떤 점에서 '정치적 중립성'의 틀 내에서 개입할 수 있는 영역은 선거 비용의 투명화, 불법 선거자금의 감시, 정책선거로 가도록 하는 압력 등에 머물 수밖에 없었다. 반면에 노사모를 비롯한 젊은 세대의 온라인-오프라인 참여 운동은 보다 적극적으로 노무현 후보의 당선 운동을 통해서 정치개혁에 개입하고자 했다고 보여진다.

앞서 지적한 대로, 87년 이후 민주주의 이행 국면에서는 기본적으로 제도정치와 시민사회의 괴리 때문에 정치사회의 개혁을 위한 시민사회의 역동성이 지속적으로 존재한다. 이런 역동성은 다양한 형태로 표출됐다. 공명선거 감시운동에서부터 의정감시운동, 국정감사 감시운동, 낙천낙선운동에 이르기까지 다양하게 존재했다. 낙천낙선운동은 '정치적 중립성'의 틀 내에서 시민사회가 취할 수 있는 거의 '최고의' 개입 형태라고 할 수 있었다. 낙천낙선운동과 같은 광범한 운동을 펼치고 개혁 압력을 전개했음에도 불구하고, '지체되는 정치'에 대한 불만과 개혁 요구가 강력하게 존재했던 것이다. 노사모와 인터넷을 통한 세대 혁명은 바로 기존의 시민사회 역동성이 후보 지지라는 형태로 표출된 것이라고 할 수 있다.

사실 2002년 대선에서도 시민사회 단체는 대선유권자연대를 통해서 선거 비용 감시, 정책선거 제고, 유권 참여라는 구호를 내걸고 활발한 활동을 벌였다. 정책선거라는 점에서는 상당한 역할도 수행했다.[13] 그러나 시민사회 단체의 운동은 기본적으로 '정치적 중립성'의 틀 내에서 전개될

---

13) 이번 대선이 일정한 정책 선거의 양상을 띨 수 있었던 데에는 대선유권자연대를 중심으로 하는 정책 캠페인이 있었고, 다른 한편에서는 민주노동당이 한나라당과 민주당의 경쟁 구도에 제3자로서 개입해 이전의 지역주의적 경쟁 양상이 제약되고, 민주노동당이 부유세 등 정책적 이슈를 부각시킴으로써 상호 경쟁적으로 정책을 제시함으로써 결과적으로 일정하게 정책 선거의 양상이 존재했다고 생각된다.

수밖에 없었고 대선과 같이 두 명의 후보간의 선택이 문제가 되는 상황에서는 보다 직접적인 개입력으로 작용하기 어려웠다. 이런 점에서 노사모를 비롯한 온라인-오프라인 운동은 시민사회의 역동성을 전제로 해 일보 전진한 정치사회개혁 개입 운동의 성격을 띠고 있었다고 해석할 수 있다. 시민사회 단체가 규칙을 감시하고 압박하고 때로는 부패한 인사를 배제해 내기는 하지만 '정치적 중립성'의 틀 안에서 할 수 있는 일을 제한받는 사이에, 그것을 뛰어넘는 적극적 행동주의가 노사모 같은 형태로 표출됐다는 것이다. 그런 점에서 노사모, 20·30대 네티즌들의 행동주의는 제도정치와 시민사회의 괴리, 그 결과로서의 정치 지체의 상황 속에서 시민사회의 비판적 역동성이 표출되는 다양한 형태의 하나라고 적극적으로 해석할 수 있다.14)

이번 세대 갈등은 분명 아날로그 세대와 디지털 세대의 대립의 성격이 있고, 이런 대립에서 후자가 압도한 것이라고 해석할 수도 있을 것이다. 그러나 이번 선거 결과의 진정한 의미는 디지털 세대가 새로운 행동주의를 표출했다는 데에 있다고 봐야 한다. 통상적으로 디지털 세대의 정치 무관심과 탈정치화를 전제로 할 때 이번의 세대 혁명의 의미는 20·30대 젊은 세대가 정치개혁적 행동에 나섰다는 데 있는 것이다.15)

---

14) 이런 점에서 '정치적 중립성'의 잣대로만 시민사회의 역동성을 판단하는 데에는 주의가 요구된다. 정치적 중립성은 감시자에게 적용되는 규칙이고 시민사회 단체가 아래로부터 만들어 내 정치개혁의 열망이 노사모와 같은 정치개혁적 행동주의로 표출됐다고 해석할 수 있다. 사실 90년대 이후 시민운동의 정치적 영향력은 '정치적 중립성'이라는 반대 급부를 전제로 해 주어진 것이었다. 그러나 바로 그 중립성의 자기 규칙이 일정한 영역 이상의 행동 양식을 취할 수 없는 한계를 동시에 부여하는 것이었다.

15) 이런 정치적 행동주의가 소기의 성과를 거둘 수 있었던 것에는 여러 가지의 요인들이 있을 것으로 생각된다. 먼저 온라인-오프라인 정치개혁 행동주의는 세계 최고의 인터넷망이 존재하는 객관적 상황, 그 속에서 인터넷이 기성 매체의 소통 매개를 압도할 수 있는 쌍방향적 의사소통의 매체로 자리잡고 있는 상황을 전제하지 않고서는 성립할 수 없는 것이었다. 동유럽의 혁명에서 팩스가 했던 역할을 상기한다면, 첨단 지식정보 강국인 한국에서 바로 이런

둘째, 이번 '세대 혁명'은 제1기 민주화 단계를 거치면서 과거의 반공 냉전적 보수주의의 영향력이 그만큼 약화됐고, 이것이 과거의 반공 냉전적 보수주의의 영향력에서 가장 먼저 자유로워지는 20·30대를 중심으로 표출됐다는 것을 의미한다.

주지하듯이 권위주의 시대에는 보수주의가 강력하게 존재했다. 과거 보수주의 세력의 최대의 기반은 반공주의—— 핵심적으로는 남북 대결주의와 반북주의—— 라고 할 수 있는데,16) 이것은 지속적이고 점진적으로 균열되어왔다. 과거 권위주의에서는 구 보수주의 세력의 헤게모니가 대결적 남북관계에 크게 의존하고 있었으며, 보수주의 세력은 자신들의 헤게모니를 강화하려면 '대결'적 상황만 조성하면 됐다(예컨대 87년의 KAL기 폭파 사건이나 '북풍' 조작 등). 이에 대항하는 일반국민들은 물론 사회운동 진영도 이런 반공주의에 의해 규율되지 않을 수 없었다. 그러나 반독재 투쟁의 과정에서 반공주의는 내적으로 균열되면서 그에 따라 보수주의세력의 헤게모니도 지속적으로 약화되어왔다. 6·15 남북 정상회담을 통한 남북 관계에서의 평화공존주의의 실체화는 남북 대결주의와 반북주의에 기초한 보수주의 세력의 헤게모니의 약화와 균열을 가속화한 요인이라고

인터넷이 정치개혁 행동주의의 통로가 된다는 것은 참으로 특징적인 것이라고 아니할 수 없다. 다음으로는 선관위와 정치권이 추구했던 미디어 선거가 지배적인 선거운동 형태가 됐다는 것이다. 조직과 돈을 매개로 대중동원을 하고 대중동원과 대중연설이 중요한 소통의 통로인 구정치와 구별되는 새로운 미디어 정치는 이런 새로운 정치적 행농수의의 성공을 가능하게 했다고 생각된다. 여기에는 신문 매체의 중요성이 상대적으로 작아지고 방송 매체가 중요해진 점, 그 결과 신문 매체에 주로 의존하는 구세대와는 달리 방송 및 인터넷 매체에 익숙한 신세대의 활약이 두드러질 수 있는 조건이 형성됐다고 생각된다. 마지막으로 노무현의 개인의 캐릭터, 노무현의 독특한 인생역정이 갖는 '포퓰리즘적 호소력'이 존재했다는 것을 들 수 있다.

16) 필자는 한국전쟁 이후 분단이 고착화되면서 한국 사회는 '반공규율사회'로 고착화되어갔다고 표현한다. 반공규율사회는 반공주의가 일종의 의사 합의로 존재하면서 사회 구성원들의 의식과 행위를 내적으로 규율하고 집권 세력은 이를 이용해 권위주의적 억압과 통합을 달성하는 극우공동체적 사회를 말한다. 조희연, 『한국의 국가·민주주의·정치 변동』, 1998, 2장.

할 수 있다. 그러나 이런 정책적 변화에도 불구하고 오랜 동안의 남북 대결주의와 반북주의가 시민사회에 내재화되어 있기 때문에, 남북관계의 평화 공존주의가 시민사회를 충분히 변화시키지 못했고 아직도 충분히 뿌리내리지 못하고 있다. 특정한 계기적 사건(잠수함 사건 등)이 돌발하면 보수적 언론과 보수적 정치권이 시민사회를 극우적으로 동원하는 것이 여전히 가능하다. 그러나 서해교전 사태에서 볼 수 있듯이 '연평도 총각'의 등장과 같은 식으로 과거와 같은 일방적인 보수적 동원이 불가능하게 됐다. 이것은 보수주의 세력의 헤게모니가 이전과 같이 전일적으로 관철되지 못한다는 것이며, 보수적 헤게모니가 그만큼 약화되어가고 있음을 반증하는 것이다.

사실 이번 대선이 일종의 세대 혁명같은 양상으로 전개된 것은 바로 이런 우리 사회의 반공 냉전적 보수주의의 영향에서 가장 먼저 벗어나는 층이 20·30대 젊은 세대이기 때문이다. 80년대의 정치 격변을 겪은 30대와 인터넷을 통해 이들과 결합한 20대 N세대 혹은 W세대가 과거의 반공 냉전적 보수주의에서 일정하게 자유로와 지면서 이번 대선에서와 같은 정치 개혁적 행동주의로 표출된 것이다. 이런 점에서 이번 대선은 제1민주화 단계를 통해서 과거 권위주의 시대에 강력하게 존재했던 보수주의──지역주의도 기본적으로는 이것과 연관되어 있다──의 구각(舊殼)이 한 꺼풀 깨지는 사건이다. 사실 북풍 사건이 투표에 별로 영향을 미치지 못한 것도 이를 상징한다.

그러나 물론 이런 의식적 탈각 과정은 한국 사회 전체로 보면 전면적으로 전개된 것은 아니기 때문에, 그런 점에서 한계를 지니고 있다고 할 수 있다. 그러나 한편에서는 과거의 보수주의의 영향력에서 상대적으로 자유로워졌지만, 다른 한편에서는 그것이 보다 적극적으로 정책적·이념적 의식으로까지는 발전하지 않은 한계성이 공존하고 있다고 판단해야 할 것이다.

3. 87년 이후의 제도정치 변화와 예외국가의 정상화

(1) '강력한 보수정당-취약한 자유주의 정당-배제된 진보정당'에서 '강력하지만 약화된 보수정당-취약하지만 강화된 자유주의 정당-제도정당화하는 진보정당'으로

2002년 대선에서 우리가 발견하게 되는 것은 정당 경쟁 구도의 일정한 변화이다. 즉 과거의 정당 질서는 '강력한 보수정당-취약한 자유주의 정당-배제된 진보정당'[17)의 구도로 짜여져 있었다면, 이번 대선에서는 '강력하지만 약화된 보수정당-취약하지만 강화된 자유주의정당-제도정당화의 문턱에 들어선 진보정당'의 구도로 변화하는 징후를 읽을 수 있다. 필자는 정치·사회 세력을 보수주의, 자유주의, 진보주의로 나눌 수 있다고 본다. 우리 사회의 보수주의 세력은 분단으로 인한 남한의 '반공규율사회'화와 반공주의·성장주의 이데올로기에 의존하면서 강력한 세력으로 존재해왔다.[18) 그러나 보수주의세력은 권위주의로 전락하고 극우반공주의에 집착함으로써 경제 변화와 시민사회의 변화에 조응하지 못함으로써 위기에 직면하게 됐다. 87년 6월 민주항쟁은 극우반공주의·권위주의적인 보수주의 세력의 위기를 잘 상징해주고 있다. 한국의 이런 보수주의는 87년 이후

---

17) 이런 세력 구성에 대해서는 조희연, 「민주주의 이행과 정당 변화의 다양한 길」, 『계간 다리』 재창간호, 2002년 봄; 조희연, 『한국의 국가·민주주의·정치 변동』(당대, 1998), 3장 3질 참조.

18) 한국의 보수주의 세력은 엄밀한 의미에서는 '합리적' 보수주의라고 말할 수 없고 수구 내지는 파쇼적이고 천민적인 세력으로 존재하고 있을 뿐이라는 반론도 있을 수 있다. 또한 제도정치 영역과 시민사회에서 이런 이념적 구분의 '언술'과 실재는 괴리되어 있기도 하다. 즉 보수주의 세력은 자신을 자유주의 세력인 것처럼 이야기하고 정작 자유주의적 인물이나 세력은 보수주의 세력에 의해 급진적·진보주의적 세력으로 규정당하기도 한다(필자는 복거일과 같은 논자들은 스스로를 자유주의자로 규정하나 보수주의자라고 생각한다. 이 땅에서 진정한 자유주의자는 강준만 교수나 유시민 같은 경우라고 할 것이다). 그러나 여기서 필자는 한국의 보수주의 세력의 현실 존재 형태와 성격이 바로 그런 것이라는 취지에서 보수-자유-진보의 구도로 설명한다.

민주화의 충격과 97년 이후 야당으로의 전환이라는 변신을 거듭하면서 일종의 '신보수주의' 세력으로 변화하고 있다. 국민적 투쟁에 의해 보수주의의 과거 성격을 탈각하고 새로운 보수주의로 변화하도록 강제됐다고 할 수 있다. 반면에 한국의 자유주의 정치 세력은 반독재 운동 과정에서 독재적 보수주의 세력에 대항하는 정치 세력으로 성장해왔다(YS와 DJ). 개발독재 시기를 거치면서 보수주의 정치 세력은 정치적·도덕적 정당성이 하락한 반면, 반독재 세력은 독재적 억압에 대항하는 헌신적인 투쟁을 통해 민주주의를 지향하는 정치 세력으로 그 정치적·도덕적 정당성이 강화되어 왔다. 반독재 민주화 운동은 반독재 자유주의적 정치 세력과 급진적·전투적인 진보적 사회 세력의 연합운동이었고, 그것이 국민적 투쟁으로 발전한 것이 바로 87년 6월 민주항쟁이었다. 그만큼 한국의 자유주의 세력과 진보주의 세력은 헌신적·전투적인 반독재 민주화 운동 속에서 국민적 정당성과 도덕성을 갖게 됐다. 그러나 한국의 자유주의 정치 세력은 87년 6월 민주항쟁이 만들어준 탈권위주의로의 권력 교체 공간에서 정치적 이기주의에 사로잡혀 분열함으로써 국민적 정당성과 도덕성에 상당한 훼손을 입게 됐다. 김영삼 및 김대중으로 상징되는 자유주의적인 반독재 정치 세력은 민주주의 이행으로의 결정적 국면인 87년 12월 대선에서 분열로 인해 패배하고 그 후 일부는 보수주의 세력에 편입되면서(90년 3당 합당), 취약한——보수주의 세력을 대체하는 대등한 세력으로 존재하지 못하고 있다는 의미에서——세력으로 존재해왔다. 87년에 대선에서 자유주의 세력의 승리를 가정한다면, 자유주의 세력의 총연합인 YS-DJ 연합정부라는 형태를 띠었을 것이다. 그러나 오히려 자유주의 세력은 분열로 인해 군부 세력으로부터의 권력 쟁취에 실패했고, 김영삼은 보수주의 정당에 '얼굴 마담'으로 영입되어 대통령이 될 수 있었으며, 김대중은 보수주의 세력의 일부 연합해 대선에서 승리할 수 있었다.[19]

<그림 2>

국가, 제도정치, 사회운동 수준에서의 정치적인 이념 분포의 폭과 그 변화

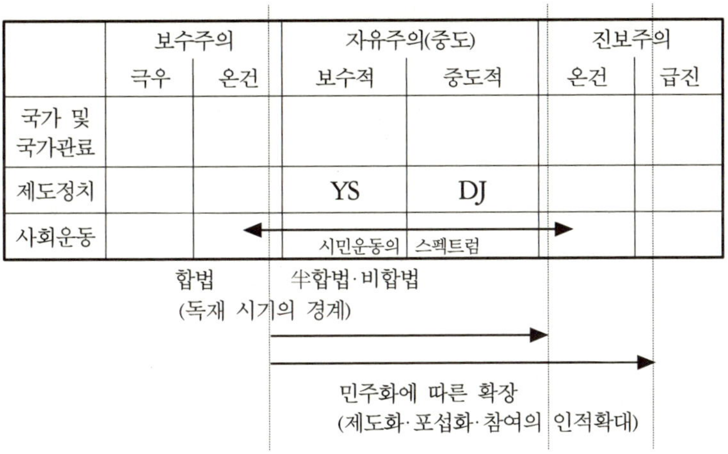

	보수주의		자유주의(중도)		진보주의	
	극우	온건	보수적	중도적	온건	급진
국가 및 국가관료						
제도정치			YS	DJ		
사회운동			◄─── 시민운동의 스펙트럼 ───►			

합법   ⊈합법·비합법
(독재 시기의 경계)

민주화에 따른 확장
(제도화·포섭화·참여의 인적확대)

<그림 2>는 정치사회 세력의 이념적 구성을 보여주고 있다. 과거 권위주의 정권 시기에는 보수주의 세력과 일부 자유주의 세력·친독재적 자유주의 세력에게만 합법의 공간이 주어졌다. 그러나 민주주의 이행에 따라 합법의 공간은 일부 친북적이나 급진좌파에게만 불허되고 기타의 진보주의적 정치사회 세력에게 허용됐다. 민주노동당이나 사회당이 합법적으로 활동하게 되는 것도 이것의 반영이다. 이 과정에서 후술하는 바와 같이 지배 블럭에 포섭되는 인적 스펙트럼도 대폭 확장된다.

그런데 87년 이후 기성 제도정치 세력들간의 경쟁 구도는 지역주의적 경쟁 구도로 변형됐다. 87년 이전 시기에 보수주의 세력은 독재 세력으로서 국민적 저항을 받고 있었고, 자유주의 세력은 반독재 세력으로서 국민적 지지를 받고 있었는데, 6·29 선언과 12월 대선을 거치면서 보수주의 세력과 자유주의 세력의 대치관계는 지역주의 세력들간의 대치관계로 변

---

19) 조희연, 『한국의 국가·민주주의·정치 변동』(당대, 1998), 5장.

형됐다. 이후 보수주의 정치 세력은 지역주의에 기대어 '추락'을 멈추고 자신을 방어하게 됐으며, 자유주의 정치 세력은 지역주의의 '덫'에 걸려 '성장'의 벽에 직면하게 됐다. 이런 상황을 필자는 '헤게모니 교착' 상태라고 표현할 수 있다고 본다. 2002년 대선은 포스트 양김 시대로의 이행이라는 맥락 속에서 보수정당의 재집권이냐 자유주의 정당의 연속 집권이냐의 경쟁 구도로 진행됐다. 여기서 노무현이라고 하는 '개혁자유주의'적 인물을 통해 자유주의적 정치 세력은 민주당의 몰락을 저지하면서 새로운 쇄신과 강화의 계기를 갖게 됐다.[20]

이런 경쟁 구도 속에서, 그동안 진보주의 정치 세력은 기성 세력을 위협하는 독자적인 세력으로 성장하지 못하고 제도정치에서 배제되어왔다. 진보주의 정치 세력들도 독자적인 정치 세력으로 분립해 성장할 수 있었으나, 자유주의 정당에 영입되어 자유주의 정당의 정당성을 제고하는 데 기여하거나(87년 이후 수차례의 재야 입당파들), 심지어 보수주의 정당에 영입되어 보수주의 정당의 '합리화'에 기여하기도 했다(2002년 총선에서 386 세대 중 일부의 한나라당 입당). 그러나 이제 2002년 대선을 거치면서 100만 표의 지지를 받는 제3정당으로 확고하게 성장했다. 그런 점에서 '강력하지만 약화된 보수정당-취약하지만 강화된 자유주의정당-제도정당화의 문턱에 진입한 진보정당'의 구도로 이행했다고 볼 수 있다. 물론 이번 선거는 민주당의 승리가 아니라——어떤 점에서 민주당의 '패배'일 수도 있다——노무현의 승리이기 때문에, 향후 정당개혁 및 재편의 향방에 따라 이런 구도가 현실화될 수도 있을 것이다.

그런데 여기서 중요한 점은 이런 구도로의 이행, 특별히 기존의 지역주의적 정당 질서와 무관한 진보정당의 진입으로 인해서, 과거의 지역주의적 대립 구도와는 다른 경쟁 구도가 출현할 것이라고 하는 점이다. 사실

---

20) 2002년 대선에서 나타난 각 정치 세력간의 갈등의 이념적 성격에 대해서는 조희연, 「구조적 관점에서 바라본 2002년 대통령 선거」, 『아웃사이더』(10호, 2002) 참조.

한나라당과 민주당은 지역주의의 수혜자이자 피해자이기 때문에, 또한 지역주의의 구도 자체 속에 자기 재생산의 기반을 갖고 있기 때문에, 양자의 자체적인 탈지역주의화의 노력만으로 지역주의를 탈피하기는 어렵다. 그런데 여기에 진보정당이 개입함으로써 두 기성 정당의 경쟁이 지역주의적 경쟁으로 전환되는 것을 막는 완화 장치의 역할을 하게 될 것이다.

이런 점에서 민주노동당의 약진은 한편에서는 기성 정당간의 지역주의적 경쟁의 변화를 촉진하는 힘으로 작용할 것이며, 다른 한편에서는 노동자계급의 정치적 형성 과정을 촉진하게 힘으로 작용할 것이다. 먼저 기존의 지역주의적 정치 구도는 —— 인정하든 하지 않든 —— 양김 혹은 삼김의 존재와 분리될 수 없다. 이처럼 양김 혹은 삼김의 존재와 지역주의의 재생산은 분리불가능한 관계를 이루고 있기 때문에, 단순히 기존 제도 여당의 변신만으로 지역주의가 극복될 수 없다는 딜레마가 존재한다. 결국 새로운 진입자가 있어야 한다."21) 이런 분석에 기초해 볼 때, 진보정당의 제도권 진입은 향후 정당 질서의 탈지역주의를 촉진하는 하나의 강력한 요인이 될 수 있을 것이다.22) 다음으로 노동자계급의 정치적 형성 과정이 노동자 정당의 존재에 의해 촉진될 것이라고 하는 점이다. 필자는 어떤 의미에서는 노동자 정당이 존재해야만 노동자계급이 정치적으로 '존재'하게 될 것이라고 생각한다. 보수정당이나 자유주의 정당과 동일시하는 노동자계급의 정치 성향은 민주노동당의 약진을 통해서 변화하게 될 것이다. 2002년 대선에서 나타났듯이, 저학력층과 저소득층으로 갈수록 한나라당 지지자가 많은 것이 우리의 현실이다.23) 이는 계급계층적 투표의 전

---

21) 조희연, 「한국 정치의 혁신과 세력 교체」, 여성백인회관, 1999년 9월 7일.
22) 이번 대선에서 TV 토론도 권영길 후보의 참여가 없었다면 다른 효과가 나타났을 것이다. '권영길 효과'가 이회창 후보와 노무현 후보의 경쟁의 성격, 공방의 내용, 각 후보의 정치사회적 위상, 그에 대한 국민들의 이미지를 변화시켰다고 생각한다.
23) 물론 이는 세대 혹은 학력 변수의 다른 표현일 수도 있을 것이다. 즉 고연령층(50대 이상)이 저학력층과 중첩되는 측면도 존재하기 때문이다.

도된 모습이라고 할 수 있다. 세대 혁명이라고 일컬어지는 2002년 대선의 투표 행태도 앞서 지적한 바와 같이 긍정성이 있지만 한계를 갖는 것도 이런 맥락에서이다. 그러나 이런 계급계층적 투표 행태의 왜곡은 향후의 투표에서는 일정하게 변화할 것이라고 예측된다.

(2) 개발독재적 '예외' 국가의 자본제적 '정상' 국가로

이상에서 표현한 바와 같이 강력했던 보수정당이 약화되고 합리화되어가면서 동시에 자유주의적 정당이 강화되고 진보정당이 제도정당화되는 상황은——비록 불철저하고 여전히 왜곡성을 내장하고 있지만——한국의 제도정치가 정상화·합리화되고 있음을 의미한다. 제도정치의 정상화와 합리화는 권위주의에서 극단적으로 괴리되어 있던 국가와 시민사회의 괴리를 일정하게 극복하게 해줌으로써 한국 사회의 전반적인 정상화에 기여하게 될 것이다. 이런 제도정치의 변화를 포함한 한국 사회의 변화를, 필자는 개발독재적 '예외' 국가로부터 자본제적 '정상' 국가(혹은 '정상적인' 자본제적 민주주의 국가)로 전환되는 과정이라고 해석한다. 자본주의적 정상 국가의 확립은 무엇보다도 '근대적인' 제도정치의 확립을 통해서 시민사회의 모순과 이슈들이 일상적인 정치적 과정을 통해서 수렴되고 확립되는 것을 의미한다. 니코스 풀란차스는 자본주의적 상부구조로서의 민주주의가 '표준적인' 정치 형태로 정착한 이후 다양한 형태로 존재하는 비민주주의적인 국가들을 '예외 국가'라고 표현한 바 있다.[24] 파시즘, 좌익 전체주의, 제3세계 군부 파시즘 등이 그 예가 될 것이다. 이런 예외적 상부구조들은 특정 국면에서의 경제적 조건에 기초해 지배블럭이 갖는 위기성과 특수성에 대응하는 현상들이라고 할 수 있다. 그러나 이런 조건들은 토대

---

24) Poulantzas, N., *Fascism and Dictatorship*, London: New Left Books, 1974; Jessop, Bob, *Nicos Poulantzas: Marxist Theory and Political Strategy*, London: Macmillan 1985 참조.

적 변화와 계급적·사회적 투쟁의 매개에 의해 '정상적'인 민주주의적 상
부구조로 전환되어 간다. 우리의 경우에도 6월 민주항쟁과 같은 투쟁들을
매개로 해 이런 정치적 지배 형태의 예외성에서 정상성으로의 변화가 나
타나고 있다.

한국에서 제도정치의 정상화는, 제도정치와 시민사회의 극단적인 괴
리 상황 속에서, 한편에서는 구 보수주의정치 세력의 경향적 약화와 자유
주의 정치 세력의 경향적 강화를 통해, 다른 한편에서는 진보주의 사회
세력을 대표하는 진보주의 정치 세력의 제도정치권 진입을 통해 실현되어
간다. 이처럼 제도정치와 시민사회의 극단적 괴리가 극복되고 제도정치의
대의력이 확장되는 것이 바로 자본주의적 '정상' 국가로의 이행의 중요한
측면이라고 할 수 있다. 과거 개발독재적 예외 국가의 상황에서는 보수주
의 정당의 장기 집권 체제라고 할 수 있으며, 이때 보수주의는 극우반공주
의적 성격을 강하게 띠고 있었고, 제도정치 영역이 극단적으로 억압되어
있기 때문에, 제도정치와 시민사회의 괴리 현상이 극단적으로 나타났다.
이런 상황에서 제도정치에서 '배제'된 정치 세력과 시민사회의 반독재 사
회 세력이 연합해 반독재 민주화 운동을 전개했다.[25] 그러나 민주주의 이
행 과정, 즉 개발독재적 예외 국가의 자본주의적 정상 국가로의 이행 과정
속에서, 배제됐던 자유주의적 정치 세력은 제도정치로 복귀해 구 지배 블
럭의 중심 분파(김영삼으로 상징되는 온건 자유주의 정파)로, 혹은 지배
블럭의 헤게모니 분파(김대중으로 상징되는 중도 자유주의 정파)로까지
변화하게 되는 것이다. 노무현 정부 역시 '중도 자유주의 정부'로 표현할
수 있다. 개혁지향적인 중도 자유주의 정부에 과거 반독재 민주화 운동
및 87년 이후의 시민사회 운동의 지도적 인물들이 충원될 정도로, 한국의
제도정치는 급속히 그 예외성을 탈각해가고 있다. 이런 변화를 통해 지배

---

25) 조희연 편, 『한국 민주주의와 사회운동의 동학』, 나눔의 집, 2001 참조.

블럭 내에는 이제 극우적 분파 만이 아니라 중도 자유주의적인 분파까지 존재하게 되며, 보수주의적 정치 세력만이 아니라 자유주의적 정치 세력의 집권이 가능한 상황이 나타난다. 김대중 정부의 성립과 노무현 정부의 성립으로 현상화되는 '중도 자유주의적 정파의 지배 분파로의 정립' 및 '중도 자유주의적 정부의 강화'는 지배의 합리화이자 정상화 과정이라고 할 수 있다. 이는 부르주아적 상부구조의 일부로서 제도정치가 갖는 시민사회의 포섭적 측면을 회복하는 방향에서의 개혁——자체의 동력에 의해서가 아니라 시민사회의 압력에 의해서——이 나타나게 되는 것을 의미한다.

앞서 서술했듯이 제1민주화 단계는 직선제의 도입 및 시민적·정치적 권리의 신장 등을 동반했지만 기본적으로 구 집권당이 변형된 형태로 지배를 계속하는 것을 의미한다. 그에 반해 제2민주화 단계는 반독재 야당 세력이 집권당이 되는 단계를 의미한다. 더구나 노무현 정부가 성립함으로써 과거 자유주의적 반독재 야당 정치 세력이 집권 세력으로 10년 이상 지속되면서 독자적인 집권 세력을 구성할 수 있게 됐다. 이는 정치학적 의미에서 민주주의 공고화가 높은 수준으로 실현됐음을 의미한다. 민주적 공고화의 핵심적인 과제는 민주적 제도와 절차가 여러 정치사회 세력과 집단들이 거부할 수 없는 확고부동한 원칙으로 자리잡는 것, 나아가 여야 간의 정권교체가 제도적·비제도적 차별 없이 자유롭게 이뤄질 수 있는 것이다. 이처럼 여야간의 정권교체가 정착하게 됐다는 것은, 지배 블럭의 구성이 과거에는 (극우반공주의적) 보수주의 세력에 의해서 배타적으로 구성됐다고 한다면, 이제 지배블럭 내에 자유주의적 분파가 공존하고 이들간에 자유로운 권력교체의 전통이 확립되는 것을 의미한다.26) 이것은 한국 국가가 과거의 예외성을 극복하면서 이제 정상성을 확립해가고 있음

---

26) 조희연, 『한국의 국가·민주주의·정치 변동』, 당대, 1998, 264~266쪽.

을 의미한다. 물론 이는 지배 혹은 국가의 계급적 성격의 전환을 의미하는 것은 아니다. 그것은 ('합리화' 과정 속에 있는) 자본제적 민주주의 국가 혹은 부르주아적 국가 규정을 넘어서는 것은 아니다.

물론 이런 변형의 과정은 결코 일회적인 과정이나 일회적인 사건이 아니고 지배 블록 구성원들의 자발적인 의지에서만이 아니라 민중 블록의 저항과 그를 통한 개혁 압력을 통해서 이뤄지는 복합적인 갈등 과정으로 전개된다. 그러나 복잡한 경로를 거쳐서, 피지배계급에 대한 지배계급의 일종의 '기동전'적인 형태로서의 '예외 국가'는 위로부터의 개혁을 통해 상대적으로 안정적인 '부르주아적' 지배 형태로의 정상화를 실현하게 된다는 점에 주목할 필요가 있다.

4. 노무현 정부 성립 이후의 시민사회운동의 과제

(1) '비정상성'에 대한 저항에서 '정상성'에 대한 저항으로[27]

이런 변화를 전제로 할 때, 한국 시민사회운동에게는 중대한 인식론적 전환이 요구된다. 이 점을 필자는, 국가 혹은 넓은 의미에서의 지배의 정상화에 대응해 "'비정상성'에 대한 저항에서 '정상성'에 대한 저항으로의 전환"이라고 표현하고 싶다. 비정상성(비민주성이나 친민성)이 지배적인 국가 앞에서, 이에 대결하는 투쟁은 비정상성의 정상화라고 하는 과제에 집중해왔다. 그러나 비교사회적 시각에서 보면, 이제 한국의 민주주의는——내부의 시각에서 보면 많은 저항 지점이 존재하지만——상당히 모범적

---

27) 이 부분의 서술에는 조희연, 「한국의 국가·제도 정치의 변화와 사회운동: 민주화·세계화 속에서의 국가와 사회운동의 변화」, 사회포럼 발제문, 국립 중앙청소년수련원, 2003년 2월 7일 참조.

인 수준에 도달하고 있다. 이는 이제 정상성을 회복하기 위한 투쟁만이 아니라 정상성 자체의 모순과 정상성 자체와 대결하려는 시각이 필요하다는 것을 가르쳐 주고 있다.

사실 87년 이후 사회운동은 민주화 혹은 민주개혁이라는 과제에 집중해왔다. 이는 예외 국가의 민주화를 통한 정상화를 실현하고자 하는 것에 다름아니다. 어떤 점에서 '근대성'의 실현을 위해서 노력해왔다고도 할 수 있다. 그러나 민주주의 국가라고 하는 것이 그 내용에 있어서는 자본제적 국가에 다름 아니며, 현재와 같은 신자유주의적 세계화의 맥락에서 그것은 시장 지상주의적인 신자유주의적 자본주의를 경제적 구성으로 하고 있다. 재벌로 상징되는 자본주의의 천민성 역시 강력하게 존재하고 있고 개혁의 대상이 되어야 하지만, 합리성의 외양을 띠면서 '세계 경영'을 꿈꾸는 초국적 대기업으로 존재하고 있음을 인식해야 한다. 이제 '실현되지 않은' 민주주의의 실현을 위해서가 아니라 '실현된 민주주의'의 허구성과 모순성을 직시하면서 이를 급진적으로 확장시켜 가기 위한 노력을 해야 한다는 말이다. 민주주의의 형식적인 정치적 완비에도 불구하고 관철되는 민주주의의 내적인 허구화와 모순성을 극복하는 방향에서 운동이 이뤄져야 한다.

개발독재적 예외 국가에서의 시장의 '예외적인' 천민성과 국가의 '예외적인' 반민주주의적 억압성은 점차 정상화되고 있다. 수동혁명적 변화의 과정에서 지배 블럭이 정치적 안정성을 획득하지 못하고 (실패한) 능동혁명이 강제하는 개혁을 수행하지 못할 때 수동 혁명의 과정이 다시금 혁명적 위기 국면으로 발전할 수도 있을 것이다. 그러나 한국의 경우에는 반공주의적 프레임이 부여하는 거시적 한계, 시민사회의 보수성, 제도정치와 시민사회의 지역주의적 왜곡 등으로 인해, 지배 자체의 혁명적 위기로 발전하기보다는 점진적이고 동시에 '개혁적인' 방식으로 자본제적 민주주의 국가로 전형되고 있다고 판단된다. 이는 예컨대 민주주의를 둘러싼 이슈들의 경우 국가의 예외적인 폭력성과 반민주성을 쟁점으로 하던 상태에서 '민주주의의 민주화'와 그 급진적 확장을 쟁점하는 상태로의 변화로 나타난다. 또한 시장의 예외적인 천민성과 반민중성을 쟁점으로 하던 상태에서 '합리적인' 시장의 비인간성과 가혹성──현재의 신자유주의적 시장의 가혹성──을 쟁점화하는 단계로 변화한다. 나아가 생활세계적 이슈의 경우에도 사회적 적대의 폭력적 억압과 주변화 자체에 대항하던 상태에서 사회적 적대의 제도화와 체제 내적 쟁점화를 둘러싼 상태로 이행한다(이전에 억압됐던 동성애가 이제 인권의 쟁점으로 전환한 것을 상기하자). 이는 한국의 사회운동이 직면하는 투쟁 전선과 쟁점을 자본제적 민주주의──물론 신자유주의적 세계화의 규정 아래 있는 자본제적 민주주의──의 보다 보편적인 관점에서 파악해가야 함을 의미한다. 어떤 점에서 국가 민주화와 시장 민주화 혹은 개혁이 추동하는 시민사회운동이 성공적으로 전개되면 될수록 이런 관점을 가질 필요가 있다.

이 점을 강조하기 위해 필자는, 예외 국가에서 정상 국가로의 변화라고 하는 분석프레임을 도입했다. 이런 정상화 차원 자체는 분명 87년 이후 중요한 시대적 과제이며 민중운동과 시민운동 모두 이런 과제에 복무하고 있고 이를 위해서 투쟁하고 있는 것이 사실이지만, 이런 정상화에도 불구하고 정상화되는 국가 및 지배 질서라는 것은 자본제적인 것이고 새로운 계급적·사회적 적대를 내재한 체제라는 것이다. 사회운동이 예외적이고 비정상적인 국가의 정상화를 추동하고 실제 이것이 실현되면 될수록 사회운동은 그런 정상화를 뛰어넘는 과제로 이행하게 되는 것이다. 정상화를 과제로 싸우면서도 이런 변화를 직시하고 이를 뛰어넘는 인식을 가져야 한다. 이는 민주주의의 이름으로 투쟁하던 시기와 다르게, 민주주의의 실현에도 불구하고 제도화된 민주주의 자체가 갖는 한계성, 시장의 힘에 의한 민주주의의 허구화, 자본제적 민주주의 자체의 한계성을 넘어서기 위한 '급진적 민주주의'의 관점으로 표현될 수 있을 것이다.

또한 정상화의 사회운동에 대한 도전은 시민사회운동의 요구를 광범하게 제도적 틀 내로 흡수하고 포섭하기 때문에 나타나는 것이기도 하다. 김대중 정부와 노무현 정부를 경과하면서, 시민사회운동은 전에 없는 국민적 주목을 받게 됐지만, 시민사회운동의 이슈들이 제도정당과 정부의 정책 이슈로 대거 흡수됐으며, 시민사회운동의 많은 인적 자원들이 정부와 정당에 포섭당하게 됐다(한국노동운동 내의 온건파인 국민파의 상징적 인물들이 노무현 정부에 결합하거나 낙선운동의 상징적인 인물들이 정부 각료로 입각). 특히 노무현 정부의 성립으로 국가기구와 제도정치의 정상화로 인해 많은 사회운동의 요구들이 제도화된 형태로 수렴될 가능성이 있다(예컨대 법원 개혁을 위해서 논의되는 배심제나 참심제의 논의를 상기해보자.) 경향적으로 볼 때, 국가와 정당의 정상화가 제도화의 영역을 점차적으로 확장하리라는 것은 확실해 보인다. 낙선운동의 '아들'이라고도 할 수 있는 노사모적 대중들은 이제 부분적으로는 개혁국민당이나 개혁신당과 같은 '제도' 정당의 '진성' 당원이 될 가능성도 있다. 심지어 민주노동당의 제도정치 진입은 —— 의도하지 않게 —— 제도정치와 시민사회의 관계에서 전자의 개방성과 포괄성을 확장함으로써, 시민사회의 역동성이 점차 '제도화된 통로'를 통해 발현되는 방향으로 나아가게 한다. 문제는 이런 제도정치의 점진적인 정상화로 인해, 사회운동이 제도화의 흡인력에 흡수당하지 않을 정도로 새로운 동력과 공간을 확장해 내야 한다는 데 있다. 이를 위해서는 '민주정부'와 민주개혁의 프레임을 공유하기보다는 그것을 뛰어넘는 '탈제도화적 급진성'을 심화할 필요가 있다.

(2) 민주개혁의 진보화를 위한 시민사회운동의 과제

이제 민주개혁의 진보화를 위한 시민사회운동의 구체적 과제를 논의해 보기로 하자. 노무현 정부는 앞서 서술한 바와 같이 김대중 정부를 계승하는 제2민주화 단계 2기의 성격을 지니고 있다고 생각된다. 그런 점에서 한편에서는 김대중 정부의 긍정적인 개혁 정책들을 계승하는 정책을 펴게 될 것이다. 예컨대 기존의 대결적 남북관계를 평화공존형 남북관계로 전환한 햇볕 정책의 지속이나 국가인권위원회와 같은 형태의 개혁의 제도화, 여성부를 통한 여성 권익 향상과 성평등 정책의 확대, 재벌개혁 정책의 지속 등 국민정부를 계승하는 개혁적 정책들을 펼치게 될 것이다.

그러나 김대중 정부와 마찬가지로 노무현 정부에서도 이런 각각의 정책 영역에서 철저한 자유주의적 개혁을 수행하고 진보적인 방향으로 나아가는데 있어서 시민사회의 보수적 세력들과 정부 내의 보수적 관료들의 저항이 제기됨으로써 복잡한 경로를 밟을 것으로 예상된다. 더구나 김대중 정부를 뛰어넘는 개혁 정책의 수행은 시민사회의 아래로부터의 강력한 압력과 투쟁이 존재해야 비로소 가능할 것이다. 시민사회운동은 다음과 같은 측면에서 적극적 노력을 통해 개혁의 진보화와 상향화를 추구해야 할 것이다. 첫째, 개혁의 철저화와 진보화를 위한 압력 활동 및 이를 둘러싼 국민적 공론 영역의 진보적 개입을 위한 적극적인 활동이 있어야 할 것이다. 87년 이후 정당성을 갖는 민주적 절차에 의해 선출된 민주정부가 불철저하게 수행하는 국가 민주화와 정치적 민주화에 대해서 강력한 비판적 개혁 촉구 활동과 여론 조성 활동이 그것이다. 사실 국가의 정상화와 그 일부로서의 제도정치의 합리화라고 하는 것은 위로부터의 개혁의 불철저성을 비판하면서 그것을 아래로부터 추동하려는 시민사회운동을 통해 가능할 수 있었다. 노무현 정부라고 하는 열려진 공간을 적극 활용하면서, 87년 이후 제1민주화 단계와 제2민주화 단계를 거쳐서 진행되고 있는 국가 민주화와 정치 민주화를 철저화하기 위해 아래로부터의 압력을 보다 강화해야 한다.

노무현 정부는, 개혁의 전진을 둘러싸고 보수적인 반개혁 세력과 자유주의적 개혁 세력 및 진보적 개혁 세력의 공존이 갈등하는 양상에 직면할 것이다. 이는 민주개혁이 형식적 제도 확립의 차원을 넘어서서, 한국 보수세력의 경제적, 정치적, 사회적 기득권의 해체적 재조정의 차원으로 넘어가고 있기 때문이다. 예컨대 2002년 4~5월 전교조와 교장단의 충돌, 한미행정협정의 개정 등 한미관계의 재조정을 둘러싼 촛불 시위와 이에 반대하는 기독교 세력의 친미 집회 등을 상기할 수 있다.

개혁의 철저화와 진보화를 지향하는 활동 중에서, 과감한 반부패 정치의 제도적 실현도 중요한 과제로 설정될 수 있다. 이런 철저한 개혁의 추동에는 과감한 반부패 정치의 제도적 실현이 포함될 수 있다. 이는 부패로 의해 정치적 민주주의가 허구화되는 것을 극복하기 위한 정치 혁신과 그 제도적 추진을 의미한다. 사실 제도정치에 대한 시민사회의 개혁운동이었던 2000년 4·13 총선에서의 낙천낙선운동도 '부패' 정치인의 청산이었다. 2003년 대선유권자연대의 주요한 감시 영역도 부패한 선거자금 감시였다. 한국 정치와 관련해 부패는 여러 가지 방향으로 영향을 미치고 있는데, 그것은 부패를 저지른 정치인이 적발될 수 있는 가능성이 적다는 것, 다음으로 적발되더라도 처벌 가능성이 적다는 것, 나아가 처벌되더라도 권력의 작용으로 처벌이 대단히 경미하다는 것 등으로 요약될 수 있다. 부패와 정치를 절연시키는 것, 부패와 연결된 부패 정치인에 대한 강력한 처벌제도 마련 등도 여타의 국가 민주화 의제와 함께 시민사회운동의 중요한 의제가 되어야 한다.

둘째, 국가 민주화의 과제를 뛰어넘어, 시장의 민주화로, 생활세계의 민주화로 그리고 성찰적 민주화로 확장해야 한다. 즉 민주주의를 정치적 차원에서 경제적 차원으로 또한 사회적 차원으로 확장해야 한다. 제2민주화 단계에서는 동성애 운동, 양심적 병역 거부 운동, 학벌 철폐 운동, 안티조선 운동, 장애인 이동권 쟁취 운동, 일상적 파시즘 극복 등 과거 정치경제적 개혁운동에서 간과됐던 생활세계의 이슈들이 쟁점화됐다. 이런 생활세계의 자조적이고 공동체적인 운동이 보다 확산되어야 한다. 이런 생활

세계로의 민주주의의 급진적 확산에는 사회적 특권 체제의 약화와 해체를 위한 노력도 포함된다. 이는—— 보다 완비되어가는—— 정치적 민주주의의 형식 속에 온존하는 사회적 기득권 체제의 해체적 개혁이 될 것이다. 사회적 영역 속에 존재하는 차별과 적대, 특권 체제의 해체적 개혁을 위한 다층적인 노력이 필요할 것이다.

셋째, 민주정부에 의한 민주개혁이 가져오는 새로운 모순에 대항하는 투쟁을 전개하는 것이다. 특히 이른바 신자유주의적 정책과 그 모순에 저항하는 투쟁이 중요해진다. 정치적 정당성을 갖는 민주정부는 세계화 담론이나 국제 경쟁력 담론으로 자신을 정당화하면서 다양한 신자유주의적 경제 정책을 시행했다. 시민사회운동, 특히 노동운동은 이런 과정에서 나타나는 새로운 모순들—— 비정규직화와 소득 분배의 악화, 친기업적 구조조정 등——에 대항하면서 그것을 저지하거나 보완하기 위한 투쟁을 전개했다. 노무현 정부 이후에는 국민정부에서의 전면적인 민영화 방침이 부분적으로 전환되고 있다. 이런 점에서 경제 정책의 신자유주의적 경도를 교정하기 위한 투쟁적 노력이 필요하다. 일반적으로 민주주의는 시장 권력에 의해 부단히 허구화되며 위협받는다. 이것이 '자본제 민주주의'의 일반적인 문제이다. 한국에서의 정치적 민주주의는 일반적으로 민주주의가 시장 권력에 의해 위협받는 것 이상으로, 천민적인—— 합리화되고 있지만—— 재벌 권력에 의해 위협받으며, 또한 IMF 경제 위기의 극복이라는 이름으로 이뤄지는 신자유주의적 경제 개혁(개방화와 민영화 등으로 상징되는)에 의해 위협받았다. 시장경제에 사회적 관점을 도입하려는 노력은 한국 사회에서는 언제나 기업경영의 위축이나 국민경제의 고사라는 이름으로 비판받는다. 국민정부의 '민주주의와 시장경제의 병행 발전'은 시장경제를 존중하면서 동시에 기존의 천민적 시장경제의 민주주의적 개혁을 수행한다는 의미를 담고 있었다. 후자가 일정하게 진행된 것도 사실이지만 그것은 보다 철저하게 이뤄지지 못했다. 또한 과거의 관치 경제와 경제에 대한 권위주의적 통제를 민주화하는 개혁은 수행했지만 그것의 대안적인 방향은 민영화나 해외 매각으로 표현되는 신자유주의적 구조조정의 방향을 지향했다.[28] 그런 점에서 김대중 정부가 추진하던 과제, 즉 시장경제의 민주주의적 개혁을 보다 철저화하도록 하고, 김대중 정부가 수행하지 못했던 과제, 즉 시장경제의 사회적·공적 규제의 강화 및 사회 정책의 강화 등을 수행하도록 하는 적극적인 노력이 필요할 것이다.

마지막으로 예외 국가의 정상화가 진행되면 될수록 시민사회운동은 단순히 권력에 대한 '외재적인' 투쟁만으로 사회의 인간화를 성취할 수 있는 없는 지점에 이르게 된다. 이런 점에서 한국의 시민사회 자체에 내재해 있는 뿌리깊은 반공주의, 권위주의, 문화적 보수주의, 성장주의 혹은 발전주의 등 권력의 문화적·사회적 토양 자체를 극복하려는 노력이 필요하다. 이런 토양이 극복되어가지 않는다면 국가 권력과 시장 권력 등 다양한 외재적 권력을 향한 투쟁은 전진할 수 없다. 특히 현단계 글로벌 신자유주의에 영향을 받으면서, 그러나 과거와 같은 권위주의적·천민적 외양이 아니라 민주주의적·합리적 외양을 가지면서 작동하고 있는 한국 자본주의의 인간화를 위해서는 성장주의와 발전주의에 대한 성찰과 극복 노력이 요구된다. 민주정부를 자처하는 김영삼 정부가 세계화 담론을, 김대중 정부가 국제 경쟁력 강화를 앞세우면서, 일종의 '신근대화 전략'을 추구하는 것은 사실 한국 시민사회 내에 발전주의가 뿌리깊게 내재되어 있기 때문이다. 사실 대통령의 치적을 경제 성장률로 평가하는 국민들의 일상성이 바로 한국 사회의 진보를 가로막는 토양인 것이다. 과거 개발독재적 예외 국가에서 '중상주의적 발전주의'가 강력하게 존재하고 있었다고 한다면, '민주정부'에서는 세계화를 매개로 해 일종의 발전지상주의 강력하게

---

28) 국민정부에서 과거 권위주의 정권에서의 공기업의 비효율성, 지배 구조의 정치적 왜곡(낙하산 인사 등)을 개혁하기 위한 노력이 이뤄졌는데, 공기업적 성격을 유지하면서 개혁하는 방향보다는 '주인 찾아주기' 식의 민영화가 주종을 이루었다.

존재하고 있다. 그러나 이는 국가의 지배 담론의 강화에 의해서이기도 하지만 다른 한편에서는 시민사회 내의 뿌리깊은 발전주의 때문이기도 하다. 70년대에 '보호주의적 발전주의'가 작동했고, 80년대에는 개방주의적 발전주의가 작동했다면, 이제는 민주정부에서 국제 경쟁력 강화라고 하는 새로운 담론을 통해 더욱 강력한 '신자유주의적 발전주의'가 작동하고 있는 셈이다.[29] 이런 발전주의는 시민사회를 압도하고 있다. '영어를 잘 하도록 하기 위해 아이의 혀를 자르는' 영어 광풍, 영어 공용화론이 미치는 광범한 영향력도 이런 토양 위에서 가능하다고 할 수 있다.

이런 발전주의는 반공주의와 그 이면으로서의 친미주의의 이데올로기적 보호막 속에서 도전받지 않은 채로 존재해왔다. 이런 발전주의 자체에 도전하지 않는 한 세계적 수준에서의 신자유주의에 도전할 수 없으며 국가와 시장의 민주화를 위한 노력도 소기의 성과를 거둘 수 없다. 이런 점에서 사회운동의 투쟁의 대상은 '외재하는' 권력에 대한 대항이나 감시를 넘어서, 시민사회 자체의 성찰적 변화를 위한 노력을 필요로 하고 있다.

5. 요약 및 맺음말

이 글에서 필자는 87년 6월 민주항쟁 이후의 민주주의 이행 과정을 노태우 정부와 김영삼 정부를 포함하는 제1민주화 단계와 김대중 정부 이후의 제2민주화 단계로 나누었다. 2002년 대선은 50년만의 야당 정부의 출범으로 시작된 제2민주화 단계가 지속되느냐 역전되느냐를 둘러싼 보수적 발전과 진보적 발전의 각축의 시기였다. 결과적인 측면에서 볼 때, 진보적

---

29) 조희연, 「한국의 '발전국가와 사회운동의 변화'」, 김대환·조희연 편, 『동아시아의 경제 발전과 국가의 역할 전환』, 한울아카데미, 2003.

발전의 길이 지배적인 경로가 됐다고 할 수 있는데, 여기서 진보적 발전이라고 했을 때 그것은 보수적 후보의 당선이 아니라 김대중 정부의 민주개혁을 계승하는 노무현 정부의 성립과 민주노동당의 약진으로 상징되는 상황을 의미한다. 지난 대선 국면에서 국민들의 요구는 이중적인 지향을 보이고 있었다. 제2민주화 단계의 민주정부(김대중 정부)는 과거의 권위주의 질서와 유산을 청산하는데 많은 성과를 냈음에도 불구하고 다른 한편에서 과거의 권위주의 정권과 동일하게 지역주의 및 부패, 제왕적 총재 및 제왕적 대통령의 모습을 보였다. 여기서 김대중 식 민주정부와 더 나아가 김영삼 식 민주정부에 대한 비판과 포스트 양김 시대의 새로운 정치사회적 질서에 대한 요구가 이중적으로 표출되고 있었다. 구 집권당을 계승하는 보수정당인 한나라당은 전자에 편승하고 증폭시키는 방식으로 지자체 선거의 승리와 대선에서의 높은 '당선 가능성'을 향유할 수 있었다. 반면에 노무현 후보는 후자의 지향과 그 이미지를 창출하는 방식으로 '당선'을 향유하게 됐고 권영길 후보는 후자에 대한 진보적 대안으로서 약진할 수 있었다.

다음으로 노무현 정부의 성립은 어떻게 가능했는가? 여기에는 많은 요인들이 복합적으로 작용했다. 여러 요인들 중 이른바 '세대 혁명'이라고 명명되는 요인이 중요하게 작용했는데, 그 의미를 살펴볼 필요가 있다. 2002년 대선 종료 이후에 제시된 대선 투표 경향에 대한 많은 분석처럼, 20·30대의 적극적인 투표 참여와 개혁적 투표가 대선 결과에 일정한 영향을 미쳤다. 특히 노사모와 같은 자발적인 '지지'를 통한 새로운 정치참여 운동, 20·30대의 인터넷을 통한 표출된 네트 행동주의 등이 어우러지면서 이런 결과가 나타나게 됐다고 생각된다. 이는 80년대의 정치 혁명을 경험한 386세대가 선도적인 역할을 하고 여기에 월드컵 세대라고 하는 20대의 인터넷 세대가 결합해 과거와는 다른 새로운 정치참여 운동을 전개함으로써 가능했다.

이런 2002년 대선의 동학은 구조적 의미를 담고 있는데, 첫째, 시민사회의 역동성이——2000년 총선에서와 같은 낙천낙선운동을 넘어——노사모나 20·30대 행동주의와 같이 정치개혁을 위한 보다 직접적인 근거리의 개입 전략으로 표출됐다는 것이다. 대표적으로 노사모와 같은 운동 형태들은 과거 시민운동의 '정치적 중립성'의 틀을 벗어나는 개입 전략이라고 할 수 있다. 이런 점에서 노사모를 비롯한 온라인-오프라인 운동은 시민사회의 역동성을 전제로 해 일보 전진한 정치사회개혁 개입 운동의 성격을 띠고 있었다고 생각된다. 둘째, 2002년 대선에서 표출된 '세대 혁명'은 제1민주화 단계를 거치면서 과거의 반공 냉전적 보수주의의 영향력이 그만큼 약화됐다는 것을 의미하며, 이것이 과거의 반공 냉전적 보수주의의 영향력에서 가장 먼저 자유로워지는 20·30대를 중심으로 표출된 것이다.

또한 필자는 2002년 대선을 통해 정당 경쟁 구도의 변화의 방향이 보다 가시화됐다고 분석했다. 즉 과거의 정당 질서는 '강력한 보수정당-취약한 자유주의 정당-배제된 진보정당'의 구도로 짜여 있었다고 한다면, 이번 대선에서는 '강력하지만 약화된 보수정당-취약하지만 강화된 자유주의정당-제도정당화의 문턱에 진입한 진보정당'의 구도로 변화하는 징후를 읽을 수 있다. 이런 변화의 과정은 87년 이후 제도정치의 정상화와 합리화가——비록 불철저하고 여전히 왜곡성을 내장하고 있지만——진전되고 있음을 의미한다. 이를 통해 국가와 시민사회의 극단적인 괴리도 일정하게 극복되어 가게 된다. 이처럼 제도정치의 변화를, 필자는 한국의 국가가 개발독재적 '예외' 국가에서 자본제적 '정상' 국가 혹은 '정상적인' 자본제적 민주주의국가로 전환되고 있는 것이라고 해석했다.

이런 변화를 전제로 할 때, 한국의 시민사회운동에게는 지배와 국가를 바라보는 인식론적 전환이 요구된다. 즉 국가 혹은 넓은 의미에서의 지배의 정상화에 대응해 '비정상성'에 대한 저항에서 '정상성'에 대한 저항으로의 전환하는 것이 필요하다는 것이다. 이제 '실현되지 않은' 민주주의의 실현을 위해서가 아니라 '실현된 민주주의'의 허구성과 모순성을 직시하면서 이를 급진적으로 확장시켜 가기 위한 노력을 해야 한다. 다음으로 이런 정상화 과정 속에서——인적 측면에서 그리고 의제적 측면에서——제도화 혹은 제도적 포섭이 광범위하게 진행되기 때문에 '탈제도화적 급진성'을 강화하는 것이 필요하다.

마지막으로 필자는 노무현 정부 이후 시민사회운동의 방향에 대해 논의했다. 특히 노무현 정부가 김대중 정부의 긍정적인 개혁 정책들——햇볕 정책, 재벌개혁 정책 등——을 펼치고 김대중 정부의 개혁을 뛰어넘는 개혁을 성취하도록 하는 저항적 비판 활동이 필요하다. 이런 노력들로는, 첫째 정당성을 갖는 민주적 절차에 의해 선출된 민주정부가 '불철저하게' 수행하는 국가 민주화와 정치적 민주화를 보다 철저하게 수행하도록 하기 위한 강제가 필요하다. 둘째, 국가 민주화의 과제를 뛰어넘어 민주주의를 사회적 차원으로 생활세계적 차원으로 확장하기 위한 적극적인 노력이 필요하다. 사회적 특권과 민주주의 속에서 온존하는 사회적 적대와 차별을 극복하기 위한 시민사회운동의 적극적 노력이 필요하다. 셋째, 민주정부가 추진하는 신자유주의적 정책과 그 부작용에 대응해, 시장경제의 철저한 민주적 개혁과 함께 시장경제의 사회화를 위한 노력이 필요하다. 마지막으로 시민사회운동의 전진을 위해서는 이제 외재적인 권력에 대한 투쟁뿐만이 아니라 그런 외재적인 권력의 지속을 가능하게 하는 시민사회 내부의 반공주의, 권위주의, 보수주의, 발전주의를 극복하려는 성찰적 노력을 강화해야 한다.

사회운동에게 적용되는 역설적인 진실은, 사회운동의 헌신적인 투쟁으로 인해 자신들의 요구가 실현되어 가면 갈수록 자신들은 바로 그런 요구의 실현으로 조성된 새로운 조건의 도전을 받게 된다는 것이다. 한국의 시민사회운동은 87년 이전에는 전투적인 투쟁을 통해 권위주의 체제를 타도하고 민주주의로의 이행의 길을 열었다. 87년 이후의 '민주화된' 새로운 조건 속에서 한국의 시민사회운동은 구 권위주의 체제의 민주개혁이라는 과제에 새롭게 복무하면서 지난 15년 동안을 싸워왔다. 반독재 민주화운동의 일부를 이루는 자유주의적 제도정치 세력들이 집권한 민주정부의 민주개혁이 위기에 처하는 상황에서, 한국의 시민사회운동은 아래로부터의 투쟁을 통해서 민주개혁이 역전되지 않고 더욱 높은 단계로 발전하고 지속되도록 하는 역할을 수행해왔다. 노무현 정부의 성립 역시도 시민사회운동의 역할에 크게 힘입고 있다. 이제 자신들의 투쟁에 힘입어 탄생한 노무현 정부 아래에서 시민사회운동이 한국 사회의 진보적 발전에 어떻게 기여할 것인가를 깊이 고민해야 할 때이다.